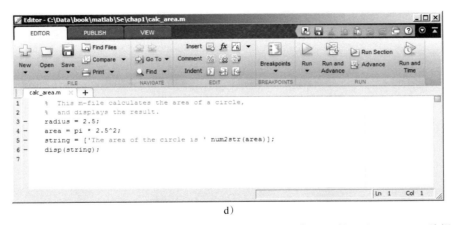

d)

图 1.5　a）使用 New Script 创建 M 文件；b）使用 New>>Script 创建 M 文件；c）MATLAB 编辑器停靠在操作界面；d）MATLAB 编辑器独立显示

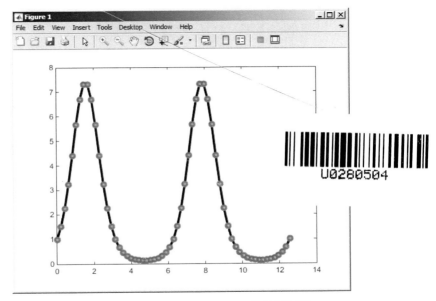

图 3.8　属性 LineWidth 和 Marker 的使用例图

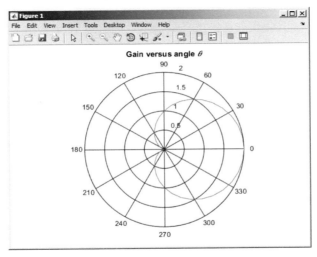

图 3.10　心形麦克风增益

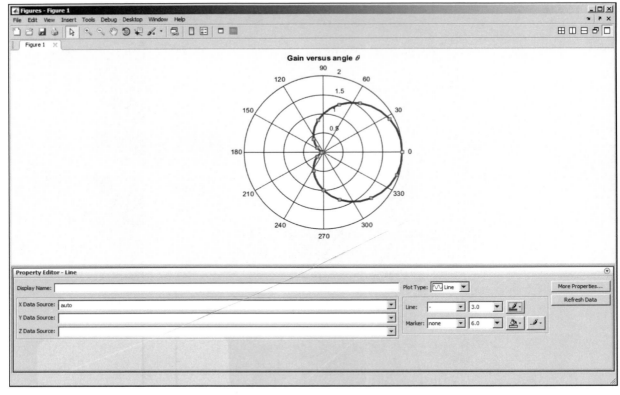

图 3.12 使用图形工具栏上的编辑工具修改图 3.10 中线条的属性

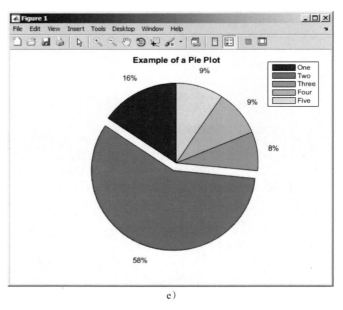

e)

图 3.15 其他类型的二维绘图：a) 杆状图；b) 阶梯图；c) 垂直条形图；d) 水平条形图；e) 饼状图；f) 罗盘图

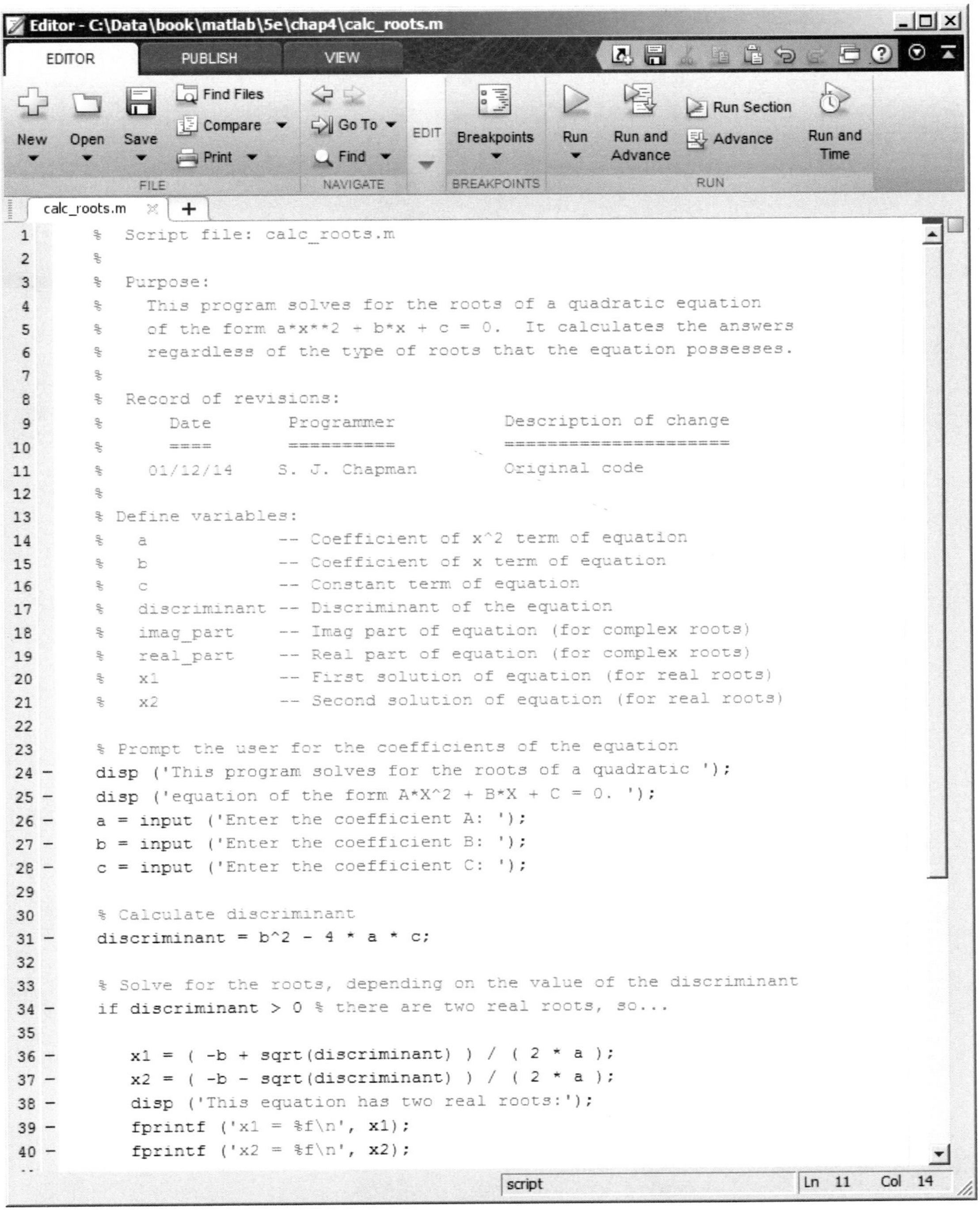

```
 1      %   Script file: calc_roots.m
 2      %
 3      %   Purpose:
 4      %     This program solves for the roots of a quadratic equation
 5      %     of the form a*x**2 + b*x + c = 0.  It calculates the answers
 6      %     regardless of the type of roots that the equation possesses.
 7      %
 8      %   Record of revisions:
 9      %       Date          Programmer          Description of change
10      %       ====          ==========          =====================
11      %     01/12/14      S. J. Chapman         Original code
12      %
13      % Define variables:
14      %   a              -- Coefficient of x^2 term of equation
15      %   b              -- Coefficient of x term of equation
16      %   c              -- Constant term of equation
17      %   discriminant   -- Discriminant of the equation
18      %   imag_part      -- Imag part of equation (for complex roots)
19      %   real_part      -- Real part of equation (for complex roots)
20      %   x1             -- First solution of equation (for real roots)
21      %   x2             -- Second solution of equation (for real roots)
22
23      % Prompt the user for the coefficients of the equation
24      disp ('This program solves for the roots of a quadratic ');
25      disp ('equation of the form A*X^2 + B*X + C = 0. ');
26      a = input ('Enter the coefficient A: ');
27      b = input ('Enter the coefficient B: ');
28      c = input ('Enter the coefficient C: ');
29
30      % Calculate discriminant
31      discriminant = b^2 - 4 * a * c;
32
33      % Solve for the roots, depending on the value of the discriminant
34      if discriminant > 0 % there are two real roots, so...
35
36          x1 = ( -b + sqrt(discriminant) ) / ( 2 * a );
37          x2 = ( -b - sqrt(discriminant) ) / ( 2 * a );
38          disp ('This equation has two real roots:');
39          fprintf ('x1 = %f\n', x1);
40          fprintf ('x2 = %f\n', x2);
```

图 4.5 加载 MATLAB 程序后的编辑 / 调试窗口

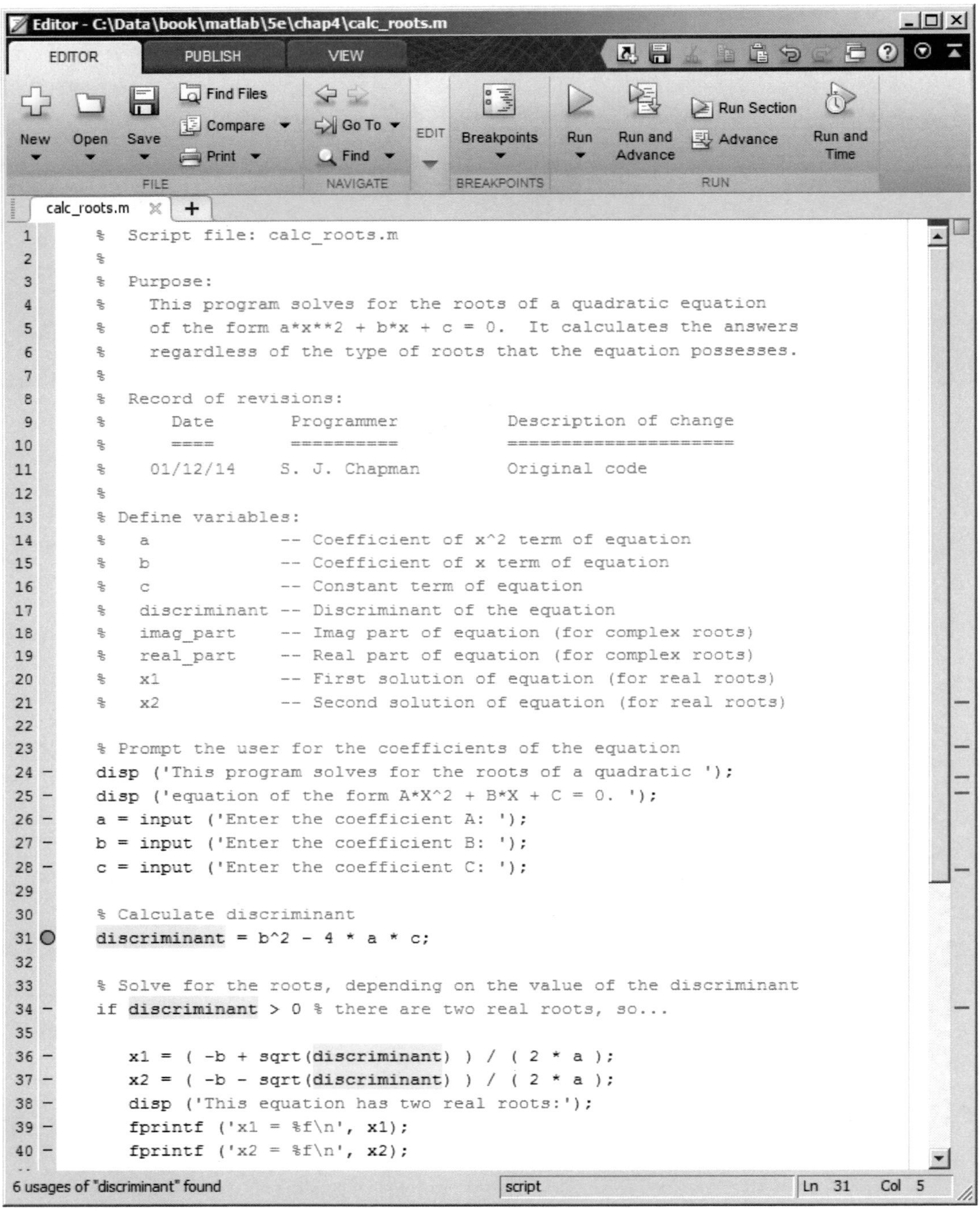

图 4.6 设置断点后的窗口。注意，断点此时在当前行左侧以红色圆点显示

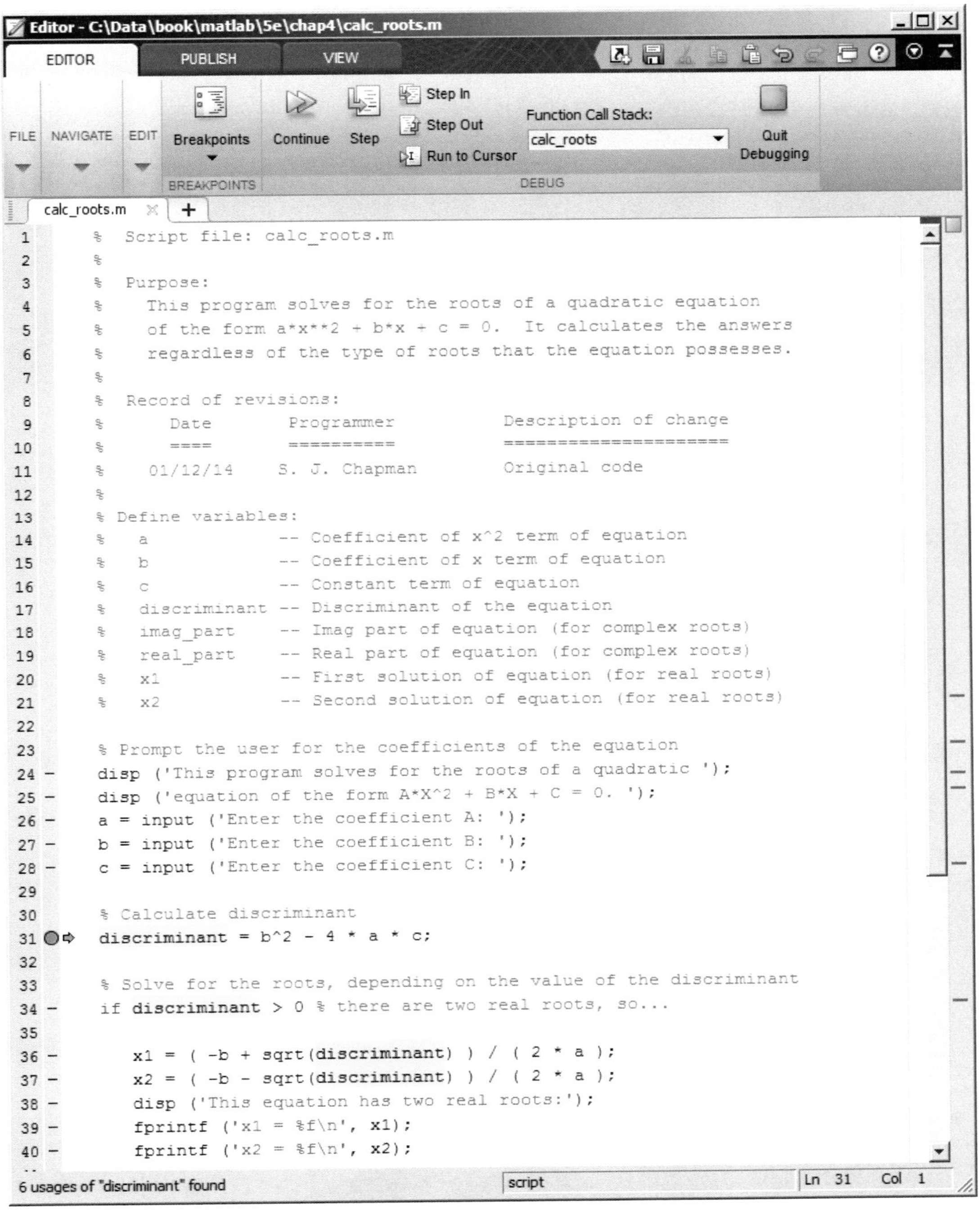

图 4.7　在调试过程中，当前行将出现绿色箭头

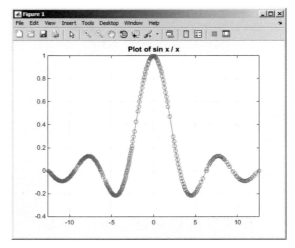

图 7.8 使用函数 fplot 绘制函数 $f(x) = \sin x/x$

含目标和噪声的处理后雷达数据

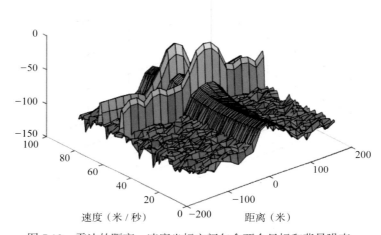

图 7.10 雷达的距离–速度坐标空间包含两个目标和背景噪声

网络绘图

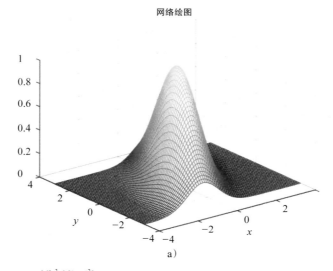

a)

图 8.9 a) 函数 $z(x,y) = e^{-0.5[x^2+0.5(x-y)^2]}$ 的网格绘图；b) 相同函数的曲面绘图；c) 相同函数的等高线绘图

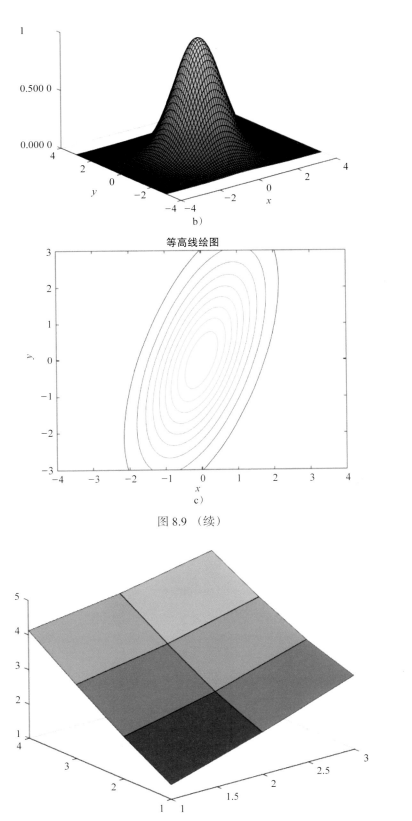

图 8.9 （续）

图 8.10 函数 $z(x,y)=\sqrt{x^2+y^2}$ 的曲面绘图，其中 $x$=1、2 和 3，$y$=1、2、3 和 4

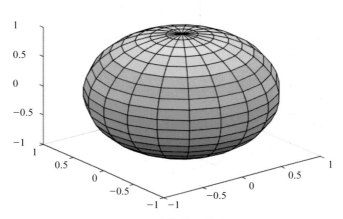

图 8.11　球体的三维绘图

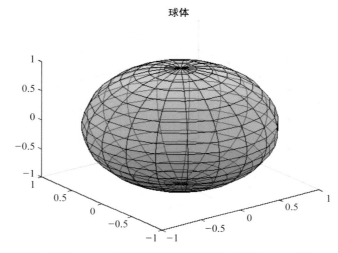

图 8.12　函数 alpha 绘图部分透明的球体，其中 value 取 0.5

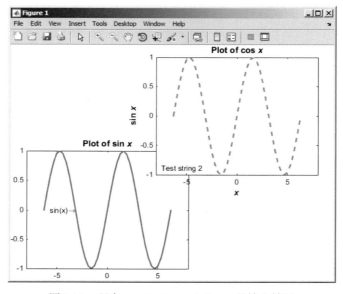

图 9.13　程序 position_object 的输出结果

计算机科学丛书

原书第3版

# MATLAB程序设计

[美] 斯蒂芬·J.查普曼（Stephen J. Chapman） 著

费选 余仁萍 黄伟 译

Essentials of MATLAB Programming
Third Edition

机械工业出版社
CHINA MACHINE PRESS

图书在版编目（CIP）数据

MATLAB 程序设计（原书第 3 版）/（美）斯蒂芬·J. 查普曼（Stephen J. Chapman）著，费选，余仁萍，黄伟译 . —北京：机械工业出版社，2018.6（2024.12 重印）

（计算机科学丛书）

书名原文：Essentials of MATLAB Programming, Third Edition

ISBN 978-7-111-60301-6

I. M… II. ①斯… ②费… ③余… ④黄… III. Matlab 软件 - 程序设计 IV. TP317

中国版本图书馆 CIP 数据核字（2018）第 142418 号

北京市版权局著作权合同登记　图字：01-2017-2732 号。

Stephen J. Chapman, Essentials of MATLAB Programming, Third Edition
Copyright © 2018, 2009 Cengage Learning.
Original edition published by Cengage Learning. All rights reserved.
China Machine Press is authorized by Cengage Learning to publish and distribute exclusively this simplified Chinese edition. This edition is authorized for sale in the Chinese mainland (excluding Hong Kong SAR, Macao SAR and Taiwan). Unauthorized export of this edition is a violation of the Copyright Act. No part of this publication may be reproduced or distributed by any means, or stored in a database or retrieval system, without the prior written permission of the publisher.
Cengage Learning Asia Pte. Ltd.
151 Lorong Chuan, #02-08 New Tech Park, Singapore 556741

本书原版由圣智学习出版公司出版。版权所有，盗版必究。

本书中文简体字翻译版由圣智学习出版公司授权机械工业出版社独家出版发行。此版本仅限在中国大陆地区（不包括香港、澳门特别行政区及台湾地区）销售。未经授权的本书出口将被视为违反版权法的行为。未经出版者预先书面许可，不得以任何方式复制或发行本书的任何部分。

本书封面贴有 Cengage Learning 防伪标签，无标签者不得销售。

本书展示使用 MATLAB 解决各种典型问题的方法和技巧，不仅指导读者编写清晰、高效、良好的 MATLAB 程序，还介绍了大量 MATLAB 的实用函数。全书共 9 章，前七章涵盖 MATLAB 的基本概念和实现，后两章引入更多的高级应用。

本书内容全面，通俗易懂，非常适合作为工程和计算机专业的教材，同时也可作为广大科技工作者掌握 MATLAB 计算工具的自学用书。

出版发行：机械工业出版社（北京市西城区百万庄大街 22 号　邮政编码 100037）
责任编辑：唐晓琳　　　　　　　　　　　　　　　责任校对：殷　虹
印　　刷：北京建宏印刷有限公司　　　　　　　　版　　次：2024 年 12 月第 1 版第 5 次印刷
开　　本：185mm×260mm　1/16　　　　　　　　印　　张：21.25　　　插　　页：4
书　　号：ISBN 978-7-111-60301-6　　　　　　　定　　价：89.00 元

客服电话：（010）88361066　68326294

版权所有·侵权必究
封底无防伪标均为盗版

# 译者序

Essentials of MATLAB Programming, Third Edition

MATLAB 是 MATrix LABoratory 的简写，是一款由美国 MathWorks 公司开发的专业工程与科学计算软件，是一个集科学计算、可视化及交互式程序设计于一体的计算环境。MATLAB 将数值分析、矩阵计算和科学数据可视化等诸多功能集成在一个易于使用的视窗环境中，并在一定程度上摆脱了传统非交互式程序设计语言的编译模式，为科学研究和工程计算提供了方便。

本书作者 Stephen J. Chapman 先后在美国海军核动力学校、麻省理工学院和休斯敦大学任教，同时作为技术负责人，先后在美国海军部门和澳大利亚 BAE 系统公司，带领团队完成了超过 40 万行 MATLAB 代码的项目开发。作者结合三十多年来丰富的教学和实践经验，编写了这本 MATLAB 程序设计的经典教材。鉴于此，译者将本书的第 3 版翻译成中文，以方便国内高等院校相关专业的广大师生及相关领域的工程技术人员与研究人员阅读。

本书基于 MATLAB R2014b 版本的开发环境，从基本概念出发，以实际应用为例，系统地介绍了 MATLAB 如何解决各种经典技术问题。第 1 章介绍了 MATLAB 的优缺点及工作环境。第 2 章介绍了变量、数组、内置函数和绘图等基础知识。第 3 章详细介绍了二维绘图函数及其功能。第 4 章给出了程序设计的规范要求，并介绍了分支结构控制语句。第 5 章介绍了循环结构控制语句和向量化处理。第 6 章和第 7 章分别介绍了用户自定义函数的基本特性和高级特性。第 8 章和第 9 章介绍了更高级的其他数据类型及绘图类型、元胞数组、结构体和新的 MATLAB 句柄图形。最后的附录部分包括有用的 UTF-8 字符集、输入/输出函数、测验答案、常用的函数和命令。

全书章节安排合理，内容规划由浅入深，概念介绍简洁明了，有助于初学者理解和记忆；穿插实际示例的讲解，紧密结合了基本概念与方法的应用，有助于对某些抽象概念的理解；通过"良好编程习惯"和"编程误区"，增强读者编写程序的规范性和高效性，避免出现不必要的错误；通过测验和章节习题，重复关键知识点，进一步加深读者的记忆和理解；每章末尾总结本章提到的良好编程习惯以及用到的 MATLAB 命令和函数。

整本书的翻译由费选、余仁萍和黄伟共同完成，在翻译过程中，虽然力求准确地反映原著内容，但由于译者水平有限，难免有疏漏之处，恳请读者批评指正。

本书的翻译得到了河南省科技攻关项目（编号 182102210092）、河南省高等学校重点科研项目（编号 15A520056）和河南工业大学人才支持项目（编号 31401918 和 2016QNJH26）的资助，特此表示感谢。

译 者

2018 年 4 月于郑州

# 前言
Essentials of MATLAB Programming, Third Edition

MATLAB（MATrix LABoratory 的简称，即矩阵实验室）是由 MathWorks 公司开发的专业工程与科学计算软件，其最初的设计目的是进行矩阵的数学运算。然而，近年来，MATLAB 逐渐发展成为一个能够从根本上解决各种重要技术问题并且极其灵活的计算系统。

MATLAB 软件执行 MATLAB 语言编写的程序，同时还提供十分丰富的预定义函数库，简化编程过程，提高编程效率。与其他编程语言（如 Fortran 或 C）相比，丰富的 MATLAB 库函数能够帮助用户更容易地解决工程技术问题。本书将基于 MATLAB R2014b 版本介绍 MATLAB 语言的特点，并展示如何使用它来解决经典的技术问题。

通过对 MATLAB 编程语言的学习，学生将学会如何使用 MATLAB 编写整洁、高效、文档化的程序。另外，本书无意在此对所有的 MATLAB 函数逐一介绍，仅讲解如何使用 MATLAB 编程，以及如何利用联机帮助工具查找需要的 MATLAB 函数。

本书适合计算机科学与技术专业的大学一年级学生使用，可作为"编程与问题求解导论"课程的教材。具体课时可安排 9 周，每周 3 小时。

## 第 3 版修订

本书适用于 MATLAB R2014b 及更高版本。MATLAB R2014b 是 MATLAB 启用新的 H2 图形系统后的首个版本，其中 H2 图形系统旨在实现更高质量的图形输出效果。目前，图形组件成为带有句柄的 MATLAB 对象，其属性可通过 MATLAB 对象标记进行访问。下面将为大家简单介绍此版本的修订之处。

- 自上一版以来，面向对象思想和面向对象编程的 MATLAB 实现越发成熟，在此将进行详细介绍。此外，仍对旧关键字－值方法提供支持。
- 前面章节大幅缩短，以便更合理地安排内容让大家理解和掌握重要部分。现将分支部分和循环部分分别独立成章，并将函数部分分为两章进行讨论。
- 第 3 章着重介绍二维绘图，并整理所有绘图相关信息以确保大家理解。
- 第 8 章是对三维绘图的拓展，该章有助于加强并深化学生对三维绘图的学习和理解。
- 第 9 章介绍了最新的 H2 图形的特征。

## 本书特色

本书的特色在于不断强调如何编写可靠的 MATLAB 程序。无论是对于初学者，还是对于已有基础的相关从业人员，本书都能给予一定的帮助。下面详细介绍本书特色。

### 1. 注重自顶向下的设计方法

本书第 4 章介绍了一种自顶向下的设计方法，并将其运用于书中的其余部分。首先，此方法鼓励大家在开始编程之前认真考虑好如何设计程序，即重点需要弄清楚所要解决问题的明确定义、所需的输入和输出等。其次，一旦清楚问题定义，下面就是考虑如何逐步将任务成功地分解为较小的子任务，并将各个子任务作为单独的子程序或函数来实现。最后，要理解在编程过程中测试的重要性，不管是组件程序的单元测试，还是最终程序的详细测试，都需要认真进行。

本书所讲授的通用设计过程可概括如下。

（1）清楚地陈述所要解决的问题。

（2）定义程序所需的输入和产生的输出。

（3）描述程序中的实现算法。涉及自顶向下设计和任务逐步分解，需用伪代码或流程图。

（4）将算法转换成 MATLAB 语句。

（5）测试 MATLAB 程序，包括对特定函数的单元测试，以及不同数据集下最终程序的详细测试。

**2. 注重函数**

本书重视函数的使用，其可在逻辑上将任务分解为更小的子任务，并具有数据隐藏的优点。同时，还强调了函数在组合到最终程序之前单独测试的重要性。此外，本书介绍了使用函数所犯的常见错误，以及如何避免这些错误。

**3. 注重 MATLAB 工具**

本书介绍了如何正确使用 MATLAB 的内置工具，使编程和调试更加容易。所涵盖的工具包括编辑器/调试器、工作空间浏览器、帮助浏览器和 GUI 设计工具。

**4."良好编程习惯"框**

这些框用来突出良好的编程实践。此外，在章节的最后会给大家总结良好编程习惯。下面是一个"良好编程习惯"框的示例。

---

**良好编程习惯**

始终将 if 结构的主体缩进两个或更多空格，以提高代码的可读性。

---

**5."编程误区"框**

这些框用来突出常见的错误，以便避免它们。下面是一个"编程误区"框的示例。

---

**编程误区**

确保在前 63 个字符中变量名是唯一的。否则，MATLAB 将无法分辨出它们之间的区别。

---

# MATLAB 编程的优势

与传统的计算机编程语言相比，MATLAB 在解决工程技术问题方面具有诸多优势，下面重点介绍几个。

**1. 易用性**

MATLAB 是一种解释型语言，如同各种版本的 Basic 语言。与 Basic 一样，它也非常容易使用。该程序可作为便签式计算器来求解在命令行输入的表达式的值，或者用于执行预先编写好的大型程序。在内置集成开发环境中，可以方便地编写和修改程序，并使用 MATLAB 调试器来调试程序。正是基于这种语言的易用性，对于快速建立新程序的原型，它是一个理想的工具。

MATLAB 还提供了许多程序开发工具，包括集成的编辑器/调试器、在线文档和手册、工作空间浏览器以及大量示例。

### 2. 平台独立性

MATLAB 支持多种操作系统，并提供了大量的平台独立措施。在撰写本书时，Windows 7/8/10、Linux、Unix、Mac OS X 10.10 和 10.11 等系统都支持 MATLAB。对于 MATLAB 而言，在一个平台上编写的程序在其他平台上一样可以正常运行，在一个平台上编写的数据文件在其他平台上一样可以读取。因此，可根据用户需求将在 MATLAB 中编写的程序移植到新平台。

### 3. 预定义函数

MATLAB 带有一个丰富的预定义函数库，提供了许多已测试和打包过的解决基本工程问题的函数。例如，需要编写一个程序，该程序要求计算与输入数据有关的统计信息。在大多数语言中，程序员需要编写自己的子程序或函数来实现相关运算，如算术均值、标准差和中位数等。但是，在 MATLAB 中已经编写好了完成这些功能的函数，因此 MATLAB 编程变得相对简单。

除了 MATLAB 基本版中内置的大型函数库外，还有许多其他专用工具箱可以帮助用户解决特定领域的复杂问题。例如，用户可以购买标准工具箱以解决信号处理、控制系统、通信、图像处理和神经网络等领域的问题。

### 4. 设备独立的绘图

与其他语言不同，MATLAB 包含许多必要的绘图和成像命令。在任何支持 MATLAB 运行的图形输出设备上，这些绘图和图像都会显示。因此，MATLAB 是一个数据可视化的卓越工具。

### 5. 图形用户界面

利用 MATLAB 工具，程序员可为编写好的程序交互式地构建一个图形用户界面（Graphical User Interface，GUI）。因此，程序员可以为所设计的复杂数据分析程序提供图形用户界面，以方便经验相对缺乏的用户使用。

## 教学特色

本书可作为大学一年级"编程与问题求解导论"课程的教材。根据本书的内容，建议课时为 9 周，每周 3 小时。如因时间关系无法全部讲授，可跳过第 8 章和第 9 章，其余部分的编程基础知识足够大家学习使用 MATLAB 解决问题。

本书还包含一些旨在帮助初学者加深对知识的理解的特色。全书共有 14 个测验，答案见附录 C。这些测验可帮助初学者了解自己对知识的掌握程度。此外，还包括大约 150 道习题，答案在教师手册中。良好的编程实践以"良好编程习惯"框来突出显示，而常见的错误则以"编程误区"框突出显示。各章最后给出了良好编程习惯的总结和 MATLAB 命令与函数的总结。

## 教师资源库

教师手册包含所有章节习题的答案，还有供上课使用的授课 PPT、书中所有示例的 MATLAB 源代码和教师手册中答案的源代码。⊖

---

⊖ 关于本书教辅资源，只有使用本书作为教材的教师才可以申请，需要的教师可向圣智学习出版公司北京代表处申请，电话：010-83435000，电子邮件 asia.infochina@cengage.com。——编辑注

## 致谢

非常感谢下列各位对本书出版提供的帮助：

| | |
|---|---|
| David Eromom | 乔治亚南方大学 |
| Arlene Guest | 海军研究生院 |
| Mary M. Hofle | 爱达荷州立大学 |
| Mark Hutchenreuther | 加州州立理工大学 |
| Mani Mini | 艾奥瓦州立大学 |

另外，感谢 Cengage Learning 出版社的 Global Engineering 团队对本版的无私奉献，他们是：Timothy Anderson（产品总监）、Mona Zeftel（高级内容开发者）、D. Jean Buttrom（内容项目经理）、Kristin Stine（营销经理）、Elizabeth Murphy 和 Brittany Burden（学习解决方案专家）、Ashley Kaupert（副媒体内容开发者）、Teresa Versaggi 和 Alexander Sham（产品助理）、Rose Kernan（RPK Editorial Services 公司）。他们从专业角度引导本书的开发和制作的各个环节，并使之成功出版。

最后，非常感谢我的妻子 Rosa 在我们一起度过的四十多年中给予的帮助和鼓励。

Stephen J. Chapman
2015 年 11 月 8 日于澳大利亚墨尔本

# 目 录
Essentials of MATLAB Programming, Third Edition

译者序
前言

## 第1章 MATLAB 简介 ·············· 1
### 1.1 MATLAB 优势所在 ·············· 1
### 1.2 MATLAB 不足之处 ·············· 3
### 1.3 MATLAB 工作环境 ·············· 3
#### 1.3.1 操作界面 ·············· 3
#### 1.3.2 命令窗口 ·············· 4
#### 1.3.3 工具栏 ·············· 5
#### 1.3.4 命令历史窗口 ·············· 6
#### 1.3.5 文档窗口 ·············· 6
#### 1.3.6 图形窗口 ·············· 8
#### 1.3.7 窗口停靠与取消停靠 ·············· 9
#### 1.3.8 工作空间 ·············· 9
#### 1.3.9 工作空间浏览器 ·············· 10
#### 1.3.10 当前文件夹浏览器 ·············· 11
#### 1.3.11 获取帮助 ·············· 11
#### 1.3.12 几个重要命令 ·············· 13
#### 1.3.13 MATLAB 搜索路径 ·············· 14
### 1.4 MATLAB 应用示例——计算器 ·············· 15
### 1.5 本章小结 ·············· 17
### 1.6 本章习题 ·············· 17

## 第2章 MATLAB 基础知识 ·············· 19
### 2.1 变量和数组 ·············· 19
### 2.2 创建和初始化变量 ·············· 21
#### 2.2.1 在赋值语句中初始化变量 ·············· 22
#### 2.2.2 使用快捷表达式初始化 ·············· 23
#### 2.2.3 使用内置函数初始化 ·············· 24
#### 2.2.4 使用键盘输入初始化变量 ·············· 25
### 2.3 多维数组 ·············· 26
#### 2.3.1 在内存中存储多维数组 ·············· 27
#### 2.3.2 用一维方式访问多维数组 ·············· 28
### 2.4 子数组 ·············· 28
#### 2.4.1 函数 end ·············· 28
#### 2.4.2 在赋值语句左侧使用子数组 ·············· 29
#### 2.4.3 将标量赋值给子数组 ·············· 30
### 2.5 特殊值 ·············· 30
### 2.6 显示输出数据 ·············· 32
#### 2.6.1 更改默认格式 ·············· 32
#### 2.6.2 函数 disp ·············· 33
#### 2.6.3 使用函数 fprintf 标准化输出 ·············· 33
### 2.7 数据文件 ·············· 34
### 2.8 标量和数组运算 ·············· 36
#### 2.8.1 标量运算 ·············· 36
#### 2.8.2 数组和矩阵运算 ·············· 37
### 2.9 运算级别 ·············· 39
### 2.10 MATLAB 内置函数 ·············· 41
#### 2.10.1 任意返回值 ·············· 41
#### 2.10.2 使用数组作为 MATLAB 函数输入 ·············· 42
#### 2.10.3 常见 MATLAB 函数 ·············· 42
### 2.11 绘图简介 ·············· 43
#### 2.11.1 使用简单 xy 绘图 ·············· 43
#### 2.11.2 打印绘图 ·············· 44
#### 2.11.3 将绘图导出为图像文件 ·············· 44
#### 2.11.4 多个绘图 ·············· 46
#### 2.11.5 线条颜色、线条类型、标记类型和图例 ·············· 46
#### 2.11.6 对数刻度 ·············· 49
### 2.12 示例 ·············· 50
### 2.13 调试 MATLAB 程序 ·············· 54
### 2.14 本章小结 ·············· 56
#### 2.14.1 良好编程习惯总结 ·············· 56
#### 2.14.2 MATLAB 总结 ·············· 57
### 2.15 本章习题 ·············· 59

## 第 3 章　二维绘图 ····· 65
### 3.1　二维绘图的其他功能 ····· 65
#### 3.1.1　对数刻度 ····· 65
#### 3.1.2　控制 x 轴和 y 轴范围 ····· 68
#### 3.1.3　同一轴上绘制多个绘图 ····· 70
#### 3.1.4　创建多个图形 ····· 70
#### 3.1.5　子图 ····· 72
#### 3.1.6　控制绘图上的点间距 ····· 72
#### 3.1.7　绘制线的高级控制 ····· 75
#### 3.1.8　文本字符串的高级控制 ····· 75
### 3.2　极坐标绘图 ····· 78
### 3.3　注释与保存绘图 ····· 79
### 3.4　二维绘图的其他类型 ····· 82
### 3.5　二维数组绘图 ····· 85
### 3.6　本章小结 ····· 87
#### 3.6.1　良好编程习惯总结 ····· 87
#### 3.6.2　MATLAB 总结 ····· 87
### 3.7　本章习题 ····· 88

## 第 4 章　分支结构与程序设计 ····· 91
### 4.1　自顶向下设计技术简介 ····· 91
### 4.2　伪代码的使用 ····· 93
### 4.3　逻辑数据类型 ····· 94
#### 4.3.1　关系运算符与逻辑运算符 ····· 94
#### 4.3.2　关系运算符 ····· 94
#### 4.3.3　运算符 == 和 ~= 的注意事项 ····· 95
#### 4.3.4　逻辑运算符 ····· 96
#### 4.3.5　逻辑函数 ····· 99
### 4.4　分支 ····· 100
#### 4.4.1　if 结构 ····· 100
#### 4.4.2　if 结构示例 ····· 102
#### 4.4.3　if 结构的注意事项 ····· 106
#### 4.4.4　switch 结构 ····· 108
#### 4.4.5　try/catch 结构 ····· 109
### 4.5　调试 MATLAB 程序的更多信息 ····· 115
### 4.6　本章小结 ····· 120
#### 4.6.1　良好编程习惯总结 ····· 120
#### 4.6.2　MATLAB 总结 ····· 121
### 4.7　本章习题 ····· 121

## 第 5 章　循环结构和向量化 ····· 125
### 5.1　while 循环 ····· 125
### 5.2　for 循环 ····· 129
#### 5.2.1　操作细节 ····· 134
#### 5.2.2　向量化：更快的循环选择 ····· 136
#### 5.2.3　MATLAB 即时编译器 ····· 136
#### 5.2.4　break 语句和 continue 语句 ····· 138
#### 5.2.5　嵌套循环 ····· 140
### 5.3　逻辑数组和向量化 ····· 141
### 5.4　MATLAB 探查器 ····· 143
### 5.5　其他示例 ····· 145
### 5.6　函数 textread ····· 155
### 5.7　本章小结 ····· 157
#### 5.7.1　良好编程习惯总结 ····· 157
#### 5.7.2　MATLAB 总结 ····· 157
### 5.8　本章习题 ····· 158

## 第 6 章　用户自定义函数基本特性 ····· 163
### 6.1　MATLAB 函数简介 ····· 164
### 6.2　MATLAB 变量传递：值传递机制 ····· 166
### 6.3　可选参数 ····· 175
### 6.4　使用全局内存共享数据 ····· 178
### 6.5　函数调用之间的数据存储 ····· 183
### 6.6　MATLAB 内置函数：排序函数 ····· 187
### 6.7　MATLAB 内置函数：随机数生成函数 ····· 189
### 6.8　本章小结 ····· 189
#### 6.8.1　良好编程习惯总结 ····· 189
#### 6.8.2　MATLAB 总结 ····· 190
### 6.9　本章习题 ····· 190

## 第 7 章　用户自定义函数高级特性 ····· 195
### 7.1　函数的函数 ····· 195
### 7.2　本地函数、私有函数和嵌套函数 ····· 198
#### 7.2.1　本地函数 ····· 198
#### 7.2.2　私有函数 ····· 199
#### 7.2.3　嵌套函数 ····· 199
#### 7.2.4　函数执行顺序 ····· 201
### 7.3　函数句柄 ····· 201

| | | |
|---|---|---|
| 7.3.1 | 创建和使用函数句柄 | 202 |
| 7.3.2 | 函数句柄的优点 | 204 |
| 7.3.3 | 函数句柄和嵌套函数 | 204 |
| 7.3.4 | 应用示例：常微分方程的求解 | 206 |
| 7.4 | 匿名函数 | 210 |
| 7.5 | 递归函数 | 211 |
| 7.6 | 绘图函数 | 212 |
| 7.7 | 直方图 | 214 |
| 7.8 | 本章小结 | 218 |
| 7.8.1 | 良好编程习惯总结 | 218 |
| 7.8.2 | MATLAB 总结 | 218 |
| 7.9 | 本章习题 | 219 |

## 第 8 章　其他数据类型和绘图类型 … 224

| | | |
|---|---|---|
| 8.1 | 复数 | 224 |
| 8.1.1 | 复数变量 | 225 |
| 8.1.2 | 复数关系运算 | 225 |
| 8.1.3 | 复数函数 | 226 |
| 8.1.4 | 绘制复数 | 229 |
| 8.2 | 字符串和字符串函数 | 231 |
| 8.2.1 | 字符串转换函数 | 232 |
| 8.2.2 | 创建二维字符数组 | 232 |
| 8.2.3 | 连接字符串 | 232 |
| 8.2.4 | 比较字符串 | 233 |
| 8.2.5 | 查找和替换字符串中的字符 | 235 |
| 8.2.6 | 转换字符串中的大小写字母 | 236 |
| 8.2.7 | 删除字符串中的空白字符 | 236 |
| 8.2.8 | 数值转换为字符串 | 237 |
| 8.2.9 | 字符串转换为数值 | 238 |
| 8.2.10 | 总结 | 239 |
| 8.3 | 多维数组 | 243 |
| 8.4 | 三维绘图 | 245 |
| 8.4.1 | 三维线绘图 | 245 |
| 8.4.2 | 三维曲面、网格和等高线绘图 | 247 |
| 8.4.3 | 使用曲面和网格绘图创建三维物体 | 251 |
| 8.5 | 本章小结 | 253 |
| 8.5.1 | 良好编程习惯总结 | 253 |
| 8.5.2 | MATLAB 总结 | 253 |
| 8.6 | 本章习题 | 254 |

## 第 9 章　元胞数组、结构体和句柄图形 … 257

| | | |
|---|---|---|
| 9.1 | 元胞数组 | 257 |
| 9.1.1 | 创建元胞数组 | 258 |
| 9.1.2 | 使用大括号 {} 作为元胞构造器 | 259 |
| 9.1.3 | 查看元胞数组的内容 | 259 |
| 9.1.4 | 扩展元胞数组 | 260 |
| 9.1.5 | 删除数组中的元胞 | 262 |
| 9.1.6 | 使用元胞数组中的数据 | 262 |
| 9.1.7 | 字符串的元胞数组 | 263 |
| 9.1.8 | 元胞数组的意义 | 264 |
| 9.1.9 | 元胞函数总结 | 266 |
| 9.2 | 结构体数组 | 267 |
| 9.2.1 | 创建结构体数组 | 268 |
| 9.2.2 | 添加字段到结构体 | 269 |
| 9.2.3 | 删除结构体中的字段 | 270 |
| 9.2.4 | 使用结构体数组中的数据 | 270 |
| 9.2.5 | 函数 getfield 和函数 setfield | 271 |
| 9.2.6 | 动态字段名 | 272 |
| 9.2.7 | 函数 size | 273 |
| 9.2.8 | 嵌套结构体数组 | 273 |
| 9.2.9 | 结构体函数总结 | 274 |
| 9.3 | 句柄图形 | 274 |
| 9.3.1 | MATLAB 图形系统 | 275 |
| 9.3.2 | 对象句柄 | 276 |
| 9.3.3 | 查看和修改对象属性 | 276 |
| 9.3.4 | 在创建时修改对象属性 | 277 |
| 9.3.5 | 在创建后修改对象属性 | 277 |
| 9.3.6 | 使用对象标识符查看和修改属性 | 277 |
| 9.3.7 | 使用函数 get/set 查看和修改属性 | 279 |
| 9.3.8 | 使用属性编辑器查看和修改属性 | 280 |
| 9.3.9 | 使用函数 set 列出可选属性值 | 283 |

# 第 1 章

# MATLAB 简介

MATLAB（MATrix LABoratory 的简称，即矩阵实验室）是由 MathWorks 公司开发的专业工程与科学计算软件，其最初的设计目的是进行矩阵的数学运算。然而近年来，MATLAB 逐渐发展成为一个能够从根本上解决各种重要技术问题并且极其灵活的计算系统。

MATLAB 软件执行 MATLAB 语言编写的程序，同时还提供了十分丰富的预定义函数库，进而简化编程过程，提高编程效率。本书将基于 MATLAB R2014b 版本介绍 MATLAB 语言的特点，并展示如何使用它来解决经典的技术问题。

MATLAB 是一个具有丰富多样的函数的庞大程序。即使对于不包含任何工具包的 MATLAB 基本版而言，也比其他编程语言包含的函数丰富得多。仅 MATLAB 基本版中就有 1000 多个函数，而且各类专业工具包提供了更多的函数，并由此扩展了它在许多专业领域的应用能力。此外，这些函数通常仅需一步就可解决某些非常复杂的问题（如求解微分方程、求矩阵的逆等），从而节省了大量时间。与之相反，若由其他编程语言来完成相同的工作，那么通常需要用户自己编写复杂的程序或者购买包含函数功能的第三方软件包（如 IMSL 或 NAG 软件库）。

一般来说，MATLAB 内置函数总是比程序员所编写的能完成相同功能的函数要好，其根本原因在于这些内置函数已经经过许多用户在不同数据集上进行了测试和使用。同时，这些内置函数也是稳健的，因为它们能对大范围的输入数据产生合理的结果，并优雅地处理各种异常情况。

本书无意将 MATLAB 的所有函数都介绍给大家，而是让大家掌握一些关于如何编写、调试和优化 MATLAB 程序的基础知识，以及介绍部分用来解决常见科学与工程问题的最重要的函数。因此，如何使用 MATLAB 自带工具，从大量可供利用的函数中筛选出所需的函数就显得尤为重要。此外，本书还介绍了如何利用 MATLAB 来解决各种实际工程问题，例如向量和矩阵代数、曲线拟合、微分方程和数据绘图等。

总体而言，MATLAB 是由过程化程序设计语言、包含编辑器与调试器的集成开发环境（Integrated Development Environment, IDE）和丰富的函数集组成的，能够用来解决多种类型的专业计算问题。

MATLAB 语言是一种过程化程序设计语言。顾名思义，用户可以按照数学方法的求解过程来编写 MATLAB 程序解决实际问题。虽然类似于其他过程化语言，如 C、Basic、Fortran 和 Pascal 等，但 MATLAB 拥有丰富的预定义函数和绘图工具，使得它在许多工程分析应用中优于其他编程语言。

## 1.1 MATLAB 优势所在

与传统的计算机编程语言相比，MATLAB 在解决工程技术问题方面具有诸多优势，主要体现在以下几方面。

**1. 易用性**

MATLAB 是一种解释型语言，如同各种版本的 Basic 语言。与 Basic 一样，它也非常容易使用。该程序可作为便签式计算器来求解在命令行输入的表达式的值，或者用于执行预先编写好的大型程序。在内置集成开发环境中，可以方便地编写和修改程序，并使用MATLAB 调试器来调试程序。正是基于这种语言的易用性，对于快速建立新程序的原型，它是一个理想的工具。

MATLAB 还提供了许多程序开发工具，包括集成的编辑器／调试器、在线文档和手册、工作空间浏览器以及大量示例。

**2. 平台独立性**

MATLAB 支持多种操作系统，并提供了大量的平台独立措施。在撰写本书时，Windows 7/8/10、Linux、Unix 和 Macintosh 系统都支持 MATLAB。对于 MATLAB 而言，在一个平台上编写的程序，在其他平台上一样可以正常运行，在一个平台上编写的数据文件，在其他平台上一样可以读取。因此，可根据用户需求将在 MATLAB 中编写的程序移植到新平台。

**3. 预定义函数**

MATLAB 带有一个丰富的预定义函数库，提供了许多已测试和打包过的解决基本工程问题的函数。例如，需要编写一个程序，该程序要求计算与输入数据有关的统计信息。在大多数语言中，程序员需要编写自己的子程序或函数来实现相关运算，如算术均值、标准差和中位数等。但是，在 MATLAB 中已经编写好了完成这些功能的函数，因此 MATLAB 编程变得相对简单。

除了 MATLAB 基本版中内置的大型函数库外，还有许多其他专用工具箱可以帮助用户解决特定领域的复杂问题。例如，用户可以购买标准工具箱以解决信号处理、控制系统、通信、图像处理和神经网络等领域的问题。MATLAB 网站上有大量其他用户分享的 MATLAB 程序可供免费使用。

**4. 设备独立的绘图**

与其他语言不同，MATLAB 包含许多必要的绘图和成像命令。在任何支持 MATLAB 运行的图形输出设备上，这些绘图和图像都会显示。因此，MATLAB 是一个数据可视化的卓越工具。

**5. 图形用户界面**

利用 MATLAB 工具，程序员可为编写好的程序交互式地构建一个图形用户界面（Graphical User Interface，GUI）。因此，程序员可以为所设计的复杂数据分析程序提供图形用户界面，以方便经验相对缺乏的用户使用。

**6. MATLAB 编译器**

MATLAB 的灵活性和平台独立性是通过将 MATLAB 代码编译成设备独立的 P 代码，然后在运行时解释 P 代码来实现的。这种方法类似于微软的 Visual Basic 或 Java。然而，由于 MATLAB 是解释型语言，而不是编译型语言，有时会导致生成的程序执行缓慢。目前，通过引入即时（Just in Time，JIT）编译技术，最近版本的 MATLAB 能够部分地克服这个问题，即 JIT 编译器只有在执行某部分 MATLAB 代码时才对它进行编译，进而提高整体执行速度。

此外，MATLAB 编译器也可以单独使用，它能够将 MATLAB 程序编译成独立的可执行文件，进而在没有 MATLAB 许可证的计算机上运行。这一功能的重大意义在于，可将 MATLAB 源程序转换成适合销售和分发给用户的可执行文件。

## 1.2 MATLAB 不足之处

MATLAB 有下面两个主要弊端。

第一，作为解释型语言，其执行速度要比编译型语言慢得多。这个问题可以通过构造合适的 MATLAB 程序，使用向量化代码的性能最优化得到缓解，也可以通过使用 JIT 编译器来得到缓解。

第二，完整版本的 MATLAB 比传统的 C 或 Fortran 编译器的购买费用贵 5 到 10 倍。但 MATLAB 在创建程序方面能够节省大量时间，对企业来说其成本效益是合算的。尽管如此，对大多数考虑购买的个人来说还是太贵了。幸运的是，MATLAB 有价格便宜的学生专用版本，可作为学生学习 MATLAB 语言的重要工具，并且 MATLAB 的学生版和完整版基本相同。

## 1.3 MATLAB 工作环境

MATLAB 程序中的基本数据单元称为**数组**，是一个分为行和列的数据值集合，并可对其命名。通过数组名及后面括号中的下标，可访问数组内的任意数据值，其中下标表示特定数据值所处的行和列。在 MATLAB 中，标量同样被当作数组进行处理，即它表示只有一行和一列的数据值集合。1.4 节将介绍如何创建和处理 MATLAB 数组。

启动 MATLAB 后，它会提供一些接收命令和显示信息的窗口。其中，三种最重要的窗口类型分别是命令窗口（接收命令输入）、图形窗口（显示绘图和图形）、编辑窗口（允许用户创建和修改 MATLAB 程序）。本节将给出这三种类型窗口的实例。

此外，MATLAB 还可以显示其他类型的窗口，例如提供帮助信息的窗口和允许用户查看内存中变量值的窗口。本节将深入分析上述窗口以及未提到的其他重要窗口，并讨论它们在调试 MATLAB 程序时所起到的作用。

### 1.3.1 操作界面

启动 MATLAB R2014b 后，首先进入 MATLAB 操作界面。操作界面主要包括显示 MATLAB 数据的各类窗口、附加工具栏以及类似于 Microsoft Office 使用的"工具栏"或"功能区"。在默认情况下，大部分 MATLAB 工具都停靠在操作界面上，以便它们集成在操作界面窗口中易于用户使用。除此之外，用户也可以选择取消停靠任何工具，将其与操作界面分离显示。

MATLAB 操作界面的默认布局如图 1.1 所示。在 MATLAB 工作环境中，它集成了许多用来管理文件、变量和应用程序的工具。

MATLAB 操作界面包含或者可访问的主要工具有：
- 命令窗口
- 工具栏
- 文档窗口，包括编辑器/调试器和数组编辑器
- 图形窗口
- 工作空间浏览器
- 当前文件夹浏览器，包括详细信息窗口
- 帮助浏览器

- 路径浏览器
- 弹出命令历史窗口

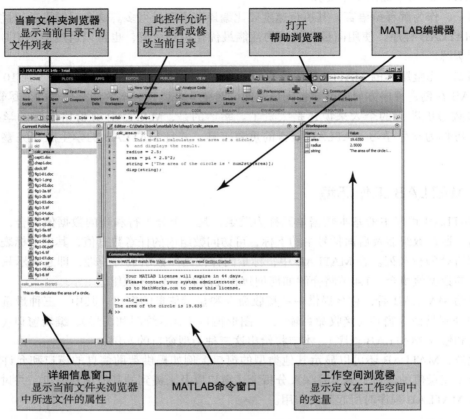

图 1.1　MATLAB 默认操作界面。在不同类型计算机上的操作界面布局略有不同

表 1.1 列出了这些工具的功能说明。后续章节将会进一步介绍。

表 1.1　MATLAB 操作界面包含的工具和窗口

| 工具 | 功能说明 |
| --- | --- |
| 命令窗口 | 此窗口用于输入命令和查看执行结果 |
| 工具栏 | 此栏位于操作界面顶部，由标签和功能区构成，包含功能选择和工具选择的图标 |
| 命令历史窗口 | 此窗口用于显示最近使用过的命令，可通过在命令窗口点击键盘上的向上键打开 |
| 文档窗口 | 此窗口用于 MATLAB 文件的显示、编辑和修改 |
| 图形窗口 | 此窗口用于显示 MATLAB 绘图 |
| 工作空间浏览器 | 此窗口用于显示存储在 MATLAB 工作空间的变量及其值 |
| 当前文件夹浏览器 | 此窗口用于显示当前目录下的文件。如果某个文件被选定，其具体属性会在详细信息窗口显示 |
| 帮助浏览器 | 此工具用于获取 MATLAB 函数的帮助信息，可通过点击帮助按钮打开 |
| 路径浏览器 | 此工具用于显示 MATLAB 搜索路径，可通过点击设置路径按钮打开 |

### 1.3.2　命令窗口

在默认情况下，**命令窗口**位于 MATLAB 操作界面的底部中心位置。用户可以在命令窗口中命令提示符（>>）后直接输入交互式命令，并立即执行。

下面通过一个简单的交互式计算示例进行说明。假设要计算一个半径为 2.5 米的圆的面积，可在 MATLAB 命令窗口中输入：

```
» area = pi * 2.5^2
area =
   19.6350
```

按下回车键后，计算结果显示在命令窗口中，并将其保存在变量名为 `area` 的变量（实为 1×1 的数组）里。如图 1.2 所示，变量内容显示在命令窗口中，且可用于后续计算。（注意，MATLAB 已经对 π 进行了预定义，无需声明它是 3.141592… 即可直接使用 `Pi`。）

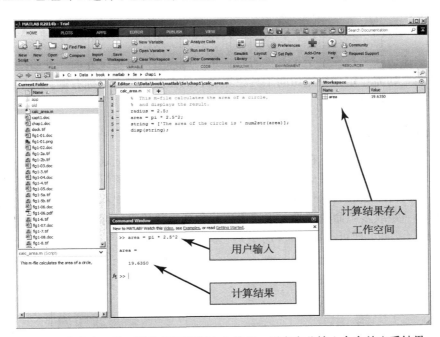

图 1.2　命令窗口位于操作界面底部中心位置。用户在此输入命令并查看结果

假如命令语句过长，在单行无法完整输入，则可在第一行末尾输入省略号（…），然后在下一行继续输入剩余部分。例如，下面两个命令语句是相同的：

```
x1 = 1 + 1/2 + 1/3 + 1/4 + 1/5 + 1/6
```

和

```
x1 = 1 + 1/2 + 1/3 + 1/4 ...
    + 1/5 + 1/6
```

MATLAB 还支持将多个命令语句写入文件中，然后在命令窗口输入文件名进行执行，此类文件统称为**脚本文件**。这些脚本文件的扩展名为"`.m`"，因此也可称为 **M 文件**。

### 1.3.3　工具栏

工具栏（见图 1.3）位于操作界面的顶部，由标签和功能区构成。工具栏上的控件按钮按照逻辑功能相关性归入不同的标签和功能区。如图 1.3 所示，标签包括 HOME（主页）、PLOTS（绘图）、APPS（应用程序）和 EDITOR（编辑器）等。每个标签都由若干功能区组成，如主页标签就包含有 FILE（文件）、VARIABLE（变量）和 CODE（代码）等不同功能区。实践表明，这种工具控件的逻辑分组方式有助于用户快速定位所需功能。

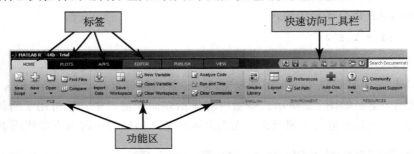

图 1.3　工具栏为用户提供大量可供使用的 MATLAB 工具和命令控件

此外，快速访问工具栏位于工具栏的右上角，用户可以自定义界面，并始终显示最常用的命令和功能。如需自定义快速访问工具栏界面，请在其上单击鼠标右键，然后从弹出的菜单中选择 Customize（自定义）选项。

### 1.3.4　命令历史窗口

命令历史窗口可显示用户在命令窗口中所输入命令的历史记录，方便用户查询以前程序执行的情况，也可手动删除历史记录。用户如需显示命令历史窗口，请在命令窗口中按向上键；如需再次执行某条已经执行过的命令，请在命令历史窗口中双击该命令；如需从命令历史窗口中删除一条或多条命令记录，请选中这些命令，并单击鼠标右键，在弹出的快捷菜单中选择 Delete（删除）即可（如图 1.4 所示）。

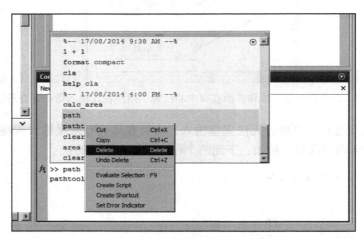

图 1.4　命令历史窗口显示正在删除两条命令记录

### 1.3.5　文档窗口

**文档窗口**（也称为**编辑 / 调试窗口**）用于创建或修改 M 文件。在创建 M 文件或打开现有 M 文件时，会自动打开编辑窗口。用户在创建 M 文件时，可以使用工具栏中 FILE（文件）功能区的 New Script（新建脚本）（见图 1.5a），也可以通过单击 New（新建），然后从弹出菜单中选择 Script（脚本）（见图 1.5b）。另外，用户也可使用工具栏中 FILE 功能区的 Open（打开）命令来打开现有的 M 文件。

a)
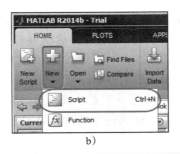
b)

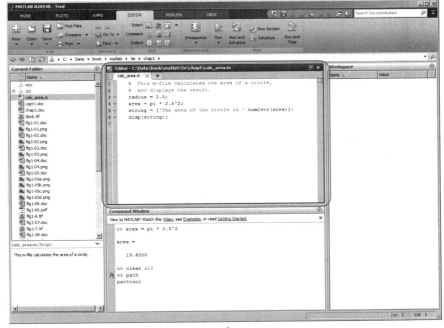
c)

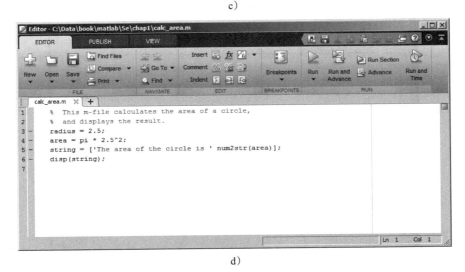
d)

图 1.5 a) 使用 New Script 创建 M 文件；b) 使用 New>>Script 创建 M 文件；c) MATLAB 编辑器停靠在操作界面；d) MATLAB 编辑器独立显示（见彩页）

如图 1.5 所示，在编辑窗口中创建 M 文件 `calc_area.m`，计算给定半径圆的面积并显示计算结果。在默认情况下，编辑窗口停靠在操作界面（见图 1.5c）；如果编辑窗口从 MATLAB 操作界面取消停靠，此时可将其称为文档窗口（见图 1.5d）。后续章节将具体介绍如何进行窗口停靠与取消停靠。

编辑窗口本质上是一个文本编辑器，其在使用过程中会以不同颜色突出显示 MATLAB 语言的特点。例如，M 文件中的注释显示为绿色，变量和数字显示为黑色，完整字符串显示为洋红色，不完整字符串显示为红色，语言关键字显示为蓝色。（见彩页。）

M 文件创建完成并保存后，可在命令窗口直接输入其文件名来执行。图 1.5 所示的 M 文件执行结果如下：

```
» calc_area
The area of the circle is 19.635
```

编辑窗口也可作为调试器使用，将在第 2 章进行介绍。

### 1.3.6 图形窗口

**图形窗口**用于显示 MATLAB 绘制的图形，即对数据、图像或图形用户界面（GUI）的二维或三维绘图。例如，编写一个简单脚本文件，实现计算和绘制正弦函数 sin *x* 图形，如下所示：

```
% sin_x.m: This M-file calculates and plots the
% function sin(x) for 0 <= x <= 6.
x = 0:0.1:6
y = sin(x)
plot(x,y)
```

若将其保存为 `sin_x.m`，则在命令窗口输入 "`sin_x`" 来执行。此时 MATLAB 会打开一个图形窗口，并在其中绘制正弦函数的曲线图（如图 1.6 所示）。

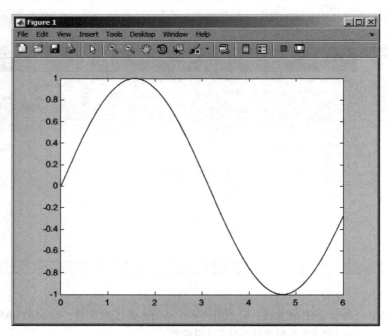

图 1.6　MATLAB 绘制正弦函数图形

## 1.3.7 窗口停靠与取消停靠

诸如命令窗口、编辑窗口和图形窗口等 MATLAB 窗口，既可以停靠到操作界面，也可以取消停靠。当窗口停靠时，它显示为操作界面中的窗格；当窗口取消停靠时，它显示为独立窗口。对于停靠窗口，单击窗口右上角的倒三角形图标，从弹出菜单选择 Undock（取消停靠），完成窗口取消停靠（如图 1.7 所示）；同理，单击窗口右上角的倒三角形图标，从弹出菜单选择 Dock(停靠)，或点击右下箭头图标（▣），可使窗口再次合并到操作界面。图 1.6 中的停靠按钮位于窗口的右上角。

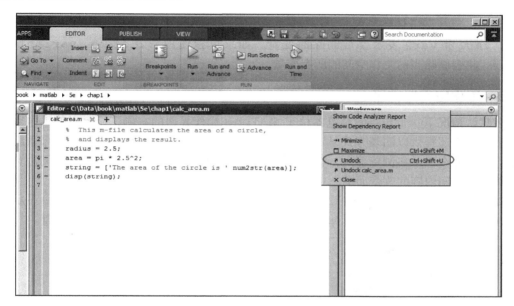

图 1.7　点击窗口右上角倒三角图标，从弹出菜单中选择取消停靠

## 1.3.8 工作空间

假设输入命令语句

```
z = 10
```

则将产生一个名为 z 的变量，且被赋值为 10，同时存储在被称为**工作空间**的计算机内存中。当执行一个特定的命令、M 文件或函数时，它们所产生的全部变量和数组信息都会出现在工作空间。另外，命令窗口中执行的所有命令（或脚本文件）共享同一个工作空间，因此它们全都共享变量。但是，不同于脚本文件，每个 MATLAB 函数都有自己独立的工作空间。

在命令窗口输入 `whos` 命令，可以显示当前工作空间的所有变量和数组。例如，执行 M 文件 `calc_area` 和 `sin_x` 后，工作空间包含下列变量。

```
» whos
  Name       Size       Bytes    Class      Attributes

  area       1x1            8    double
  radius     1x1            8    double
  string     1x32          64    char
  x          1x61         488    double
  y          1x61         488    double
```

脚本文件 `calc_area` 产生了变量 `area`、`radius` 和 `string`，而脚本文件 `sin_x` 产生了变量 `x` 和 `y`。注意，上述所有变量都在同一个工作空间，因此第二个脚本文件可以使用第一个脚本文件产生的变量。

在命令窗口输入变量名或数组名，可查看其具体内容。例如，变量 `string` 的内容为

```
» string
string =
The area of the circle is 19.635
```

在命令窗口输入 `clear` 命令，可删除工作空间的变量。具体格式为

```
clear var1 var2 ...
```

其中，`var1` 和 `var2` 表示要被删除的变量。如果单独使用命令 `clear variables` 或 `clear`，将会删除当前工作空间的所有变量。

### 1.3.9 工作空间浏览器

在默认情况下，工作空间浏览器位于 MATLAB 操作界面的右侧，显示当前工作空间的所有内容。它还提供以图表方式显示 `whos` 命令输出的变量和数组信息，并且如果数组内容较少，可以完全显示在浏览器内，则将数组的实际内容显示出来。另外，工作空间浏览器也会随着工作空间内容的改变而动态更新。

如图 1.8 所示为一个经典的工作空间浏览器窗口。可以看到，它与 `whos` 命令显示的信息相同。在窗口中双击变量名，弹出一个数组编辑器，可修改存储在变量中的信息。

图 1.8　工作空间浏览器和数组编辑器。在工作空间浏览器中，左键双击变量名可打开数组编辑器，且可用其修改相应变量或数组的值

在工作空间浏览器中可以用鼠标来删除工作空间中的变量，具体操作为：单击鼠标左键选中变量，然后按 Delete 键；或单击鼠标右键，然后从弹出菜单选择 Delete!（删除）。

### 1.3.10 当前文件夹浏览器

在默认情况下，当前文件夹浏览器位于 MATLAB 操作界面的左上侧，显示当前工作路径下的所有文件，并允许用户编辑或执行所需文件。具体操作为：在窗口中鼠标左键双击 M 文件，可打开 MATLAB 编辑器编辑文件；鼠标右击 M 文件，然后从弹出菜单选择 Run（运行），可执行 M 文件。如图 1.9 所示为当前文件夹浏览器，其上方的工具条可用于选择或显示当前文件夹。

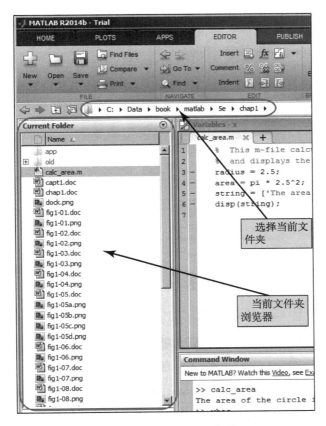

图 1.9　当前文件夹浏览器

### 1.3.11 获取帮助

MATLAB 提供了三种获取帮助的方法。首选方法是使用帮助浏览器，其启动方式有两种：（1）点击工具栏上的帮助图标（ ）；（2）在命令窗口输入命令 `helpdesk` 或 `helpwin`。在帮助浏览器中，通过阅读 MATLAB 文档，或者搜索命令的详细使用说明，用户可以获得相应帮助信息。如图 1.10 所示为帮助浏览器。

另外两种都是通过命令行的方式获取帮助。第一种是使用 `help` 命令，需要在命令窗口输入 `help` 命令和函数名。若仅输入 `help` 命令，命令窗口会显示所有可能的帮助列表；若还输入了函数名或工具箱名，命令窗口会给出这个函数或工具箱的使用说明。

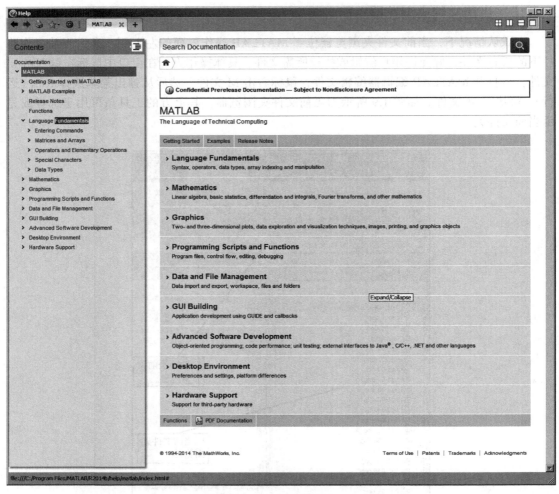

图 1.10　帮助浏览器

第二种是使用 `lookfor` 命令。不同于 `help` 命令的精确匹配函数名，`lookfor` 命令是通过搜索函数中的概览信息进行快速匹配的。尽管这种匹配会使 `lookfor` 命令比 `help` 命令查找得慢，但它获取有用信息的机会更多一些。例如，假设需要查找一个求逆矩阵的函数。由于 MATLAB 并没有 `inverse` 函数，所以 `help` 命令无法找到任何信息，而 `lookfor` 命令会找到以下结果：

```
» lookfor inverse
ifft          - Inverse discrete Fourier transform.
ifft2         - Two-dimensional inverse discrete Fourier transform.
ifftn         - N-dimensional inverse discrete Fourier transform.
ifftshift     - Inverse FFT shift.
acos          - Inverse cosine, result in radians.
acosd         - Inverse cosine, result in degrees.
acosh         - Inverse hyperbolic cosine.
acot          - Inverse cotangent, result in radian.
acotd         - Inverse cotangent, result in degrees.
acoth         - Inverse hyperbolic cotangent.
acsc          - Inverse cosecant, result in radian.
acscd         - Inverse cosecant, result in degrees.
```

```
acsch        - Inverse hyperbolic cosecant.
asec         - Inverse secant, result in radians.
asecd        - Inverse secant, result in degrees.
asech        - Inverse hyperbolic secant.
asin         - Inverse sine, result in radians.
asind        - Inverse sine, result in degrees.
asinh        - Inverse hyperbolic sine.
atan         - Inverse tangent, result in radians.
atan2        - Four quadrant inverse tangent.
atan2d       - Four quadrant inverse tangent, result in degrees.
atand        - Inverse tangent, result in degrees.
atanh        - Inverse hyperbolic tangent.
invhilb      - Inverse Hilbert matrix.
ipermute     - Inverse permute array dimensions.
inv          - Matrix inverse.
pinv         - Pseudoinverse.
betaincinv   - Inverse incomplete beta function.
erfcinv      - Inverse complementary error function.
erfinv       - Inverse error function.
gammaincinv  - Inverse incomplete gamma function.
acde         - Inverse of cd elliptic function.
asne         - Inverse of sn elliptic function.
icceps       - Inverse complex cepstrum.
idct         - Inverse discrete cosine transform.
ifwht        - Fast Inverse Discrete Walsh-Hadamard Transform.
unshiftdata  - The inverse of SHIFTDATA.
```

从上述列表可以看出，所需要的求逆矩阵的函数名称为 inv。

### 1.3.12 几个重要命令

**查看内置演示命令**。对于 MATLAB 新手来说，通过观看 MATLAB 内置的演示实例，有助于尽快了解其基本功能。如需运行 MATLAB 内置演示，请在命令窗口输入 demo 命令，或通过开始按钮选择演示。

**清除命令**。使用 clc 命令可清除命令窗口的内容，使用 clf 命令可清除当前图形窗口的内容，使用 clear 命令可清除工作空间的内容。前文介绍过，在执行多个命令和 M 文件时，工作空间的内容会累积保留，即前面问题的求解结果可能会影响到后续问题的求解。因此，为避免此情况发生，建议在每次执行新的独立计算前使用 clear 命令将工作空间清空。

**中止命令**。若 M 文件的运行时间过长，说明它可能包含无限循环，不会自己终止。在这种情况下，用户可以在命令窗口输入 Ctrl+C（简称 ^c）来重新获得控制，即在按下 Ctrl 键的同时按下 C 键。当 MATLAB 检测到 ^c 时，会自动中断正在运行的程序，并返回命令提示符。

**自动补全功能**。在进行命令输入时，若输入命令的初始部分，并按 Tab 键，将弹出一个列表，其中包含与之匹配的完整 MATLAB 命令和函数（如图 1.11 所示）。用户可从中选择一个完成命令的输入。

**调用操作系统**。在 MATLAB 中，感叹号（！）用于向计算机操作系统发送命令，其后输入的命令将发送给操作系统并执行，类似于直接在操作系统的命令提示符下输入。因此，MATLAB 允许将操作系统命令直接嵌入到程序中。

**日志命令**。在 MATLAB 中，diary 命令可以将 MATLAB 会话中的所有操作记录下来，具体使用格式为

```
diary filename
```

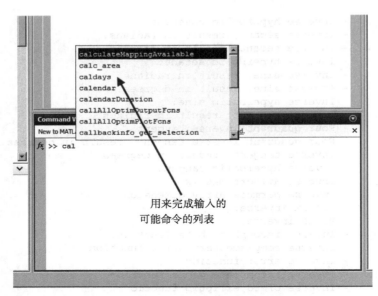

图 1.11　用户输入部分命令，并按下 Tab 键，MATLAB 将弹出与之匹配的命令或函数列表

在输入此命令后，命令窗口中的所有输入和大部分输出都会记录在日志文件里。因此，若 MATLAB 会话发生错误，则可通过日志记录重新创建事件。输入命令"`diary off`"，暂停记录；输入命令"`diary on`"，恢复记录。

### 1.3.13　MATLAB 搜索路径

MATLAB 提供了专门的搜索路径来查找 M 文件，其自带的 M 文件都被默认包含在搜索路径中。另外，用户也可将其他文件添加到搜索路径中。假设用户在 MATLAB 提示符后输入一个名称，MATLAB 解释器会进行如下操作。

（1）查找其是否是变量。若是，则显示变量的当前内容。

（2）查找其是否是当前目录中的 M 文件。若是，则执行该文件。

（3）查找其是否是搜索路径中的 M 文件。若是，则执行该文件。

注意，在默认情况下，MATLAB 首先查找的是变量，若用户定义的变量名使用了 MATLAB 已存在的函数名或命令名，那么该函数或命令将无法被访问。这是 MATLAB 新手常犯的错误。

---

**编程误区**

切勿使用与 MATLAB 函数或命令同名的变量，否则函数或命令将无法被访问。

---

此外，若有不止一个具有相同名称的函数或命令，那么在搜索路径中找到的第一个函数或命令将被执行，而其他所有的函数或命令都无法被访问。因此，新手经常会因为把自己的 M 文件命名成标准 MATLAB 函数的名字，从而导致它们无法被访问。

---

**编程误区**

切勿创建与 MATLAB 函数或命令同名的 M 文件。

MATLAB 还提供了定位函数和文件路径的命令 which，可查询文件是否存在，以及所处目录。具体使用格式为 which functionname，其中 functionname 表示要查找文件的文件名。例如，查找向量积函数 cross.m：

```
» which cross
C:\Program Files\MATLAB\R2014b\toolbox\matlab\specfun\cross.m
```

如需查看或修改 MATLAB 搜索路径，请单击工具栏 HOME（主页）标签中的 Set Path（设置路径）按钮，打开 Set Path 对话框，或者在命令窗口输入 editpath，如图 1.12 所示。用户可添加、删除目录或更改路径中目录的顺序。

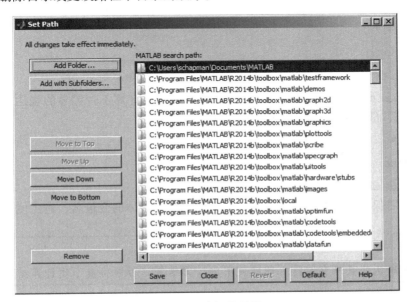

图 1.12　路径管理器

其他与路径操作相关的函数包括：
- addpath　　添加目录到搜索路径
- path　　　 显示搜索路径中所有目录
- path2rc　　添加当前目录到搜索路径
- rmpath　　 从搜索路径移除选定的目录

## 1.4　MATLAB 应用示例——计算器

计算器是 MATLAB 的一种最简单的应用形式，可直接在命令窗口中执行包含加、减、乘、除和求幂等符号的数学表达式，并且在表达式输入后自动计算并输出结果。若表达式中包含等号，则将输出结果保存在等号左边的变量中。

例如，计算一个圆柱体的体积，若其底面半径为 $r$，高为 $l$，则圆柱体的底面积为

$$A = \pi r^2 \tag{1.1}$$

因此，圆柱体的体积为

$$V = Al \tag{1.2}$$

假设底面半径为 0.1 米，高为 0.5 米，则计算圆柱体体积的 MATLAB 语句如下：

```
» A = pi * 0.1^2
A =
    0.0314
» V = A * 0.5
V =
    0.0157
```

其中 pi 为 MATLAB 预定义变量，其值为 3.141592…。

上述过程中，输入第一个表达式，计算出圆柱体的底面积，存入变量 A 并显示；输入第二个表达式，计算出圆柱体的体积，存入变量 V 并显示。注意到，在计算第二个表达式时，需要用到 MATLAB 已存入的变量 A 的值。

若在命令窗口输入的表达式不包含等号，则 MATLAB 直接计算，将结果存入默认变量 ans 并显示。例如，

```
» 200 / 7
ans =
    28.5714
```

默认变量 ans 的值也可用于后续计算，但每次重新计算不带等号的表达式时都会覆盖变量 ans 的值，故在使用 ans 时要特别注意。例如，

```
» ans * 6
ans =
   171.4286
```

此时存储在变量 ans 中的值由 28.5714 更新为 171.4286。

因此，如需保存计算结果并继续使用，请给它分配具体的变量名，避免使用默认变量。

**编程误区**

避免使用默认变量来存储需要继续使用的计算结果，否则将被下次计算结果覆盖。

## 测验 1.1

本测验为你提供了一个快速测试，看看你是否已理解本章介绍的主要概念。如果你在测试中遇到问题，请重新阅读正文、请教教师或与同学一起讨论。测验的答案见书后。

1. MATLAB 命令窗口、编辑窗口和图形窗口的作用分别是什么？
2. 列举 MATLAB 中获取帮助的主要方式。
3. 什么是 MATLAB 工作空间？如何查看工作空间存储的内容？
4. 如何清除工作空间的内容？
5. 球在空中落下的距离由如下等式给出：

$$x = x_0 + v_0 t + \frac{1}{2}at^2$$

试计算球在 $t = 5\text{s}$ 时的下落距离，其中 $x_0 =10\text{m}$，$v_0 =15\text{m/s}$，$a = -9.81\text{m/s}^2$。

6. 假设 $x = 3$，$y = 4$，试计算下列表达式

$$\frac{x^2 y^3}{(x-y)^2}$$

7. 在命令窗口运行 M 文件 `calc_area.m` 和 `sin_x.m`（可从本书提供的网址获得），然后查看工作空间浏览器确定当前工作空间中定义了哪些变量。

8. 使用数组编辑器查看和修改工作空间中变量 x 的内容，然后在命令窗口输入 plot(x,y)，并查看图形窗口的显示效果。

## 1.5 本章小结

本章内容主要涉及 MATLAB 集成开发环境（IDE），分别介绍了 MATLAB 窗口的基本类型、工作空间以及如何获得在线帮助。在 MATLAB 程序启动后，进入操作界面，它将许多 MATLAB 工具集成在一起显示，主要包括命令窗口、命令历史窗口、工具栏、文档窗口、工作空间浏览器、数组编辑器和当前文件夹浏览器等。其中，命令窗口是最为重要的一个，它能完成所有命令的输入和执行结果的显示。

文档窗口（或编辑/调试窗口）主要用于创建和修改 M 文件，并依据文件内容标识功能的不同，如注释、关键字、字符串等，显示不同颜色。

图形窗口主要用于显示绘制的图形。

在线帮助主要通过帮助浏览器或在命令窗口输入帮助命令 help 和 lookfor 来实现。其区别在于：帮助浏览器允许用户访问整个 MATLAB 文档集；帮助命令 help 需要知道待查询的函数名，且只能在命令窗口显示此函数的帮助信息；帮助命令 lookfor 在所有 MATLAB 函数的第一个注释行搜索给定的字符串，并显示所有搜索结果。

用户在命令窗口输入命令时，将从 MATLAB 路径开始搜索该命令。一般来说，在路径中搜到第一个匹配的 M 文件或命令时，立即执行，并且不再继续搜索。另外，路径管理器可用来添加、删除和修改 MATLAB 路径。

### MATLAB 总结

下表所示为本章使用到的所有 MATLAB 特殊符号，并给出了简单说明。

**特殊符号**

| + | 加 | / | 除 |
|---|---|---|---|
| − | 减 | ^ | 求幂 |
| * | 乘 | | |

## 1.6 本章习题

1.1 在区间 $0 \leq x \leq 10$ 内绘制函数 $y(x)=2e^{-0.2x}$，其 MATLAB 命令语句如下所示

```
x = 0:0.1:10;
y = 2 * exp( -0.2 * x);
plot(x,y);
```

请用 MATLAB 编辑窗口创建一个新的 M 文件，输入上述命令语句，并保存为 test1.m。然后在命令窗口输入 test1 执行该 M 文件，查看运行结果。

1.2 获取 MATLAB 函数 exp 的帮助信息：(a) 在命令窗口输入帮助命令 help exp 查看；(b) 使用帮助浏览器查看。

1.3 使用 lookfor 命令确定如何在 MATLAB 中计算以 10 为底的对数。

1.4 假设 $u=1$，$v=3$，试用 MATLAB 计算下列表达式。

(a) $\dfrac{4u}{3v}$

(b) $\dfrac{2v^{-2}}{(u+v)^2}$

(c) $\dfrac{v^3}{v^2-u^3}$

(d) $\dfrac{4}{3}\pi v^2$

1.5 假设 $x = 2$，$y = -1$，试用 MATLAB 计算下列表达式。

(a) $\sqrt[4]{2x^3}$

(b) $\sqrt[4]{2y^3}$

注意，MATLAB 计算结果会显式区分复数或虚数。

1.6 在命令窗口输入下列 MATLAB 语句：

```
4 * 5
a = ans * pi
b = ans / pi
ans
```

其中，a、b 和 ans 的值分别是多少？ ans 的最终值是多少？为什么在随后的计算中保留了这个值？

1.7 使用 MATLAB 帮助浏览器查找显示当前目录所需的命令，并说明 MATLAB 启动时的当前目录是什么？

1.8 使用 MATLAB 帮助浏览器查看如何创建新目录，然后在当前目录下创建新目录 mynewdir，并将新目录添加到 MATLAB 默认路径的首位。

1.9 将当前目录更改为 mynewdir，然后打开编辑窗口，并输入以下内容：

```
% Create an input array from -2*pi to 2*pi
t = -2*pi:pi/10:2*pi;

% Calculate |sin(t)|
x = abs(sin(t));

% Plot result
plot(t,x);
```

将文件保存为 test2.m，然后在命令窗口输入 test2 执行该文件，并查看运行结果。

1.10 关闭图形窗口，返回 MATLAB 启动时的原目录。在命令窗口输入 test2，查看运行结果，并解释原因。

# 第 2 章

Essentials of MATLAB Programming, Third Edition

# MATLAB 基础知识

本章将介绍 MATLAB 编程语言的一些基础知识。通过本章的学习，读者将能够编写简单但功能强大的 MATLAB 程序。

## 2.1 变量和数组

在任何 MATLAB 程序中，数据的基本单位是**数组**（array）。数组是组织成行和列的数据值的组合，其命名方式如图 2.1 所示。单个数据值是通过数组名和其后圆括号内的下标来进行访问的，其中下标用来确定特定值的行和列。在 MATLAB 中，标量也被看作数组来处理，即它们是仅有一行和一列的数组。

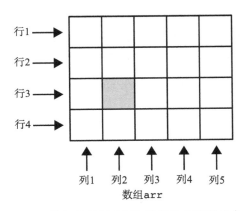

图 2.1 数组是组织成行和列的数据值的组合

数组可以被分成**向量**（vector）和**矩阵**（matrix）。"向量"通常用来描述只有一维的数组，而"矩阵"用来描述二维或多维的数组。在本书中，当讨论一维数组时用"向量"，二维或多维数组时用"矩阵"。如果某个特定的讨论适用于这两种类型的数组，那么将使用术语"数组"。

数组的**大小**（size）由数组中的行数和列数来指定，其中所列的第一个为行数。数组中元素的个数为行数和列数的乘积。例如，下列数组的大小如下表所示：

| 数组 | 大小 |
|---|---|
| $a = \begin{bmatrix} 1 & 2 \\ 3 & 4 \\ 5 & 6 \end{bmatrix}$ | 这是一个大小为 $3 \times 2$ 的矩阵，包含 6 个元素 |
| $b = \begin{bmatrix} 1 & 2 & 3 & 4 \end{bmatrix}$ | 这是一个大小为 $1 \times 4$ 的数组，包含 4 个元素，称为**行向量** |
| $c = \begin{bmatrix} 1 \\ 2 \\ 3 \end{bmatrix}$ | 这是一个大小为 $3 \times 1$ 的数组，包含 3 个元素，称为**列向量** |

数组中的单个元素是由数组名以及这个元素所处的行和列来确定的。如果数组是一个行向量或列向量，此时只需要一个下标。例如，上表数组中 a(2,1)=3，c(2)=2。

MATLAB 变量（variable）是指一个包含数组的内存区域，由用户指定的名称来表示。无论何时，只要在恰当的 MATLAB 命令中引用变量名，就可以使用其代表的数组内容并进行修改。

MATLAB 变量名必须以字母开头，后跟字母、数组和下划线的任意组合。只有前 63 个字符是有效的，超出的字符将被忽略。假设声明的两个变量在其变量名中只有第 64 个字符不同，那么 MATLAB 会将它们视为同一个变量。如果必须将长变量名称截断为 63 个字符，则 MATLAB 将发出警告。

---

**编程误区**

确保变量名的前 63 个字符是唯一的，否则 MATLAB 将无法区分。

---

编写程序时，为变量选择有意义的名称是很重要的。有意义的名称使程序更易于阅读和维护。例如命名为"日""月"和"年"这样的名字，对于第一次阅读程序的人来说也是相当清楚的。虽然在 MATLAB 变量名中无法使用空格，但是可以用下划线代替来创建有意义的名称。例如，exchange rate 可以命名为 `exchange_rate`。

---

**良好编程习惯**

尽量为变量选择描述性和易于记忆的名称。例如，货币的汇率可命名为 `exchange_rate`。这将使得程序更加清晰易懂。

---

编写程序时，在开始部分包含**数据字典**（data dictionary）也是非常重要的。数据字典列出程序中使用的每个变量的定义。这些定义包括对变量内容和其度量单位的描述。虽然看起来在编程时数据字典似乎不是必需的，但当你或其他人要对程序进行后续修改时，它的价值就体现出来了。

---

**良好编程习惯**

为每个程序创建数据字典，使程序维护更容易。

---

MATLAB 语言是区分大小写的，这意味着大小写字母使用起来不一样。因此，变量名 `name`、`NAME` 和 `Name` 在 MATLAB 中代表不同的变量。每次使用变量名时，都要小心使用相同的大小写。

---

**良好编程习惯**

确保每次使用变量都使用与之完全相同的变量名。在变量名中只使用小写字母是个好习惯。

---

许多 MATLAB 程序员都遵循这样的习惯，即变量名使用小写，并在单词之间用下划线

连接。前面提到的变量 `exchange_rate` 就是这样一个例子,且在本书中会用到。

另外一些 MATLAB 程序员可能会遵从 Java 和 C++ 的习惯,即不使用下划线,而是第一个单词小写,后续单词的首字母大写。在这种习惯下,货币的汇率可命名为 `exchangeRate`。两种习惯都可以,但在程序中要保持一致。

---
**良好编程习惯**
采用标准命名和大小写约定,并在整个程序中保持一致。

---

最常见的 MATLAB 变量类型是双精度浮点型(double)和字符型(char)。double 型变量包括 64 位双精度浮点数的标量或数组。它们可以是实数、虚数或复数。变量的实部和虚部是 $10^{-308}$ 到 $10^{308}$ 之间的小数点后保留 15 到 16 位的正数或负数。它们是 MATLAB 中主要的数值型数据类型。

当将数值赋给变量名时,会自动创建 double 型变量。分配给 double 型变量的数值可以是实数、虚数或复数。实数就是一个数字。例如,下面的语句将实数 10.5 赋给 double 型变量 `var`:

`var = 10.5`

虚数是通过在数字后面附加字母 `i` 或 `j` 来定义的<sup>○</sup>。例如,`10i` 和 `-4j` 都是虚数。下面的语句将虚数 `4i` 赋给 double 型变量 `var`:

`var = 4i`

复数包含实部和虚部,由一个实数和一个虚数相加得到。例如,下面的语句将复数 `10+10i` 赋给变量 `var`:

`var = 10 + 10i`

char 型变量包括 16 位字长的标量或数组,每个变量代表一个字符。这种类型的数组用来保存字符串。当将一个字符或者一个字符串赋给变量名时,会自动创建 char 型变量。例如,下面的语句创建一个变量名为 `comment` 的 char 型变量,并将指定的字符串存入其中。语句执行后,`comment` 就是一个大小为 $1 \times 26$ 的字符型数组。

`comment = 'This is a character string'`

在诸如 C 之类的语言中,每个变量的类型在使用之前必须在程序中显式声明。这些语言被称为**强类型语言**。相比之下,MATLAB 是一种**弱类型语言**。可以随时通过简单地为其赋值来创建变量,并且赋值给变量的数据类型决定了创建的变量的类型。

## 2.2 创建和初始化变量

MATLAB 变量在初始化时自动创建。在 MATLAB 中初始化变量有三种常见的方法。
(1)在赋值语句中将数据赋给变量。
(2)从键盘上输入数据到变量中。
(3)从文件中读取数据。

---
○ 虚数表示一个数字乘以 $\sqrt{-1}$。大部分数学家和科学家用字母 i 表示 $\sqrt{-1}$,而电子工程师通常用字母 j 表示 $\sqrt{-1}$,因为在他们的学科中字母 i 通常代表电流。

这里将讨论前两种方法，第三种方法将在 2.6 节中讨论。

### 2.2.1 在赋值语句中初始化变量

初始化变量的最简单方法是在**赋值语句**中给它赋一个或多个值。赋值语句具有一般形式：

var = *expression*;

其中 var 是变量名，*expression* 可以是标量常数、数组，或者常数、其他变量与数学运算（+、-等）的组合。使用正常的数学规则计算表达式的值，并将结果存储在命名的变量中。语句末尾的分号是可选的，如果分号不存在，则赋给 var 的值将在命令窗口中显示。如果存在，即使已经赋值，也不会在命令窗口显示任何内容。

下面给出了用赋值语句初始化变量的简单例子：

```
var = 40i;
var2 = var / 5;
x = 1; y = 2;
array = [1 2 3 4];
```

第一个示例创建了一个 double 型的标量变量，并将虚数 40i 存储在其中。第二个示例创建了一个标量变量，并将表达式 var/5 的结果存储在其中。第三个示例表明，可将多个赋值语句放在一行，并以分号或逗号隔开。第四个示例创建了一个变量，并在其中存储一个包括 4 个元素的行向量。注意，如果在执行语句时变量已经存在，那么它们原本的内容将丢失。

最后一个示例表明，变量也可以用数据数组初始化。这样的数组是用括号（[]）和分号来构造的。数组的所有元素按行顺序列出。换句话说，每一行中的值都是从左到右排列的，最上面的为第一行，最下面的为最后一行。每行中的单个值用空格或逗号隔开，各行之间用分号或新行隔开。以下表达式均为可用于初始化变量的合法数组。

| | |
|---|---|
| [3.4] | 表达式创建了一个 $1 \times 1$ 的数组（标量），其值为 3.4。此情况下可以不用括号 |
| [1.0  2.0  3.0] | 表达式创建了一个 $1 \times 3$ 的数组，此行向量为 [1 2 3] |
| [1.0; 2.0; 3.0] | 表达式创建了一个 $3 \times 1$ 的数组，此列向量为 $\begin{bmatrix} 1 \\ 2 \\ 3 \end{bmatrix}$ |
| [1, 2, 3, 4, 5, 6] | 表达式创建了一个 $2 \times 3$ 的数组，此矩阵为 $\begin{bmatrix} 1 & 2 & 3 \\ 4 & 5 & 6 \end{bmatrix}$ |
| [1, 2, 3<br>4, 5, 6] | 表达式创建了一个 $2 \times 3$ 的数组，此矩阵为 $\begin{bmatrix} 1 & 2 & 3 \\ 4 & 5 & 6 \end{bmatrix}$。第一行的末尾换行结束第一行 |
| [ ] | 表达式创建了一个空数组，该数组不包含行和列（注意，这与包含 0 的数组不一样） |

数组中每行元素个数必须相同，每列元素个数也必须相同。如下表达式

```
[1 2 3; 4 5];
```

是非法的，因为第 1 行有三个元素，而第 2 行只有两个元素。

**编程误区**

数组中每行元素个数必须相同，每列元素个数也必须相同。试图在数组各行或各列定义不同个数的元素时，会在执行语句时出错。

用于初始化数组的表达式可以包括代数运算和已定义的数组的全部或部分。例如，赋值语句

```
a = [0 1+7];
b = [a(2) 7 a];
```

将定义数组 a = [0 8] 和 b = [8 7 0 8]。

此外，数组中并非所有元素都必须在创建时定义。如果定义了一个特定的数组元素，在它之前并没有定义其他元素，那么将自动创建和初始化其他元素为零。例如，如果 c 没有预先定义，则语句

```
c(2,3) = 5;
```

将创建矩阵 $c = \begin{bmatrix} 0 & 0 & 0 \\ 0 & 0 & 5 \end{bmatrix}$。类似地，数组可以通过以下方式扩展，并为超出当前定义大小的元素指定一个值。例如，假设数组 d = [1 2]，那么表达式

```
d(4) = 4;
```

将创建数组 d = [1 2 0 4]。

上述每个赋值语句结束时的分号有特殊的用途：它可以禁止赋值语句表达式计算结果的自动显示。如果赋值语句没有分号，则语句的结果将在命令窗口中自动显示：

```
» e = [1, 2, 3; 4, 5, 6]
e =
   1   2   3
   4   5   6
```

如果在语句的结尾添加分号，则不会自动显示。自动显示是快速检查工作的一个很好方式，但严重降低了 MATLAB 程序的执行速度。为此，我们通常用分号来结束每一行，从而始终禁止自动显示。

尽管如此，自动显示结果仍然不失为一种简单易行的调试方法。如果不确定某个赋值语句的结果是什么，只需从该语句中删除分号，结果将在执行语句时在命令窗口中自动显示。

---

**良好编程习惯**

在所有 MATLAB 赋值语句末尾使用分号，以禁止命令窗口中赋值结果的自动显示，这可以极大加快程序执行速度。

---

**良好编程习惯**

如果需要在程序调试期间检查语句的结果，则可以从该语句中删除分号，以便其结果在命令窗口中显示。

---

### 2.2.2 使用快捷表达式初始化

对于元素个数较少的数组来说，显式地列出每个元素来创建数组是很容易的，但是当数组包含数百个甚至数千个元素时怎么办呢？单独写出数组中的每个元素是不实际的！

通过使用**冒号运算符**（colon operator），MATLAB 可以简化上述大数组创建。冒号运算符通过指定数组序列中的第一个值、步进增量和序列中的最后一个值来定义完整数组的值。冒号运算符的一般形式是

```
first:incr:last
```

其中 `first` 是第一个值，`incr` 是步进增量，`last` 是最后一个值。如果增量为 1，则可以忽略不写。因此，上述表达式将生成一个数组，包含元素值 `first`、`first+incr`、`first+2*incr`、`first+3*incr` 等，均小于等于 `last`。当产生的下一个值大于 `last` 时，语句执行停止。

例如，表达式 1:2:10 是包含元素 1，3，5，7，9 的 $1\times 5$ 行向量的一种快捷表达方式。下一个值应为 11，但它大于 10，所以在 9 时结束。

```
» x = 1:2:10
x =
   1   3   5   7   9
```

使用冒号，可对包含 100 个元素值 $\dfrac{\pi}{100}$，$\dfrac{2\pi}{100}$，$\dfrac{3\pi}{100}$，…，$\pi$ 的数组进行初始化：

```
angles = (0.01:0.01:1.00) * pi;
```

**快捷表达式**可以与**转置运算符**（'）相结合，以初始化列向量和更复杂的矩阵。转置运算符将应用于任何数组的行和列交换。例如，表达式

```
f = [1:4]';
```

先生成包含 4 个元素的行向量 [1  2  3  4]，然后通过转置运算变成包含 4 个元素的列向量 $f = \begin{bmatrix} 1 \\ 2 \\ 3 \\ 4 \end{bmatrix}$。类似地，表达式

```
g = 1:4;
h = [g' g'];
```

将生成矩阵 $h = \begin{bmatrix} 1 & 1 \\ 2 & 2 \\ 3 & 3 \\ 4 & 4 \end{bmatrix}$。

### 2.2.3 使用内置函数初始化

数组也可以使用内置的 MATLAB 函数初始化。例如，函数 `zeros` 可以用来创建任何大小的全零数组。函数 `zeros` 有几种不同形式。如果函数有一个标量参数，它将使用这个参数作为行数和列数来产生一个方阵。如果函数有两个标量参数，则第一个参数将作为行数，第二个参数将作为列数。由于函数 `size` 返回的是数组中行数和列数两个值，所以可以与函数 `zeros` 结合使用，生成与原数组大小相同的全 0 数组。下面为函数 `zeros` 的一些示例：

```
a = zeros(2);
b = zeros(2,3);
c = [1 2; 3 4];
d = zeros(size(c));
```

上述表达式可生成如下的数组：

$$a = \begin{bmatrix} 0 & 0 \\ 0 & 0 \end{bmatrix} \quad b = \begin{bmatrix} 0 & 0 & 0 \\ 0 & 0 & 0 \end{bmatrix}$$

$$c = \begin{bmatrix} 1 & 2 \\ 3 & 4 \end{bmatrix} \quad d = \begin{bmatrix} 0 & 0 \\ 0 & 0 \end{bmatrix}$$

类似地，函数 ones 可用于生成全 1 数组，函数 eye 可用于生成**单位矩阵**（所有对角线元素为 1，非对角线元素为 0）。表 2.1 列出了用于初始化变量的常用 MATLAB 函数。

表 2.1 用于初始化变量的 MATLAB 函数

| 函数 | 作用 | 函数 | 作用 |
| --- | --- | --- | --- |
| zeros(n) | 生成 $n \times n$ 大小的全 0 矩阵 | ones(size(arr)) | 生成与 arr 大小相同的全 1 矩阵 |
| zeros(m,n) | 生成 $m \times n$ 大小的全 0 矩阵 | eye(n) | 生成 $n \times n$ 大小的单位矩阵 |
| zeros(size(arr)) | 生成与 arr 大小相同的全 0 矩阵 | eye(m,n) | 生成 $m \times n$ 大小的单位矩阵 |
| ones(n) | 生成 $n \times n$ 大小的全 1 矩阵 | length(arr) | 返回向量的长度，或二维数组的最长维数 |
| ones(m,n) | 生成 $m \times n$ 大小的全 1 矩阵 | size(arr) | 返回 arr 的行数和列数 |

### 2.2.4 使用键盘输入初始化变量

还可以提示用户，并通过在键盘上直接输入数据来初始化变量。此选项允许脚本文件在执行时提示用户输入数据值。函数 input 会在命令窗口中显示一个提示字符串，然后等待用户输入。例如，考虑以下语句：

```
my_val = input('Enter an input value:');
```

当执行此语句时，MATLAB 将显示字符串 'Enter an input value:'，然后等待用户响应。如果用户想要输入单个数字，则直接输入即可。如果用户想要输入数组，则必须用括号括起来。在任何情况下，按下返回键后，无论输入的是什么都将存储在变量 my_val 中。如果只是按下返回键，则将创建一个空矩阵并存储在变量中。

如果函数 input 包含字符 's' 作为第二个参数，则输入数据作为字符串存储在返回的变量中。因此，表达式

```
» in1 = input('Enter data: ');
Enter data: 1.23
```

将数值 1.23 存储在 in1 中，而表达式

```
» in2 = input('Enter data: ','s');
Enter data: 1.23
```

将字符串 '1.23' 存储在 in2 中。

### 测验 2.1

本测验为你提供了一个快速测试，看看你是否已经理解 2.1 节和 2.2 节中介绍的概念。如果你在测验中遇到问题，请重新阅读正文、请教教师或与同学一起讨论。测验的答案见书后。

1. 数组、矩阵和向量的区别是什么？
2. 根据下面数组回答问题。

$$c = \begin{bmatrix} 1.1 & -3.2 & 3.4 & 0.6 \\ 0.6 & 1.1 & -0.6 & 3.1 \\ 1.3 & 0.6 & 5.5 & 0.0 \end{bmatrix}$$

(a) 数组 c 的大小是多少?
(b) c(2,3) 的值是多少?
(c) 列出值 0.6 的所有下标。

3. 确定以下数组的大小。通过将数组输入 MATLAB 并使用 whos 命令或工作空间浏览器来检查答案。请注意，后续测验的数组可能用到本题的定义。
   (a) u = [10 20*i 10+20];
   (b) v = [-1; 20; 3];
   (c) w = [1 0 -9; 2 -2 0; 1 2 3];
   (d) x = [u' v];
   (e) y(3,3) = -7;
   (f) z = [zeros(4,1) ones(4,1) zeros(1,4)'];
   (g) v(4) = x(2,1);

4. 上述 w(2,1) 的值是多少?
5. 上述 x(2,1) 的值是多少?
6. 上述 y(2,1) 的值是多少?
7. 在 (g) 执行之后，v(3) 的值是多少?

## 2.3 多维数组

正如我们所看到的，MATLAB 数组可以有一个或多个维度。一维数组可以看成一系列放在一行或一列的值，用单个下标选择数组元素（见图 2.2a）。这样的数组可用于描述作为独立变量的函数的数据，例如，在固定的时间间隔进行一系列温度测量。

某些类型的数据是多个独立变量的函数。例如，我们可能希望测量在 4 个不同时间和 5 个不同位置的温度。在这种情况下，20 个测量可以在逻辑上分为 4 次测量，每次测量都有 5 个不同的列，每列代表一个位置（见图 2.2b）。因此，我们可以用两个下标来访问数组中给定的元素：第一个下标选择行，第二个下标选择列。这样的数组称为**二维数组**。二维数组中的元素数量为行数和列数的乘积。

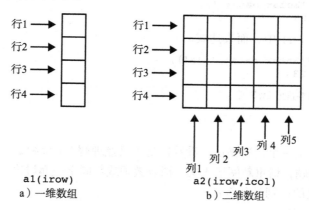

图 2.2 一维和二维数组的表示

MATLAB 允许我们为任何给定的问题创建必要维数的数组。这些数组对于每个维度都有一个下标，通过为每个下标指定一个值来确定数组中的某个元素。数组中元素的总数将是每个下标的最大值相乘。例如，以下两个语句将创建一个 $2 \times 3 \times 2$ 的数组 c：

```
» c(:,:,1)=[1 2 3; 4 5 6];
» c(:,:,2)=[7 8 9; 10 11 12];
» whos c
  Name     Size      Bytes    Class     Attributes
  c        2x3x2       96     double
```

这个数组包含 12 个元素（$2 \times 3 \times 2$）。它的内容也可以像其他数组一样显示。

```
» c
c(:,:,1) =
     1     2     3
     4     5     6

c(:,:,2) =
     7     8     9
    10    11    12
```

### 2.3.1 在内存中存储多维数组

具有 $m$ 行和 $n$ 列的二维数组将包含 $m \times n$ 个元素，这些元素将占用计算机内存中的 $m \times n$ 个连续位置。那么，数组中的元素是如何在计算机内存中进行排列的？MATLAB 总是按**列主顺序**分配数组元素。也就是说，MATLAB 先将第一列分配到内存中，然后分配第二列，然后是第三列，等等，直到所有的列都被分配完毕。图 2.3 展示了使用这种方案来存储 $4 \times 3$ 大小的数组 a。从中可以看出，元素 a(1,2) 是第 5 个被分配到内存中的。当我们在下一节讨论单下标寻址以及附录 B 中的低级 I/O 函数时，内存中元素分配的顺序将变得非常重要。

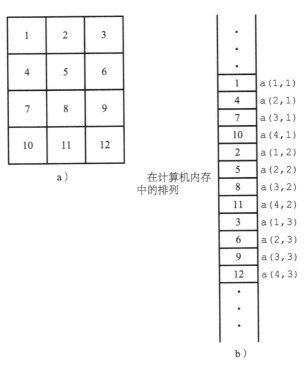

图 2.3  a）数组 a 的值；b）数组 a 在内存中的排列情况

这种分配方案同样适用于具有两个以上维度的数组。数组的第一个下标增长速度最快，第二个下标增长速度次快，等等，最后一个下标增长速度最慢。例如，对于一个 $2\times2\times2$ 的数组，其元素的分配顺序为：(1,1,1)，(2,1,1)，(1,2,1)，(2,2,1)，(1,1,2)，(2,1,2)，(1,2,2)，(2,2,2)。

### 2.3.2 用一维方式访问多维数组

MATLAB 的特点之一是它允许用户或程序员将多维数组视为一维数组访问，其长度等于多维数组中元素的数量。如果使用单个维度访问多维数组，则将按照它们在内存中分配的顺序访问这些元素。

例如，假设定义了如下的 $4\times3$ 数组：

```
» a = [1 2 3; 4 5 6; 7 8 9; 10 11 12]
a =
     1     2     3
     4     5     6
     7     8     9
    10    11    12
```

那么，a(5) 和 a(1, 2) 的值都是 2，因为 a(1, 2) 是第 5 个被分配的。

在正常情况下，避免使用 MATLAB 的这个特性。用单个下标访问多维数组容易造成混乱。

---

**良好编程习惯**

访问多维数组时，请始终使用适当数量的维度。

---

## 2.4 子数组

MATLAB 数组的子集可以作为独立数组来使用。若要选择数组的一部分，只需在数组名后面的括号中包含所有要选择的元素的列表。例如，假设数组 arr1 定义如下：

  arr1 = [1.1 -2.2 3.3 -4.4 5.5];

那么 arr1(3) 就是 3.3，arr1([1 4]) 就是数组 [1.1 -4.4]，arr1(1:2:5) 就是数组 [1.1 3.3 5.5]。

对于二维数组，可以在下标中使用冒号来选择该下标的所有值。例如

  arr2 = [1 2 3; -2 -3 -4; 3 4 5];

上述表达式创建了一个数组 arr2，其值为 $\begin{bmatrix} 1 & 2 & 3 \\ -2 & -3 & -4 \\ 3 & 4 & 5 \end{bmatrix}$。

根据定义，子数组 arr2(1, :) 就是 [1 2 3]，子数组 arr2(:, 1:2:3) 就是 $\begin{bmatrix} 1 & 3 \\ -2 & -4 \\ 3 & 5 \end{bmatrix}$。

### 2.4.1 函数 end

MATLAB 包含一个名为 end 的特殊函数，它对于创建数组下标非常有用。当在数组下

标中使用时，end 返回该下标所采用的最高值。例如，假设数组 arr3 定义如下：

```
arr3 = [1 2 3 4 5 6 7 8];
```

那么 arr3 (5: end) 就是数组 [5 6 7 8]，arr3 (end) 的值是 8。

函数 end 的返回值始终是给定下标的最大值。如果 end 出现在不同的下标中，它能够返回不同的值。例如，假设 3×4 数组 arr4 定义如下：

```
arr4 = [1 2 3 4; 5 6 7 8; 9 10 11 12];
```

那么表达式 arr4 (2: end, 2: end) 代表数组 $\begin{bmatrix} 6 & 7 & 8 \\ 10 & 11 & 12 \end{bmatrix}$。注意，第一个 end 的返回值是 3，第二个 end 的返回值是 4！

## 2.4.2 在赋值语句左侧使用子数组

可以在赋值语句的左侧使用子数组来更新数组中的某些值，只需要赋值**形状**（行数和列数）与子数组的形状一致。如果形状不一致，则会出错。例如，假设 3×4 数组 arr4 定义如下：

```
» arr4 = [1 2 3 4; 5 6 7 8; 9 10 11 12]
arr4 =
     1     2     3     4
     5     6     7     8
     9    10    11    12
```

那么以下赋值语句是合法的，因为等号两边的表达式具有相同的形状（2×2）：

```
» arr4(1:2,[1 4]) = [20 21; 22 23]
arr4 =
    20     2     3    21
    22     6     7    23
     9    10    11    12
```

注意到，数组元素 (1,1), (1,4), (2,1) 和 (2,4) 已经更新了。相比之下，以下表达式是非法的，因为双方没有相同的形状。

```
» arr5(1:2,1:2) = [3 4]
??? In an assignment A(matrix,matrix) = B, the number
of rows in B and the number of elements in the A row
index matrix must be the same.
```

**编程误区**

对于涉及子数组的赋值语句，等号两边的形状必须匹配。如果不匹配，则 MATLAB 会报错。

---

在 MATLAB 中赋值给子数组和赋值给数组有明显的区别。如果赋值给子数组，只有部分值更新，数组中其他值保持不变。如果赋值给数组，则数组的全部内容将被删除并替换为新值。例如，假设 3×4 数组 arr4 定义如下：

```
» arr4 = [1 2 3 4; 5 6 7 8; 9 10 11 12]
arr4 =
     1     2     3     4
     5     6     7     8
     9    10    11    12
```

那么以下赋值语句将更新数组 `arr4` 的部分元素：

```
» arr4(1:2,[1 4]) = [20 21; 22 23]
arr4 =
    20     2     3    21
    22     6     7    23
     9    10    11    12
```

相反，以下赋值语句用 2×2 数组替换了数组 `arr4` 的整个内容：

```
» arr4 = [20 21; 22 23]
arr4 =
    20    21
    22    23
```

---

**良好编程习惯**

确保区分赋值给子数组和赋值给数组。这两种情况在 MATLAB 中是不同的。

---

### 2.4.3 将标量赋值给子数组

赋值语句右侧的标量值始终与左侧指定的形状匹配。标量值被复制到语句左侧指定的每个元素中。例如，假设 3×4 数组 `arr4` 定义如下：

```
arr4 = [1 2 3 4; 5 6 7 8; 9 10 11 12];
```

那么下列表达式将 1 赋值给数组的 4 个元素。

```
» arr4(1:2,1:2) = 1
arr4 =
    1     1     3     4
    1     1     7     8
    9    10    11    12
```

## 2.5 特殊值

MATLAB 包含许多预定义的特殊值。这些预定义值可在 MATLAB 中随时使用，且无需初始化。表 2.2 给出了常见的预定义值。

表 2.2 预定义的特殊值

| 函数 | 作用 |
| --- | --- |
| pi | 表示 π 的小数点后 15 位有效数字 |
| i, j | 表示 $\sqrt{-1}$ |
| Inf | 表示无限大，通常是由除以 0 产生的结果 |
| NaN | 表示非数字，是未定义的数学运算的结果，如 0 除 0 |
| clock | 表示当前日期和时间的行向量，包含年、月、日、时、分和秒 6 个元素 |
| date | 表示字符串格式的当前日期，如 24-Nov-1998 |
| eps | 是 "epslion" 的缩写，即计算机中两个数间的最小差 |
| ans | 表示存储表达式结果的特殊变量，且该结果未明确赋值给某个其他变量 |

这些预定义值存储在普通变量中，因此可以被用户覆盖或修改。如果将一个新值赋给一个预定义的变量，那么新值将成为所有后续计算中的默认值。例如，考虑以下用于计算半径为 10 厘米的圆的周长的表达式：

```
circ1 = 2 * pi * 10
pi = 3;
circ2 = 2 * pi * 10
```

在第一个语句中，`pi` 的默认值为 3.14159…，所以 circ1 是 62.8319，这是正确的周长。第二个语句将 `pi` 赋值为 3，所以在第三个语句中 circ2 是 60。更改程序中的预定义值得到了一个不正确的答案，并引入一个微妙且难以发现的错误。想象一下，试图在 10 000 行程序中找到这样一个隐藏错误将是多么困难！

---

**编程误区**

不要重新定义 MATLAB 中预定义变量的含义。这将是一个灾难性的操作方式，会产生微妙而难以发现的错误。

---

## 测验 2.2

本测验为你提供了一个快速测试，看看你是否已经理解 2.3 节到 2.5 节中介绍的概念。如果你在测验中遇到问题，请重新阅读正文、请教教师或与同学一起讨论。测验的答案见书后。

1. 假设数组 c 定义如下，请确定下列子数组的内容：

$$c = \begin{bmatrix} 1.1 & -3.2 & 3.4 & 0.6 \\ 0.6 & 1.1 & -0.6 & 3.1 \\ 1.3 & 0.6 & 5.5 & 0.0 \end{bmatrix}$$

(a) `c(2,:)`
(b) `c(:,end)`
(c) `c(1:2,2:end)`
(d) `c(6)`
(e) `c(4:end)`
(f) `c(1:2,2:4)`
(g) `c([1 3],2)`
(h) `c([2 2],[3 3])`

2. 在执行下列语句后，请确定数组 a 的内容。

(a) `a = [1 2 3; 4 5 6; 7 8 9];`
   `a([3 1], : ) = a([1 3], : );`
(b) `a = [1 2 3; 4 5 6; 7 8 9];`
   `a([1 3], : ) = a([2 2], : );`
(c) `a = [1 2 3; 4 5 6; 7 8 9];`
   `a = a([2 2], : );`

3. 在执行下列语句后，请确定数组 a 的内容。

(a) `a = eye(3, 3);`
   `b = [1 2 3];`
   `a(2, : ) = b;`

(b) a = eye(3, 3);
    b = [4  5  6];
    a(: , 3) = b';
(c) a = eye(3, 3);
    b = [7  8  9];
    a(3, : ) = b([3  1  2]);

## 2.6 显示输出数据

在 MATLAB 中有几种方法来显示输出数据。最简单的方法已经介绍过，即只要在语句结束时不保留分号，执行结果就会在命令窗口中显示。下面探讨一下其他几种显示数据的方法。

### 2.6.1 更改默认格式

当在命令窗口中显示数据时，整数值总是显示为整数，字符值显示为字符串，其他值则使用**默认格式**显示。MATLAB 默认显示小数点后四位数字，如果数据太大或太小，则可以在科学记数法中用指数表示。例如，语句

```
x = 100.11
y = 1001.1
z = 0.00010011
```

产生下列输出：

```
x =
    100.1100
y =
    1.0011e+003
z =
    1.0011e-004
```

这种默认格式可以通过以下两种方式更改：利用主 MATLAB 窗口菜单或使用 format 命令。可以通过点击工具栏上的预设图标来更改格式。此操作将弹出预设项窗口（见图 2.4），然后从预设项列表的 Command Window（命令窗口）项中选择数值格式。

另外，用户也可以使用 format

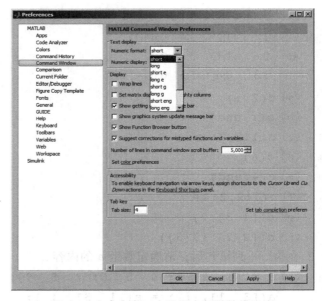

图 2.4　在命令窗口中选择合适的数值格式

命令更改预设项。format 命令根据表 2.3 中给出的值更改默认格式。可以通过修改默认格式来显示更多的有效数字，强制以科学记数法显示，将数据显示为两位十进制数字，或删除额外的换行符，以便一次在命令窗口中显示更多数据。请自行实验表 2.3 中的命令。

表 2.3　输出显示格式

| format 命令 | 结果 | 示例⊖ |
| --- | --- | --- |
| format short | 小数点后 4 位（默认格式） | 12.3457 |

---

⊖ 示例中使用的数据值均为 12.345678901234567。

(续)

| format 命令 | 结果 | 示例 |
|---|---|---|
| format long | 小数点后 14 位 | 12.34567890123457 |
| format short e | 加上指数 5 位 | 1.2346e+001 |
| format short g | 加不加指数都是总计 5 位 | 12.346 |
| format long e | 加上指数 15 位 | 1.234567890123457e+001 |
| format long g | 加不加指数都是总计 15 位 | 12.3456789012346 |
| format bank | 货币格式 | 12.35 |
| format hex | 十六进制格式 | 4028b0fcd32f707a |
| format rat | 小整数的近似比 | 1000/81 |
| format compact | 禁止额外换行 | |
| format loose | 恢复额外换行 | |
| format + | 仅保留符号 | + |

哪种更改数据格式的方法更好？如果你直接在计算机上工作，使用工具栏可能更容易。反之，如果你正在编写程序，最好使用 format 命令，因为它可以直接嵌入程序中。

### 2.6.2 函数 disp

显示数据的另一种方法是使用 disp 函数。函数 disp 接受数组参数，并在命令窗口中显示数组的值。如果数组的类型为 char，则显示数组中包含的字符串。

此函数通常与函数 num2str（将数字转换为字符串）和 int2str（将整数转换为字符串）一起使用，以创建要在命令窗口中显示的消息。例如，以下 MATLAB 语句将在命令窗口中显示"The value of pi = 3.1416"。第一个语句创建一个包含消息的字符串数组，第二个语句显示消息。

```
str = ['The value of pi = ' num2str(pi)];
disp (str);
```

### 2.6.3 使用函数 fprintf 标准化输出

显示数据的更为灵活的方法是使用 fprintf 函数。函数 fprintf 可同时显示一个或多个值和相关文本，并允许程序员控制值的显示方式。当它用于显示到命令窗口时，一般形式为：

```
fprintf(format,data)
```

其中 format 是描述数据显示方式的字符串，这些数据可以是要显示的一个或多个标量，也可以是数组。format 是一个字符串，包含要显示的文本，以及描述数据格式的特殊字符。例如，函数

```
fprintf('The value of pi is %f \n',pi)
```

将显示"The value of pi is 3.141593"，后跟换行符。字符 %f 称为**转换字符**，表示数据列表中的值应以浮点格式显示在字符串中的该位置。字符 \n 是**转义字符**，表示应输出换行符，以便下面的文本在新行上开始。有许多类型的转换字符和转义字符可用于 fprintf 函数。其中一些列在表 2.4 中，完整列表可以在附录 B 中找到。

表2.4 fprintf 格式字符串中常用的特殊字符

| format 字符串 | 作用 |
|---|---|
| %d | 以整数格式显示值 |
| %e | 以指数格式显示值 |
| %f | 以浮点数格式显示值 |
| %g | 以浮点数或指数格式中较短的显示值 |
| \n | 换行 |

还可以指定显示数字的字段宽度和要显示的小数位数。这是通过在 % 之后和 f 之前指定宽度和精度来完成的。例如，函数

```
fprintf('The value of pi is %6.2f \n',pi)
```

将显示 "The value of pi is 3.14"，后跟换行符。转换字符 % 6.2f 表示在函数中输出显示的数为浮点格式的 6 个字段宽度，且保留到小数点后两位。

函数 fprintf 有很明显的局限性：它只会显示一个复数的实部。当计算产生复数答案时，这种局限性可能会导致错误结果。在这些情况下，最好使用 disp 函数来显示答案。

例如，下面语句计算复数 x，并使用 fprintf 和 disp 来显示它。

```
x = 2 * ( 1 - 2*i )^3;
str = ['disp:    x = ' num2str(x)];
disp(str);
fprintf('fprintf: x = %8.4f\n',x);
```

显示的结果为

```
disp:    x = -22+4i
fprintf: x = -22.0000
```

注意到，函数 fprintf 忽略了虚部。

**编程误区**

函数 fprintf 只显示复数的实部，因此当使用复数时，可能会产生错误答案。

## 2.7 数据文件

在 MATLAB 中有许多方法可用来加载和保存数据文件，其中大部分将在附录 B 中介绍。目前，仅介绍最简单的实现方法，即 load 和 save 命令。

save 命令将数据从当前的 MATLAB 工作空间保存到磁盘文件中。此命令的常见形式为

```
save filename var1 var2 var3
```

其中 filename 是保存变量的文件名，var1、var2 等是要保存在文件中的变量。默认情况下，文件名将被赋予扩展名 "mat"，这样的数据文件称为 MAT 文件。如果没有指定变量，则保存工作空间的全部内容。

MATLAB 以一种特殊的紧凑格式保存 MAT 文件，它保留了许多细节，包括每个变量的名称和类型、每个数组的大小和所有数据值。在任何平台（PC、Mac、Unix 或 Linux）上创建的 MAT 文件都可以在其他平台上读取，因此，如果两台计算机都运行 MATLAB，MAT 文件是在计算机之间进行数据交换的好方法。不幸的是，MAT 格式的文件不能被其他程

序读取。如果必须与其他程序共享数据，则应指定 -ascii 选项，并将数据以空格分隔的 ASCII 字符串形式写入文件。然而，当数据以 ASCII 格式保存时，诸如变量名和类型等特殊信息将丢失，由此产生的数据文件将大得多。

例如，假设数组 x 定义如下：

```
x =[1.23 3.14 6.28; -5.1 7.00 0];
```

那么命令"save x.dat x -ascii"将生成一个名为 x.dat 的文件，且包含以下数据：

```
 1.2300000e+000   3.1400000e+000   6.2800000e+000
-5.1000000e+000   7.0000000e+000   0.0000000e+000
```

该数据格式可以通过电子表格或其他计算机语言编写的程序读取，因此可以方便地在 MATLAB 程序和其他应用程序之间共享数据。

### 良好编程习惯

如果数据必须在 MATLAB 和其他程序之间交换，则以 ASCII 格式保存 MATLAB 数据。如果数据仅在 MATLAB 中使用，则以 MAT 文件格式保存数据。

MATLAB 并不关心 ASCII 文件的扩展名是什么。但是，一致的命名规则对于用户来说更容易使用，所以"dat"扩展名是 ASCII 文件的常见选择。

### 良好编程习惯

使用"dat"扩展名保存 ASCII 数据文件，以将其与具有"mat"扩展名的 MAT 文件区分开来。

load 命令与 save 命令相反。它将数据从磁盘文件加载到当前的 MATLAB 工作空间。此命令的常见形式为

```
load filename
```

其中 filename 是要加载的文件名。如果该文件是一个 MAT 文件，则文件中的所有变量将被恢复，且名称和类型与之前相同。如果命令中包含变量列表，那么只有这些变量将被恢复。如果给定的文件名没有扩展名，或者扩展名为 .mat，则 load 命令将该文件视为 MAT 文件。

MATLAB 可以加载由其他程序创建的以逗号或空格隔开的 ASCII 格式数据。如果给定的文件名具有除 .mat 之外的其他扩展名，则 load 命令将该文件视为 ASCII 文件。ASCII 文件的内容将被转换成一个 MATLAB 数组，且该数组的名称与加载数据的文件（没有扩展名）的名称相同。例如，假设名为 x.dat 的 ASCII 数据文件包含以下数据：

```
 1.23    3.14    6.28
-5.1     7.00    0
```

那么命令"load x.dat"将在当前工作空间创建一个名为 x 且包含上述数据的 2×3 数组。

可以通过指定 -mat 选项来强制将 load 语句加载的文件视为 MAT 文件。例如，语句

```
load -mat x.dat
```

将文件 x.dat 视为 MAT 文件，即使其文件扩展名不是 .mat。同样，load 语句可以通过指定 -ascii 选项来强制将其视为 ASCII 文件。这些选项允许用户正确加载文件，即使其

文件扩展名与MATLAB约定不匹配。

## 测验 2.3

本测验为你提供了一个快速测试，看看你是否已经理解2.6节和2.7节中介绍的概念。如果你在测验中遇到问题，请重新阅读正文、向指导教师请教，或与同学相互讨论。测验的答案见书后。

1. 如何让MATLAB以15位有效数字显示所有指数格式的实数值？
2. 下列语句执行什么操作？其输出结果是什么？

   (a) 
   ```
   radius = input('Enter circle radius:\n');
   area = pi * radius^2;
   str = ['The area is ' num2str(area)];
   disp(str);
   ```
   (b)
   ```
   value = int2str(pi);
   disp(['The value is ' value '!']);
   ```

3. 下列语句执行什么操作？其输出结果是什么？
   ```
   value = 123.4567e2;
   fprintf('value = %e\n',value);
   fprintf('value = %f\n',value);
   fprintf('value = %g\n',value);
   fprintf('value = %12.4f\n',value);
   ```

## 2.8 标量和数组运算

数学运算在MATLAB中是通过赋值语句实现的，其一般形式为

```
variable_name = expression;
```

赋值语句计算等号右侧表达式的值，并将该值赋给等号左侧的变量。注意，这里的等号并不是通常意义上的相等。相反，它意味着将表达式的值存储到变量 `variable_name` 中。因此，等号被称为**赋值运算符**。如下表达式

```
ii = ii + 1;
```

在正常代数运算中是无意义的，但在MATLAB中有其含义。它的意思是将存储在变量 `ii` 中的当前值加1，并将结果再次存储到变量 `ii` 中。

### 2.8.1 标量运算

赋值运算符右侧的表达式可以是标量、数组、括号和算术运算符的任何有效组合。表2.5给出了两个标量之间的标准算术运算。

表 2.5 两个标量间的算术运算

| 运算 | 代数形式 | MATLAB 形式 |
|---|---|---|
| 加 | $a+b$ | a + b |
| 减 | $a-b$ | a - b |
| 乘 | $a \times b$ | a * b |
| 除 | $\dfrac{a}{b}$ | a / b |
| 幂 | $a^b$ | a ^ b |

根据需要，可以使用括号来对运算进行分组。当使用括号时，括号内的表达式优先计算。例如，表达式 2 ^((8 + 2)/ 5) 计算过程如下：

```
2 ^ ((8 + 2)/5) = 2 ^ (10/5)
                = 2 ^ 2
                = 4
```

### 2.8.2 数组和矩阵运算

MATLAB 支持数组之间的两种运算，称为数组运算和矩阵运算。**数组运算**是指在数组之间**按元素逐个进行的运算**。也就是说，执行两个数组对应元素间的运算。例如，$a = \begin{bmatrix} 1 & 2 \\ 3 & 4 \end{bmatrix}$，$b = \begin{bmatrix} -1 & 3 \\ -2 & 1 \end{bmatrix}$，则$a + b = \begin{bmatrix} 0 & 5 \\ 1 & 5 \end{bmatrix}$。注意，可进行数组运算的前提是两个数组的行数和列数必须相同。否则，MATLAB 会报错。

另外，数组运算也可应用于数组和标量之间。如果在数组和标量之间执行运算，则相当于将标量的值与数组的每个元素分别运算。例如，$a = \begin{bmatrix} 1 & 2 \\ 3 & 4 \end{bmatrix}$，则$a + 4 = \begin{bmatrix} 5 & 6 \\ 7 & 8 \end{bmatrix}$。

反之，**矩阵运算**遵循线性代数的一般规则，如矩阵乘法。在线性代数中，乘积 c=a×b 定义为

$$c(i, j) = \sum_{k=1}^{n} a(i, k) b(k, j)$$

其中，n 是矩阵 a 的列数和矩阵 b 的行数。例如，$a = \begin{bmatrix} 1 & 2 \\ 3 & 4 \end{bmatrix}$，$b = \begin{bmatrix} -1 & 3 \\ -2 & 1 \end{bmatrix}$，则$a \times b = \begin{bmatrix} -5 & 5 \\ -11 & 13 \end{bmatrix}$。注意，可进行矩阵乘法运算的前提是矩阵 a 的行数等于矩阵 b 的列数。

MATLAB 使用特殊符号来区分数组运算和矩阵运算。当数组运算和矩阵运算定义不同时，MATLAB 会在运算符前增加点号来指明是数组运算（例如，.*）。表 2.6 给出了常用数组和矩阵运算的列表。

表 2.6 常用数组和矩阵运算

| 运算 | MATLAB 形式 | 说明 |
| --- | --- | --- |
| 数组加 | a + b | 数据加和矩阵加是相同的 |
| 数组减 | a - b | 数据减和矩阵减是相同的 |
| 数组乘 | a .* b | a 和 b 逐元素相乘。两者结构相同，或其中之一为标量 |
| 矩阵乘 | a * b | a 和 b 的矩阵乘法。a 的列数等于 b 的行数 |
| 数组右除 | a ./ b | a 和 b 逐元素相除：a(i,j)/ b(i,j)。两者结构相同，或其中之一为标量 |
| 数组左除 | a .\ b | a 和 b 逐元素相除：b(i,j) /a(i,j)。两者结构相同，或其中之一为标量 |
| 矩阵右除 | a / b | 矩阵右除定义为 a * inv(b)，其中 inv(b) 为矩阵 b 的逆运算 |
| 矩阵左除 | a \ b | 矩阵右除定义为 inv(a) * b，其中 inv(a) 为矩阵 a 的逆运算 |
| 数组幂 | a .^ b | a 和 b 逐元素求幂。两者结构相同，或其中之一为标量 |

新用户经常混淆数组运算和矩阵运算。在某些情况下，将一个替换为另一个是非法的，MATLAB 将报错。在其他情况下，这两种运算都是合法的，MATLAB 可能会执行错误的运算，并给出错误答案。在处理方阵时特别容易混淆。数组乘法和矩阵乘法对于相同大小的两个方阵都是合法的，但所得到的答案是完全不同的。请特别注意你需要的是什么！

**编程误区**

在 MATLAB 代码中要小心区分数组运算和矩阵运算。将数组乘法与矩阵乘法混淆使用尤为常见。

▶ **示例 2.1**

假设 a、b、c 和 d 定义为

$$a = \begin{bmatrix} 1 & 0 \\ 2 & 1 \end{bmatrix} \qquad b = \begin{bmatrix} -1 & 2 \\ 0 & 1 \end{bmatrix}$$

$$c = \begin{bmatrix} 3 \\ 2 \end{bmatrix} \qquad d = 5$$

则下列表达式的计算结果是什么？

(a) a + b          (e) a + c
(b) a .* b         (f) a + d
(c) a * b          (g) a .* d
(d) a * c          (h) a * d

**答案**

(a) 这是数组或矩阵加：$a+b = \begin{bmatrix} 0 & 2 \\ 2 & 2 \end{bmatrix}$。

(b) 这是逐元素数组乘：$a.*b = \begin{bmatrix} -1 & 0 \\ 0 & 1 \end{bmatrix}$。

(c) 这是矩阵乘：$a.*b = \begin{bmatrix} -1 & 2 \\ -2 & 5 \end{bmatrix}$。

(d) 这是矩阵乘：$a.*c = \begin{bmatrix} 3 \\ 8 \end{bmatrix}$。

(e) 此运算非法，因为 a 和 c 的列数不同。

(f) 这是数组与标量的加：$a+d = \begin{bmatrix} 6 & 5 \\ 7 & 6 \end{bmatrix}$。

(g) 这是数组乘：$a.*d = \begin{bmatrix} 5 & 0 \\ 10 & 5 \end{bmatrix}$。

(h) 这是矩阵乘：$a.*d = \begin{bmatrix} 5 & 0 \\ 10 & 5 \end{bmatrix}$。

◀

注意，矩阵左除运算具有其特殊含义。如下所示的 3×3 联立线性方程组

$$\begin{aligned} a_{11}x_1 + a_{12}x_2 + a_{13}x_3 &= b_1 \\ a_{21}x_1 + a_{22}x_2 + a_{23}x_3 &= b_2 \\ a_{31}x_1 + a_{32}x_2 + a_{33}x_3 &= b_3 \end{aligned} \qquad (2.1)$$

可以被写成

$$Ax = B \tag{2.2}$$

其中 $A = \begin{bmatrix} a_{11} & a_{12} & a_{13} \\ a_{21} & a_{22} & a_{23} \\ a_{31} & a_{32} & a_{33} \end{bmatrix}$, $B = \begin{bmatrix} b_1 \\ b_2 \\ b_3 \end{bmatrix}$, $x = \begin{bmatrix} x_1 \\ x_2 \\ x_3 \end{bmatrix}$。

式（2.2）可以使用线性代数求解。如果 $A$ 是非奇异矩阵（即可逆矩阵），则

$$x = A^{-1}B \tag{2.3}$$

由于左除运算 A\B 的定义为 inv(A) * B，所有左除运算可以求解这个联立方程组。

**良好编程习惯**

使用左除运算求解联立方程组。

## 2.9 运算级别

通常，许多算术运算被组合成单个表达式。例如，考虑一个物体从静止开始并受到一个恒定加速度的距离方程：

    distance = 0.5 * accel * time ^ 2

上述表达式中有两个乘法运算和一个取幂运算。在这种表达式中，运算的顺序是很重要的。如果求幂运算在乘法运算之前，则该表达式等价于

    distance = 0.5 * accel * (time ^ 2)

但是，如果乘法运算在求幂运算之前，此表达式等价于

    distance = (0.5 * accel * time) ^ 2

这两个方程有不同的结果，我们必须能够明确区分它们。

为使表达式的运算无歧义，MATLAB 建立了一系列规则来管理表达式运算过程中各运算符的运算顺序和级别。这些规则通常遵循代数的一般规则。算术运算的计算顺序如表 2.7 所示。

表 2.7 算术运算级别

| 优先级 | 运算 |
| --- | --- |
| 1 | 对所有括号的内容进行运算时，遵循由内而外的顺序 |
| 2 | 对所有求幂进行运算时，遵循从左到右的顺序 |
| 3 | 对所有乘法和除法进行运算时，遵循从左到右的顺序 |
| 4 | 对所有加法和减法进行运算时，遵循从左到右的顺序 |

▶ 示例 2.2

变量 a、b、c 和 d 已经初始化完毕。

    a = 3;      b = 2;      c = 5;      d = 3;

执行下列 MATLAB 赋值语句：

(a) output = a*b+c*d;
(b) output = a*(b+c)*d;

(c) output = (a*b)+(c*d);
(d) output = a^b^d;
(e) output = a^(b^d);

**答案**

(a) 待求表达式： output=a*b+c*d;
　　变量代入： output=3*2+5*3;
　　首先，从左到右执行乘法和除法运算： output=6+5*3;
　　　　　　 output=6+15;
　　最后，执行加法运算： output=21;

(b) 待求表达式： output=a*(b+c)*d;
　　变量代入： output=3*(2+5)*3;
　　首先，执行括号里面的运算： output=3*7*3;
　　最后，从左到右执行乘法和除法运算： output=21*3;
　　　　　　 output=63;

(c) 待求表达式： output=(a*b)+(c*d);
　　变量代入： output=(3*2)+(5*3);
　　首先，执行括号里面的运算： output=6+15;
　　最后，执行加法运算： output=21;

(d) 待求表达式： output=a^b^d;
　　变量代入： output=3^2^3;
　　从左到右执行求幂运算： output=9^3;
　　　　　　 output=729;

(e) 待求表达式： output=a^(b^d);
　　变量代入： output=3^(2^3);
　　首先，执行括号里面的运算： output=3^8;
　　最后，执行求幂运算： output=6561;

如上所述，执行运算的顺序对代数表达式的最终结果有重大影响。

因此，程序中的表达式尽可能清楚是很有必要的。任何有价值的程序不仅需要编写，而且需要必要的维护和修改。你应该经常这样问自己："如果半年后再回头看，我是否还能够理解这个表达式？如果是给其他程序员看，他们是否能够很容易地理解我在做的是什么？"如有任何疑问，请在表达式中使用括号使其尽可能清晰。

---

**良好编程习惯**

如有必要，请使用括号确保你的表达式清晰易懂。

---

如果在表达式中使用括号，则括号必须保持一致。也就是说，表达式中必须有相同数量的开括号和闭括号，不一致将会导致出错。通常在印刷时容易出现这种错误，但在执行命令时，MATLAB解释器会找出这种错误。例如，表达式

```
(2 + 4) / 2)
```
在执行时会报错。

## 测验 2.4

本测验为你提供了一个快速测试，看看你是否已经理解 2.8 节和 2.9 节中介绍的概念。如果你在测验中遇到问题，请重新阅读正文、请教教师或与同学一起讨论。测验的答案见书后。

1. 假设 a、b、c 和 d 定义如下。如果下列运算是合法的，请计算出结果；否则，请解释原因。

$$a = \begin{bmatrix} 2 & 1 \\ -1 & 2 \end{bmatrix} \quad b = \begin{bmatrix} 0 & -1 \\ 3 & -1 \end{bmatrix}$$

$$c = \begin{bmatrix} 1 \\ 2 \end{bmatrix} \quad d = -3$$

(a) `result = a .* c;`
(b) `result = a * [c c];`
(c) `result = a .* [c c];`
(d) `result = a + b * c;`
(e) `result = a + b .* c;`

2. 求解方程 $Ax = B$ 中的 $x$，其中 $A = \begin{bmatrix} 1 & 2 & 1 \\ 2 & 3 & 2 \\ -1 & 0 & 1 \end{bmatrix}$, $B = \begin{bmatrix} 1 \\ 1 \\ 0 \end{bmatrix}$。

## 2.10 MATLAB 内置函数

在数学中，**函数**是接受一个或多个输入值，并从它们计算出单个结果的表达式。科学与工程计算通常会用到比我们介绍的加、减、乘、除和求幂运算更复杂的计算函数。其中，某些函数非常普遍，且用于许多不同的工程技术领域。另一些函数则专门用于解决具体的单一问题或少数问题。比较常见的函数有三角函数、求对数和平方根。比较罕见的函数有双曲函数、贝塞尔函数等。MATLAB 的优点之一是具有各种各样功能强大的内置函数可供使用。

### 2.10.1 任意返回值

与数学函数不同，MATLAB 函数可以将多个结果返回给调用程序。函数 `max` 是这样一个例子。此函数通常返回输入向量的最大值，但也可以同时返回输入向量的最大值所处的位置。例如，语句

```
maxval = max ([1 -5 6 -3])
```

返回的结果为 `maxval=6`。但是，如果提供两个变量来存储结果，函数将返回最大值和最大值的位置。

```
[maxval, index] = max ([1 -5 6 -3])
```

返回的结果为 `maxval=6` 和 `index=3`。

## 2.10.2 使用数组作为 MATLAB 函数输入

许多 MATLAB 函数定义为一个或多个标量的输入,并产生一个标量输出。例如,语句 `y=sin(x)` 计算 x 的正弦值,并将结果存储在 y 中。如果这些函数接收到一组输入值,那么它们将逐个元素地计算出一组输出值。例如,假设 `x=[0 pi/2 pi 3*pi/2 2*pi]`,则

```
y = sin(x)
```

得到 `y = [0 1 0 -1 0]`。

## 2.10.3 常见 MATLAB 函数

表 2.8 列出了一些常见和有用的 MATLAB 函数。它们可用于许多示例和家庭作业。如果你需要找一个不在此列表中的特定函数,可以使用 MATLAB 帮助浏览器按字母顺序或按主题查找该函数。

表 2.8 常见 MATLAB 函数

| 函数 | 描述 |
| --- | --- |
| 数学函数 | |
| `abs(x)` | 计算 $|x|$ |
| `acos(x)` | 计算 $\cos^{-1}x$(以弧度计) |
| `acosd(x)` | 计算 $\cos^{-1}x$(以角度计) |
| `angle(x)` | 返回复数 x 的相位角,以弧度计 |
| `asin(x)` | 计算 $\sin^{-1}x$(以弧度计) |
| `asind(x)` | 计算 $\sin^{-1}x$(以角度计) |
| `atan(x)` | 计算 $\tan^{-1}x$(以弧度计) |
| `atand(x)` | 计算 $\tan^{-1}x$(以角度计) |
| `atan2(y,x)` | 在 $-\pi \leq \theta \leq \pi$ 内计算 $\theta = \tan^{-1}\dfrac{y}{x}$ |
| `atan2d(y,x)` | 在 $-180º \leq \theta \leq 180º$ 内计算 $\theta = \tan^{-1}\dfrac{y}{x}$ |
| `cos(x)` | 计算 $\cos x$(以弧度计) |
| `cosd(x)` | 计算 $\cos x$(以角度计) |
| `exp(x)` | 计算 $e^x$ |
| `log(x)` | 计算自然对数 $\log_e x$ |
| `[value,index]=max(x)` | 返回向量 x 的最大值及其位置 |
| `[value,index]=min(x)` | 返回向量 x 的最小值及其位置 |
| `mod(x,y)` | 取余或取模函数 |
| `sin(x)` | 计算 $\sin x$(以弧度计) |
| `sind(x)` | 计算 $\sin x$(以角度计) |
| `sqrt(x)` | 计算 x 的平方根 |
| `tan(x)` | 计算 $\tan x$(以弧度计) |
| `tand(x)` | 计算 $\tan x$(以角度计) |
| 取整函数 | |
| `ceil(x)` | 取趋于正无穷的离 x 最近的整数:<br>`ceil(3.1) = 4` 和 `ceil(-3.1) = -3` |
| `fix(x)` | 取趋于零的离 x 最近的整数:<br>`fix(3.1) = 3` 和 `fix(-3.1) = -3` |

(续)

| 函数 | 描述 |
|---|---|
| 取整函数 | |
| `floor(x)` | 取趋于负无穷的离 x 最近的整数：<br>floor(3.1) = 3 和 floor(-3.1) = -4 |
| `round(x)` | 取离 x 最近的整数 |
| 字符串转换函数 | |
| `char(x)` | 将数字矩阵转换为字符串。对于 ASCII 字符，矩阵应包含小于等于 127 的数字 |
| `double(x)` | 将字符串转换为数字矩阵 |
| `int2str(x)` | 将 x 转换为整数字符串 |
| `num2str(x)` | 将 x 转换为字符串 |
| `str2num` | 将字符串 s 转换为数字数组 |

注意，与大多数计算机语言不同，许多 MATLAB 函数对于实数输入和复数输入都能正常工作。MATLAB 函数自动计算出正确答案，即使结果是虚数或复数。例如，函数 `sqrt(-2)` 在 C++、Java 或 Fortran 等语言中运行出错。相反，MATLAB 正确地计算了想要的答案：

```
» sqrt(-2)
ans =
    0 + 1.4142i
```

## 2.11 绘图简介

MATLAB 广泛的、独立于设备的绘图能力是其最强大的功能之一。利用它可以随时绘制任何数据。若要绘制数据集，只需创建两个包含要绘制的 x 和 y 值的向量，并使用 `plot` 函数即可。

例如，假设我们要绘制 x 在 0 到 10 之间的函数 $y = x^2 - 10x + 15$，则创建该图只需要三条语句。第一条语句使用冒号运算符创建一个 0 到 10 之间的 x 值向量。第二条语句根据等式计算 y 值（请注意，我们在这里使用数组运算符，以便将此方程逐个元素应用到每个 x 值）。最后，第三条语句创建了绘图。

```
x = 0:1:10;
y = x.^2 - 10.*x + 15;
plot(x,y);
```

当执行绘图函数时，MATLAB 打开一个图形窗口，并在该窗口中显示绘图。上述语句生成的结果如图 2.5 所示。

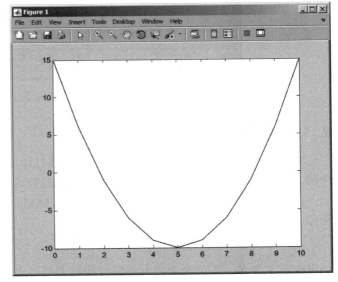

图 2.5　绘制函数 $y = x^2 - 10x + 15$，区间为 0 到 10

### 2.11.1　使用简单 xy 绘图

如上所述，在 MATLAB 中绘图很容易。只要向量长度相同，任何一对向量都可以相互作图。然而，绘制的图形并不完整，因为图上没有标题、轴标签或网格线。

标题和轴标签可以用函数 `title`、`xlabel` 和 `ylabel` 来添加。通过调用这些函数，将包含标题和标签的字符串绘制到图中。图中的网格线可以通过 `grid` 命令进行添加或移除：`grid on` 打开网格线，`grid off` 关闭网格线。例如，下面语句将绘制包含标题、标签和网格线的函数 $y = x^2 - 10x + 15$ 的图形。如图 2.6 所示。

```
x = 0:1:10;
y = x.^2 - 10.*x + 15;
plot(x,y);
title ('Plot of y = x.^2 - 10.*x + 15');
xlabel ('x');
ylabel ('y');
grid on;
```

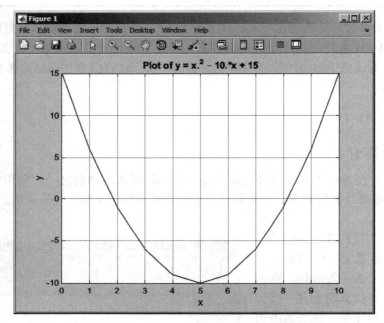

图 2.6　绘制函数 $y = x^2 - 10x + 15$，包含标题、标签和网格线

## 2.11.2　打印绘图

绘图创建好后，可以使用 `print` 命令将其打印出来。另外，也可以通过点击图形窗口中的"打印"按钮，或选择 File/Print 菜单来进行打印。

`print` 命令特别有用，因为它可以包含在 MATLAB 程序中，以允许程序自动打印图形图像。`print` 命令的一般形式为：

```
print <options> <filename>
```

如果没有文件名，则此命令将在系统打印机上打印出当前图形的副本。如果指定了文件名，则该命令会将当前图形的副本打印到指定的文件中。

## 2.11.3　将绘图导出为图像文件

`print` 命令可以通过指定适当的选项和文件名来将绘图保存为图形图像。

```
print <options> <filename>
```

有许多不同的选项可以指定输出文件的格式。其中，一个比较重要的选项是 **-dpng**。此选项可指定输出文件的格式为可移植网络图形（Portable Network Graphics，PNG）格式。由于这种格式可以导入 PC、Mac、Unix 和 Linux 平台上的所有重要的文字处理器中，所以将 MATLAB 绘图输出成文档是一种很好的方式。以下命令将创建当前图形的点每英寸 300 像素的 PNG 图像，并将其存储在名为 **my_image.png** 的文件中：

```
print -dpng -r300 my_image.png
```

请注意，**-png** 指定图像应为 PNG 格式，**-r300** 指定分辨率应为每英寸 300 像素。

其他选项允许以其他格式创建图像文件。表 2.9 给出了一些最重要的图像文件格式。

表 2.9  创建图像文件的 print 选项

| 选项 | 描述 |
| --- | --- |
| -deps | 创建封装的 PostScript 格式的黑白图像 |
| -depsc | 创建封装的 PostScript 格式的彩色图像 |
| -djpeg | 创建 JPEG 格式的图像 |
| -dpng | 创建 PNG 格式的彩色图像 |
| -dtiff | 创建压缩的 TIFF 格式的图像 |

此外，图形窗口上的 File/SaveAs 菜单选项可用于将绘图保存为图像。在这种情况下，用户可从标准对话框中选择文件名和图像类型（见图 2.7）。

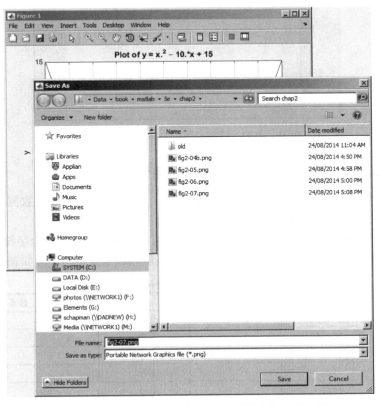

图 2.7  使用 File/SaveAs 菜单将绘图导出为图像文件

## 2.11.4 多个绘图

通过在绘图函数中包含多组 $(x, y)$，可以在同一个图上绘制多个函数。例如，假设要在同一个图上绘制函数 $f(x) = \sin 2x$ 及其导函数。$f(x) = \sin 2x$ 的导函数为：

$$\frac{\mathrm{d}}{\mathrm{d}t}\sin 2x = 2\cos 2x \qquad (2.4)$$

为了在同一数轴上绘制这两个函数，必须为每个函数生成一组 $x$ 值和相对应的 $y$ 值。如下所示，先将两组 $(x, y)$ 值列出，然后再绘制函数。

```
x = 0:pi/100:2*pi;
y1 = sin(2*x);
y2 = 2*cos(2*x);
plot(x,y1,x,y2);
```

绘制结果见图 2.8。

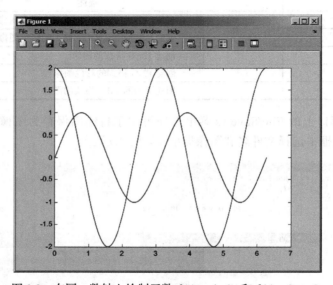

图 2.8　在同一数轴上绘制函数 $f(x) = \sin 2x$ 和 $f(x) = 2\cos 2x$

## 2.11.5 线条颜色、线条类型、标记类型和图例

MATLAB 允许程序员选择要绘制的线条颜色、样式以及用于线上数据点的标记类型。这些特征可以使用绘图函数中向量 $(x, y)$ 之后的属性字符串进行选择。

属性字符串最多可以有三个字符，第一个字符指定线条颜色，第二个字符指定标记类型，最后一个字符指定线条类型。各种线条颜色、标记类型和线条类型的字符如表 2.10 所示。

表 2.10　绘图颜色、标记类型和线条类型的汇总表

| 颜色 | | 标记类型 | | 线条类型 | |
|---|---|---|---|---|---|
| y | 黄色 | . | 点 | - | 实线 |
| m | 洋红色 | o | 圆圈 | : | 点线 |
| c | 青色 | x | 叉号 | -. | 点划线 |
| r | 红色 | + | 加号 | -- | 虚线 |
| g | 绿色 | * | 星号 | <none> | 无线条 |
| b | 蓝色 | s | 方形 | | |

(续)

| 颜色 | | 标记类型 | | 线条类型 | |
|---|---|---|---|---|---|
| w | 白色 | d | 菱形 | | |
| k | 黑色 | v | 下三角 | | |
| | | ^ | 上三角 | | |
| | | < | 左三角 | | |
| | | > | 右三角 | | |
| | | p | 五角星 | | |
| | | h | 六角形 | | |
| | | <none> | 无标记 | | |

属性字符可以以任何组合出现，如果单个 plot 函数调用中包含多对 $(x, y)$ 向量，则可以指定多个属性字符串。例如，以下语句将用红色虚线和蓝色圆圈来绘制函数 $y = x^2 - 10x + 15$（如图 2.9 所示）。

```
x = 0:1:10;
y = x.^2 - 10.*x + 15;
plot(x,y,'r--',x,y,'bo');
```

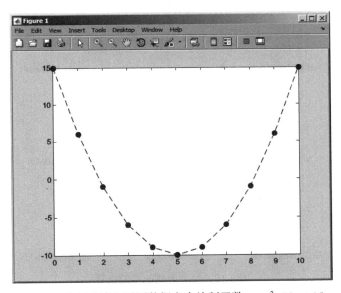

图 2.9  使用虚线和圆圈数据点来绘制函数 $y = x^2 - 10x + 15$

图例可以用 legend 函数创建。这个函数的基本形式为

```
legend('string1','string2',...,'Legend',pos)
```

其中 string1、string2 等是与线条相关联的标签，pos 是定位图例的字符串。表 2.11 和图 2.10 分别展示了 pos 的可能取值和具体位置。

表 2.11  pos 在 legend 命令中的取值

| 取值 | 缩写 | 图例位置 |
|---|---|---|
| 'north' | | 坐标轴中的顶部 |
| 'south' | | 坐标轴中的底部 |
| 'east' | | 坐标轴中的右侧区域 |

(续)

| 取值 | 缩写 | 图例位置 |
|---|---|---|
| 'west' | | 坐标轴中的左侧区域 |
| 'northeast' | 'NE' | 坐标轴中的右上角（二维坐标轴的默认值） |
| 'northwest' | 'NW' | 坐标轴中的左上角 |
| 'southeast' | 'SE' | 坐标轴中的右下角 |
| 'southwest' | 'SW' | 坐标轴中的左下角 |
| 'northoutside' | | 坐标轴的上方 |
| 'southoutside' | | 坐标轴的下方 |
| 'eastoutside' | | 到坐标轴的右侧 |
| 'westoutside' | | 到坐标轴的左侧 |
| 'northeastoutside' | | 坐标轴外的右上角 |
| 'northwestoutside' | | 坐标轴外的左上角 |
| 'southeastoutside' | | 坐标轴外的右下角 |
| 'southwestoutside' | | 坐标轴外的左下角 |
| 'best' | | 坐标轴内与绘图数据冲突最少的地方 |
| 'bestoutside' | | 到坐标轴的右侧 |

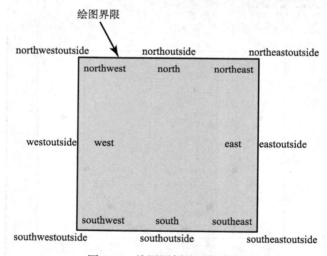

图 2.10　绘图图例的可能位置

可用 legend off 命令删除已存在的图例。

图 2.11 给出了一个完整的绘图示例，具体绘图语句如下所示。即在同一数轴上绘制函数 $f(x) = \sin 2x$ 及其导函数 $f(x) = 2\cos 2x$，并用黑实线和黑虚线加以区分。另外，还包括标题、轴标签、位于左上角的图例以及网格线。

```
x = 0:pi/100:2*pi;
y1 = sin(2*x);
y2 = 2*cos(2*x);
plot(x,y1,'k-',x,y2,'b--');
title ('Plot of f(x) = sin(2x) and its derivative');
xlabel ('x');
ylabel ('y');
legend ('f(x)','d/dx f(x)','Location','northwest');
grid on;
```

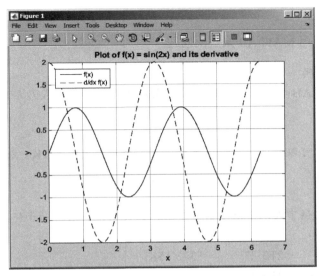

图 2.11　一个包括标题、轴标签、图例、网格线和多线条类型的完整绘图

## 2.11.6　对数刻度

可以在对数刻度和线性刻度上绘制数据。在 $x$ 轴和 $y$ 轴上共有四种可能的线性和对数刻度组合，每个组合都由一个单独的函数产生。

（1）函数 `plot` 在线性轴上绘制 $x$ 和 $y$ 数据。

（2）函数 `semilogx` 在对数轴上绘制 $x$ 数据，在线性轴上绘制 $y$ 数据。

（3）函数 `semilogy` 在线性轴上绘制 $x$ 数据，在对数轴上绘制 $y$ 数据。

（4）函数 `loglog` 在对数轴上绘制 $x$ 和 $y$ 数据。

所有这些函数都具有相同的选项调用序列，唯一区别在于绘制数据的轴的类型不同。各图的示例见图 2.12。

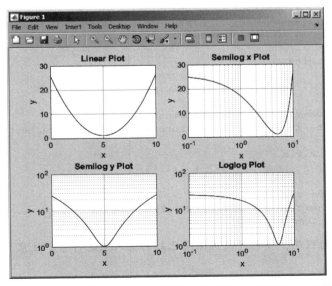

图 2.12　不同刻度绘图对比：线性、半对数 $x$、半对数 $y$、对数

## 2.12 示例

以下示例展示了用 MATLAB 来解决问题。

▶ **示例 2.3  温度转换**

设计一个 MATLAB 程序，读取输入的华氏温度，将其转换成开尔文绝对温度，并显示执行结果。

**答案**

从任何物理书中可以知道，在华氏温度（°F）和开尔文温度（K）之间存在关系，即

$$T(K) = \left[\frac{5}{9}T(°F) - 32.0\right] + 273.15 \tag{2.5}$$

物理书同样也提供了在两个温度刻度下物体的样本值，这有助于使用它们来检查程序的运行情况。样本值为：

水的沸腾点　　　　212 °F　　　　373.15K
冰的升华点　　　　−110 °F　　　　194.26K

程序将执行以下步骤：

（1）提示用户输入华氏温度。

（2）读取输入的温度。

（3）根据式（2.5）计算开尔文温度。

（4）显示执行结果并终止。

下面将使用函数 `input` 来获取华氏温度，函数 `fprintf` 来显示结果。程序如下所示。

```
%   Script file: temp_conversion
%
%   Purpose:
%     To convert an input temperature from degrees
%     Fahrenheit to an output temperature in kelvins.
%
%   Record of revisions:
%       Date          Programmer        Description of change
%       ====          ==========        =====================
%     01/03/14       S. J. Chapman      Original code
%
% Define variables:
%   temp_f      -- Temperature in degrees Fahrenheit
%   temp_k      -- Temperature in kelvins

% Prompt the user for the input temperature.
temp_f = input('Enter the temperature in degrees Fahrenheit:');

% Convert to kelvin.
temp_k = (5/9) * (temp_f - 32) + 273.15;

% Write out the result.
fprintf('%6.2f degrees Fahrenheit = %6.2f kelvins.\n', ...
        temp_f,temp_k);
```

要测试已完成的程序，我们将使用上面已知的输入值运行它。注意，用户的输入以粗体显示。

» **temp_conversion**

```
Enter the temperature in degrees Fahrenheit: 212
212.00 degrees Fahrenheit = 373.15 kelvins.
» temp_conversion
Enter the temperature in degrees Fahrenheit: -110
-110.00 degrees Fahrenheit = 194.26 kelvins.
```

程序的结果与物理书中的值相匹配。

在上述程序中,我们重复显示了输入值,并将输出值与其度量单位一起显示出来。只有度量单位(华氏温度和开尔文温度)与其值同时出现时,该程序的结果才有意义。作为一般规则,与任何输入值相关联的度量单位应始终与请求输入的提示符一起出现,且与任何输出值相关联的度量单位应始终与该值一起显示。

### 良好编程习惯
始终将适当的度量单位包含在程序的读或写的值中。

上面的程序展示了我们在本章中描述的许多良好编程习惯。例如,定义包含程序中所有变量含义的数据字典,使用描述性的变量名,使用适当的度量单位显示所有值。

### ▶ 示例 2.4 电气工程:负载获得最大功率

图 2.13 展示了一个内含 $50\Omega$ 内电阻 $R_S$ 的电压源 $V = 120V$,向电阻 $R_L$ 的负载供电。计算出电压源向负载提供最大可能功率时负载电阻 $R_L$ 的值。考虑此情况下提供的功率是多少?另外,绘制功率与负载电阻 $R_L$ 之间的函数关系图。

### 答案

在这个程序中,我们需要改变负载电阻 $R_L$,并计算在 $R_L$ 的每个值处提供给负载的功率。提供给负载电阻的功率由下面等式给出:

$$P_L = I^2 R_L \tag{2.6}$$

其中 $I$ 是当前提供给负载的电流。提供给负载的电流可以通过欧姆定律(Ohm's Law)来计算:

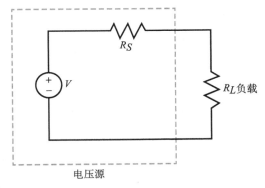

图 2.13 一个内含电压 $V$ 和内电阻 $R_S$ 的电压源向电阻 $R_L$ 的负载供电

$$I = \frac{V}{R_{\text{TOT}}} = \frac{V}{R_S + R_L} \tag{2.7}$$

程序将执行以下步骤:
(1) 为负载电阻 $R_L$ 创建数组。数组值是从 $1\Omega$ 到 $100\Omega$,每次增量为 $1\Omega$。
(2) 对每个电阻 $R_L$ 的值计算当前电流。
(3) 对每个电阻 $R_L$ 的值计算提供给负载的功率。
(4) 对每个电阻 $R_L$ 的值绘制其与提供功率的关系图,并确定负载可获得的最大功率。

最终 MATLAB 程序如下所示。

```
%   Script file: calc_power.m
%
%   Purpose:
```

```
%   To calculate and plot the power supplied to a load as
%   a function of the load resistance.
%
% Record of revisions:
%     Date       Programmer        Description of change
%     ====       ==========        =====================
%   01/03/14    S. J. Chapman      Original code
%
% Define variables:
%   amps       -- Current flow to load (amps)
%   pl         -- Power supplied to load (watts)
%   rl         -- Resistance of the load (ohms)
%   rs         -- Internal resistance of the power source
%                 (ohms)
%   volts      -- Voltage of the power source (volts)

% Set the values of source voltage and internal resistance
volts = 120;
rs = 50;

% Create an array of load resistances
rl = 1:1:100;
% Calculate the current flow for each resistance
amps = volts ./ ( rs + rl );

% Calculate the power supplied to the load
pl = (amps .^ 2) .* rl;

% Plot the power versus load resistance
plot(rl,pl);
title('Plot of power versus load resistance');
xlabel('Load resistance (ohms)');
ylabel('Power (watts)');
grid on;
```

执行该程序时，得到的结果如图 2.14 所示。从该图可以看出，当负载电阻为 50Ω 时，负载获得最大功率。在该电阻下提供给负载的功率为 72 瓦。

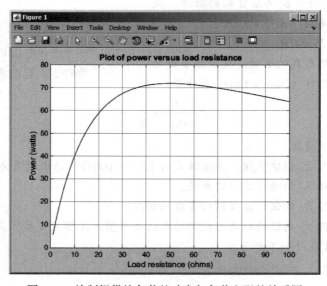

图 2.14　绘制提供给负载的功率与负载电阻的关系图

注意上述程序中数组运算符 .*、.^ 和 ./ 的使用。这些运算符使数组 amps 和 pl 可以逐元素进行计算。

◀

▶ **示例 2.5　碳-14 测年**

元素的放射性同位素是一种不稳定的元素形式。因此，它会在一段时间内自发地衰变成另一个元素。放射性衰变是一个指数过程。如果 $Q_0$ 是放射性物质在时间 $t=0$ 时的初始量，那么在将来任何时间 $t$ 物质的量由下式给出：

$$Q(t) = Q_0 e^{-\lambda t} \tag{2.8}$$

其中 $\lambda$ 是放射性衰变常数。

因为放射性衰变以已知的速率发生，所以它可以用作时钟来测量衰减开始以来的时间。如果我们知道样品中存在的放射性物质的初始量 $Q_0$ 和当前时间剩余的物质的量 $Q$，那么可以求解式（2.8）中的 $t$，以确定衰减已经持续多久。得到如下等式

$$t_{衰减} = -\frac{1}{\lambda} \log_e \frac{Q}{Q_0} \tag{2.9}$$

式（2.9）在许多科学领域具有实际应用。例如，考古学家使用基于碳-14 的放射性时钟来确定生物的死亡时间。植物或动物只要活着，碳-14 就不断地进入其体内，所以在死亡时存在于体内的量被认为是已知的。碳-14 的衰变常数为 0.000 120 97 / 年，因此，如果现在可以精确测量剩余的碳-14 的量，则可以使用式（2.9）来确定生物死亡的时间。如图 2.15 所示，剩余的碳-14 量随时间的变化而变化。

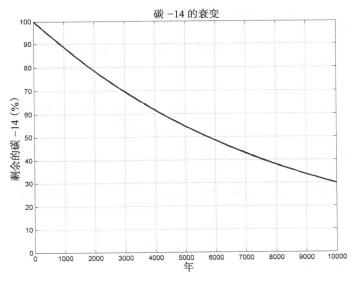

图 2.15　碳-14 关于时间的放射性衰变。注意，5730 年后，碳-14 的量衰减到原来的 50%

编写一个程序，读取样品中残留的碳-14 的百分比，计算样品的年龄，并以合适的单位显示结果。

**答案**

程序将执行以下步骤：

（1）提示用户输入样品中剩余碳-14 的百分比。

（2）读取百分比。

（3）将百分比转换成分数 $\frac{Q}{Q_0}$。

（4）使用式（2.9）计算样本的年龄。

（5）显示执行结果并终止。

程序如下所示。

```
%   Script file: c14_date.m
%
%   Purpose:
%     To calculate the age of an organic sample from the
%     percentage of the original carbon-14 remaining in
%     the sample.
%
%   Record of revisions:
%       Date          Programmer        Description of change
%       ====          ==========        =====================
%     01/05/14        S. J. Chapman     Original code
%
% Define variables:
%     age       -- The age of the sample in years
%     lambda    -- The radioactive decay constant for
%                  carbon-14, in units of 1/years.
%     percent   -- The percentage of carbon-14 remaining
%                  at the time of the measurement
%     ratio     -- The ratio of the carbon-14 remaining at
%                  the time of the measurement to the
%                  original amount of carbon-14.
% Set decay constant for carbon-14
lambda = 0.00012097;

% Prompt the user for the percentage of C-14 remaining.
percent = input('Enter the percentage of carbon-14 remaining:\n');

% Perform calculations
ratio = percent / 100;        % Convert to fractional ratio
age = (-1.0 / lambda) * log(ratio); % Get age in years

% Tell the user about the age of the sample.
string = ['The age of the sample is' num2str(age) 'years.'];
disp(string);
```

为了测试完成的程序，将计算碳-14衰减一半所需的时间。这个时间被称为碳-14的**半衰期**。

```
» c14_date
Enter the percentage of carbon-14 remaining:
50
The age of the sample is 5729.9097 years.
```

化学与物理学手册指出，《CRC Handbook of Chemistry and Physics》碳-14的半衰期为5730年，因此该程序的输出与参考书一致。

## 2.13　调试 MATLAB 程序

有句老话，生命中唯一确定的事情就是死亡和纳税。我们可以在此增加一个确定的事：

如果你编写了一个有重要意义的程序，那么在你第一次运行它的时候就不能工作了！程序中的错误被称为 bug，定位和消除错误的过程称为 debugging。假如已经编写好了一个程序，它不能正常运行，那么如何去调试它？

MATLAB 程序容易出现三种类型的错误。第一种是**语法错误**。语法错误是 MATLAB 语句本身的错误，如拼写错误或标点符号错误。这些错误可以由 MATLAB 编译器在首次执行 M 文件时检测到。例如，语句

```
x = (y + 3) / 2);
```

包含语法错误，因为它的括号不一致。如果此语句出现在名为 `test.m` 的 M 文件中，则在执行 `test` 时将显示以下信息。

```
» test
??? x = (y + 3) / 2)
                   |
Missing operator, comma, or semi-colon.

Error in ==> d:\book\matlab\chap1\test.m
On line 2    ==>
```

第二种是**运行时错误**。在程序执行期间试图进行非法数学运算（例如，试图除以 0）时，就会发生运行时错误。这些错误导致程序返回 Inf 或 NaN，并在后续计算中使用。在程序运行时出现 Inf 或 NaN，通常其结果都是无效的。

第三种是**逻辑错误**。当程序编译并成功运行，但产生错误答案时，会出现逻辑错误。

编程过程中最常见的错误是输入错误。某些输入错误会创建无效的 MATLAB 语句。它们产生能由编译器捕获的语法错误。其他输入错误发生在变量名称中。例如，某些变量名称中的字母可能被调换了，或者可能输入了不正确的字母。其结果是变成了一个新的变量，而 MATLAB 只是在第一次引用它时进行创建。此时，MATLAB 无法检测到这种错误。输入错误也有可能导致逻辑错误。例如，变量 `vel1` 和 `vel2` 都表示程序中用到的速度，其中一个可能是无意中用另一个来代替。此时，必须通过手动检查代码来找到这种错误。

某些时候，一旦执行程序就会出现运行时错误或逻辑错误。在这种情况下，有可能是输入的数据有问题或程序逻辑结构出错。查找这种错误首先应该检查程序的输入数据。通过删除输入语句的分号或添加额外的输出语句，验证输入值是否为期望的值。

如果变量名和输入数据都是正确的，那么可能是有逻辑错误。此时应该检查每一个赋值语句。

（1）如果赋值语句很长，可将其分解成几个较短的语句。较短的语句更容易验证。

（2）检查赋值语句中括号的位置。赋值语句中运算顺序错误是一种非常常见的错误。如果对变量运算的顺序有疑问，那么请添加额外的括号，确保运算顺序清晰。

（3）确保已正确初始化所有变量。

（4）确保对任何函数都使用了正确的单位。例如，对三角函数的输入必须以弧度为单位，而不是度。

如果通过上述检查仍然出现错误，请在程序的各处添加输出语句，以便查看中间计算结果。如果能够找到计算出错的地方，那么基本上 95% 的可能就是问题出在这里。

如果在上述所有步骤之后仍然找不到问题，请向同学或教师解释一下你的代码，并请他们代为检查。通常，大家在看自己的代码时总有先入为主的观念，而其他人常常能迅速发现

被你忽略的错误。

**良好编程习惯**

为了减少调试工作量，请确保在程序设计过程中：
（1）初始化所有变量。
（2）使用括号确保赋值语句的功能明确。

---

MATLAB 包含一个特殊的调试工具，称为符号调试器（symbolic debugger），嵌入在编辑/调试窗口中。符号调试器允许一次完成一个语句的执行，并检查每个步骤中任意变量的值。符号调试器也允许查看所有中间结果，而无需在代码中插入大量输出语句。第 3 章将学习如何使用 MATLAB 的符号调试器。

## 2.14 本章小结

在本章中，介绍了编写特定功能 MATLAB 程序所需的许多基本概念。学习了 MATLAB 窗口的基本类型、工作空间以及如何获得联机帮助。

重点介绍了两种数据类型：double 和 char。另外，还介绍了赋值语句、算术运算、内置函数、输入/输出语句和数据文件。

执行 MATLAB 表达式应遵循一定的优先级顺序，高优先级的运算先执行，低优先级的运算后执行。

MATLAB 语言包含了大量的内置函数来帮助解决问题。此函数列表比其他语言如 Fortran 或 C 语言中的函数列表要丰富得多，包括设备独立的绘图功能。表 2.8 给出了一些常见的内置函数，其他函数将在本书的后续章节介绍。通过联机帮助，可以获得所有 MATLAB 函数的完整列表。

### 2.14.1 良好编程习惯总结

MATLAB 程序应当设计成易于被其他人理解，这点非常重要。因为程序可能被使用较长的时间，在这段时间内，随着条件的变化，程序需要进行适当的修改和更新。而程序的修改应当可以由其他程序员来完成，因此就需要在修改之前对源程序有比较清楚的了解。

设计简单、易懂、可维护的程序要比编写程序困难得多。要做到这一点，程序员必须遵循一定的规则，以正确地记录其工作。此外，程序员应该遵循良好编程习惯来避免常见的编程错误。下面的指南将有助于程序的开发：

（1）尽可能使用有意义的变量名。使用一目了然的名称，如年、月和日。
（2）为每个程序创建数据字典，使程序维护更容易。
（3）只在变量名中使用小写字母，避免因大小写不同而产生错误。
（4）在所有 MATLAB 赋值语句末尾使用分号，以禁止命令窗口中赋值结果的自动显示。如果需要在程序调试期间检查语句的结果，则可以从该语句中删除分号。
（5）如果数据必须在 MATLAB 和其他程序之间交换，则以 ASCII 格式保存 MATLAB 数据。如果数据仅在 MATLAB 中使用，则以 MAT 文件格式保存数据。
（6）使用"dat"扩展名保存 ASCII 数据文件，以将其与具有"mat"扩展名的 MAT 文件区分开来。

（7）如有必要，请使用括号确保你的表达式清晰易懂。
（8）始终将适当的度量单位包含在程序的读或写值中。

## 2.14.2 MATLAB 总结

以下列出了本章中描述的所有 MATLAB 特殊符号、命令、功能以及简要说明。

**特殊符号**

| 符号 | 说明 | 符号 | 说明 |
|---|---|---|---|
| [ ] | 构造数组 | + | 数组和矩阵的加 |
| ( ) | 形成下标 | - | 数组和矩阵的减 |
| ' ' | 表示字符串的限制 | .* | 数组的乘 |
| ' | （1）分隔下标或矩阵元素<br>（2）在一行中分隔赋值语句 | * | 矩阵的乘 |
| , | 分隔下标或矩阵元素 | ./ | 数组的右除 |
| ; | （1）禁止命令窗口显示<br>（2）分隔矩阵的行<br>（3）在一行中分隔赋值语句 | .\ | 数组的左除 |
| ; | | / | 矩阵的右除 |
| ; | | \ | 矩阵的左除 |
| ; | | .^ | 数组的指数 |
| % | 表示注释的起始 | ' | 转置运算符 |
| : | 冒号运算符，用于创建快捷列表 | | |

**命令和函数**

| 命令/函数 | 说明 |
|---|---|
| ... | 在下行继续 MATLAB 语句 |
| abs(x) | 计算 $x$ 的绝对值 |
| ans | 表示存储表达式结果的特殊变量，且该结果未明确赋值给某个其他变量 |
| acos(x) | 计算 $\cos^{-1} x$，区间为 $[0, \pi]$ |
| acosd(x) | 计算 $\cos^{-1} x$，区间为 $[0°, 180°]$ |
| asin(x) | 计算 $\sin^{-1} x$，区间为 $[-\pi/2, \pi/2]$ |
| asind(x) | 计算 $\sin^{-1} x$，区间为 $[-90°, 90°]$ |
| atan(x) | 计算 $\tan^{-1} x$，区间为 $[-\pi/2, \pi/2]$ |
| atand(x) | 计算 $\tan^{-1} x$，区间为 $[-90°, 90°]$ |
| atan2(y,x) | 计算 $\theta = \tan^{-1} \dfrac{y}{x}$，区间为 $[-\pi, \pi]$ |
| atan2d(y,x) | 计算 $\theta = \tan^{-1} \dfrac{y}{x}$，区间为 $[-180°, 180°]$ |
| ceil(x) | 取趋于正无穷的离 $x$ 最近的整数：ceil(3.1) = 4 和 ceil(-3.1) = -3 |
| char | 将数字矩阵转换为字符串。对于 ASCII 字符，矩阵应包含小于等于 127 的数字 |
| clock | 当前时间 |
| cos(x) | 计算 $\cos x$，以弧度计 |
| cosd(x) | 计算 $\cos x$，以角度计 |
| date | 当前日期 |
| disp | 在命令窗口显示数据 |
| doc | 直接在函数描述中打开 HTML 联机帮助 |
| double | 将字符串转换为数字矩阵 |
| eps | 表示机器精度 |
| exp(x) | 计算 $e^x$ |

(续)

| | |
|---|---|
| eye(m,n) | 生成单位矩阵 |
| fix(x) | 取趋于零的离 $x$ 最近的整数：fix(3.1) = 3 和 fix(-3.1) = -3 |
| floor(x) | 取趋于负无穷的离 $x$ 最近的整数：floor(3.1) = 3 和 floor(-3.1) = -4 |
| format + | 仅保留符号 + |
| format bank | 货币格式 |
| format compact | 禁止额外换行 |
| format hex | 十六进制格式 |
| format long | 保留小数点后 14 位 |
| format long e | 加上指数保留 15 位 |
| format long g | 加不加指数都是保留总计 15 位 |
| format loose | 恢复额外换行 |
| format rat | 小整数的近似比 |
| format short | 保留小数点后 4 位 |
| format short e | 加上指数保留 5 位 |
| format short g | 加不加指数都是保留总计 5 位 |
| fprintf | 打印格式化信息 |
| grid | 增加或删除绘图的网格线 |
| i | 表示 $\sqrt{-1}$ |
| Inf | 表示无限大（∞） |
| input | 编写一个提示并从键盘读取一个值 |
| int2str | 将 $x$ 转换为整数字符串 |
| j | 表示 $\sqrt{-1}$ |
| legend | 增加图例到绘图 |
| length(arr) | 返回向量的长度，或二维数组最长的维度 |
| load | 从文件加载数据 |
| log(x) | 计算 $x$ 的自然对数 |
| loglog | 生成 log-log 绘图 |
| lookfor | 在一行 MATLAB 函数描述中寻找匹配项 |
| max(x) | 返回向量 $x$ 的最大值及其位置 |
| min(x) | 返回向量 $x$ 的最小值及其位置 |
| mod(m,n) | 取余或取模函数 |
| NaN | 表示非数字 |
| num2str(x) | 将 $x$ 转换为字符串 |
| ones(m,n) | 生成全 1 数组 |
| pi | 表示数字 $\pi$ |
| plot | 生成线性 $xy$ 绘图 |
| print | 打印图形窗口 |
| round(x) | 取离 $x$ 最近的整数 |
| save | 将工作空间数据保存到文件 |
| semilogx | 生成 log-linear 绘图 |

(续)

| | |
|---|---|
| semilogy | 生成 linear-log 绘图 |
| sin(x) | 计算 sin x，以弧度计 |
| sind(x) | 计算 sin x，以角度计 |
| size | 得到数组的行数和列数 |
| sqrt | 计算数的平方根 |
| str2num | 将字符串转换为数字数组 |
| tan(x) | 计算 tan x，以弧度计 |
| tand(x) | 计算 tan x，以角度计 |
| title | 增加标题到绘图 |
| zeros(m,n) | 生成全 0 数组 |

## 2.15 本章习题

2.1 根据下列数组回答问题。

$$\text{array1} = \begin{bmatrix} 0.0 & 0.5 & 2.1 & -3.5 & 6.0 \\ 0.0 & -1.1 & -6.6 & 2.8 & 3.4 \\ 2.1 & 0.1 & 0.3 & -0.4 & 1.3 \\ 1.1 & 5.1 & 0.0 & 1.1 & -2.0 \end{bmatrix}$$

(a) array1 的大小是多少？
(b) array1(1,4) 的值是多少？
(c) array1(:,1:2:5) 的大小和值是多少？
(d) array1([1 3],end) 的大小和值是多少？

2.2 下列 MATLAB 变量名是否合法？为什么？
(a) dog1
(b) 1dog
(c) Do_you_know_the_way_to_san_jose
(d) _help
(e) What's_up?

2.3 试确定下列数组的大小和内容。注意，后续练习可能会用到这里定义的数组。
(a) a = 2:3:8;
(b) b = [a' a' a'];
(c) c = b(1:2:3,1:2:3);
(d) d = a + b(2,:);
(e) w = [zeros(1,3) ones(3,1)' 3:5'];
(f) b([1 3],2) = b([3 1],2);
(g) e = 1:-1:5;

2.4 假设数组 array1 定义如下，试确定下列子数组的内容。

$$\text{array1} = \begin{bmatrix} 1.1 & 0.0 & -2.1 & -3.5 & 6.0 \\ 0.0 & -3.0 & -5.6 & 2.8 & 4.3 \\ 2.1 & 0.3 & 0.1 & -0.4 & 1.3 \\ -1.4 & 5.1 & 0.0 & 1.1 & -3.0 \end{bmatrix}$$

(a) `array1(3,:)`
(b) `array1(:,3)`
(c) `array1(1:2:3,[3 3 4])`
(d) `array1([1 1],:)`

2.5 假设变量 value 已初始化为 $10\pi$，试确定下列表达式的显示结果。
```
disp (['value = ' num2str(value)]);
disp (['value = ' int2str(value)]);
fprintf('value = %e\n',value);
fprintf('value = %f\n',value);
fprintf('value = %g\n',value);
fprintf('value = %12.4f\n',value);
```

2.6 假设 a、b、c 和 d 定义如下。如果下列运算合法，试给出结果；否则，请阐述原因。

$$a = \begin{bmatrix} 2 & 1 \\ -1 & 4 \end{bmatrix} \qquad b = \begin{bmatrix} -1 & 3 \\ 0 & 2 \end{bmatrix}$$

$$c = \begin{bmatrix} 2 \\ 1 \end{bmatrix} \qquad d = eye(2)$$

(a) `result = a + b;`
(b) `result = a * d;`
(c) `result = a .* d;`
(d) `result = a * c;`
(e) `result = a .* c;`
(f) `result = a \ b;`
(g) `result = a .\ b;`
(h) `result = a .^ b;`

2.7 试计算下列表达式的值。
(a) `11 / 5 + 6`
(b) `(11 / 5) + 6`
(c) `11 / (5 + 6)`
(d) `3 ^ 2 ^ 3`
(e) `v3 ^ (2 ^ 3)`
(f) `(3 ^ 2) ^ 3`
(g) `round(-11/5) + 6`
(h) `ceil(-11/5) + 6`
(i) `floor(-11/5) + 6`

2.8 请用 MATLAB 计算下列表达式的值。
(a) $(3-4i)(-4+3i)$
(b) $\cos^{-1}(1.2)$

2.9 求解下列 $x$ 的联立方程组：

$$\begin{aligned}
-2.0 x_1 + 5.0 x_2 + 1.0 x_3 + 3.0 x_4 + 4.0 x_5 - 1.0 x_6 &= 0.0 \\
2.0 x_1 - 1.0 x_2 - 5.0 x_3 - 2.0 x_4 + 6.0 x_5 + 4.0 x_6 &= 1.0 \\
-1.0 x_1 + 6.0 x_2 - 4.0 x_3 - 5.0 x_4 + 3.0 x_5 - 1.0 x_6 &= -6.0 \\
4.0 x_1 + 3.0 x_2 - 6.0 x_3 - 5.0 x_4 - 2.0 x_5 - 2.0 x_6 &= 10.0 \\
-3.0 x_1 + 6.0 x_2 + 4.0 x_3 + 2.0 x_4 - 6.0 x_5 + 4.0 x_6 &= -6.0 \\
2.0 x_1 + 4.0 x_2 + 4.0 x_3 + 4.0 x_4 + 5.0 x_5 - 4.0 x_6 &= -2.0
\end{aligned}$$

2.10 **球的位置和速度**：如果静止的球以垂直速度 $v_0$ 从地球表面上方的高度 $h_0$ 处释放，则球的位置和

速度作为时间的函数,将由下面等式给出:

$$h(t) = \frac{1}{2}gt^2 + v_0 t + h_0 \quad (2.10)$$

$$v(t) = gt + v_0 \quad (2.11)$$

其中,$g$ 是重力加速度($-9.81 \text{ m/s}^2$),$h$ 是距地面的高度(假定没有空气摩擦),$v$ 是速度的垂直分量。试编写一个 MATLAB 程序,提示用户以米为单位输入球的初始高度,以米每秒为单位输入球的垂直速度,并绘制高度和垂直速度作为时间的函数。确保在绘图时使用合适的标签。

2.11 在笛卡儿坐标系中,两点 $(x_1, y_1)$ 和 $(x_2, y_2)$ 间的距离由下面公式给出:

$$d = \sqrt{(x_1 - x_2)^2 + (y_1 - y_2)^2} \quad (2.12)$$

如图 2.16 所示。试编写一个程序来计算用户指定的任何两个点 $(x_1, y_1)$ 和 $(x_2, y_2)$ 之间的距离,并计算点($-3, 2$)和($3, -6$)之间的距离。

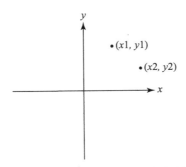

图 2.16 笛卡儿坐标系下两点间的距离

2.12 在三维笛卡儿坐标系中,两点 $(x_1, y_1, z_1)$ 和 $(x_2, y_2, z_2)$ 间的距离由下面公式给出:

$$d = \sqrt{(x_1 - x_2)^2 + (y_1 - y_2)^2 + (z_1 - z_2)^2} \quad (2.13)$$

试编写一个程序来计算用户指定的任何两个点 $(x_1, y_1, z_1)$ 和 $(x_2, y_2, z_2)$ 之间的距离,并计算点($-3, 2, 5$)和($3, -6, -5$)之间的距离。

2.13 分贝:工程师通常以分贝(dB)为单位测量两个功率的比例。以分贝为单位的两个功率的比率公式为

$$\text{dB} = 10 \log_{10} \frac{P_2}{P_1} \quad (2.14)$$

其中,$P_2$ 是当前测量的功率,$P_1$ 是参考功率。

(a) 假设参考功率 $P_1$ 为 1 毫瓦,试编写程序接受输入功率 $P_2$,并将其转换为相对于 1mW 参考功率的 dB。(工程师规定了特殊的度量单位来表示相对于 1 mW 参考功率的 dB 功率级别:dBm。)

(b) 试编写一个程序,绘制功率和分贝的关系图,其中功率以瓦特为单位,分贝以相对于 1 mW 参考功率的 dBm 为单位。绘制线性 xy 图和对数 – 线性 xy 图。

2.14 **电阻器中的功率**:基于欧姆定律,电阻器上的电压与流过的电流有关:

$$V = IR \quad (2.15)$$

电阻器消耗的功率由下面公式给出:

$$P = IV \quad (2.16)$$

如图 2.17 所示。试编写一个程序,绘制 $1000\,\Omega$ 电阻器消耗的功率与电压的关系图(电压从 1V 到 200V)。绘制两条曲线,一条功率以瓦特为单位,一条功率以 dBW(相对于 1 W 参考功率的 dB 功率级别)为单位。

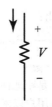

图 2.17　电阻器中的电压和电流

2.15　三维向量可以用直角坐标 $(x, y, z)$ 或球坐标 $(r, \theta, \phi)$ 来表示，如图 2.18 所示[⊖]。这两组坐标间的关系如下：

$$x = r \cos \phi \cos \theta \tag{2.17}$$

$$y = r \cos \phi \sin \theta \tag{2.18}$$

$$z = r \sin \phi \tag{2.19}$$

$$r = \sqrt{x^2 + y^2 + z^2} \tag{2.20}$$

$$\theta = \tan^{-1} \frac{y}{x} \tag{2.21}$$

$$\phi = \tan^{-1} \frac{z}{\sqrt{x^2 + y^2}} \tag{2.22}$$

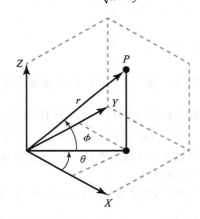

图 2.18　三维向量 $v$ 可以用直角坐标 $(x, y, z)$ 或球坐标 $(r, \theta, \phi)$ 来表示

使用 MATLAB 帮助系统查找函数 `atan2`，并使用该函数回答以下问题。

（a）试编写一个程序，接收直角坐标下的三维向量，并计算它对应球坐标下的向量，其中角 $\theta$ 和 $\phi$ 以度为单位。

（b）试编写一个程序，接收球坐标下的三维向量（其中角 $\theta$ 和 $\phi$ 以度为单位），并计算它对应直角坐标下的向量。

2.16　MATLAB 包括两个函数 `cart2sph` 和 `sph2cart`，用来在笛卡儿坐标和球坐标之间来回转换。在 MATLAB 帮助系统中查看这些函数，并使用它们重新编写习题 2.15 中的程序。试比较由式（2.17）至式（2.22）编写程序得到的答案和由 MATLAB 内置函数编写程序得到的答案。

2.17　**双曲余弦**：双曲余弦函数定义为

$$\cosh x = \frac{e^x + e^{-x}}{2} \tag{2.23}$$

试编写一个程序，计算用户提供的 $x$ 的双曲余弦值。使用程序计算 3.0 的双曲余弦值，并比较所

---

⊖　根据国际惯例，这些球坐标中的角的定义是非标准的，但与 MATLAB 程序所用的定义相匹配。

写程序得到的答案与 MATLAB 内置函数 cosh(x) 得到的答案是否相符。此外，使用 MATLAB 绘制函数 cosh(x)。函数的最小值是多少？函数达到最小值时 x 是多少？

2.18 **弹簧中存储的能量**：压缩线性弹簧所需的力由下面公式给出：

$$F = kx \tag{2.24}$$

其中 $F$ 是以牛顿为单位的力，$k$ 是以牛顿每米为单位的弹簧常数。存储在压缩弹簧中的势能由下面等式给出：

$$E = \frac{1}{2}kx^2 \tag{2.25}$$

其中 $E$ 是以焦耳为单位的能量。下面是四个弹簧的信息：

|  | 弹簧 1 | 弹簧 2 | 弹簧 3 | 弹簧 4 |
|---|---|---|---|---|
| 力（N） | 20 | 30 | 25 | 20 |
| 弹簧常数 $k$（N/m） | 200 | 250 | 300 | 400 |

确定每一弹簧的压缩量和每一弹簧存储的势能。哪一个弹簧存储的能量最多？

2.19 **收音机**：调幅收音机前端的简化版如图 2.19 所示。该接收机由一个串联电阻器、电容器和电感器的 $RLC$ 调谐电路组成。$RLC$ 电路连接到外部天线和地面，如图 2.19 所示。

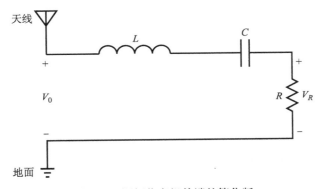

图 2.19 调幅收音机前端的简化版

调谐电路允许收音机从发射到 AM 频段的所有电台中选择某个特定电台。在该电路的谐振频率下，出现在天线上的信号 $V_0$ 的全部部分基本上通过了电阻器，其代表无线电的其余部分。换句话说，无线电以共振频率接收其最强的信号。$LC$ 电路的谐振频率由下面等式给出：

$$f_0 = \frac{1}{2\pi\sqrt{LC}} \tag{2.26}$$

其中 $L$ 是以亨利（H）为单位的电感，$C$ 是以法拉（F）为单位的电容。

试编写一个程序，计算给定值 $L$ 和 $C$ 时无线电设备的谐振频率。当 $L = 0.25\text{mH}$，$C = 0.10\text{nF}$ 时，计算无线电频率来测试程序。

2.20 **收音机**：在图 2.19 中，电阻负载的平均（rms）电压随频率的变化情况可由如下的式（2.27）给出。

$$V_R = \frac{R}{\sqrt{R^2 + \left(\omega L - \dfrac{1}{\omega C}\right)^2}} V_0 \tag{2.27}$$

其中 $\omega = 2\pi f$ 和 $f$ 是以赫兹为单位的频率。假设 $L = 0.25\text{mH}$，$C = 0.10\text{nF}$，$R = 50\,\Omega$，$V_0 = 10\text{mV}$。

(a) 绘制电阻负载的 rms 电压与频率的关系图。电阻负载峰值的电压在什么频率？在此频率下的负载电压是多少？该频率称为电路的谐振频率 $f_0$。

(b) 如果频率变化到谐振频率的 10% 以上，负载上的电压是多少？这台收音机是如何选择的？

(c) 负载电压在什么频率下降到谐振频率一半的电压?

**2.21** 假设前一习题中的收音机的天线接收到两个信号。一个信号在 1000 kHz 的频率下具有 1 V 的强度,另一个信号在 950 kHz 时的强度为 1 V。对每个信号,计算接收的电压 $V_R$。第一个信号能够向电阻负载 $R$ 提供多少功率?第二个信号供给电阻负载 $R$ 的功率是多少?给出由信号 1 提供的功率与由信号 2 提供的功率的分贝比率(分贝)(参考习题 2.13 中对分贝的定义)的表达式。与第一个信号相比,第二个信号增强或抑制了多少?(注:提供给电阻负载的功率可由公式 $P = V_R^2/R$ 计算得到。)

**2.22 飞机转弯半径**:以恒定切线速度 $v$ 在圆形路径中运动的物体如图 2.20 所示。其所需的径向加速度可由式(2.28)给出:

$$a = \frac{v^2}{r} \tag{2.28}$$

其中 $a$ 是物体的向心加速度(m/s²),$v$ 是物体的垂直速度(m/s),$r$ 是以米为单位的转弯半径。

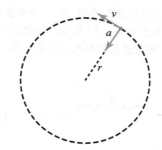

图 2.20 当向心加速度为 $a$ 时,物体做匀速圆周运动

假设对象是飞机,并回答以下关于它的问题:

(a) 假设飞机以 0.85 马赫的速度移动,即音速的 85%。如果向心加速度为 2g,飞机的转弯半径是多少?(注:对于这个问题,可以假设 1 马赫等于 340 米/秒,而 1g=9.81m/s²。)

(b) 假设飞机的速度增加到 1.5 马赫,那么现在飞机的转弯半径是多少?

(c) 假设加速度保持在 2g,绘制转弯半径与飞机速度的函数关系图,其中速度为 0.5 马赫到 2 马赫。

(d) 假设飞行员能承受的最大加速度为 7g,则飞机在 1.5 马赫时的最小转弯半径是多少?

(e) 假设加速度为 0.85 马赫,绘制半径和向心加速度的函数关系图,其中加速度为 2g 到 8g。

# 第 3 章

## 二维绘图

MATLAB 最强大的功能之一是能够轻松将工程师正在使用的信息绘制成可视化图表。在其他编程语言（如 C++、Java、Fortran 等）中，绘图涉及大量工作，或者要用到非基本语言部分的额外软件包。相比之下，MATLAB 已经提供了以最小的工作量来完成高质量的绘图。

在第 2 章中已经介绍了几个简单的绘图命令，并用它们在各种示例和练习中绘制线性和对数刻度的各种数据图。

鉴于绘图的重要性，本章将用整个章节来学习如何较好地制作工程数据集的二维绘图。另外，将在后续第 8 章中讨论三维绘图。

## 3.1 二维绘图的其他功能

本节将介绍二维绘图的其他功能，用来改进第 2 章中的简单二维绘图。这些功能包括控制显示在图上的 $x$ 值和 $y$ 值的范围，创建多个叠加绘图，创建多个图形，创建同一图形内的多个子图，并提供对绘制的线条和文本字符串的更多控制。另外，还将学习如何创建极坐标图。

### 3.1.1 对数刻度

可以在对数刻度和线性刻度上绘制数据。在 $x$ 轴和 $y$ 轴上共有四种可能的线性和对数刻度组合，每个组合都由一个单独的函数产生。

（1）函数 `plot` 在线性轴上绘制 $x$ 和 $y$ 数据。
（2）函数 `semilogx` 在对数轴上绘制 $x$ 数据，在线性轴上绘制 $y$ 数据。
（3）函数 `semilogy` 在线性轴上绘制 $x$ 数据，在对数轴上绘制 $y$ 数据。
（4）函数 `loglog` 在对数轴上绘制 $x$ 和 $y$ 数据。

所有这些函数都具有相同的选项调用序列，唯一区别在于绘制数据的轴的类型不同。

为比较这四种类型的图，将分别在不同刻度组合下，绘制范围 0 到 100 的函数 $y(x) = 2x^2$。相应的 MATLAB 代码为：

```
x = 0:0.2:100;
y = 2 * x.^2;
% For the linear / linear case
plot(x,y);
title('Linear / linear Plot');
xlabel('x');
ylabel('y');
grid on;
% For the log / linear case
semilogx(x,y);
title('Log / linear Plot');
xlabel('x');
```

```
ylabel('y');
grid on;
% For the linear / log case
semilogy(x,y);
title('Linear / log Plot');
xlabel('x');
ylabel('y');
grid on;
% For the log / log case
loglog(x,y);
title('Log / log Plot');
xlabel('x');
ylabel('y');
grid on;
```

绘制结果见图 3.1。

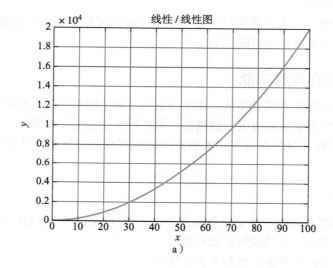

a）

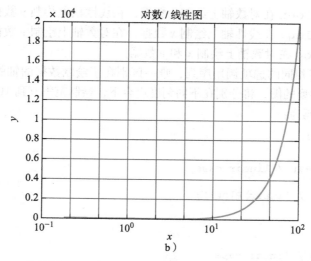

b）

图 3.1　不同刻度绘图比较：线性、半对数 $x$、半对数 $y$、对数 – 对数

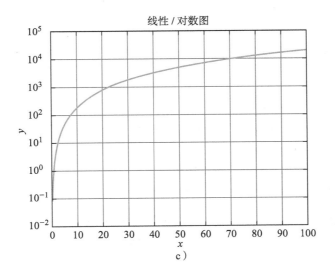

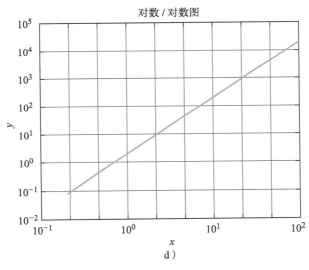

图 3.1 （续）

当选择线性或对数刻度时，考虑绘制数据的类型很重要。通常，如果绘制的数据范围涵盖了许多数量级，则对数刻度将更为合适，因为在线性刻度上，数据集的较小部分将不可见。如果绘制的数据覆盖相对较小的动态范围，那么线性刻度就可以很好地展示。

**良好编程习惯**

如果要绘制的数据范围涵盖许多数量级，请使用对数刻度来表示数据。如果要绘制的数据范围是一个数量级以内，则使用线性刻度。

另外，请注意在对数刻度上用零或负值绘制数据。相对实数来说，零或负数的对数未定义，因此不会绘制负数点。在绘图时，MATLAB 将发出警告并忽略这些负值。

**编程误区**

不要试图在对数刻度上绘制负数据。数据将被忽略。

### 3.1.2 控制 $x$ 轴和 $y$ 轴范围

默认情况下,绘图的 $x$ 轴和 $y$ 轴的范围足够宽,以显示输入数据集中的每个点。然而,仅显示特别感兴趣的数据子集有时是有用的。此时可使用 `axis` 命令/函数来实现(请参阅关于 MATLAB 命令和函数之间的关系的侧栏)。

---

**命令/函数二元性**

MATLAB 中的某些项目似乎无法确定它们是命令(在命令行上输入)还是函数(在括号中带有参数)。例如,`axis` 有时看起来像命令,有时看起来像函数。可以将它当作命令使用:`axis on`,也可以当作函数使用:`axis([0 20 0 35])`。为什么会这样?

简言之,MATLAB 命令是通过函数实现的,且 MATLAB 解释器也能自动将命令用函数调用替换。命令语法总是可以用函数调用来实现。因此,下列两个语句是相同的:

```
axis on;
axis ('on');
```

每当 MATLAB 遇到命令时,它都会找到命令的等效函数,并将命令的参数当作字符串,作为函数参数传入调用的等效函数。因此 MATLAB 将下列命令

```
garbage 1 2 3
```

解释为函数调用

```
garbage('1','2','3')
```

请注意,只有具有字符参数的函数才能被视为命令。具有数值参数的函数必须在函数形式中使用。这一事实解释了为什么 `axis` 有时被当作命令,有时被当作函数。

---

表 3.1 展示了 `axis` 命令/函数的一些形式。两种最重要的形式用粗体显示——允许工程师获得绘图的当前界限并加以修改。所有选项的完整列表可以在 MATLAB 在线文档中找到。

表 3.1 `axis` 命令/函数的形式

| 命令 | 说明 |
| --- | --- |
| `v=axis;` | 该函数返回包含 4 个元素的行向量 `[xmin xmax ymin ymax]`,其中 `xmin`、`xmax`、`ymin` 和 `ymax` 是绘图的当前界限 |
| `axis ([xmin xmax ymin ymax]);` | 该函数将绘图的 $x$ 和 $y$ 界限设置为指定值 |
| `axis equal` | 该命令将两轴上的轴增量设置为相等 |
| `axis square` | 该命令设置当前轴框为正方形 |
| `axis normal` | 该命令取消轴相等和轴平方效果 |
| `axis off` | 该命令关闭所有轴标签、刻度线和背景 |
| `axis on` | 该命令打开所有轴标签、刻度线和背景(默认情况) |

下面以函数 $f(x) = \sin x$ 来介绍 `axis` 的使用。先设置 $x$ 轴的范围为 $-2\pi$ 到 $2\pi$,然后限制在 $0 \leqslant x \leqslant \pi$ 和 $0 \leqslant y \leqslant 1$ 范围内显示。绘图语句如下所示,结果见图 3.2a。

```
x = -2*pi:pi/20:2*pi;
y = sin(x);
plot(x,y);
title ('Plot of sin(x) vs x');
grid on;
```

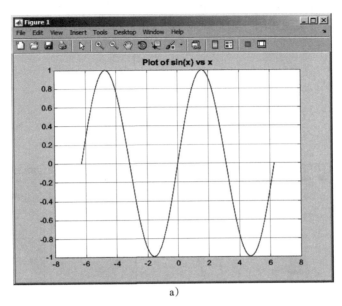

a)

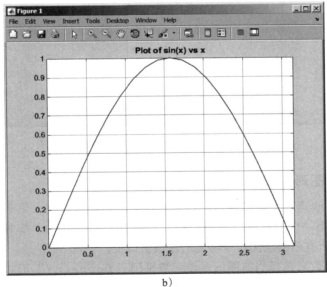

b)

图 3.2  a) 绘制 sin x 与 x 的关系图；b) 限制范围 [0 π 0 1]

该图的当前界限可以由基本的 `axis` 函数得到。

```
» limits = axis
limits =
    -8     8    -1     1
```

上述界限可以使用函数 `axis([0 pi 0 1])` 来修改。函数执行后，生成图 3.2b。

## 3.1.3 同一轴上绘制多个绘图

通常，在每次执行绘图命令时都会创建新的绘图，而原图上显示的先前数据就会丢失。此行为可通过 `hold` 命令修改。使用 `hold on` 命令后，所有另外的绘图都会保留在原先绘制之上。使用 `hold off` 命令返回默认情况，即新绘图将替换原绘图。

例如，下列语句将实现在同一轴上绘制函数 $\sin x$ 和 $\cos x$，结果见图 3.3。

```
x = -pi:pi/20:pi;
y1 = sin(x);
y2 = cos(x);
plot(x,y1,'b-');
hold on;
plot(x,y2,'k--');
hold off;
legend ('sin x','cos x');
```

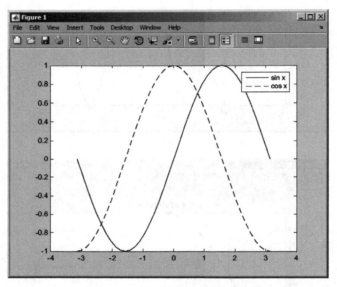

图 3.3　使用 `hold` 命令在同一轴上绘制多条曲线

## 3.1.4 创建多个图形

MATLAB 可以创建多个图形窗口，每个窗口显示不同的数据。每个图形窗口用一个小的正整数来标识。第一个图形窗口是 Figure 1，第二个是 Figure 2，等等。其中一个图形窗口称为**当前图形**，所有新的绘图命令将显示在该窗口中。

使用 `figure` 函数来选择当前图形。该函数采用 "`figure(n)`" 形式，其中 n 表示图形标识号[⊖]。当执行此命令时，Figure n 成为当前图形，并用于接收所有绘图命令。如果不存在，则自动创建该图形。当前图形也可以通过鼠标点击选择。

函数 `gcf` 返回当前图形的句柄（标识符），因此当需要知道当前图形时，可以在 M 文件中使用这个函数。

下列命令展示了 `figure` 函数的用法。其创建了两个图形，第一个中显示 $e^x$，第二个中

---

⊖　函数 `figure` 也可以接受图形句柄，将在附录 B 中进一步解释。

显示 $e^{-x}$（如图 3.4 所示）。

```
figure(1)
x = 0:0.05:2;
y1 = exp(x);
plot(x,y1);
title(' exp(x)');
grid on;
figure(2)
y2 = exp(-x);
plot (x,y2);
title(' exp(-x)');
grid on;
```

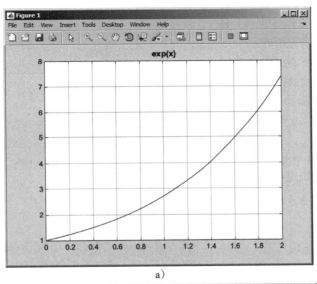

a)

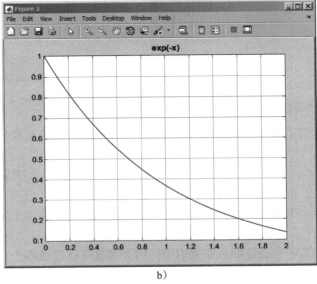

b)

图 3.4　使用 figure 函数在多个图形窗口中绘制多个绘图。a) Figure 1；b) Figure 2

## 3.1.5 子图

可以在单个图形上放置多组轴，创建多个**子图**。创建子图的 `subplot` 命令一般形式为

```
subplot(m,n,p)
```

该命令将当前图形划分为 m×n 个大小相等的区域，以 m 行和 n 列排列，并在位置 p 创建一组轴，以接收所有当前绘图命令。子图按照从左到右和从上到下的顺序编号。例如，命令 `subplot(2, 3, 4)` 将当前图形划分成两行三列的六个区域，并在位置 4（左下方）中创建轴接收新的绘图数据（见图 3.5）。

如果 `subplot` 命令创建的轴与先前存在的轴冲突，则旧轴将自动删除。

下列命令将在单个窗口中创建两个子图，并在每个子图中显示单独的图形。结果如图 3.6 所示。

```
figure(1)
subplot(2,1,1)
x = -pi:pi/20:pi;
y = sin(x);
plot(x,y);
title('Subplot 1 title');
subplot(2,1,2)
x = -pi:pi/20:pi;
y = cos(x);
plot(x,y);
title('Subplot 2 title');
```

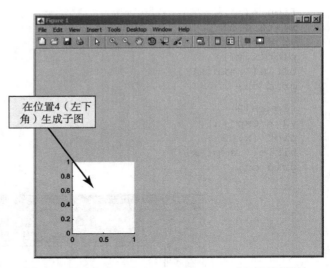

图 3.5　通过命令 `subplot(2, 3, 4)` 创建子图的轴

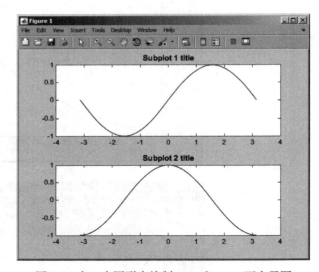

图 3.6　在一个图形中绘制 $\sin x$ 和 $\cos x$ 两个子图

## 3.1.6　控制绘图上的点间距

在第 2 章中，学习了如何使用冒号运算符创建一个数组。冒号运算符

```
start:incr:end
```

将产生一个数组，以 `start` 为起始值，`incr` 为增量，结束值不大于 `end`。冒号运算符虽然可以用来创建数组，但在使用中有下面两个缺点。

（1）要知道数组中有多少个点并不总是那么容易。例如，你能说出定义的数组 `0：pi：20` 中有多少个点吗？

（2）不能保证最后一个指定的点在数组中，因为增量可以超过那个点。

为避免上述问题，MATLAB 中包含两个生成点数组的函数，允许用户控制数组的精确界限和数组中的点数。这两个函数为 `linspace` 和 `logspace`，其中 `linspace` 在样本之

间产生线性间距，而 `logspace` 在样本之间产生对数间距。

函数 `linspace` 的一般形式为：

```
y = linspace(start,end);
y = linspace(start,end,n);
```

其中 `start` 是起始值，`end` 是结束值，`n` 是数组中产生的点数。如果只指定了 `start` 和 `end`，则 `linspace` 将从 `start` 到 `end` 以线性比例产生 100 个等间隔的点。例如，可以使用如下命令在线性刻度上创建 10 个均匀间隔的点数组

```
» linspace(1,10,10)
ans =
   1   2   3   4   5   6   7   8   9   10
```

函数 `logspace` 的一般形式为：

```
y = logspace(start,end);
y = logspace(start,end,n);
```

其中 `start` 是起始点以 10 为底数的幂的指数，`end` 是结束点以 10 为底数的幂的指数，`n` 是数组中产生的点数。如果只指定了 `start` 和 `end`，则 `logspace` 将从 `start` 到 `end` 以对数比例产生 50 个等间隔的点。例如，可以使用如下的命令在对数刻度上创建从（$=10^0$）开始到 10（$=10^1$）结束的对数间隔的点数组

```
» logspace(0,1,10)
ans =
    1.0000    1.2915    1.6681    2.1544    2.7826
    3.5938    4.6416    5.9948    7.7426   10.0000
```

函数 `logspace` 对绘制对数刻度的数据特别有用，原因在于图上的点是均匀间隔的。

▶ **示例 3.1  绘制线性和对数图**

绘制函数

$$y(x) = x^2 - 10x + 25 \tag{3.1}$$

在第一个子图上，从 0 到 10 产生 21 个线性比例等间隔的点进行绘图；在第二个子图对数 $x$ 轴上，从 $10^{-1}$ 到 $10^1$ 产生 21 个对数比例等间隔的点进行绘图。对计算得到的每个点进行标记，以便于观察。同时，为每个子图添加标题和轴标签。

**答案**

为创建这些图，使用函数 `linspace` 来计算线性刻度上 21 个均匀间隔点的集合，并使用函数 `logspace` 来计算对数刻度上 21 个均匀间隔点的集合。然后，将这些点代入式 (3.1) 并绘制所得到的曲线。上述过程的 MATLAB 代码实现如下所示。

```
%   Script file: linear_and_log_plots.m
%
%   Purpose:
%     This program plots y(x) = x^2 - 10*x + 25
%     on linear and semilogx axes.
%
%   Record of revisions:
%      Date        Programmer       Description of change
%      ====        ==========       =====================
%      11/15/14    S. J. Chapman    Original code
%

% Create a figure with two subplots
```

```
subplot(2,1,1);

% Now create the linear plot
x = linspace(0, 10, 21);
y =  x.^2 - 10*x + 25;
plot(x,y,'b-');
hold on;
plot(x,y,'ro');
title('Linear Plot');
xlabel('x');
ylabel('y');
hold off;

% Select the other subplot
subplot(2,1,2);

% Now create the logarithmic plot
x = logspace(-1, 1, 21);
y =  x.^2 - 10*x + 25;
semilogx(x,y,'b-');
hold on;
semilogx(x,y,'ro');
title('Semilog x Plot');
xlabel('x');
ylabel('y');
hold off;
```

得到的结果如图 3.7 所示。请注意，虽然绘图尺度不同，但每个图都包含 21 个等间隔的样本点。

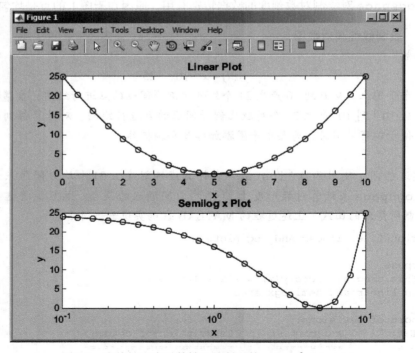

图 3.7　在线性和半对数轴上绘制函数 $y(x) = x^2 - 10x + 25$

### 3.1.7 绘制线的高级控制

在第 2 章中，学习了如何设置线条颜色、线条类型和标记类型。还可以设置与每条线相关联的四个附加属性：

- `LineWidth`——以点为单位指定每条线的宽度
- `MarkerEdgeColor`——指定标记的颜色或填充标记的边缘的颜色
- `MarkerFaceColor`——指定填充标记的面的颜色
- `MarkerSize`——以点为单位指定标记的大小

绘制数据后，上述属性可以通过 `plot` 命令指定：

```
plot(x,y,'PropertyName',value,...)
```

例如，下列命令将以 3 点宽实黑线和 6 点宽圆形标记为属性绘制数据。每个标记具有红色边缘和绿色中心，如图 3.8 所示。

```
x = 0:pi/15:4*pi;
y = exp(2*sin(x));
plot(x,y,'-ko','LineWidth',3.0,'MarkerSize',6,...
    'MarkerEdgeColor','r','MarkerFaceColor','g')
```

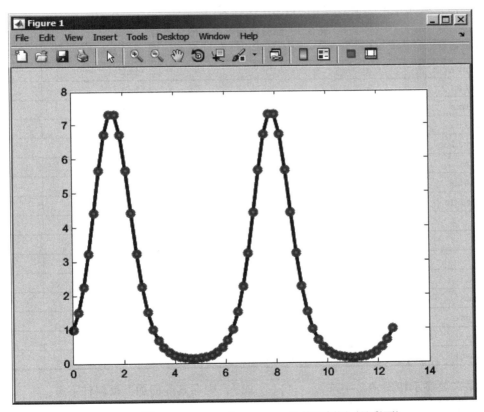

图 3.8 属性 `LineWidth` 和 `Marker` 的使用例图（见彩页）

### 3.1.8 文本字符串的高级控制

可以使用粗体、斜体等格式，以及特殊字符（如希腊语和数学符号）来增强绘制的文本字符串（标题、轴标签等）。

用于显示文本的字体可以通过流修饰符（stream modifier）修改。流修饰符是一个特殊的字符序列，用来告诉 MATLAB 解释器更改其行为。最常见的流修饰符为：

- \bf——黑体
- \it——斜体
- \rm——删除流修饰符，恢复正常字体
- \fontname{fontname}——指定字体名称
- \fontsize{fontsize}——指定字体大小
- _{xxx}——作为字符的下标
- ^{xxx}——作为字符的上标

一旦将流修饰符插入文本字符串中，将一直有效，直到字符串的结尾或被取消。任何流修饰符后都可以跟大括号 {}。如果流修饰符后跟大括号，则只有大括号内的文本才会受到影响。

在文本字符串中也可以使用特殊的希腊字母和数学符号，它是通过将转义序列嵌入文本字符串中实现的。这些转义序列与 TeX 语言中的定义相同。表 3.2 给出了可使用的转义序列示例，如需查看完整情况请参考 MATLAB 在线文档。

表 3.2 部分希腊字母和数学符号

| 字符序列 | 符号 | 字符序列 | 符号 | 字符序列 | 符号 |
| --- | --- | --- | --- | --- | --- |
| \alpha | $\alpha$ | | | \int | $\int$ |
| \beta | $\beta$ | | | \cong | $\cong$ |
| \gamma | $\gamma$ | \Gamma | $\Gamma$ | \sim | $\sim$ |
| \delta | $\delta$ | \Delta | $\Delta$ | \infty | $\infty$ |
| \epsilon | $\varepsilon$ | | | \pm | $\pm$ |
| \eta | $\eta$ | | | \leq | $\leq$ |
| \theta | $\theta$ | | | \geq | $\geq$ |
| \lambda | $\lambda$ | \Lambda | $\Lambda$ | \neq | $\neq$ |
| \mu | $\mu$ | | | \propto | $\propto$ |
| \nu | $\nu$ | | | \div | $\div$ |
| \pi | $\pi$ | \Pi | $\Pi$ | \circ | $^\circ$ |
| \phi | $\phi$ | | | \leftrightarrow | $\leftrightarrow$ |
| \rho | $\rho$ | | | \leftarrow | $\leftarrow$ |
| \sigma | $\sigma$ | \Sigma | $\Sigma$ | \rightarrow | $\rightarrow$ |
| \tau | $\tau$ | | | \uparrow | $\uparrow$ |
| \omega | $\omega$ | \Omega | $\Omega$ | \downarrow | $\downarrow$ |

如果需要显示特殊转义字符 \、{、}、_ 或 ^，则在其前面加上反斜杠字符。

下面例子给出了流修饰符和特殊字符的使用。

| 字符串 | 结果 |
| --- | --- |
| \tau_{ind} versus \omega_{itm} | $\tau_{ind}$ versus $\omega_m$ |
| \theta varies form 0\circ to 90\circ | $\theta$ varies from $0°$ to $90°$ |
| \bf{B}_{\itS} | $\mathbf{B}_S$ |

**良好编程习惯**
使用流修饰符创建图形标题和标签中的粗体、斜体、上标、下标和特殊字符等效果。

## ▶ 示例 3.2  使用特殊符号标记绘图

绘制衰减指数函数

$$y(t) = 10e^{-t/\tau} \sin \omega t \tag{3.2}$$

其中时间常数为 τ = 3s，径向速度为 ω = τ rad / s，取值范围为 0 ≤ t ≤ 10 s。在绘图的标题中包含方程，并正确标记 x 轴和 y 轴。

**答案**

为绘制衰减指数函数图，首先使用函数 `linspace` 计算 0 到 10 之间的 100 个等间隔点。然后，将这些点代入式（3.2）并绘制得到曲线。最后，使用本章中的特殊符号来为绘图添加标题。

绘图标题必须包括斜体字 $y(t)$、$t/\tau$ 和 $\omega t$，并将 $-t/\tau$ 设置为上标。此符号字符串具体表述为

```
\it{y(t)} = \it{e}^{-\it{t / \tau}} sin \it{\omegat}
```

绘制此函数的 MATLAB 代码如下。

```
%   Script file: decaying_exponential.m
%
%   Purpose:
%     This program plots the function
%     y(t) = 10*EXP(-t/tau)*SIN(omega*t)
%     on linear and semilogx axes.
%
%   Record of revisions:
%       Date          Programmer         Description of change
%       ====          ==========         =====================
%     11/15/14      S. J. Chapman        Original code
%
% Define variables:
%     tau        -- Time constant, s
%     omega      -- Radial velocity, rad/s
%     t          -- Time (s)
%     y          -- Output of function

% Declare time constant and radial velocity
tau = 3;
omega = pi;
% Now create the plot
t = linspace(0, 10, 100);
y =  10 * exp(-t./tau) .* sin(omega .* t);
plot(t,y,'b-');
title('Plot of \it{y(t)} = \it{e}^{-\it{t / \tau}} sin \it{\omegat}');
xlabel('\it{t}');
ylabel('\it{y(t)}');
grid on;
```

绘制结果见图 3.9。

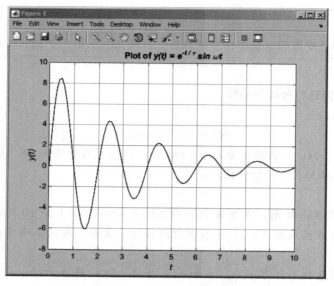

图 3.9  绘制 $y(t) = 10e^{-t/\tau} \sin \omega t$，并将此包含特殊字符的函数作为绘图标题

## 3.2 极坐标绘图

MATLAB 包含一个特殊的极坐标函数。它采用极坐标绘制二维数据，而非直角坐标。这个函数的基本形式为

```
polar(theta,r)
```

其中 `theta` 是以弧度表示的角度数组，`r` 是距图的中心的距离数组。角度 `theta` 是从右水平轴开始按逆时针方向旋转的角度（以弧度计），`r` 是从图形中心到当前点的距离。

该函数对于绘制本质上是角函数的数据非常有用，如下例所示。

### ▶ 示例 3.3  心形麦克风

舞台上使用的大多是定向麦克风，这种麦克风可增强其前面接收到的歌手的信号，同时抑制麦克风后面的听众噪音。根据如下等式，其增益效果是随角度变化而变化的：

$$\text{增益} = 2g(1 + \cos\theta) \tag{3.3}$$

其中 $g$ 是与特定麦克风相关联的常数，$\theta$ 是从麦克风的轴到声源的角度。假设 $g$ 对于特定的麦克风为 0.5，请用极坐标绘制麦克风增益与声源方向的关系图。

**答案**

首先，计算麦克风的增益与角度的关系，然后用极坐标绘图。详细的 MATLAB 实现代码如下所示。

```
%  Script file: microphone.m
%
%  Purpose:
%    This program plots the gain pattern of a cardioid
%    microphone.
%
%  Record of revisions:
```

```
%    Date         Programmer        Description of change
%    ====         ==========        =====================
%  01/05/14      S. J. Chapman      Original code
%
% Define variables:
%   g           -- Microphone gain constant
%   gain        -- Gain as a function of angle
%   theta       -- Angle from microphone axis (radians)

% Calculate gain versus angle
g = 0.5;
theta = linspace(0,2*pi,41);
gain = 2*g*(1+cos(theta));

% Plot gain
polar (theta,gain,'r-');
title ('\bfGain versus angle \it{\theta}');
```

程序执行结果见图 3.10。注意，由于它的增益图案是心形的，因此把这种类型的麦克风称为"心形麦克风"。

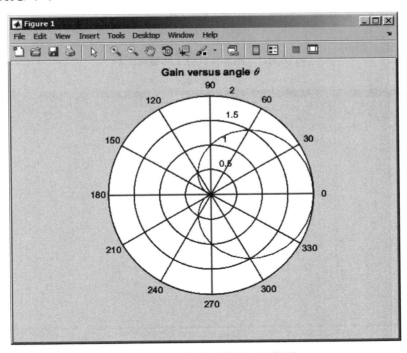

图 3.10　心形麦克风增益（见彩页）

## 3.3　注释与保存绘图

MATLAB 程序创建绘图后，用户可以使用图形工具栏中提供的基于 GUI 的工具编辑和注释绘图。图 3.11 显示了可供使用的工具，它允许用户编辑绘图上任何对象的属性或添加注释到绘图。从工具栏中选择编辑按钮（　）就可以使用编辑功能了。当按下按钮时，单击图形上的任何行或文本，将看到它处于可被选择状态，然后双击该行或文本将打开一个

Property Editor（属性编辑器）窗口，允许用户修改该属性的所有特性。图 3.12 显示了用户点击图 3.10 的红线后，可将其更改为 3 像素宽的实蓝线。

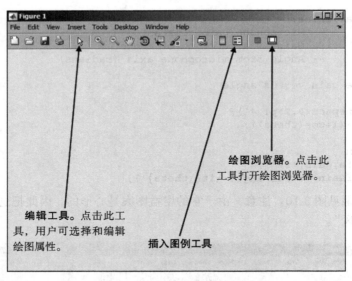

图 3.11　图形工具栏上的编辑工具

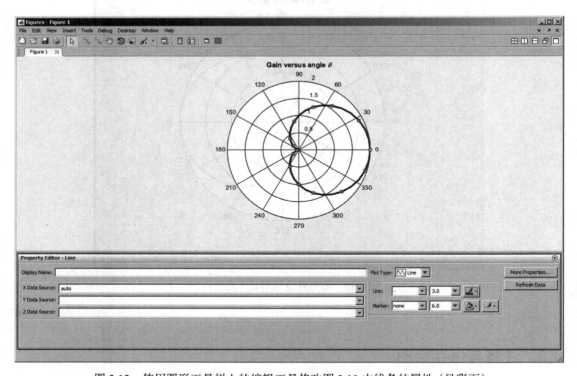

图 3.12　使用图形工具栏上的编辑工具修改图 3.10 中线条的属性（见彩页）

图形工具栏还包括一个绘图浏览器按钮（▭）。当按下此按钮时，将显示绘图浏览器。该工具为用户提供了对绘图的完全控制。程序员可以为绘图添加轴、编辑对象属性、修改数据值以及添加注释，如线条和文本框。

用户也可以通过点击 View/Plot Edit 菜单项启动绘图编辑工具栏。该工具栏允许用户添加线条、箭头、文本、矩形和椭圆来注释和解释绘图。图 3.13 显示了使用绘图编辑工具栏的图形窗口。

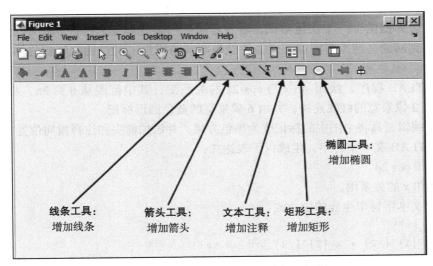

图 3.13  图形窗口上显示绘图编辑工具栏

图 3.14 显示了绘图浏览器和绘图编辑工具栏启用后的图 3.10。此图中，用户已使用绘图编辑工具栏上的控件，将箭头和注释添加到绘图中。

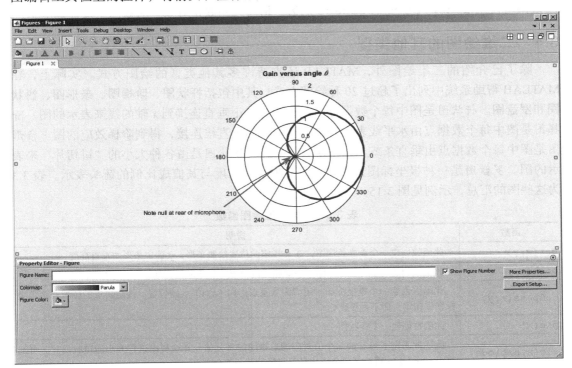

图 3.14  使用绘图浏览器为图 3.10 增加箭头和注释

在对绘图进行编辑和注释后，可使用图形窗口中的 File/Save As 菜单项将整个绘图保存为可修改格式的文件。所生成的图形文件（*.fig）包含将来随时重新创建图形和注释所需的所有信息。

## 测验 3.1

本测验为你提供了一个快速测试，看看你是否已经理解 3.3 节中介绍的概念。如果你在测验中遇到问题，请重新阅读正文、请教教师或与同学一起讨论。测验的答案在本书的后面。

1. 编写 MATLAB 程序，绘制 sin $x$ 与 cos $2x$ 的关系图，其中范围从 0 到 $2\pi$，步长为 $\pi/10$。数据点由 2 像素宽的红线连接，并由 6 像素宽的蓝色圆形标记。
2. 利用图形编辑工具将上图中的标记改为黑色方块，并添加箭头和注释指向位置 $x = \pi$。

编写 MATLAB 文本字符串，生成以下表达式：

3. $f(x) = \sin\theta\cos 2\phi$。
4. 绘制 $\Sigma x^2$ 和 $x$ 的关系图。

写出下列文本字符串生成的表达式：

5. `'\tau\it_{m}'`
6. `'\bf\itx_{1}^{ 2} + x_{2}^{ 2} \rm(units: \bfm^{2}\rm)'`
7. 使用极坐标绘制函数 $r = 10*\cos(3\theta)$，其中 $0 \leqslant \theta \leqslant 2\pi$，步长为 $0.01\pi$。
8. 分别使用线性刻度和对数–对数刻度绘制函数 $y(x) = \dfrac{1}{2x^2}$，其中 $0.01 \leqslant x \leqslant 100$。注意在绘图时使用 `linspace` 和 `logspace` 函数。请问此函数在对数–对数图上是什么形状？

## 3.4 二维绘图的其他类型

除了已介绍的二维绘图外，MATLAB 还支持许多其他类型的绘图方式。实际上，在 MATLAB 帮助系统中列出了超过 20 种绘图方式！其中包括**杆状图**、**阶梯图**、**条形图**、**饼状图**和**罗盘图**。杆状图是图中每个数据点由标记和将标记垂直连接到 $x$ 轴的线来表示的图。阶梯图是图中每个数据点由水平线表示且在连续点处用垂直线连接，得到阶梯效应的图。条形图是图中每个数据点由垂直条或水平条来表示的图。饼状图是由各种大小的"饼切片"来表示的图。罗盘图是一种极坐标图，图中每个数据点由长度与其值成比例的箭头表示。表 3.3 为这些图的汇总，示例见图 3.15。

表 3.3  其他二维绘图函数

| 函数 | 说明 |
|---|---|
| `bar(x,y)` | 此函数创建一个垂直条形图，在 x 指定的位置绘制条形，y 确定条形的垂直高度 |
| `barh(x,y)` | 此函数创建一个水平条形图，在 x 指定的位置绘制条形，y 确定条形的水平长度 |
| `compass(x,y)` | 此函数创建一个极坐标图，用箭头从原点指向 (x,y) 点的位置。注意，点的位置在直角坐标系中指定，而不是极坐标 |
| `pie(x)` | 此函数创建一个饼状图 |
| `pie(x,explode)` | 此函数确定了与 x 的每个值对应的总饼图的百分比，并绘制出这种大小的饼状切片。可选数组 `explode` 将控制单个饼片是否与饼的其余部分分开 |
| `stairs(x,y)` | 此函数创建一个阶梯图，阶梯的中心在点 (x,y) 处 |
| `stem(x,y)` | 此函数创建一个杆状图，为点 (x,y) 做标记，并从该点垂直绘制到 x 轴 |

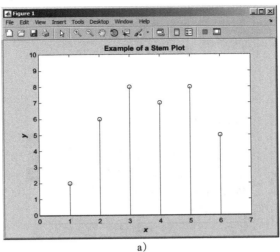

a)

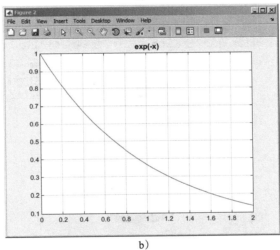

b)

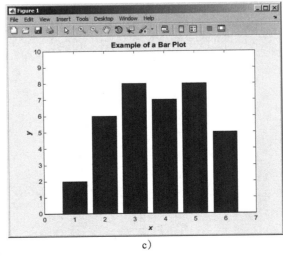

c)

图 3.15 其他类型的二维绘图：a) 杆状图；b) 阶梯图；c) 垂直条形图；d) 水平条形图；e) 饼状图；f) 罗盘图

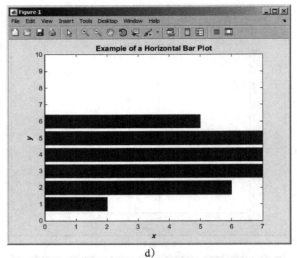

d)

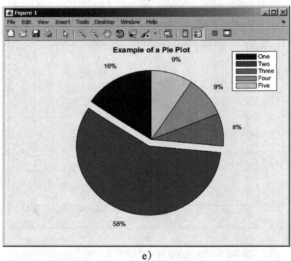

e)

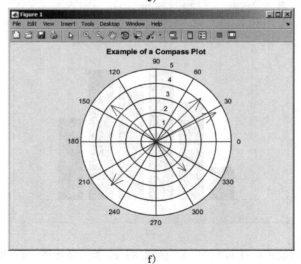

f)

图 3.15 （续）

阶梯图、杆状图、垂直条形图、水平条形图和罗盘图都是很相似的绘图，它们用法相同。例如，下列代码产生的杆状图如图 3.15a 所示。

```
x = [ 1 2 3 4 5 6];
y = [ 2 6 8 7 8 5];
stem(x,y);
title('\bfExample of a Stem Plot');
xlabel('\bf\itx');
ylabel('\bf\ity');
axis([0 7 0 10]);
```

阶梯图、条形图和罗盘图可以通过在上述代码中将 stem 替换为 stairs、bar、barh 和 compass 得到。所有这些绘图函数细节，包括可选参数，都可以查看 MATLAB 联机帮助系统。

函数 pie 与上述几个绘图函数的用法不同。要创建饼状图，程序员需输入绘制数据的数组 x，并利用函数 pie 确定数组 x 中每个元素在饼状图中所占的百分比。例如，数组 x 为 [1 2 3 4]，则函数 pie 计算出第一个元素 x(1) 占 1/10 或 10%，第二个元素 x(2) 占 2/10 或 20%，等等。然后，将这些百分比绘制成饼状图。

函数 pie 还支持可选参数 explode。如果参数存在，则 explode 是一个逻辑数组，即数组 x 中的每个元素为 1 或 0。如果 explode 中的值为 1，则相应的饼状切片将与其他部分稍微分开。例如，下列代码将生成图 3.15e 中的饼状图。请注意，此时是第二片饼状切片分离。

```
data = [10 37 5 6 6];
explode = [0 1 0 0 0];
pie(data,explode);
title('\bfExample of a Pie Plot');
legend('One','Two','Three','Four','Five');
```

## 3.5 二维数组绘图

在本书前面的所有示例中，一次绘制一个向量的数据。然而，如果数据不是一个向量，而是一个二维数组，那么会发生什么情况？答案是，MATLAB 会对二维数组的每一列单独处理，并绘制出与数据集中的列一样多的线条。例如，假设创建了一个数组，其中第一列为函数 $f(x) = \sin x$ 的值，第二列为函数 $f(x) = \cos x$ 的值，第三列为函数 $f(x) = \sin^2 x$ 的值，第四列为函数 $f(x) = \cos^2 x$ 的值，$x$ 取值范围均为 0 到 10，且步长为 0.1。创建此数组的语句如下

```
x = 0:0.1:10;
y = zeros(length(x),4);
y(:,1) = sin(x);
y(:,2) = cos(x);
y(:,3) = sin(x).^2;
y(:,4) = cos(x).^2;
```

使用 plot(x, y) 命令绘制上述数组，结果如图 3.16 所示。注意，数组 y 的每列成为图上的单独一条曲线。

函数 bar 和 barh 也可以绘制二维数组。如果使用它们绘制数组，则程序将在绘图上将每列作为隔开的彩色条显示。例如，下列代码创建如图 3.17 所示的条形图。

```
x = 1:5;
y = zeros(5,3);
y(1,:) = [1 2 3];
```

```
y(2,:) = [2 3 4];
y(3,:) = [3 4 5];
y(4,:) = [4 5 4];
y(5,:) = [5 4 3];
bar(x,y);
title('\bfExample of a 2D Bar Plot');
xlabel('\bf\itx');
ylabel('\bf\ity');
```

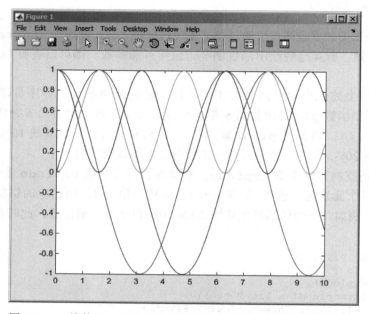

图 3.16  二维数组 y 的绘制结果。注意，每列在图上绘制一条曲线

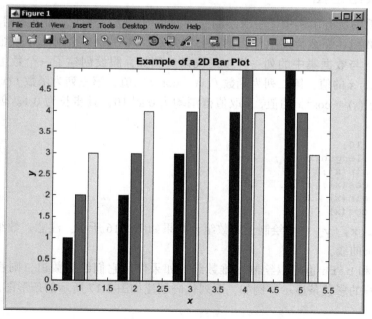

图 3.17  二维数组 y 的条形绘图。注意，每列在图上绘制隔开的彩色条

## 3.6 本章小结

第 3 章是对第 2 章介绍的二维绘图知识的扩展。二维绘图可采用的方法多种多样，如表 3.4 所示。

表 3.4 二维绘图总结

| 函数 | 说明 |
| --- | --- |
| plot(x,y) | 此函数在线性刻度 $x$ 轴和 $y$ 轴上绘制点或线 |
| semilogx(x,y) | 此函数在对数刻度 $x$ 轴和线性刻度 $y$ 轴上绘制点或线 |
| semilogy(x,y) | 此函数在线性刻度 $x$ 轴和对数刻度 $y$ 轴上绘制点或线 |
| loglog(x,y) | 此函数在对数刻度 $x$ 轴和 $y$ 轴上绘制点或线 |
| polar(theta,r) | 此函数在极坐标轴上绘制点或线，角度 theta 是从右水平轴开始按逆时针方向旋转的角度（以弧度计） |
| barh(x,y) | 此函数创建一个水平条形图，在 x 指定的位置绘制条形，y 确定条形的水平长度 |
| bar(x,y) | 此函数创建一个垂直条形图，在 x 指定的位置绘制条形，y 确定条形的垂直高度 |
| compass(x,y) | 此函数创建一个极坐标图，用箭头从原点指向 $(x,y)$ 点的位置。注意，点的位置在直角坐标系中指定，而不是极坐标 |
| pie(x) | 此函数创建一个饼状图 |
| pie(x,explode) | 此函数确定了与 x 的每个值对应的总饼图的百分比，并绘制出这种大小的饼状切片。可选数组 explode 将控制单个饼片是否与饼的其余部分分开 |
| stairs(x,y) | 此函数创建一个阶梯图，阶梯的中心在点 $(x,y)$ 处 |
| stem(x,y) | 此函数创建一个杆状图，为点 $(x,y)$ 做标记，并从该点垂直绘制到 $x$ 轴 |

命令 axis 允许工程师在特定范围内绘制 $x$ 和 $y$ 数据。命令 hold 允许在之前绘图基础上继续添加绘图内容，以便将元素逐次地添加到图形中。命令 figure 允许工程师在多个图形窗口中创建和选择，以便创建多个独立的绘图。命令 subplot 允许工程师在单个图形窗口中创建和选择多个绘图。

另外还学习了控制绘图的其他属性，如线宽和标记颜色。这些属性可以在绘制数据后，通过在 plot 命令中指定 'PropertyName' 和 'value' 来控制。

绘图中文本字符串的高级属性可通过 stream modifiers 和转义序列来实现。stream modifier 允许工程师指定诸如粗体、斜体、上标、下标、字体大小和字体名称等属性。转义序列允许工程师在文本字符串中包含希腊字母和数学符号等特殊字符。

### 3.6.1 良好编程习惯总结

使用 MATLAB 函数时，应遵循以下准则。

（1）在确定如何最好地绘制数据时，首先考虑正在使用的数据类型。如果要绘制的数据范围涵盖许多数量级，请使用对数刻度来表示数据。如果要绘制的数据范围是一个数量级以内，则使用线性刻度。

（2）使用流修饰符创建图形标题和标签中的粗体、斜体、上标、下标和特殊字符等效果。

### 3.6.2 MATLAB 总结

下面简要列出本章中出现的所有 MATLAB 命令和函数，以及对它们的简短描述。

命令和函数

| | |
|---|---|
| axis | （1）设置绘制数据的 $x$ 和 $y$ 范围<br>（2）获取绘制数据的 $x$ 和 $y$ 范围<br>（3）设置与轴相关的其他属性 |
| bar(x,y) | 创建一个垂直条形图 |
| barh(x,y) | 创建一个水平条形图 |
| compass(x,y) | 创建一个罗盘图 |
| figure | 选择一个图形窗口作为当前的图形窗口。如果所选图形窗口不存在，则会自动创建 |
| hold | 允许多个绘图命令先后写入 |
| linspace | 在线性刻度上创建等间距的样本数组 |
| loglog(x,y) | 创建对数/对数刻度绘图 |
| logspace | 在对数刻度上创建等间距的样本数组 |
| pie(x) | 创建一个饼状图 |
| polar(theta,r) | 创建一个极坐标图 |
| semilogx(x,y) | 创建对数/线性刻度绘图 |
| semilogy(x,y) | 创建线性/对数刻度绘图 |
| stairs(x,y) | 创建一个阶梯图 |
| stem(x,y) | 创建一个杆状图 |
| subplot | 在当前图形窗口中选择一个子图。如果所选子图不存在，则会自动创建。如果新的子图与先前存在的轴冲突，则先前的轴被自动删除 |

## 3.7 本章习题

3.1 绘制函数 $y(x) = e^{-0.5x} \sin 2x$，其中 $x$ 从 0 到 10 中均匀取 100 个值。要求使用 2 点宽的实蓝线。然后在相同 $x$ 轴取值情况下，绘制函数 $y(x) = e^{-0.5x} \cos 2x$。要求使用 3 点宽的虚红线。确保图上包括图例、标题、轴标签和网格线。

3.2 使用 MATLAB 绘图编辑工具修改习题 3.1 中的绘图。将表示函数 $y(x) = e^{-0.5x} \sin 2x$ 的曲线修改为 1 点宽的黑虚线。

3.3 在对数/线性刻度图上绘制习题 3.1 中的函数。确保图上包括图例、标题、轴标签和网格线。

3.4 在条形图上绘制函数 $y(x) = e^{-0.5x} \sin 2x$，其中 $x$ 从 0 到 10 中均匀取 100 个值。确保图上包括图例、标题、轴标签和网格线。

3.5 创建函数 $r(\theta) = \sin(2\theta)\cos\theta$ 的极坐标图，其中 $0 \leq \theta \leq 2\pi$。

3.6 绘制函数 $f(x) = x^4 - 3x^3 + 10x^2 - x - 2$，其中 $-6 \leq x \leq 6$。绘制的函数为 2 点宽的黑实线，并打开网格线。确保图上包含标题和轴标签，并且函数包含在标题字符串中。（注意，需要流修饰符获取标题字符串中的斜体和上标。）

3.7 绘制函数 $f(x) = \dfrac{x^2 - 6x + 5}{x - 3}$，其中 $x$ 在 $-2 \leq x \leq 8$ 内均匀取 200 个值。注意，在 $x = 3$ 处有一个渐近线，因此函数在这点达到无限远。为方便查看曲线的其余部分，需将 $y$ 轴限制在合理范围内，因此利用 axis 命令将其限制在 $-10$ 到 10 之间。

3.8 假设 George、Sam、Betty、Charlie 和 Suzie 分别为同事的离职礼物贡献 \$15、\$5、\$10、\$5 和 \$15。创建一个贡献的饼状图，其中 Sam 支付了多少比例？

3.9 绘制函数 $y(x) = e^x \sin x$，其中 $x$ 从 0 到 4 取值，步长为 0.1。创建下列类型绘图：（a）线性刻度绘图；（b）对数/线性刻度绘图；（c）杆状图；（d）阶梯图；（e）条形图；（f）水平条形图；（g）罗盘图。确保图上包括标题和轴标签。

3.10 为什么前面习题中的函数 $y(x) = e^{-x} \sin x$ 在线性/对数刻度或对数/对数刻度上绘制是没有意义的？

3.11 假设复变函数 $f(t)$ 定义为
$$f(t) = (1 + 0.25i)t - 2.0 \tag{3.4}$$
在一幅图的两个子图上绘制 $0 \leq t \leq 4$ 时的函数的振幅和相位。确保使用合适的标题和轴标签。（注意，可以使用 MATLAB 函数 `abs` 和 `phase` 来计算振幅和相位。）

3.12 使用函数 `linspace` 创建一个范围从 1 到 100 的 100 个输入样本值的数组，并在半对数刻度 $x$ 轴上绘制函数
$$y(x) = 20 \log_{10}(2x) \tag{3.5}$$
要求绘制一条宽度为 2 的实蓝线，并用红色圆圈标记每个点。然后使用函数 `logspace` 创建一个范围从 1 到 100 的 100 个输入样本值的数组，并在半对数刻度 $x$ 轴上绘制式（3.5）。要求绘制一条宽度为 2 的实红线，并用黑色星标记每个点。当使用 `linspace` 和 `logspace` 时，图上的点间距如何比较？

3.13 **误差线**：当用实验室中记录的实际测量值进行绘图时，绘制的数据通常是许多单独测量值的平均。这种数据有两个重要的信息：测量值的平均值和用于计算的测量值的变化量。

可以通过在绘图上添加误差线来传达这两条信息。误差线是一条较小的垂直线，显示每一点测量值的变化量。MATLAB 函数 `errorbar` 为绘图提供了这种功能。

在 MATLAB 文档中查找误差线，并学习如何使用它。注意，此函数调用有两个版本，一个显示单个错误，平均应用于平均值的两边，另一个允许单独指定上限和下限。

假设需要此函数来绘制每个月的平均高温，以及极端低温和极端高温。类似数据由下表给出：

**当前位置的温度（°F）**

| 月份 | 平均高温 | 极端高温 | 极端低温 | 月份 | 平均高温 | 极端高温 | 极端低温 |
|---|---|---|---|---|---|---|---|
| 1月 | 66 | 88 | 16 | 7月 | 105 | 121 | 63 |
| 2月 | 70 | 92 | 24 | 8月 | 103 | 116 | 61 |
| 3月 | 75 | 100 | 25 | 9月 | 99 | 116 | 47 |
| 4月 | 84 | 105 | 35 | 10月 | 88 | 107 | 34 |
| 5月 | 93 | 114 | 39 | 11月 | 75 | 96 | 27 |
| 6月 | 103 | 122 | 50 | 12月 | 66 | 87 | 22 |

绘制此位置的平均高温图，并显示极端误差线。确保正确标注绘图。

3.14 **阿基米德螺线**：阿基米德螺线是用极坐标描述的曲线，其公式如下
$$r = k\theta \tag{3.6}$$
其中 $r$ 是点到原点间的距离，$\theta$ 是该点相对于原点的弧度角。当 $k = 0.5$ 时，给定 $0 \leq \theta \leq 6\pi$，绘制阿基米德螺线。确保正确标注绘图。

3.15 **电机输出功率**：旋转电机产生的输出功率由下面公式给出
$$P = \tau_{\text{IND}} \omega_m \tag{3.7}$$
其中 $\tau_{\text{IND}}$ 是以牛顿每米为单位的轴上的感应扭矩，$\omega_m$ 是以弧度每秒为单位的旋转速度，$P$ 的单位为瓦特。假设某一电机轴的转速由下面公式给出
$$\omega_m = 188.5(1 - e^{-0.2t}) \text{ rad/s} \tag{3.8}$$
轴上的感应扭矩由下式给出
$$\tau_{\text{IND}} = 10e^{-0.2t} \text{ N} \cdot \text{m} \tag{3.9}$$
给定 $0 \leq t \leq 10 \text{ s}$，在单个图形垂直排列的三个子图中分别绘制扭矩、速度和功率关于时间的函数关系图。确保正确标注绘图，并合理使用符号 $\tau_{\text{IND}}$ 和 $\omega_m$。创建两个单独的绘图，一个在线性刻度上显示功率和扭矩，另一个在对数刻度上显示输出功率。时间应始终以线性刻度显示。

**3.16 绘制轨道：** 当卫星绕地球轨道运行时，卫星的轨道将形成一个椭圆，而地球位于椭圆的焦点之一。卫星的轨道可以用极坐标表示

$$r = \frac{P}{1 - \varepsilon \cos\theta} \tag{3.10}$$

其中 $r$ 和 $\theta$ 是卫星距离地球中心的距离和角度，$p$ 是指定轨道大小的参数，$\varepsilon$ 是轨道的偏心率。圆形轨道的偏心率 $\varepsilon$ 为 0，椭圆轨道的偏心率为 $0 \leq \varepsilon < 1$。如果 $\varepsilon > 1$，则卫星沿着双曲线路径从地球引力场逃逸。

假设卫星的参数 $p = 1000$km。如果 (a) $\varepsilon = 0$，(b) $\varepsilon = 0.25$，(c) $\varepsilon = 0.5$，分别绘制卫星的轨道图。每个轨道离地球有多近？每个轨道离地球有多远？比较创建的三个图，能从图中判断参数 $p$ 是什么意思吗？

# 第 4 章

# 分支结构与程序设计

在第 2 章中，已经给大家展示了几个完整的 MATLAB 程序。然而，所有程序都非常简单，是由一系列以固定顺序执行的 MATLAB 语句构成的。这样的程序称为**顺序程序**。它们读取输入数据，进行处理以产生所需答案，然后显示答案并退出。无法重复执行程序的各个部分，并且无法根据输入数据的值选择性地执行程序的某些部分。

在本章和第 5 章中，将介绍一些允许控制程序中语句执行顺序的 MATLAB 语句。控制语句有两大类：**分支结构**——选择执行代码的特定部分；**循环结构**——重复执行代码的特定部分。本章着重介绍分支结构，循环结构将在第 5 章讨论。

随着分支和循环结构的引入，程序将变得更加复杂，并且更容易出错。为了避免编程错误，将介绍一种基于自顶向下设计的形式化程序设计方法。另外，还将介绍一种通用的算法开发工具，称为伪代码。

在讨论分支之前，先会介绍 MATLAB 的逻辑数据类型，因为分支是由逻辑值和表达式控制的。

## 4.1 自顶向下设计技术简介

假设你是工业界的工程师，如果需要编写一个程序来解决一些问题。你是如何开始的？

当遇到一个新问题时，首先，很自然的想法是坐在键盘边开始编程，而不是"浪费"很多时间来思考问题。常常可以通过这种"即时"的方法来解决非常小的问题，例如本书中提到的许多示例。然而，在现实世界中，问题的规模更大，尝试这种做法的工程师将变得绝望并陷入僵局。对于较大的问题，在编写代码之前，需要充分考虑问题及其处理方法。

在本节中，将介绍一个形式化的程序设计过程，然后将该过程应用于本书其余部分开发的每个主要应用程序。对于某些简单的例子来说，设计过程看起来是烦琐的和不必要的。然而，随着解决的问题越来越大，对于能够成功编程，该过程变得越来越重要。

当我还是大学生的时候，我的一位教授喜欢说："编程很容易，但知道如何编程很难。"当离开大学并开始在工业界进行大规模软件项目开发时，我终于懂得了他的意思。我发现工作中最困难的部分恰恰是理解试图要解决的问题。一旦真正理解了这个问题，就很容易将它分解成更小的、更易于管理的、功能更明确的部分，然后一个个地来处理。

**自顶向下设计**是从一个大任务开始将其分解成更小、更易于理解的部分（子任务）的过程，这些子任务只需执行大任务的一部分。如有必要，每个子任务还可以细分为更小的子任务。一旦程序被分成小部分，每一部分都可以独立编码和测试。直到确保每个子任务都被验证能正常工作，才将它们组合成一个完整的任务。

自顶向下设计的概念是形式化程序设计过程的基础。现在将介绍该流程的细节，如图 4.1 所示。涉及 5 个步骤。

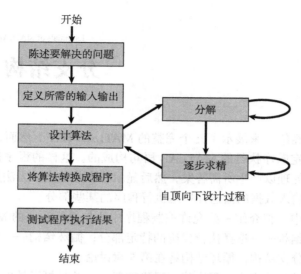

图 4.1 本书使用的程序设计过程

**1. 清楚地陈述要解决的问题**

程序通常是为了满足某些需求而编写的，但需要程序的人可能无法清楚地说明这些需求。例如，用户可能需要一个程序来求解联立线性方程组。但这个需求不够明确，工程师无法设计一个程序来满足用户需求。工程师必须首先了解要解决的问题。比如，要求解的方程组是实数还是复数？程序所要处理的最大方程组的个数和未知数的个数是多少？方程中是否有对称性可用来简化任务？程序设计人员必须与需要程序的用户深入交谈，即他们两人都应该能清楚地说出他们想要完成的任务。清楚地陈述要解决的问题可以避免误解，也有助于程序设计者正确地组织自己的想法。在上述例子中，问题可以这样描述：

设计并编写程序，求解一个具有实数系数的联立线性方程组，它最多包括含有 20 个未知数的 20 个方程。

**2. 定义程序所需的输入和程序生成的输出**

必须指定程序的输入和程序产生的输出，以便新程序能恰当地融入整个处理方案中。在上述例子中，要求解的方程组的系数可能有预先存在的顺序，而新程序需要能够按照这个顺序读取它们。类似地，它需要生成程序中所要求的答案，并按照程序所需的格式输出。

**3. 设计将要在程序中实现的算法**

**算法**是一个逐步寻找问题解决方案的过程。正是在这个阶段，自顶向下的设计技术开始发挥作用。程序设计者需要寻找问题的逻辑可分性，并将其划分成多个子任务，这一过程被称为**分解**。如果子任务本身很大，设计者可以将它们分解成更小的子任务。持续这一过程，直到将问题分解为许多小任务，且每一个都简单明了、易于处理。

问题分解成小任务之后，每一个都经过**逐步求精**的过程进一步细化。在逐步求精的过程中，设计人员首先对代码功能做一般性的描述，然后详细地定义该部分的功能，直到它们具体到足以转化为 MATLAB 语句为止。通常用**伪代码**来完成逐步求精，将在下一节进行描述。

在算法设计过程中，能够看到手工解决此问题的一个简单示例是非常有帮助的。如果设计者理解手工解决问题所采取的步骤，那么将能够更好地应用分解和逐步求精的方法来解决问题。

### 4. 将算法转换为 MATLAB 语句

如果分解和逐步求精的过程进行得很好，那么这一步将非常简单。工程师所要做的仅仅是逐个用 MATLAB 语句将伪代码替换掉。

### 5. 测试 MATLAB 程序结果

这一步才是关键所在。如果可能，必须先对程序的组件进行单独测试，然后再对整个程序进行测试。在测试程序时，必须验证它是否适用于所有合法输入数据集。使用标准数据集来编写、测试程序并发布使用，但是使用其他不同的数据集就产生错误（或崩溃），这是很常见的。如果在程序中实现的算法包含不同的分支，则必须测试所有可能的分支，以确保程序在任何可能情况下都能正常运行。这种详尽的测试在真正的大型程序中几乎是不可能完成的，所以程序经常在使用多年后才发现错误。

由于本书中的程序都很小，所以不会进行上述那种广泛的测试。但是，所有程序的测试仍将遵循基本原则。

---

**良好编程习惯**

遵循程序设计过程的步骤，生成可靠的、易于理解的 MATLAB 程序。

---

在大型的编程项目中，实际花费的编程时间非常少。在《The Mythical Man-Month》[⊖]一书中，Frederick P. Brooks 指出，一个典型的大型软件项目有 1/3 的时间用于计划做什么（步骤 1 ~ 3），1/6 的时间是在实际编写程序（步骤 4），1/2 的时间都花在了测试和调试程序！显然，任何能够减少测试和调试时间的工作都是非常有意义的。在规划阶段认真细致，并保持良好的编程习惯，将有助于最大限度地减少测试和调试时间。良好的编程习惯能够减少程序出错的概率，并使得那些悄悄混入的错误更容易找到。

## 4.2 伪代码的使用

作为设计过程的一部分，有必要描述打算实现的算法。算法的描述应该有一个标准形式，这样对于你自己和其他人都很容易理解，同时描述应该有助于将你的概念转化为 MATLAB 代码。将用于描述算法的标准形式称为**构造**（或结构），使用这些结构描述的算法称为结构化算法。当算法在 MATLAB 程序中实现时，生成的程序称为**结构化程序**。

用于设计算法的构造可以用一种特殊方法来描述，称为**伪代码**（Pseudocode）。Pseudocode 是英文单词的混合。伪代码的结构类似于 MATLAB，每一个不同的思想或代码段都有单独的行，且每行的描述都是用英文写的。每行都应该用简单易懂的英文来描述其思想。伪代码对于开发算法非常有用，因为它灵活且易于修改。另外，它能够使用 MATLAB 的编辑器或文字处理器来进行编写和修改——不需要特殊的图形功能。

例如，示例 2.3 中的算法可以写成如下的伪代码形式

```
Prompt user to enter temperature in degrees Fahrenheit
Read temperature in degrees Fahrenheit (temp_f)
temp_k in kelvins <- (5/9) * (temp_f - 32) + 273.15
Write temperature in kelvins
```

注意，左箭头（<-）代替等号（=）表示一个值存储在一个变量中，因为这避免了赋值

---

⊖ The Mythical Man-Month, Anniversary Edition, by Frederick P. Brooks Jr., Addison-Wesley, 1995.

和相等之间的任何混淆。伪代码旨在帮助你组织想法，然后将其转换为 MATLAB 代码。

## 4.3 逻辑数据类型

逻辑数据类型是一种特殊类型的数据，只能为两个值之一：`true` 或 `false`。它们由两个特殊函数 `true` 和 `false` 产生，也可以由两种类型的 MATLAB 操作符产生：关系运算符和逻辑运算符。

逻辑值存储在一个字节的内存中，因此它们占用的空间要比通常占用 8 字节的数字少得多。

许多 MATLAB 分支结构的操作由逻辑变量或表达式控制。如果变量或表达式的结果为 `true`，则执行某一段代码。否则，执行其他代码段。

要创建逻辑变量，只需在赋值语句中为其分配逻辑值即可。例如，语句

```
a1 = true;
```

创建一个逻辑变量 a1，其值为 `true`。如果使用 `whos` 命令检查此变量，可以看到它具有逻辑数据类型：

```
» whos a1
Name      Size      Bytes     Class
a1        1x1       1         logical array
```

与 Java、C++ 和 Fortran 等编程语言不同，在 MATLAB 表达式中混合使用数值和逻辑数据是合法的。如果在期望使用数值的地方使用逻辑值，则将 `true` 转换为 1，将 `false` 转换为 0，然后当作数字使用。如果在期望使用逻辑值的地方使用数值，则将非零转换为 `true`，将 0 转换为 `false`，然后当作逻辑值使用。

还可以显式地将数值转换为逻辑值，反之亦然。函数 `logical` 将数值数据转换为逻辑数据，而函数 `real` 则将逻辑数据转换为数值数据。

### 4.3.1 关系运算符与逻辑运算符

关系运算符和逻辑运算符是产生 `true` 或 `false` 的运算符。这些运算符非常重要，因为它们控制某些 MATLAB 分支结构中不同代码段的执行。

**关系运算符**是比较两个数字并产生真或假的运算符。例如，a>b 是一个关系运算符，用于比较变量 $a$ 和 $b$ 中的数字。如果 $a$ 中的值大于 $b$ 中的值，则此运算返回结果为真。否则，返回结果为假。

**逻辑运算符**是比较一个或两个逻辑值的运算符，并产生一个真或假。例如，&& 是一个逻辑和运算符。a && b 是比较存储在变量 $a$ 和 $b$ 中的逻辑值。如果 $a$ 和 $b$ 都为真（非零），则此运算返回结果为真。否则，返回结果为假。

### 4.3.2 关系运算符

关系运算符是关于两个数值或字符串操作数的运算符，根据两个操作数之间的关系返回 `true(1)` 或 `false(0)`。关系运算符的一般形式为

$$a_1 \text{ op } a_2$$

其中 $a_1$ 和 $a_2$ 是算术表达式、变量或字符串，op 是表 4.1 中所示

表 4.1　关系运算符

| 运算符 | 操作 |
| --- | --- |
| == | 等于 |
| ~= | 不等于 |
| > | 大于 |
| >= | 大于等于 |
| < | 小于 |
| <= | 小于等于 |

的关系运算符之一。

如果由运算符表示的 $a_1$ 和 $a_2$ 之间的关系是真的，则运算结果返回 `true`。否则，返回 `false`。

下面给出一些关系操作及其结果：

| 操作 | 结果 |
| --- | --- |
| 3<4 | true(1) |
| 3<+4 | true(1) |
| 3==4 | false(0) |
| 3>4 | false(0) |
| 4<=4 | true(1) |
| 'A'<'B' | true(1) |

最后的关系运算为真，因为字符是按字母顺序排列的。

关系运算符可用于标量值与数组的比较。例如，$a = \begin{bmatrix} 1 & 0 \\ -2 & 1 \end{bmatrix}$，$b=0$，则表达式 $a > b$ 的结果为数组 $\begin{bmatrix} 1 & 0 \\ 0 & 1 \end{bmatrix}$。关系运算符也可用于相同大小的数组之间的比较。例如，$a = \begin{bmatrix} 1 & 0 \\ -2 & 1 \end{bmatrix}$，$b = \begin{bmatrix} 0 & 2 \\ -2 & -1 \end{bmatrix}$，则表达式 $a >= b$ 的结果为数组 $\begin{bmatrix} 1 & 0 \\ 1 & 1 \end{bmatrix}$。如果数组大小不同，将导致运行时错误。

注意，由于字符串实际上是字符数组，关系运算符只能比较长度相等的两个字符串。如果它们的长度不相等，则比较运算会产生错误。后续将在第 8 章中介绍一种更一般的字符串比较方法。

等价关系运算符用两个等号表示，而赋值运算符用一个等号表示。程序设计者很容易将这两个操作搞混。符号 == 是比较操作，返回逻辑结果（0 或 1），而符号 = 是赋值操作，将等号右侧表达式的值赋值给等号左侧的变量。在需要进行比较操作时，程序员往往会错误地使用一个等号，这是很常见的。

**编程误区**

注意不要将等价关系运算符（==）与赋值运算符（=）混淆。

在运算的优先等级中，关系运算符在所有算术运算符的优先级之后。因此，以下两个表达式是等效的（都为真）。

```
7 + 3 < 2 + 11
(7 + 3) < (2 + 11)
```

### 4.3.3 运算符 == 和 ~= 的注意事项

当被比较的两个值相等时，等于运算符（==）返回 `true(1)`，当被比较的两个值不相等时，返回 `false(0)`。类似地，当被比较的两个值相等时，不等于运算符（~=）返回 `false(0)`，当被比较的两个值不相等时，返回 `true(1)`。一般而言，这些运算符用于比较字符串是没有问题的，但比较两个数值时有可能出现问题。这是因为计算机在计算过程中存在**舍入误差**，两个理论上相等的数值可能略有差异，导致等于或不等于比较运算失败。

例如，下面两个数值都等于 0。
```
a = 0;
b = sin(pi);
```
在理论上这两个值是相等的，所以关系运算 a==b 的结果应为 1。但实际计算过程中，MATLAB 的运算结果如下
```
» a = 0;
» b = sin(pi);
» a == b
ans =
     0
```
MATLAB 认为 a 和 b 是不同的，因为在计算 sin(pi) 时有舍入误差，其结果为 $1.2246 \times 10^{-16}$，不等于 0。两个理论上相等的值由于舍入误差而略有差异！

代替比较两个数值精确相等，通过考虑预期舍入误差和设置精度范围，来确定两个数值是否几乎相等。如下
```
» abs(a - b) < 1.0E-14
ans =
     1
```
虽然计算 b 时有舍入误差，仍然得到正确结果。

**良好编程习惯**

对于数值相等的测试要谨慎，因为舍入误差可能会导致两个相等的变量的测试结果为不相等。因此，可考虑用计算机上预期舍入误差内的变量是否相等来代替。

### 4.3.4 逻辑运算符

逻辑运算符是关于一个或两个产生逻辑结果的逻辑操作数的运算符。有五个二元逻辑运算符：与（& 和 &&），或（| 和 ||）和异或（xor），以及一个一元逻辑运算符：非（~）。二元逻辑运算的一般形式为

$$l_1 \ op \ l_2$$

一元逻辑运算符的一般形式为

$$op \ l_1$$

其中，$l_1$ 和 $l_2$ 是表达式或变量，op 是逻辑运算符（见表 4.2）。

如果运算符表示的 $l_1$ 和 $l_2$ 之间的关系为真，则运算结果返回真（1）。否则，返回假（0）。注意，逻辑运算符将任何非零值视为真，任何零值视为假。

**表 4.2 逻辑运算符**

| 运算符 | 操作 |
|---|---|
| & | 逻辑与 |
| && | 短路逻辑与 |
| \| | 逻辑或 |
| \|\| | 短路逻辑或 |
| xor | 逻辑异或 |
| ~ | 逻辑非 |

**真值表**总结了运算符的返回结果，其中显示了 $l_1$ 和 $l_2$ 的所有可能组合。表 4.3 为所有逻辑运算符的真值表。

**表 4.3 逻辑运算符真值表**

| 输入 | | 与 | | 或 | | 异或 | 非 |
|---|---|---|---|---|---|---|---|
| $l_1$ | $l_2$ | $l_1 \& l_2$ | $l_1 \&\& l_2$ | $l_1 \| l_2$ | $l_1 \|\| l_2$ | xor$(l_1, l_2)$ | ~$l_1$ |
| 假 | 假 | 假 | 假 | 假 | 假 | 假 | 真 |
| 假 | 真 | 假 | 假 | 真 | 真 | 真 | 真 |

(续)

| 输入 | | 与 | | 或 | | 异或 | 非 |
|---|---|---|---|---|---|---|---|
| $l_1$ | $l_2$ | $l_1$&$l_2$ | $l_1$&&$l_2$ | $l_1$|$l_2$ | $l_1$||$l_2$ | xor$(l_1,l_2)$ | ~$l_1$ |
| 真 | 假 | 假 | 假 | 真 | 真 | 真 | 假 |
| 真 | 真 | 真 | 真 | 真 | 真 | 假 | 假 |

**1. 逻辑与**

逻辑与运算符的结果为真（1），当且仅当两个输入操作数均为真。如果任一或两个操作数都为假，则结果为假（0），如表4.3所示。

注意，有两个逻辑和操作符：&& 和 &。为什么会有两个？它们之间有什么区别？两者之间的根本区别在于 && 支持短路求值（或部分求值），而 & 不支持。也就是说，&& 运算符先计算表达式 $l_1$，如果 $l_1$ 是假，立即返回假（0）。因此，如果 $l_1$ 是假，则 && 运算符不再计算 $l_2$，因为不管 $l_2$ 的值如何，运算的结果都是假。相反，& 运算符总是先计算完 $l_1$ 和 $l_2$，再判断并返回答案。

运算符 && 和 & 之间的另一个区别：&& 的操作对象只是标量，而且 & 的操作对象既可以是标量也可以是数组，只要数组的大小相等。

在程序中什么时候应该使用 &&？什么时候使用 &？大多数情况下，使用哪个运算符并不重要。如果需要比较的是标量，且不需要计算 $l_2$，那么就使用运算符 &&。在第一个操作数为假的情况下，部分求值将使操作更快。

使用短路逻辑运算有时会更重要些。例如，假设测试两个变量 a 和 b 的比值是否大于 10。测试代码如下：

```
x = a / b > 10.0
```

通常情况下，上述代码可以正常工作，但是如果 b 是 0 呢？在这种情况下，除以 0 将产生 Inf，而不是一个数字。为避免此问题，可以将代码修改为

```
x = (b ~= 0) && (a/b > 10.0)
```

上述表达式使用了部分求值，因此如果 b=0，表达式 a/b>10 将永远不会被求值，且不会出现 Inf。

---

**良好编程习惯**

如果表达式中的两个操作数都需要求值，或者在数组之间进行比较，请使用逻辑与运算符 &。否则，使用短路逻辑与运算符 &&，因为在第一个操作数为假的情况下，部分求值将使操作更快。在大多数实际情况中，运算符 & 为首选。

---

**2. 逻辑或**

如果输入的操作数一个或两个为真，则逻辑或运算的结果为真（1）。如果两个操作数都为假，则结果为假（0），如表4.3所示。

注意，有两个逻辑或操作符：|| 和 |。为什么会有两个？它们之间有什么区别？两者之间的根本区别在于 || 支持短路求值（或部分求值），而 | 不支持。也就是说，|| 运算符先计算表达式 $l_1$，如果 $l_1$ 是真，立即返回真。因此，如果 $l_1$ 是真，则 || 运算符不再计算 $l_2$，因为不管 $l_2$ 的值如何，运算的结果都是真。相反，& 运算符总是先计算完 $l_1$ 和 $l_2$，再判断并返回答案。

运算符 || 和 | 之间的另一个区别：|| 的操作对象只是标量，而且 | 的操作对象既可以是标量也可以是数组，只要数组的大小相等。

在程序中什么时候应该使用 ||，什么时候使用 | ？大多数情况下，使用哪个运算符并不重要。如果需要比较的是标量，且不需要计算 $l_2$，那么就使用运算符 ||。在第一个操作数为真的情况下，部分求值将使操作更快。

---

**良好编程习惯**

如果表达式中的两个操作数都需要求值，或者在数组之间进行比较，请使用逻辑或运算符 |。否则，使用短路逻辑或运算符 ||，因为在第一个操作数为真的情况下，部分求值将使操作更快。在大多数实际情况中，运算符 | 为首选。

---

**3. 逻辑异或**

逻辑异或运算符的结果为真，当且仅当一个操作数为真且另一个为假。如果两个操作数都为真或都为假，则结果为假，如表 4.3 所示。注意，为了计算异或运算的结果，必须对两个操作数进行计算。

逻辑异或运算可看作是函数。例如

```
a = 10;
b = 0;
x = xor(a, b);
```

上述过程中，a 的值不为零，因此为真；b 的值为零，因此为假。由于一个值为真，另一个为假，所以异或操作的结果为真，返回值为 1。

**4. 逻辑非**

逻辑非（~）是一元运算符，只有一个操作数。如果输入的操作数是零，则逻辑非运算结果为真（1）。否则，结果为假（0），如表 4.3 所示。

**5. 运算等级**

在运算等级中，逻辑运算符的优先级低于所有算术运算符和关系运算符。表达式中运算符的计算顺序如下。

（1）所有算术运算符优先级最高，按前面定义的顺序计算。
（2）所有关系运算符（==、~=、>、>=、<、<=），按从左到右的顺序计算。
（3）所有逻辑运算符 ~ 被计算。
（4）所有逻辑运算符 & 和 &&，按从左到右的顺序计算。
（5）所有逻辑运算符 |、|| 和 xor，按从左到右的顺序计算。

与算术运算一样，圆括号可以用来改变默认的计算顺序。下面给出了一些逻辑运算符的示例及其结果。

▶ **示例 4.1  计算逻辑表达式**

假设以下变量用所显示的值初始化，并计算指定表达式的结果：

```
value1 = 1
value2 = 0
value3 = 1
value4 = -10
value5 = 0
value6 = [1 2; 0 1]
```

| 表达式 | 结果 | 注释 |
|---|---|---|
| (a) ~value1 | 假（0） |  |
| (b) ~value3 | 假（0） | 数值1被视为真，并使用逻辑非运算 |
| (c) value1 \| value2 | 真（1） |  |
| (d) value1 & value2 | 假（0） |  |
| (e) value4 & value5 | 假（0） | 当使用逻辑与运算时，-10被视为真，0被视为假 |
| (f) ~(value4 & value5) | 真（1） | 当使用逻辑与运算时，-10被视为真，0被视为假，然后再使用逻辑非运算 |
| (g) value1 + value4 | -9 |  |
| (h) value1 + (~value4) | 1 | 变量value4的值非零，所以被视为真。当使用逻辑非运算时，结果为假（0）。然后，变量value1的值加0，即结果为1+0=1 |
| (i) value3 && value6 | 非法操作 | 逻辑运算符&&的操作数必须是标量 |
| (j) value3 & value6 | $\begin{pmatrix} 1 & 1 \\ 0 & 1 \end{pmatrix}$ | 标量和数组之间的逻辑与运算。变量value6的值非零，所以被视为真 |

逻辑运算符~的优先级高于所有其他逻辑运算符。因此，上述表达式(f)中的括号是必须的。如果没有括号，则(f)的计算顺序为(~value4)& value5。

◀

### 4.3.5 逻辑函数

MATLAB包括许多逻辑函数，当它们测试的条件是真时，返回的值是true，当测试的条件为假时返回false。可以将其与关系运算符和逻辑运算符联合使用，以控制分支和循环操作。

表4.4给出了一些较重要的逻辑函数。

表4.4 部分MATLAB逻辑函数

| 函数 | 说明 |
|---|---|
| false | 返回false(0) |
| ischar(a) | 如果a是字符数组，返回true。否则，返回false |
| isempty(a) | 如果a是空数组，返回true。否则，返回false |
| isinf(a) | 如果a是Inf，返回true。否则，返回false |
| isnan(a) | 如果a是NaN，返回true。否则，返回false |
| isnumeric(a) | 如果a是数值数组，返回true。否则，返回false |
| logical | 将数值转换成逻辑值：非零数值转换成true，零转换成false |
| true | 返回true(1) |

### 测验4.1

本测验为你提供了一个快速测试，看看你是否已经理解4.3节中介绍的概念。如果在测验中遇到问题，请重新阅读课程正文、请教教师或与同学一起讨论。测验的答案见书后。

假设a、b、c和d定义如下，请计算下列表达式。

```
a = 20;        b = -2;
c = 0;         d = 1;
```

1. a > b
2. b > d

3. `a > b && c > d`
4. `va == b`
5. `a && b > c`
6. `~~b`

假设 a、b、c 和 d 定义如下，请计算下列表达式。

$$a = 2; \qquad b = \begin{bmatrix} 1 & -2 \\ 0 & 10 \end{bmatrix};$$

$$c = \begin{bmatrix} 0 & 1 \\ 2 & 0 \end{bmatrix}; \qquad d = \begin{bmatrix} -2 & 1 & 2 \\ 0 & 1 & 0 \end{bmatrix};$$

7. `~(a > b)`
8. `a > c && b > c`
9. `c <= d`
10. `logical(d)`
11. `a * b > c`
12. `a * (b > c)`

假设 a、b、c 和 d 定义如下，解释下列表达式的求值顺序，并计算每种情况下的结果。

```
a = 2;      b = 3;
c = 10;     d = 0;
```

13. `a*b^2 > a*c`
14. `d || b > a`
15. `(d | b) > a`

假设 a、b、c 和 d 定义如下，请计算下列表达式。

```
a = 20;     b = -2;
c = 0;      d = 'Test';
```

16. `isinf(a/b)`
17. `isinf(a/c)`
18. `a > b && ischar(d)`
19. `isempty(c)`
20. `(~a) & b`
21. `(~a) + b`

## 4.4 分支

分支作为一类 MATLAB 语言结构，在执行代码时允许跳过部分代码直接执行所指定的部分代码（称为块），主要包括 `if` 结构、`switch` 结构、`try/catch` 结构及其变体。

### 4.4.1 if 结构

`if` 结构的一般形式为

```
if control_expr_1
   Statement 1          ⎫
   Statement 2          ⎬ 块1
   ...                  ⎭
```

```
    elseif control_expr_2
        Statement 1
        Statement 2
        ...
    else
        Statement 1
        Statement 2
        ...
    end
```

其中控制表达式是控制 if 结构操作的逻辑表达式。如果 `control_expr_1` 为真（非零），则程序将执行代码块 1 中的语句，并跳到 end 后的第一个可执行语句。否则，程序检查 `control_expr_2` 的状态。如果 `control_expr_2` 为真（非零），则程序将执行代码块 2 中的语句，并跳到 end 后的第一个可执行语句。如果所有控制表达式都为零，则程序将执行 else 情况下代码块中的语句。

在 if 结构中，可以有任意多个 elseif 子句（0 或更多），但最多只能有一个 else 子句。只有之前所有子句的控制表达式为假（0）时，当前子句才会被测试。一旦其中一个表达式被证明是真，且相应的代码块被执行，则该程序将直接跳到 end 后的第一个可执行语句。如果所有的控制表达式都为假，则程序将执行 else 情况下代码块中的语句。如果没有 else 子句，则在 end 语句之后继续执行，而不执行 if 结构的任何部分。

注意，if 结构中的 MATLAB 关键字 end 与第 2 章中使用的 MATLAB 函数 end 完全不同，函数 end 是返回指定下标的最大值。MATLAB 介绍了 end 两种用法的区别。

在大多数情况下，控制表达式是关系运算符和逻辑运算符的一些组合。正如在本章前面了解到的，当相应条件为真时，关系运算符和逻辑运算符的结果为真（1），当相应条件为假时，它们的结果为假（0）。当运算符为真时，其结果非零，且相应的代码块被执行。

作为 if 结构的一个示例，考虑如下形式的二次方程的解

$$ax^2 + bx + c = 0 \tag{4.1}$$

其解为

$$x = \frac{-b \pm \sqrt{b^2 - 4ac}}{2a} \tag{4.2}$$

其中，$b^2 - 4ac$ 称为**判别式项**。如果 $b^2 - 4ac > 0$，则方程有两个不同的实根。如果 $b^2 - 4ac = 0$，则方程有一个重根。如果 $b^2 - 4ac < 0$，则方程有两个复根。

假设需要检验二次方程的判别式，并告诉用户方程是否有两个复根、两个相同实根或两个不同实根。在伪代码中，其结构形式如下

```
if (b^2 - 4*a*c) < 0
    Write msg that equation has two complex roots.
elseif (b**2 - 4.*a*c) == 0
    Write msg that equation has two identical real roots.
else
    Write msg that equation has two distinct real roots.
end
```

对应的 MATLAB 语句如下

```
if (b^2 - 4*a*c) < 0
    disp('This equation has two complex roots.');
elseif (b^2 - 4*a*c) == 0
```

```
      disp('This equation has two identical real roots.');
   else
      disp('This equation has two distinct real roots.');
   end
```

为了增强可读性，`if` 结构中的代码块通常会缩进 3 到 4 个空格，但实际上这不是必需的。

---

**良好编程习惯**

始终将 `if` 结构的代码块缩进 3 个或更多空格，以提高代码的可读性。注意，如果使用 MATLAB 编辑器编写程序，则会自动缩进。

---

通过逗号或分号将 `if` 结构的各部分分开，可以在单行写入一个完整的 `if` 结构语句。因此，以下两种结构是相同的：

```
if x < 0
   y = abs(x);
end
```

和

```
if x < 0; y = abs(x); end
```

尽管如此，这只适用于简单结构。

### 4.4.2 if 结构示例

下面利用两个示例来说明 `if` 结构的使用。

▶ **示例 4.2 二次方程**

编写程序求解二次方程的根，注意根的类型。

**答案**

下面将遵循本章前面所述的设计步骤。

**1. 陈述问题**

这个示例的问题很简单。需要编写一个程序来求解二次方程的根，不管它们是实根、重根还是复根。

**2. 定义输入和输出**

该程序所需的输入是下面二次方程的系数 $a$、$b$ 和 $c$

$$ax^2+bx+c=0 \tag{4.1}$$

程序的输出是二次方程的根，无论是不同的实根、重根或复根。

**3. 设计算法**

该任务可以分为三个主要部分，其功能是输入、处理和输出：

```
Read the input data
Calculate the roots
Write out the roots
```

现将上述每一个主要部分分解成更小、更详细的部分。根据判别式的不同，有三种可能的方法来计算根，因此使用三分支 `if` 结构实现该算法是合理的。由此得到伪代码：

```
Prompt the user for the coefficients a,b,and c.
Read a,b,and c
```

```
discriminant ← b^2 - 4 * a * c
if discriminant > 0
   x1 ← ( -b + sqrt(discriminant) ) / ( 2 * a )
   x2 ← ( -b - sqrt(discriminant) ) / ( 2 * a )
   Write msg that equation has two distinct real
   roots.
   Write out the two roots.
elseif discriminant == 0
   x1 ← -b / ( 2 * a )
   Write msg that equation has two identical real
   roots.
   Write out the repeated root.
else
   real_part ← -b / ( 2 * a )
   imag_part ← sqrt ( abs ( discriminant ) ) / ( 2 * a )
   Write msg that equation has two complex roots.
   Write out the two roots.
end
```

### 4. 将算法转换成 MATLAB 语句

最终的 MATLAB 代码如下：

```
% Script file: calc_roots.m
%
% Purpose:
%    This program solves for the roots of a quadratic equation
%    of the form a*x^2 + b*x + c = 0. It calculates the answers
%    regardless of the type of roots that the equation possesses.
%
% Record of revisions:
%     Date          Programmer        Description of change
%     ====          ==========        =====================
%    01/02/14       S. J. Chapman     Original code
%
% Define variables:
%     a              -- Coefficient of x^2 term of equation
%     b              -- Coefficient of x term of equation
%     c              -- Constant term of equation
%     discriminant   -- Discriminant of the equation
%     imag_part      -- Imag part of equation (for complex roots)
%     real_part      -- Real part of equation (for complex roots)
%     x1             -- First solution of equation (for real roots)
%     x2             -- Second solution of equation (for real roots)

% Prompt the user for the coefficients of the equation
disp ('This program solves for the roots of a quadratic');
disp ('equation of the form A*X^2 + B*X + C = 0.');
a = input ('Enter the coefficient A:');
b = input ('Enter the coefficient B:');
c = input ('Enter the coefficient C:');
% Calculate discriminant
discriminant = b^2 - 4 * a * c;

% Solve for the roots, depending on the value of the discriminant
if discriminant > 0 % there are two real roots, so...

   x1 = (-b + sqrt(discriminant) ) / (2 * a);
   x2 = (-b - sqrt(discriminant) ) / (2 * a);
   disp ('This equation has two real roots:');
   fprintf ('x1 = %f\n', x1);
   fprintf ('x2 = %f\n', x2);
```

```
elseif discriminant == 0 % there is one repeated root, so...
    x1 = (-b) / (2 * a);
    disp ('This equation has two identical real roots:');
    fprintf ('x1 = x2 = %f\n',x1);

else % there are complex roots, so ...
    real_part = ( -b ) / ( 2 * a );
    imag_part = sqrt ( abs ( discriminant ) ) / (2 * a);
    disp ('This equation has complex roots:');
    fprintf('x1 = %f +i %f\n', real_part, imag_part);
    fprintf('x1 = %f -i %f\n', real_part, imag_part);

end
```

**5. 测试程序**

接下来，必须使用真实的输入数据测试程序。由于程序有三种可能的情况，必须先测试所有三种情况，然后才能确定程序是否正常工作。根据式（4.2），可以验证下面给出的方程的解：

$$x^2+5x+6=0 \quad\quad x=-2 \text{ 和 } x=-3$$
$$x^2+4x+4=0 \quad\quad x=-2$$
$$x^2+2x+5=0 \quad\quad x=-1\pm 2i$$

如果该程序用上述系数执行三次，结果如下所示（用户输入用黑体显示）：

```
» calc_roots
This program solves for the roots of a quadratic
equation of the form A*X^2 + B*X + C = 0.
Enter the coefficient A: 1
Enter the coefficient B: 5
Enter the coefficient C: 6
This equation has two real roots:
x1 = -2.000000
x2 = -3.000000
» calc_roots
This program solves for the roots of a quadratic
equation of the form A*X^2 + B*X + C = 0.
Enter the coefficient A: 1
Enter the coefficient B: 4
Enter the coefficient C: 4
This equation has two identical real roots:
x1 = x2 = -2.000000
» calc_roots
This program solves for the roots of a quadratic
equation of the form A*X^2 + B*X + C = 0.
Enter the coefficient A: 1
Enter the coefficient B: 2
Enter the coefficient C: 5
This equation has complex roots:
x1 = -1.000000 +i 2.000000
x1 = -1.000000 -i 2.000000
```

在上述三种可能情况下，该程序均给出了测试数据的正确答案。

▶ **示例 4.3  求二元函数的值**

编写 MATLAB 程序，计算指定变量 $x$ 和 $y$ 值的二元函数 $f(x, y)$ 的值。函数定义如下

$$f(x,y)=\begin{cases} x+y & x\geqslant 0 \text{ 和 } y\geqslant 0 \\ x+y^2 & x\geqslant 0 \text{ 和 } y<0 \\ x^2+y & x<0 \text{ 和 } y\geqslant 0 \\ x^2+y^2 & x<0 \text{ 和 } y<0 \end{cases}$$

**答案**

如果指定的自变量$x$和$y$值的符号不同，则将使用不同的计算公式。为了确定适用的正确公式，必须首先检查用户提供的$x$和$y$值的符号。

### 1. 陈述问题

这个问题很简单：针对用户指定的$x$和$y$值，计算函数$f(x,y)$的值。

### 2. 定义输入和输出

该程序输入的是独立变量$x$和$y$的值，输出的是函数$f(x,y)$的值。

### 3. 设计算法

该任务可以分为三个主要部分，其功能是输入、处理和输出：

```
Read the input values x and y
Calculate f(x,y)
Write out f(x,y)
```

现将上述每一个主要部分分解成更小、更详细的部分。根据$x$和$y$的值，有四种可能的方法来计算函数$f(x,y)$，因此使用四分支 if 结构实现该算法是合理的。由此得到伪代码：

```
Prompt the user for the values x and y.
Read x and y
if x ≥ 0 and y ≥ 0
    fun ← x + y
elseif x ≥ 0 and y < 0
    fun ← x + y^2
elseif x < 0 and y ≥ 0
    fun ← x^2 + y
else
    fun ← x^2 + y^2
end
Write out f(x,y)
```

### 4. 将算法转换成 MATLAB 语句

最终的 MATLAB 代码如下：

```matlab
% Script file: funxy.m
%
% Purpose:
%     This program solves the function f(x,y) for a
%     user-specified x and y, where f(x,y) is defined as:
%
%              ⎡ x + y           x >= 0 and y >= 0
%     f(x, y) =⎢ x + y^2         x >= 0 and y < 0
%              ⎢ x^2 + y         x < 0  and y >= 0
%              ⎣ x^2 + y^2       x < 0  and y < 0
%
% Record of revisions:
%      Date          Programmer         Description of change
%      ====          ==========         =====================
%    01/03/14       S. J. Chapman       Original code
%
% Define variables:
%     x    -- First independent variable
```

```
%       y   -- Second independent variable
%       fun -- Resulting function

% Prompt the user for the values x and y
x = input ('Enter the x value: ');
y = input ('Enter the y value: ');

% Calculate the function f(x,y) based upon
% the signs of x and y.
if x >= 0 && y >= 0
    fun = x + y;
elseif x >= 0 && y < 0
    fun = x + y^2;
elseif x < 0 && y >= 0
    fun = x^2 + y;
else % x < 0 and y < 0, so
    fun = x^2 + y^2;
end

% Write the value of the function.
disp (['The value of the function is ' num2str(fun)]);
```

**5. 测试程序**

接下来，必须使用真实的输入数据测试程序。由于程序有四种可能的情况，必须先测试所有四种情况，然后才能确定程序是否正常工作。为测试所有四种可能的情况，将用四组输入值 $(x, y) = (2, 3)$、$(2, -3)$、$(-2, 3)$ 和 $(-2, -3)$ 执行该程序。手动计算结果如下

$$f(2, 3) = 2 + 3 = 5$$
$$f(2, -3) = 2 + (-3)^2 = 11$$
$$f(-2, 3) = (-2)^2 + 3 = 7$$
$$f(-2, -3) = (-2)^2 + (-3)^2 = 13$$

如果编译该程序，并用上面的值运行四次，其结果是：

```
» funxy
Enter the x coefficient: 2
Enter the y coefficient: 3
The value of the function is 5
» funxy
Enter the x coefficient: 2
Enter the y coefficient: -3
The value of the function is 11
» funxy
Enter the x coefficient: -2
Enter the y coefficient: 3
The value of the function is 7
» funxy
Enter the x coefficient: -2
Enter the y coefficient: -3
The value of the function is 13
```

在上述四种可能情况下，该程序均给出了测试数据的正确答案。

### 4.4.3 if 结构的注意事项

使用 if 结构非常灵活。必须有一个 if 语句和一个 end 语句。在它们之间，可以有任意个数的 elseif 子句，也可以有一个 else 子句。通过这种组合，可以实现任何期望的分支结构。

另外，if 结构可以嵌套使用。假设一个 if 结构完全位于另一个的单个代码块中，则认为这两个 if 结构是嵌套的。下面为两个 if 结构的嵌套方式。

```
if x > 0
   ...
   if y < 0
      ...
   end
end
```

MATLAB 解释器始终将一个给定的 end 语句与最近的 if 语句关联起来，因此，第一个 end 终止 if y<0 语句，而第二个 end 终止 if x>0 语句。对于正确的程序执行得很好，但是在程序员编写程序出错的情况下，可能导致解释器生成混乱的错误信息。例如，假设有一个大程序包含如下所示的结构。

```
...
if (test1)
   ...
   if (test2)
      ...
      if (test3)
         ...
      end
      ...
   end
   ...
end
```

该程序包含三个嵌套的 if 构造，可能跨越数百行代码。现假设在编辑程序期间意外删除了第一个 end 语句。在这种情况下，MATLAB 解释器会自动将第二个 end 与最内层 if(test3) 结构相关联，第三个 end 与中间 if(test2) 结构相关联。当解释器到达文件的末尾时，会注意到第一个 if(test1) 结构无法结束，并生成一条错误消息，告诉缺少一个 end。不幸的是，它不能分辨问题发生在哪里，所以必须回去手动搜索整个程序来找到问题所在。

有时可以使用多个 elseif 子句或嵌套 if 结构语句来实现算法。此时，程序员可选择自己喜欢的风格。

▶ **示例 4.4　分配字母等级**

假设需要编写一个程序，读入数字成绩，并根据下表分配一个字母等级：

```
95 < grade              A
86 < grade ≤ 95         B
76 < grade ≤ 86         C
66 < grade ≤ 76         D
 0 < grade ≤ 66         F
```

编写 if 结构语句，实现上述字母等级分配：(a) 多个 elseif 子句；(b) 嵌套的 if 结构。

**答案**

(a) 使用多个 elseif 子句的 if 结构语句

```
if grade > 95.0
   disp('The grade is A.');
elseif grade > 86.0
   disp('The grade is B.');
elseif grade > 76.0
   disp('The grade is C.');
```

```
    elseif grade > 66.0
       disp('The grade is D.');
    else
       disp('The grade is F.');
    end
```

（b）使用嵌套的if结构语句

```
if grade > 95.0
   disp('The grade is A.');
else
   if grade > 86.0
      disp('The grade is B.');
   else
      if grade > 76.0
         disp('The grade is C.');
      else
         if grade > 66.0
            disp('The grade is D.');
         else
            disp('The grade is F.');
         end
      end
   end
end
```

◀

从上述示例可以看出，如果有多个相互排斥的选项，那么包含多个 `elseif` 子句的单一 `if` 结构将比嵌套的 `if` 结构简单。

**良好编程习惯**

对于有多个相互排斥选项的分支结构，使用包含多个 `elseif` 子句的单一 `if` 结构优先于嵌套的 `if` 结构。

### 4.4.4 switch 结构

`switch` 结构是分支结构的另一种形式，允许工程师基于单个整数、字符或逻辑表达式的值来选择要执行的特定代码块。`switch` 结构的一般形式为：

```
switch (switch_expr)
case case_expr_1
    Statement 1
    Statement 2        ⎫ 块 1
    ...                ⎭
case case_expr_2
    Statement 1
    Statement 2        ⎫ 块 2
    ...                ⎭
...
otherwise
    Statement 1
    Statement 2        ⎫ 块 3
    ...                ⎭
end
```

如果 `switch_expr` 的值等于 `case_expr_1`，则程序将执行代码块 1 中的语句，并跳到 end 后的第一个可执行语句。类似地，如果 `switch_expr` 的值等于 `case_expr_2` 则程序将执行代码块 2 中的语句，并跳到 end 后的第一个可执行语句。同样的过程适用于结构中的其他情况。`otherwise` 代码块是可选的。如果存在且所有状态选择器中都没有 `switch_expr` 的值，则 `otherwise` 代码块被执行。如果不存在且所有状态选择器中都没有 `switch_expr` 的值，则程序不执行 switch 结构的任何部分。此结构的伪代码与 MATLAB 代码实现类似。

假设多个 `switch_expr` 的值执行相同的代码块内容，那么可以将它们放在一种状态中用大括号括起来。如果 switch 表达式匹配到其中任何一个，则该代码块被执行。

```
switch (switch_expr)
case {case_expr_1, case_expr_2, case_expr_3}
    Statement 1
    Statement 2      }块1
    ...
otherwise
    Statement 1
    Statement 2      }块2
    ...
end
```

`switch_expr` 和 `case_expr` 可以是数值或字符串值。

注意，最多可以执行一个代码块。执行代码块后，将跳到 end 后的第一个可执行语句。因此，如果 switch 表达式匹配多个状态表达式，则只会执行其中的第一个。

来看一个简单的 switch 结构示例。以下语句确定 1 到 10 之间的整数是偶数还是奇数，并显示适当的消息。该示例展示了使用值列表作为状态选择器，以及 `otherwise` 块的使用。

```
switch (value)
case {1,3,5,7,9}
    disp('The value is odd.');
case {2,4,6,8,10}
    disp('The value is even.');
otherwise
    disp('The value is out of range.');
end
```

### 4.4.5 try/catch 结构

`try/catch` 结构是一种特殊的分支结构，专门用于捕获错误。通常，MATLAB 程序运行时，遇到错误立即终止。`try/catch` 结构可以修改此默认行为。如果错误发生在 try 代码块中，程序不会终止，而是转去执行 catch 代码块。这允许程序员处理程序中的错误，而不会导致程序停止。

`try/catch` 结构的一般形式为：

```
try
    Statement 1
    Statement 2       }Try 块
    ...
catch
    Statement 1
    Statement 2       }Catch 块
    ...
end
```

当达到 try/catch 结构时，try 块中的语句将被执行。如果没有发生错误，则 catch 块中的语句将被跳过，并且在结构结束后的第一个语句处继续执行。另一方面，如果 try 块中发生错误，程序将停止执行 try 块中的语句，并立即执行 catch 块中的语句。

catch 语句可以使用一个可选的 ME 参数，其中 ME 代表 MATLAB 异常对象（MATLAB exception）。在执行 try 块中的语句出现错误时，会创建 ME 对象。ME 对象主要包含有关异常类型（ME.identifier）、错误消息（ME.message）、错误原因（ME.cause）以及堆栈（ME.stack）的详细信息，明确指出了错误发生的确切位置。这些信息可以显示给用户，或者程序员可以使用这些信息尝试从错误中恢复，并让程序继续执行。

包含 try/catch 结构的示例程序如下。该程序创建一个数组，并要求用户指定要显示的数组的元素。用户将提供一个下标号，程序显示相应的数组元素。try 块中的语句将始终在此程序中执行，而 catch 块中的语句只会在 try 块中发生错误时执行。如果用户指定非法下标，则转移到 catch 块执行，且 ME 对象包含解释出错问题的数据。在此简单的程序中，这些信息只在命令窗口显示。在更复杂的程序中，它可以用于从错误中恢复。

```
% Test try/catch

% Initialize array
a = [ 1 -3 2 5];

try

    % Try to display an element
    index = input('Enter subscript of element to display:');
    disp(['a(' int2str(index) ')=' num2str(a(index))]);

catch ME

    % If we get here, an error occurred. Display the error.
    ME
    stack = ME.stack

end
```

When this program is executed with a legal subscript, the results are:

```
» test_try_catch
Enter subscript of element to display: 3
a(3) = 2
```

当程序用合法的下标执行时，结果是：

```
» test_try_catch
Enter subscript of element to display: 3
a(3) = 2
```

当程序用非法的下标执行时，结果是：

```
» test_try_catch
Enter subscript of element to display: 9
ME =
    MException with properties:

        identifier: 'MATLAB:badsubscript'
           message: 'Attempted to access a(9); index out of
                    bounds because numel(a)=4.'
             cause: {}
```

```
                stack: [1x1 struct]
    stack =
            file: 'C:\Data\book\matlab\5e\chap4\test_try_catch.m'
            name: 'test_try_catch'
            line: 10
```

## 测验 4.2

本测验为你提供了一个快速测试，看看你是否已经理解 4.4 节中介绍的概念。如果你在测验中遇到问题，请重新阅读正文、请教教师或与同学一起讨论。测验的答案见书后。

编写执行下述功能的 MATLAB 语句。

1. 如果 x 大于或等于零，则将 x 的平方根赋值给变量 sqrt_x 并显示结果。否则，显示平方根函数参数的错误消息，并将 sqrt_x 设置为零。
2. 将 numerator/denominator 的计算结果赋值给变量 fun。如果 denominator 的绝对值小于 1.0E-300，则显示 "Divide by 0 error."。否则，计算并显示 fun 的值。
3. 租用车辆的费用为前 100 英里每英里 \$1.00，接下来 200 英里为每英里 \$0.80，超过 300 英里的所有里程为每英里 \$0.70。编写 MATLAB 程序，计算给定英里数（以可变距离存储）的总成本和每英里的平均成本。

   检查以下 MATLAB 语句是否正确？如果正确，其输出结果是什么？如果不正确，存在什么问题？

4. ```
   if volts > 125
       disp('WARNING: High voltage on line.');
   if volts < 105
       disp('WARNING: Low voltage on line.');
   else
       disp('Line voltage is within tolerances.');
   end
   ```
5. ```
   color = 'yellow';
   switch (color)
   case 'red',
       disp('Stop now!');
   case 'yellow',
       disp('Prepare to stop.');
   case 'green',
       disp('Proceed through intersection.');
   otherwise,
       disp('Illegal color encountered.');
   end
   ```
6. ```
   if temperature > 37
       disp('Human body temperature exceeded.');
   elseif temperature > 100
       disp('Boiling point of water exceeded.');
   end
   ```

▶ **示例 4.5　电气工程：低通滤波器的频率响应**

一个简单的低通滤波电路如图 4.2 所示。该电路由串联的电阻器和电容器组成，输出电压 $V_0$ 与输入电压 $V_i$ 的比值由下式给出

$$\frac{V_0}{V_i} = \frac{1}{1+j2\pi fRC} \tag{4.3}$$
   ```

其中 $V_i$ 是频率 $f$ 的正弦输入电压，$R$ 是以欧姆为单位的电阻，$C$ 是以法拉为单位的电容，$j$ 为 $\sqrt{-1}$（电气工程师使用 j 代替 i 来表示 $\sqrt{-1}$，因为字母 i 通常表示电路中电流）。

假设电阻 $R=16\text{k}\Omega$，电容 $C=1\mu\text{F}$，请绘制此滤波器的振幅和频率响应的关系图，其中频率范围 $0 \leqslant f \leqslant 1\,000\text{Hz}$。

**答案**

滤波器的振幅响应是输出电压的振幅与输入电压的振幅之比，滤波器的相位响应是输出电压的相位与输入电压的相位之间的差值。计算滤波器振幅和相位响应的最简单方法是在不同频率下计算式（4.3）。式（4.3）的幅度相对于频率的曲线是滤波器的振幅响应，而式（4.3）的角度相对于频率的曲线是滤波器的相位响应。

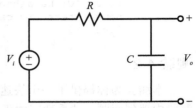

图 4.2 一个简单低通滤波电路

由于滤波器的频率和振幅响应可以在很宽的范围内变化，所以习惯于在对数刻度上绘制这两个值。另一方面，相位在一个非常有限的范围内变化，所以习惯于在线性刻度上绘制滤波器的相位。因此，将使用对数-对数刻度绘制振幅响应，半对数 x 轴刻度绘制相位响应，并将它们作为子图显示在一起。

另外，使用流修饰符加粗标题和轴标签，提高显示效果。

创建和绘制响应所需的 MATLAB 代码如下所示。

```
% Script file: plot_filter.m
%
% Purpose:
%   This program plots the amplitude and phase responses
%   of a low-pass RC filter.
%
% Record of revisions:
%      Date          Programmer       Description of change
%      ====          ==========       =====================
%    01/05/14       S. J. Chapman     Original code
%
% Define variables:
%   amp      -- Amplitude response
%   C        -- Capacitance (farads)
%   f        -- Frequency of input signal (Hz)
%   phase    -- Phase response
%   R        -- Resistance (ohms)
%   res      -- Vo/Vi

% Initialize R & C
R = 16000;           % 16 k ohms
C = 1.0E-6;          % 1 uF

% Create array of input frequencies
f = 1:2:1000;

% Calculate response
res = 1 ./ (1 + j*2*pi*f*R*C);

% Calculate amplitude response
amp = abs(res);
% Calculate phase response
phase = angle(res);
```

```
% Create plots
subplot(2,1,1);
loglog(f, amp);
title('\bfAmplitude Response');
xlabel('\bfFrequency (Hz)');
ylabel('\bfOutput/Input Ratio');
grid on;

subplot(2,1,2);
semilogx(f, phase);
title('\bfPhase Response');
xlabel('\bfFrequency (Hz)');
ylabel('\bfOutput-Input Phase (rad)');
grid on;
```

图 4.3 是得到的振幅和相位响应图。注意，该电路之所以被称为低通滤波器，是因为低频通过的衰减很小，而高频则是强衰减的。

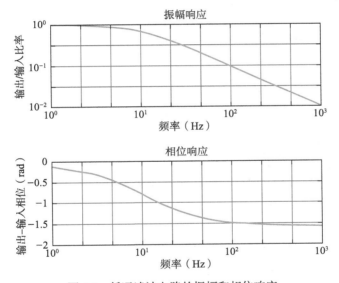

图 4.3 低通滤波电路的振幅和相位响应

▶ 示例 4.6 热力学：理想气体定律

理想气体是分子间所有的碰撞都是完全弹性的。可以想象，理想气体中的分子是非常坚硬的台球，它们相互碰撞、相互弹跳而不会失去动能。

理想气体可以由三个量来表征：绝对压强（P）、体积（V）和绝对温度（T）。理想气体中这些量之间的关系称为理想气体定律：

$$PV = nRT \tag{4.4}$$

其中 $P$ 是气体压强（kPa），$V$ 是气体体积（L），$n$ 是气体的分子数（mol），$R$ 是气体常量（8.314 L·kPa/mol·K），$T$ 是绝对温度（K）。（注：$1 \text{mol} = 6.02 \times 10^{23}$ 分子）

假设理想气体的样本在 273 K 的温度下含有 1mol 的分子，请回答以下问题。

（a）随着压强从 1kPa 至 1000kPa 变化，该气体的体积是如何变化的？请用合适的轴组绘制气体压强与体积的关系图，要求使用 2 像素宽的红实线。

(b) 假设温度升至 373K，此时气体的体积是如何随压强变化的？在与 (a) 部分相同的轴组上绘制气体压强与体积的关系图，要求使用 2 像素宽的蓝虚线。

在图上添加粗体标题、$x$ 轴和 $y$ 轴标签，以及每条线的图例。

**答案**

本题中希望绘制的两个值相差 1000 倍，所以普通的线性刻度无法满足要求。因此，将使用对数–对数刻度来进行绘制。

注意，要求在同一组轴上绘制两条曲线，所以必须在绘制第一条曲线后使用命令 hold on，并在绘图完成后使用命令 hold off。另外，还需要指定线条的颜色、类型和宽度，并加粗标签。

程序如下所示，计算气体体积作为压强的函数，绘制合适刻度的关系图。注意，代码中用粗体显示设置绘图属性部分。

```
% Script file: ideal_gas.m
%
% Purpose:
%   This program plots the pressure versus volume of an
%   ideal gas.
%
% Record of revisions:
%   Date          Programmer       Description of change
%   ====          ==========       =====================
%   01/16/14      S. J. Chapman    Original code
%
% Define variables:
%   n      -- Number of molecules (mol)
%   P      -- Pressure (kPa)
%   R      -- Ideal gas constant (L kPa/mol K)
%   T      -- Temperature (K)
%   V      -- volume (L)

% Initialize nRT
n = 1;              % Moles of atoms
R = 8.314;          % Ideal gas constant
T = 273;            % Temperature (K)

% Create array of input pressures. Note that this
% array must be quite dense to catch the major
% changes in volume at low pressures.
P = 1:0.1:1000;

% Calculate volumes
V = (n * R * T) ./ P;

% Create first plot
figure(1);
loglog(P,V,'r-','LineWidth',2);
title('\bfVolume vs Pressure in an Ideal Gas);
xlabel('\bfPressure (kPa)');
ylabel('\bfVolume (L)');
grid on;
hold on;

% Now increase temperature
T = 373;            % Temperature (K)

% Calculate volumes
```

```
V = (n * R * T) ./ P;
% Add second line to plot
figure(1);
loglog(P,V,'b--','LineWidth',2);
hold off;

% Add legend
legend('T = 273 K','T = 373 k');
```

如图 4.4 所示，为理想气体的体积与压强关系图。

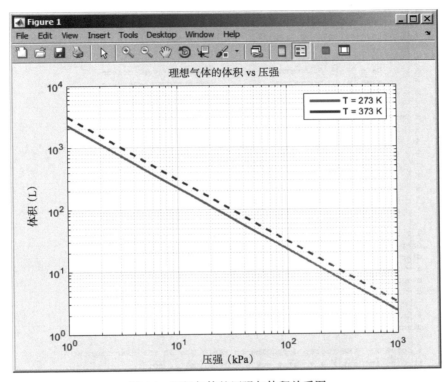

图 4.4　理想气体的压强与体积关系图

## 4.5　调试 MATLAB 程序的更多信息

在编写程序时用到了分支和循环结构，比简单的顺序程序更容易出错。即使完全遵循程序设计的标准过程，也不能完全保证在首次运行时不会发生错误。假设程序已经编写好，且进行了测试，只发现输出值是错误的，那么如何去寻找错误并修复它们？

如果程序包含循环和分支结构，找到错误的最佳方式是使用 MATLAB 提供的符号调试器。该调试器集成在 MATLAB 编辑器中。

若要使用调试器，首先应使用 MATLAB 命令窗口中的"文件/打开"菜单项选择要调试的文件。打开文件时，立即被加载到编辑器中，并按语法规则自动标注颜色。其中，注释显示为绿色，变量和数字显示为黑色，字符串显示为红色，语言关键字显示为蓝色。图 4.5 显示了在编辑/调试窗口中打开文件 calc_roots.m 的示例。

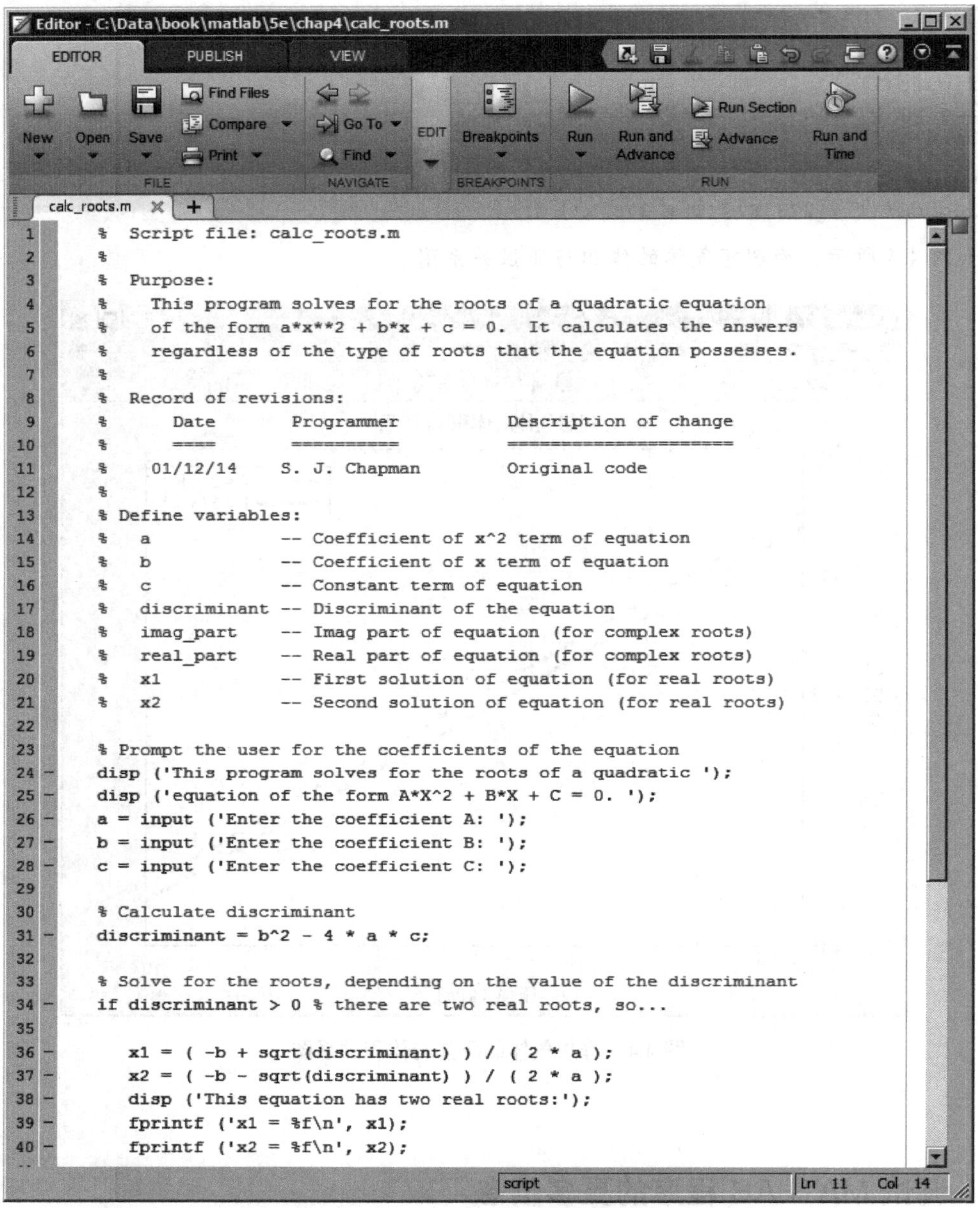

```
 1    % Script file: calc_roots.m
 2    %
 3    % Purpose:
 4    %   This program solves for the roots of a quadratic equation
 5    %   of the form a*x**2 + b*x + c = 0.  It calculates the answers
 6    %   regardless of the type of roots that the equation possesses.
 7    %
 8    % Record of revisions:
 9    %     Date        Programmer          Description of change
10    %     ====        ==========          =====================
11    %   01/12/14     S. J. Chapman        Original code
12    %
13    % Define variables:
14    %   a              -- Coefficient of x^2 term of equation
15    %   b              -- Coefficient of x term of equation
16    %   c              -- Constant term of equation
17    %   discriminant   -- Discriminant of the equation
18    %   imag_part      -- Imag part of equation (for complex roots)
19    %   real_part      -- Real part of equation (for complex roots)
20    %   x1             -- First solution of equation (for real roots)
21    %   x2             -- Second solution of equation (for real roots)
22
23    % Prompt the user for the coefficients of the equation
24    disp ('This program solves for the roots of a quadratic ');
25    disp ('equation of the form A*X^2 + B*X + C = 0. ');
26    a = input ('Enter the coefficient A: ');
27    b = input ('Enter the coefficient B: ');
28    c = input ('Enter the coefficient C: ');
29
30    % Calculate discriminant
31    discriminant = b^2 - 4 * a * c;
32
33    % Solve for the roots, depending on the value of the discriminant
34    if discriminant > 0 % there are two real roots, so...
35
36        x1 = ( -b + sqrt(discriminant) ) / ( 2 * a );
37        x2 = ( -b - sqrt(discriminant) ) / ( 2 * a );
38        disp ('This equation has two real roots:');
39        fprintf ('x1 = %f\n', x1);
40        fprintf ('x2 = %f\n', x2);
```

图 4.5 加载 MATLAB 程序后的编辑/调试窗口（见彩页）

如果想了解程序的具体执行情况，可找到感兴趣那行左侧的水平破折号标记，用鼠标单击来设置一个或多个**断点**。设置断点后，此行左侧的破折号会变成红色圆点，如图 4.6 所示。

设置断点后，在命令窗口输入 `cacl_root` 执行程序。运行的程序将会在第一个断点处停止。在此调试过程中，暂停的当前行将出现一个绿色箭头，如图 4.7 所示。当到达断点时，程序员可以在命令窗口中输入变量名，或查看工作空间浏览器中的值，来检查或修改工作空间中的任何变量。当程序员检查发现此处没问题时，可以按 F10 键或单击工具栏上的步进工具（■）来逐行执行程序。或者，可以按 F5 键或单击工具栏上的继续工具（■）来运行到下一个断点。因此，可以在程序中的任何一点检查任何变量的值。

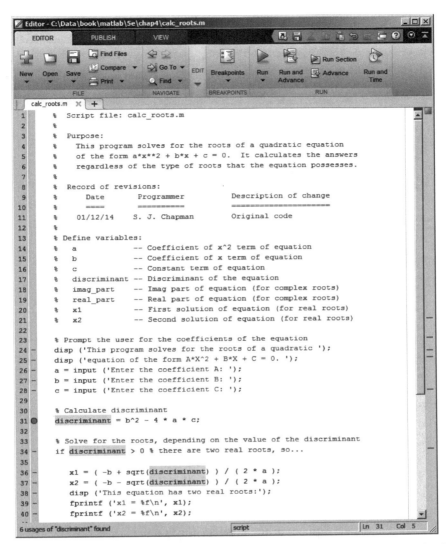

图 4.6 设置断点后的窗口。注意，断点此时在当前行左侧以红色圆点显示（见彩页）

当发现错误时，程序员可以使用编辑器改正 MATLAB 程序，并将修改后的版本保存。注意，当使用新文件名保存时，所有断点都可能丢失，因此在继续调试之前需要重新设置。重复上述调试过程，直到程序不再出错为止。

调试器的另外两个重要功能在工具栏上的断点子菜单内（见图 4.8a）。第一个是设置条件，它可以设置或修改条件断点。**条件断点**是指当程序运行到此处，判断某些条件为真时，代码才会停止。例如，条件断点可以使 for 循环停止在其第二百次循环时。如果程序是在多次执行循环之后才出现的错误，那么此时使用条件断点就显得很重要。因此，可以通过修改断点的条件，使其在调试期间启用或禁用。

第二个是出现错误/警告时停止，可以通过更多错误和警告处理选项设置（见图 4.8b）。如果发生错误导致程序崩溃或发出警告消息，那么程序员可以事先设置好"出现错误时停止"或"出现警告时停止"选项再执行程序。此时，程序在运行到错误或警告位置时停止，允许程序员检查变量的值，并查看出错的原因。

118　第4章

图 4.7　在调试过程中，当前行将出现绿色箭头（见彩页）

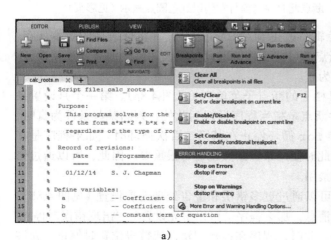
a)

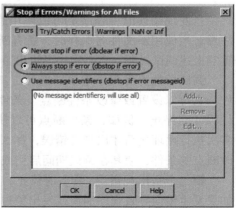
b)

图 4.8　a) 工具栏上断点内的子菜单；b) 选择"出现错误时停止"选项

此外，还有一个关键性工具称为代码分析器（之前称 M-Lint）。代码分析器检查 MATLAB 文件并寻找潜在的问题。如果发现问题，会给编辑器中的这部分代码添加阴影（见图 4.9）。如果程序员将鼠标放在阴影区域上，则会弹出一个窗口来描述问题，以便后续修复。还可以点击编辑器右上角的向下箭头，并选择"显示代码分析器报告"，来查看 MATLAB 文件中所有问题的完整列表。

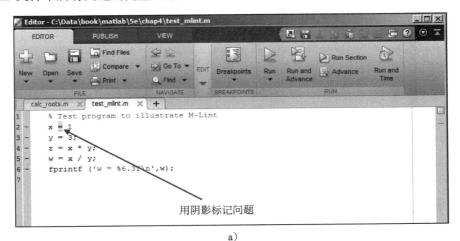

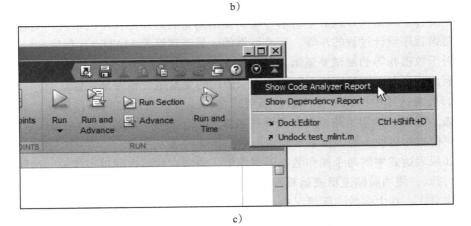

图 4.9 使用代码分析器：a) 编辑器中用阴影指示问题；b) 将鼠标放在阴影区域，弹出问题描述窗口；c) 使用"显示代码分析器报告"选项查看完整报告；d) 代码分析报告的示例

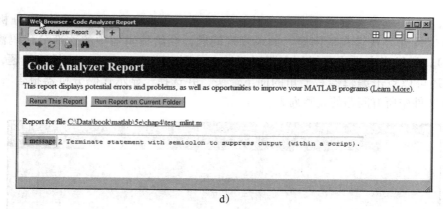

d)

图 4.9 （续）

代码分析器是一个有效的工具，可用于定位 MATLAB 代码中出现的错误、使用不当或过时属性，以及定义但从未使用的变量。代码分析器自动运行加载到编辑/调试窗口中的脚本，并用阴影标记问题点。仔细查看并解决其报告的任何问题。

## 4.6 本章小结

在第 4 章中，介绍了 MATLAB 分支的基本类型以及用于控制它们的关系运算和逻辑运算。分支的主要类型是 `if` 结构，可以根据需要添加 `elseif` 子句来构建期望的测试。此外，嵌套的 `if` 结构可以生成更复杂的测试。第二种类型的分支是 `switch` 结构，用于选择由控制表达式指定的互斥替代选项。

第三种类型的分支是 `try/catch` 结构，用于捕获在执行过程中可能发生的错误。`catch` 子句有一个可选的异常对象 `ME`，用来提供有关发生错误的信息。

MATLAB 的符号调试器和相关工具，如代码分析器，使调试 MATLAB 代码变得更容易。应该多花点时间熟悉这些工具。

### 4.6.1 良好编程习惯总结

使用分支或循环结构进行编程时，应遵循以下准则。遵循它们所编写的代码，将包含较少的错误，更容易调试，并且对于将来可能需要用到它们的其他程序员来说，更容易理解。

（1）遵循程序设计过程的步骤，生成可靠的、易于理解的 MATLAB 程序。

（2）对于数值相等的测试要谨慎，因为舍入误差可能会导致两个相等的变量测试结果为不相等。因此，可考虑用计算机上预期舍入误差内的变量是否相等来代替。

（3）如果表达式中的两个操作数都需要求值，或者在数组之间进行比较，请使用逻辑与运算符 `&`。否则，使用短路逻辑与运算符 `&&`，因为在第一个操作数为 `false` 的情况下，部分求值将使操作更快。在大多数实际情况中，运算符 `&` 为首选。

（4）如果表达式中的两个操作数都需要求值，或者在数组之间进行比较，请使用逻辑或运算符 `|`。否则，使用短路逻辑或运算符 `||`，因为在第一个操作数为 `true` 的情况下，部分求值将使操作更快。在大多数实际情况中，运算符 `|` 为首选。

（5）始终在 `if` 结构、`switch` 结构和 `try/catch` 结构中缩进代码块，以提高代码的可读性。

（6）对于有多个相互排斥选项的分支结构，使用包含多个 `elseif` 子句的单一 `if` 结构优先于嵌套的 if 结构。

### 4.6.2 MATLAB 总结

下面简要列出本章中出现的所有 MATLAB 命令和函数，以及对它们的简短描述。

**命令和函数**

| | |
|---|---|
| if 结构 | 如果满足指定条件，则执行相应的代码块 |
| ischar(a) | 如果 a 是字符数组，返回 1；否则，返回 0 |
| isempty(a) | 如果 a 是空数组，返回 1；否则，返回 0 |
| isinf(a) | 如果 a 是 Inf，返回 1；否则，返回 0 |
| isnan(a) | 如果 a 是 NaN，返回 1；否则，返回 0 |
| isnumeric(a) | 如果 a 是数值数组，返回 1；否则，返回 0 |
| logical | 将数值转换成逻辑值：非零数值转换成 true，零转换成 false |
| poly | 将多项式的根列表转换为多项式系数 |
| root | 计算一系列系数表示的多项式的根 |
| switch 结构 | 根据表达式的结果，从一组互斥选项中选择要执行的代码块 |
| try/catch 结构 | 用于捕获错误的特殊结构。在 try 块中构建代码，如果执行出错，立即停止并转到 catch 块中执行 |

## 4.7 本章习题

4.1 计算下列 MATLAB 表达式。
   (a) 5 >= 5.5
   (b) 20 > 20
   (c) xor(17 - pi < 15, pi < 3)
   (d) true > false
   (e) ~~(35 / 17) == (35 / 17)
   (f) (7 <= 8) == (3 / 2 == 1)
   (g) 17.5 && (3.3 > 2.)

4.2 正切函数的定义为 $\tan\theta = \sin\theta/\cos\theta$。只要表达式中 $\cos\theta$ 不接近于 0，就可用它求正切值。（如果 $\cos\theta$ 为 0，则正切函数的结果为非数值的 Inf。）假设 $\theta$ 以度为单位给定，编写 MATLAB 程序求解 $\tan\theta$，其中 $\cos\theta$ 的值大于等于 $10^{-20}$。如果 $\cos\theta$ 小于 $10^{-20}$，则显示出错提示。

4.3 以下语句旨在提醒用户口腔温度计的读数高（温度值的单位为华氏度）则危险。这段代码是否正确？如果不正确，请解释原因并修改。

```
if temp < 97.5
   disp('Temperature below normal');
elseif temp > 97.5
   disp('Temperature normal');
elseif temp > 99.5
   disp('Temperature slightly high');
elseif temp > 103.0
   disp('Temperature dangerously high');
end
```

4.4 快递服务寄送包裹的费用是头两磅 $15，两磅以上的部分每磅 $5。如果包裹重量超过 70 磅，则要加收 $15 的超重附加费。只接收不超过 100 英镑的包裹。编写一个程序，输入包裹的磅数，计算邮寄包裹的费用，并确保对超重包裹有处理。

4.5 在示例 4.3 中，编写了程序来计算指定 $x$ 和 $y$ 值时函数 $f(x, y)$ 的值，其中函数定义如下

$$f(x, y) = \begin{cases} x+y & x \geq 0 \text{ 和 } y \geq 0 \\ x+y^2 & x \geq 0 \text{ 和 } y < 0 \\ x^2+y & x < 0 \text{ 和 } y \geq 0 \\ x^2+y^2 & x < 0 \text{ 和 } y < 0 \end{cases}$$

针对 $x$ 和 $y$ 的所有可能组合，使用具有 4 个代码块的单个 if 结构来计算函数 $f(x, y)$。使用嵌套 if 结构重新编写程序，其中外部结构判断 $x$ 的值，内部构结果判断 $y$ 的值。

**4.6** 编写 MATLAB 程序，计算函数

$$y(x) = \ln \frac{1}{1-x}$$

其中 ln 是以 e 为底的自然对数。针对用户指定的任意 $x$（要求 $x$ 小于 10），使用 if 结构来验证传递给程序的值是合法的。如果合法，计算 $y(x)$；否则，显示合适的出错提示并退出。

**4.7** 编写一个程序，允许用户输入一个包含星期几（"星期日"、"星期一"、"星期二"等）的字符串，并使用 switch 结构将日期转换为相应的数字，其中星期天被认为是一星期的第一天，星期六被认为是一星期的最后一天。输出对应的天数数字。另外，使用 otherwise 块处理非法日期名称！（注意：确保在函数输入上使用 's' 选项，以便将输入视为字符串。）

**4.8** 假设学生可以在学期中选择一门选修课。有限的课程选择列表为：英语、历史、天文学和文学。构造 MATLAB 代码片段，提示学生选择课程，读取选中的课程，并将答案用作 switch 结构的状态表达式。确保默认情况下对无效输入的处理。

**4.9 理想气体定律**：例 4.6 给出了理想气体定律。假设 1mol 该气体的体积为 10L，随着温度从 250K 变化到 400K，绘制温度与压强的函数关系图。什么样的刻度（线性、半对数 x 轴等）适合绘制这些数据？

**4.10 理想气体定律**：在冬季，当罐子的温度是 0°C 时，罐内气体压强为 200kPa。如果保持罐内气体数量不变，在温度上升到 100°C 时，罐内气体压强是多少？绘图显示预期压强情况，其中温度从 0°C 到 200°C。

**4.11 范德瓦耳斯方程**：理想气体定律描述了理想气体的温度、压强和体积之间的关系，即

$$PV = nRT \tag{4.4}$$

其中 $P$ 是气体压强（kPa），$V$ 是气体体积（L），$n$ 是气体的分子数（mol），$R$ 是气体常量（8.314L·kPa/mol·K），$T$ 是绝对温度（K）。（注：1mol = $6.02 \times 10^{23}$ 分子）

真实气体并非如此，因为气体分子并不是完全有弹性的，它们往往粘在一起。真实气体的温度、压强和体积之间的关系可以用理想气体定律的修正（范德瓦耳斯方程）来表示，即

$$\left(P + \frac{n^2 a}{V^2}\right)(V - nb) = nRT \tag{4.5}$$

其中 $P$ 是气体压强（kPa），$V$ 是气体体积（L），$a$ 是气体分子间吸引力的度量，$n$ 是气体的分子数（mol），$b$ 是 1mol 气体分子的体积，$R$ 是气体常量（8.314L·kPa/mol·K），$T$ 是绝对温度（K）。这个方程可以重写成温度和体积的函数，用来求压强 $P$

$$P = \frac{nRT}{V-nb} - \frac{n^2 a}{V^2} \tag{4.6}$$

对于二氧化碳来说，$a = 0.396$kPa·L，$b = 0.0427$L/mol。假设二氧化碳气体样本中含有 1mol 分子，温度为 0°C（273 K），体积为 30 L。回答下列问题。

(a) 根据理想气体定律，气体的压强是多少？
(b) 根据范德瓦耳斯方程，气体的压强是多少？
(c) 在相同坐标轴上，分别根据理想气体定律和范德瓦耳斯方程，绘制压强与体积的关系图。在相同温度条件下，真实气体的压强高于还是低于理想气体的压强？

4.12 `if/else if/end`结构和`switch`结构的主要区别是什么？

4.13 `try/catch`结构和其他类型的分支结构有何不同？

4.14 **天线增益图**：某微波天线增益 G 可用角函数方程表示为

$$G(\theta) = |\text{sinc } 4\theta|, \quad -\frac{\pi}{2} \leq \theta \leq \frac{\pi}{2} \tag{4.7}$$

其中 $\theta$ 是到视轴的弧度，$\text{sinc } x = \sin x/x$。请在极坐标上绘制增益函数，要求标题为粗体"天线增益 vs$\theta$"。

4.15 本书作者目前在澳大利亚居住。在 2009 年，澳大利亚公民和居民缴纳下列所得税：

| 应纳税收入（A$） | 所得税 |
| --- | --- |
| $0–$6000 | 不交税 |
| $6001–$34 000 | 超过 $6000 的部分，$1 收 15 ¢ 的税 |
| $34 001–$80 000 | 超过 $34 000 的部分，$4200 加 $1 收 30 ¢ 的税 |
| $80 001–$180 000 | 超过 $80 000 的部分，$18 000 加 $1 收 40 ¢ 的税 |
| 超过 $180 000 | 超过 $180 000 的部分，$58 000 加 $1 收 45 ¢ 的税 |

此外，对所有收入征收 1.5% 的医疗保险税。根据上述信息，编写一个程序，计算应缴纳多少个人所得税。程序可以接收来自用户的总收入数字，并计算所得税、医疗保险税和个人应缴的总税额。

4.16 在 2002 年，澳大利亚公民和居民缴纳下列所得税：

| 应纳税收入（A$） | 所得税 |
| --- | --- |
| $0–$6000 | 不交税 |
| $6001–$20 000 | 超过 $6000 的部分，$1 收 17 ¢ 的税 |
| $20 001–$50 000 | 超过 $20 000 的部分，$2380 加 $1 收 30 ¢ 的税 |
| $50 001–$60 000 | 超过 $50 000 的部分，$11 380 加 $1 收 42 ¢ 的税 |
| 超过 $60 000 | 超过 $60 000 的部分，$15 580 加 $1 收 47 ¢ 的税 |

此外，对所有收入征收 1.5% 的医疗保险税。根据上述信息，编写一个程序，给定收入，计算一个人在 2009 年缴纳的所得税比他在 2002 年缴纳的所得税少多少。

4.17 **折射**：当光线从折射率为 $n_1$ 的区域穿过折射率为 $n_2$ 的区域时，光线出现弯曲现象（见图 4.10）。光线弯曲的角度由斯涅尔定律给出

$$n_1 \sin \theta_1 = n_2 \sin \theta_2 \tag{4.8}$$

其中 $\theta_1$ 是区域 1 中光的入射角，$\theta_2$ 是区域 2 中光的入射角。如果区域 1 的入射角 $\theta_1$、折射率 $n_1$ 和 $n_2$ 都给定，则可以使用斯涅尔定律预测区域 2 光线的入射角。计算公式如下

$$\theta_2 = \sin^{-1}\left(\frac{n_1}{n_2} \sin \theta_1\right) \tag{4.9}$$

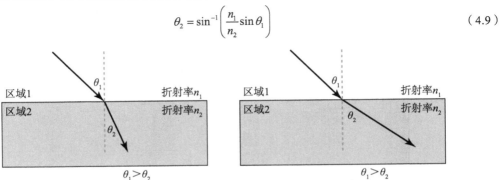

图 4.10 光线从一种介质传递到另一种介质时发生弯曲。a) 如果光线从折射率较低的区域传递到折射率较高的区域，光线就会向法线方向弯曲；b) 如果光线从折射率高的区域进入折射率较低的区域，光线就会偏离法线方向

编写一个程序，在给定入射角 $\theta_1$、折射率 $n_1$ 和 $n_2$ 的情况下，计算区域 2 的入射角 $\theta_1$。（注意：如果 $n_1 > n_2$，那么 $\left(\dfrac{n_1}{n_2}\sin\theta_1\right)$ 有可能大于 1，此时式（4.9）没有实数值。这就意味着所有光线都被反射回去，没有光线进入区域 2。在程序中必须考虑这种情况，并合理处理。）

绘图显示入射光线、区域边界及另一边的入射光线。

使用下列数据测试程序：(a) $n_1 = 1.0$，$n_2 = 1.7$，$\theta_1 = 45°$。(b) $n_1 = 1.7$，$n_2 = 1.0$，$\theta_1 = 45°$。

**4.18 高通滤波器**：图 4.11 展示了一个由电阻和电容组成的简单高通滤波器。输出电压 $V_0$ 与输入电压 $V_i$ 的比值由下面公式给出

$$\frac{V_0}{V_i} = \frac{j2\pi fRC}{1+j2\pi fRC} \tag{4.10}$$

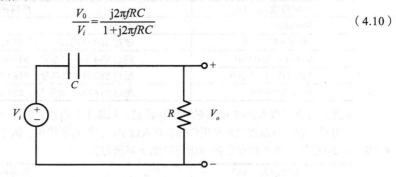

图 4.11　一个简单高通滤波电路

假设 $R = 16\,\mathrm{k}\Omega$，$C = 1\,\mu\mathrm{F}$。计算并绘制此滤波器的振幅和相位响应关于频率的函数关系图。

**4.19** 正如在第 2 章中看到的，`load` 命令可以用来将数据从 MAT 文件加载到 MATLAB 工作空间。编写一个脚本，提示用户加载文件的名称，然后加载该文件中的数据。如果指定的文件无法打开，要求脚本使用 `try/catch` 结构来捕获和显示错误。加载有效和无效的 MAT 文件进行脚本测试。

# 第 5 章

# 循环结构和向量化

循环作为一类 MATLAB 语句结构,在执行代码时允许多次执行部分代码序列。循环结构有两种基本形式:while 循环和 for 循环。这两种类型之间的主要区别在于如何控制重复。while 循环中的代码重复不限定次数,直到满足用户指定的条件为止。相比之下,for 循环中的代码重复指定次数,且重复次数在循环开始之前已知。

向量化可替代许多 MATLAB 中的 for 循环,使程序执行得更高效。在引入循环后,本章将展示如何用向量化代码替换许多循环以提高速度。

MATLAB 程序在使用循环后,通常会处理大量的数据,因此需要有效的方式来读取数据。本章介绍了函数 textread,以便从磁盘文件读取大型数据集。

## 5.1 while 循环

while 循环中的代码块重复不限定次数,直到满足指定的条件为止。其一般形式为

```
while expression
    ...
    ...     }代码块
    ...
end
```

其中控制表达式 expression 产生一个逻辑值。如果 expression 为真,则代码块将被执行,然后返回到 while 语句。如果 expression 仍然为真,那么语句再次被执行。重复该过程,直到 expression 变为假。当返回到 while 语句且 expression 为假时,程序将执行 end 后的第一个语句。

while 循环对应的伪代码如下

```
while expr
    ...
    ...
    ...
end
```

下面展示一个使用 while 循环实现的统计分析程序示例。

▶ **示例 5.1　统计分析**

在科学与工程方面大量使用数字是很常见的,每个数字都是对我们感兴趣的某些特定属性的度量。比如,本课程第一次测试的成绩。每个等级都代表了一个特定学生在课程中学到了多少。

大多数时候,我们并不关心某个具体的测量值。相反,我们试图从一组测量的少数值中进行总结,并指导我们得到关于整个数据集的更多信息。而平均值(或算术平均值)和标准偏差就是这样的数值。一组数字的平均值或算术平均值定义为

$$\bar{x} = \frac{1}{N}\sum_{i=1}^{N} x_i \tag{5.1}$$

其中 $x_i$ 是 $N$ 个样本点中的第 $i$ 个。如果数组中的所有输入值都是有效的，则平均值可以用 MATLAB 函数 mean 来计算。一组数字的标准偏差定义为

$$s = \sqrt{\frac{N\sum_{i=1}^{N} x_i^2 - \left(\sum_{i=1}^{N} x_i\right)^2}{N(N-1)}} \tag{5.2}$$

标准偏差是测量散射量的度量；标准偏差越大，数据集中的点越分散。

编程实现读取一组测量值，并计算输入数据集的平均值和标准偏差。

**答案**

程序必须能够读取任意数量的测量值，然后计算平均值和标准偏差。在执行计算之前，将使用 while 循环来累积输入的测量值。

另外，当所有的测量值都被读取后，必须告知程序没有更多的数据输入。假设所有输入的测量值都是正的或零，那么可以使用一个负的输入值作为标志，表示没有更多的数据可以读取。如果输入负值，程序将停止读取输入值，并计算数据集的平均值和标准偏差。

**1. 陈述问题**

假定输入数字必须为正或零，所以这个问题的正确陈述为：假设所有测量值都是正值或零，且不知道数据集中包含多少测量值，请计算这组测量的平均值和标准偏差。要求将负的输入值作为测量集合结束的标志。

**2. 定义输入和输出**

该程序所需的输入是未知数目的正数或零，该程序的输出是输入数据集的平均值和标准偏差。此外，将显示输入到程序的数据的个数，用来检查输入数据是否被正确读取。

**3. 设计算法**

该任务可以分为三个主要部分：

```
Accumulate the input data
Calculate the mean and standard deviation
Write out the mean, standard deviation, and number
  of points
```

首先，积累输入数据。为此，需要提示用户输入所需的数字。当输入数字时，跟踪输入值的数量、总和以及平方和。这些步骤的伪代码是：

```
Initialize n, sum_x, and sum_x2 to 0
Prompt user for first number
Read in first x
while x >= 0
   n ← n + 1
   sum_x ← sum_x + x
   sum_x2 ← sum_x2 + x^2
   Prompt user for next number
   Read in next x
end
```

注意，在 while 循环开始之前读取第一个值，以便 while 循环可以有一个值来测试它第一次执行。

接下来，计算平均值和标准偏差。该步骤的伪代码是式（5.1）和式（5.2）的 MATLAB

版本。

```
x_bar ← sum_x / n
std_dev ← sqrt((n*sum_x2 - sum_x^2) / (n*(n-1)))
```

最后,显示程序运行结果。

```
Write out the mean value x_bar
Write out the standard deviation std_dev
Write out the number of input data points n
```

### 4. 将算法转换成 MATLAB 语句

最终的 MATLAB 代码如下所示:

```matlab
% Script file: stats_1.m
%
% Purpose:
%   To calculate mean and the standard deviation of
%   an input data set containing an arbitrary number
%   of input values.
%
% Record of revisions:
%      Date          Programmer         Description of change
%      ====          ==========         =====================
%    01/24/14      S. J. Chapman        Original code
%
% Define variables:
%   n        -- The number of input samples
%   std_dev  -- The standard deviation of the input samples
%   sum_x    -- The sum of the input values
%   sum_x2   -- The sum of the squares of the input values
%   x        -- An input data value
%   xbar     -- The average of the input samples

% Initialize sums.
n = 0; sum_x = 0; sum_x2 = 0;

% Read in first value
x = input('Enter first value:');

% While Loop to read input values.
while x >= 0
   % Accumulate sums:
   n      = n + 1;
   sum_x  = sum_x + x;
   sum_x2 = sum_x2 + x^2;
   % Read in next value
   x = input('Enter next value:');
end

% Calculate the mean and standard deviation
x_bar = sum_x / n;
std_dev = sqrt( (n * sum_x2 - sum_x^2) / (n * (n-1)) );

% Tell user.
fprintf('The mean of this data set is: %f\n', x_bar);
fprintf('The standard deviation is:    %f\n', std_dev);
fprintf('The number of data points is: %f\n', n);
```

### 5. 测试程序

为测试此程序,将手动计算一个简单数据集的答案,然后将答案与程序的结果进行比

较。假设使用三个输入值：3、4 和 5，则平均值和标准偏差为

$$\overline{x} = \frac{1}{N}\sum_{i=1}^{N} x_i = \frac{1}{3}(12) = 4$$

$$s = \sqrt{\frac{N\sum_{i=1}^{N} x_i^2 - \left(\sum_{i=1}^{N} x_i\right)^2}{N(N-1)}} = 1$$

上述值被输入程序时，结果如下

```
» stats_1
Enter first value: 3
Enter next value:  4
Enter next value:  5
Enter next value:  -1
The mean of this data set is: 4.000000
The standard deviation is:    1.000000
The number of data points is: 3.000000
```

程序给出了测试数据集的正确答案。

在上面的示例中，并没有完全遵循设计过程。这导致程序出现一个致命的缺陷！你发现了吗？

之所以如此，是因为没有测试所有可能类型的输入数据。再回顾一下示例，如果没有输入数字或者只输入了一个数字，那么上面的等式将会除以零！而除以零的错误将引起除以零的警告，并且输出结果为 `NaN`。因此，需要修改程序来检测此问题，并告知用户问题是什么，然后终止程序。

如下所示，修改后的程序称为 `stats_2`。在执行计算之前，检查是否有足够的输入值。若没有，程序将显示一条错误消息并退出。请自行测试修改后的程序。

```
%   Script file: stats_2.m
%
%   Purpose:
%     To calculate mean and the standard deviation of
%     an input data set containing an arbitrary number
%     of input values.
%
%   Record of revisions:
%        Date       Programmer        Description of change
%        ====       ==========        =====================
%     01/24/14    S. J. Chapman       Original code
% 1.  01/24/14    S. J. Chapman       Correct divide-by-0 error if
%                                     0 or 1 input values given.
%
% Define variables:
%   n        -- The number of input samples
%   std_dev  -- The standard deviation of the input samples
%   sum_x    -- The sum of the input values
%   sum_x2   -- The sum of the squares of the input values
%   x        -- An input data value
%   xbar     -- The average of the input samples

% Initialize sums.
n = 0; sum_x = 0; sum_x2 = 0;
```

```
% Read in first value
x = input('Enter first value: ');

% While Loop to read input values.
while x >= 0

    % Accumulate sums.
    n      = n + 1;
    sum_x  = sum_x + x;
    sum_x2 = sum_x2 + x^2;

    % Read in next value
    x = input('Enter next value:');
end
% Check to see if we have enough input data.
if n < 2    % Insufficient information
    disp('At least 2 values must be entered!');
else % There is enough information, so
    % calculate the mean and standard deviation
    x_bar = sum_x / n;
    std_dev = sqrt((n * sum_x2 - sum_x^2)/(n*(n-1)));

    % Tell user.
    fprintf('The mean of this data set is: %f\n', x_bar);
    fprintf('The standard deviation is:    %f\n', std_dev);
    fprintf('The number of data points is: %f\n', n);

end
```

注意，如果所有的输入值都保存在一个向量中，那么就可以将向量传递给 MATLAB 内置函数 `mean` 和 `std` 来计算平均值和标准偏差。在本章习题中，将要求创建此程序的标准 MATLAB 函数版本。

## 5.2 for 循环

for 循环指定代码块的循环次数，一般形式为

```
for index = expr
    ...
    ...
    ...
end
```
循环体

其中 `index` 是循环变量（也称为**循环索引**），`expr` 是循环控制表达式，其结果为数组。由 `expr` 生成的数组中各列依次存储在变量 `index` 中，然后执行循环体，完成对数组中的每列执行一次循环。表达式通常采用快捷方式的向量形式：`first : incr : last`。

for 语句和 end 语句之间的语句称为循环体。每次通过 for 循环，它们都被重复执行。for 循环构造函数如下：

（1）在循环开始时，MATLAB 通过计算控制表达式生成数组。

（2）第一次通过循环时，程序将数组的第一列赋值给循环变量 `index`，并执行循环体中的语句。

（3）在循环体中的语句执行完毕后，程序将数组的下一列赋值给循环变量 `index`，并再次执行循环体中的语句。

（4）重复执行步骤 3，直到数组中的列赋值完。

来看一些具体的示例，使得对 for 循环的理解更加清晰。首先，考虑以下示例：

```
for ii = 1:10
    Statement 1
    ...
    Statement n
end
```

在上述循环中，循环索引是变量 ii⊖。此时，控制表达式生成 $1\times 10$ 的数组，所以 Statement 1 到 n 将被执行 10 次。循环索引 ii 首次为 1，第二次为 2，依此类推。循环索引在最后一次通过语句时为 10。当第十次之后返回到 for 语句时，控制表达式中没有更多列，因此转移到 end 语句后的第一个语句执行。注意，循环结束执行后，循环索引 ii 仍然为 10。

其次，考虑下面的示例：

```
for ii = 1:2:10
    Statement 1
    ...
    Statement n
end
```

此时，控制表达式生成 $1\times 5$ 的数组，所以 Statement 1 到 n 将被执行 5 次。循环索引 ii 首次为 1，第二次为 3，依此类推。循环索引在第五次通过语句时为 9。当第五次之后返回到 for 语句时，控制表达式中没有更多列，因此转移到 end 语句后的第一个语句执行。注意，循环结束执行后，循环索引 ii 仍然为 9。

再次，考虑下面的示例：

```
for ii = [5 9 7]
    Statement 1
    ...
    Statement n
end
```

此时，控制表达式生成 $1\times 3$ 的数组，所以 Statement 1 到 n 将被执行 3 次。循环索引 ii 首次为 5，第二次为 9，最后一次为 7。循环结束执行后，循环索引 ii 仍然为 7。

最后，考虑下面的示例：

```
for ii = [1 2 3;4 5 6]
    Statement 1
    ...
    Statement n
end
```

此时，控制表达式生成 $2\times 3$ 的数组，所以 Statement 1 到 n 将被执行 3 次。循环索引 ii 首次为列向量 $\begin{bmatrix}1\\4\end{bmatrix}$，第二次为列向量 $\begin{bmatrix}2\\5\end{bmatrix}$，第三次为列向量 $\begin{bmatrix}3\\6\end{bmatrix}$。循环结束执行后，循环索引 ii 仍然为 $\begin{bmatrix}3\\6\end{bmatrix}$。此示例说明循环索引可以是向量。

for 循环对应的伪代码看起来像循环本身：

---

⊖ 习惯上，在大多数编程语言中，程序员都使用像 i 和 j 这样的简单变量名作为循环索引。然而，MATLAB 将变量 i 和 j 预定义为值 $\sqrt{-1}$。基于此定义，本书中使用 ii 和 jj 作为示例循环索引。

```
for index = expression
    Statement 1
    ...
    Statement n
end
```

▶ **示例 5.2 阶乘函数**

下面举例说明 for 循环如何用于计算阶乘函数。对于任意大于 0 的整数，其阶乘函数定义如下

$$n! = \begin{cases} 1 & n=0 \\ n \times (n-1) \times (n-2) \times \ldots \times 2 \times 1 & n>0 \end{cases} \quad (5.3)$$

计算正整数 n 的 n 阶乘的 MATLAB 代码为

```
n_factorial = 1
for ii = 1:n
    n_factorial = n_factorial * ii;
end
```

假设要求计算 5！。如果 n 是 5，则 for 循环的控制表达式是行向量 [1 2 3 4 5]。此循环被执行 5 次，其中变量 ii 依次被赋值为 1、2、3、4 和 5。因此，n_factorial 的值为 $1 \times 2 \times 3 \times 4 \times 5 = 120$。

◀

▶ **示例 5.3 计算一年中第几天**

一年中第几天是自特定年份开始以来已经过去的天数（包括当天）。普通年份的范围是 1 到 365，闰年是 1 到 366。编写 MATLAB 程序，输入日、月和年，并计算与该日期对应的一年中第几天。

**答案**

要确定一年中第几天，该程序需要统计当前月份之前每月的天数，再加上当月已过去的天数。此求和用 for 循环实现。另外，由于每个月的天数不同，因此需要确定每个月要添加的正确天数。此过程用 switch 结构实现。

在闰年期间，由于二月多了 29 日这一天，所以计算二月后任何一天是第几天时都需要额外增加一天。因此，要正确计算某一年的第几天，必须确定哪些年份是闰年。在公历中，闰年是由以下规则决定的：

（1）能被 400 整除的年份是闰年。
（2）能被 100 整除，但不能被 400 整除的年份不是闰年。
（3）能被 4 整除，但不能被 100 整除的年份是闰年。
（4）其他所有年份都不是闰年。

程序中将使用函数 mod（取模）确定一个年份是否可以被给定的数字整除。函数 mod 返回相除后的余数。例如，9/4 的余数是 1，是因为 9 减去两次 4 后还剩下 1。如果函数 mod(year, 4) 的结果为零，那么此年份可以被 4 整除。类似地，如果函数 mod(year, 400) 的结果为零，那么此年份可以被 400 整除。

计算一年中第几天的程序如下所示。注意，程序用 switch 结构来确定每个月的天数，

并统计了当前月之前每个月的天数之和。

```
%   Script file: doy.m
%
%   Purpose:
%     This program calculates the day of year corresponding
%     to a specified date. It illustrates the use of switch and
%     for constructs.
%
%   Record of revisions:
%       Date          Programmer          Description of change
%       ====          ==========          =====================
%     01/27/14        S. J. Chapman       Original code
%
% Define variables:
%     day           -- Day (dd)
%     day_of_year   -- Day of year
%     ii            -- Loop index
%     leap_day      -- Extra day for leap year
%     month         -- Month (mm)
%     year          -- Year (yyyy)

% Get day, month, and year to convert
disp('This program calculates the day of year given the');
disp('specified date.');
month = input('Enter specified month (1-12):');
day   = input('Enter specified day(1-31):   ');
year  = input('Enter specified year(yyyy):  ');

% Check for leap year, and add extra day if necessary
if mod(year,400) == 0
   leap_day = 1;       % Years divisible by 400 are leap years
elseif mod(year,100) == 0
   leap_day = 0;       % Other centuries are not leap years
elseif mod(year,4) == 0
   leap_day = 1;       % Otherwise every 4th year is a leap year
else
   leap_day = 0;       % Other years are not leap years
end

% Calculate day of year by adding current day to the
% days in previous months.
day_of_year = day;
for ii = 1:month-1

   % Add days in months from January to last month
   switch (ii)
   case {1,3,5,7,8,10,12},
      day_of_year = day_of_year + 31;
   case {4,6,9,11},
      day_of_year = day_of_year + 30;
   case 2,
      day_of_year = day_of_year + 28 + leap_day;
   end

end

% Tell user
fprintf('The date %2d/%2d/%4d is day of year %d.\n', ...
        month, day, year, day_of_year);
```

我们将使用以下已知结果来测试程序：

1. 1999 年不是闰年。1 月 1 日是第 1 天，12 月 31 日是第 365 天。

2. 2000 年是闰年。1 月 1 日是第 1 天，12 月 31 日是第 366 天。

3. 2001 年不是闰年。3 月 1 日是第 60 天，因为 1 月份有 31 天，2 月有 28 天，这是 3 月的第 1 天。

针对上述给出的测试，执行程序五次，结果如下

```
» doy
This program calculates the day of year given the
specified date.
Enter specified month (1-12): 1
Enter specified day(1-31):    1
Enter specified year(yyyy):   1999
The date  1/ 1/1999 is day of year 1.
» doy
This program calculates the day of year given the
specified date.
Enter specified month (1-12): 12
Enter specified day(1-31):    31
Enter specified year(yyyy):   1999
The date 12/31/1999 is day of year 365.
» doy
This program calculates the day of year given the
specified date.
Enter specified month (1-12): 1
Enter specified day(1-31):    1
Enter specified year(yyyy):   2000
The date  1/ 1/2000 is day of year 1.
» doy
This program calculates the day of year given the
specified date.
Enter specified month (1-12): 12
Enter specified day(1-31):    31
Enter specified year(yyyy):   2000
The date 12/31/2000 is day of year 366.
» doy
This program calculates the day of year given the
specified date.
Enter specified month (1-12): 3
Enter specified day(1-31):    1
Enter specified year(yyyy):   2001
The date  3/ 1/2001 is day of year 60.
```

五次测试结果显示，程序均正常执行并达到预期效果。

◀

▶ **示例 5.4　统计分析**

编写 MATLAB 程序，实现读取输入的一组测量值，其值可为正、负或零，并计算输入数据的平均值和标准偏差。

**答案**

该程序可以读取任意数量的测量值，并计算这些测量的平均值和标准偏差。其中，每个测量值可以是正、负或零。

由于本次无法使用数据值作为标志，所以将要求用户输入数据值的个数，然后使用 **for** 循环来读取这些值。此时程序修改如下所示。为进一步验证程序，计算 5 个输入值的平均值

和标准偏差：3、-1、0、1和-2。

```
%   Script file: stats_3.m
%
%   Purpose:
%     To calculate mean and the standard deviation of
%     an input data set, where each input value can be
%     positive, negative, or zero.
%
%   Record of revisions:
%       Date        Programmer        Description of change
%       ====        ==========        =====================
%     01/27/14     S. J. Chapman       Original code
%
% Define variables:
%    ii       -- Loop index
%    n        -- The number of input samples
%    std_dev  -- The standard deviation of the input samples
%    sum_x    -- The sum of the input values
%    sum_x2   -- The sum of the squares of the input values
%    x        -- An input data value
%    xbar     -- The average of the input samples

% Initialize sums.
sum_x = 0; sum_x2 = 0;

% Get the number of points to input.
n = input('Enter number of points:');

% Check to see if we have enough input data.
if n < 2   % Insufficient data

   disp ('At least 2 values must be entered.');

else % we will have enough data, so let's get it.
   % Loop to read input values.
   for ii = 1:n

      % Read in next value
      x = input('Enter value: ');
      % Accumulate sums.
      sum_x  = sum_x + x;
      sum_x2 = sum_x2 + x^2;

   end

   % Now calculate statistics.
   x_bar = sum_x / n;
   std_dev = sqrt((n * sum_x2 - sum_x^2) / (n * (n-1)));

   % Tell user.
   fprintf('The mean of this data set is: %f\n', x_bar);
   fprintf('The standard deviation is:    %f\n', std_dev);
   fprintf('The number of data points is: %f\n', n);

end
```

◀

### 5.2.1 操作细节

通过上述示例，对 `for` 循环已经有了一定了解，下面将介绍使用 `for` 循环时需要注意的一些重要细节。

（1）**缩进循环体**。前面已经展示了 for 循环的示例，其中循环体并非必须缩进的。即使所有语句都是顶格开始的，MATLAB 也能自动识别循环。但是，缩进 for 循环的循环体，可以提高代码的可读性，因此应该在编程时缩进循环体。

---

**良好编程习惯**

始终将 for 循环的循环体缩进 3 个或更多空格，以提高代码的可读性。

---

（2）**禁止修改循环体内的循环索引**。在循环体任何位置的循环索引都不应被修改。索引变量通常用作循环中的计数器，修改其值可能会导致无法预料且难以发现的错误。下面所示的示例旨在初始化数组的元素，但语句"ii = 5"意外地插入到循环体中。结果，只有 a(5) 被初始化，而原本应该将 a(1)、a(2) 等都初始化的。

```
for ii = 1:10
   ...
   ii = 5;     % Error!
   ...
   a(ii) = <calculation>
end
```

---

**良好编程习惯**

禁止修改循环体内的循环索引。

---

（3）**预分配数组**。在第 2 章中了解到，将值赋给数组的更高维元素，就可以扩展现有数组。例如，表达式

```
arr = 1:4;
```

定义了一个包含 4 元素的数组 [1  2  3  4]。如果执行表达式

```
arr(8) = 6;
```

那么数据就被扩展到 8 个元素，变成 [1  2  3  4  0  0  0  6]。不幸的是，在每次扩展数组时，MATLAB 都需要：（1）创建一个新数组，（2）将旧数组的内容复制到新的较长的数组，（3）将新的值添加到新数组，（4）删除旧数组。此过程对于长数组来说非常耗时。

当 for 循环在未预先定义的数组中存储值时，循环将在每次执行循环时强制 MATLAB 执行上述过程。相反，如果在循环开始之前，预分配好数组的大小，则不需要重复上述过程，代码执行得更快。下列代码片段显示如何预先分配数组。

```
square = zeros(1,100);
for ii = 1:100
   square(ii) = ii^2;
end
```

---

**良好编程习惯**

在执行循环之前，始终预先分配循环中使用的所有数组。此操作将极大提高循环的执行速度。

## 5.2.2 向量化：更快的循环选择

许多循环用于对数组元素进行相同的计算。例如，以下代码片段使用 for 循环计算 1 到 100 之间的所有整数的平方、平方根和立方根。

```
for ii = 1:100
    square(ii) = ii^2;
    square_root(ii) = ii^(1/2);
    cube_root(ii) = ii^(1/3);
end
```

此时，循环执行 100 次，且在每次循环期间计算每个输出数组的一个值。

MATLAB 为上述类型的计算提供了更快的选择：**向量化**。MATLAB 可以在单个语句中执行数组所有元素的计算，而不是对数组执行 100 次。基于 MATLAB 的设计特点，执行完全相同的计算，单语句比循环要快得多。

例如，以下代码片段使用向量来执行与上述循环相同的计算。首先将索引向量赋值给数组，然后在单个语句中对数组执行一次计算，即完成了所有 100 个元素的计算。

```
ii = 1:100;
square = ii.^2;
square_root = ii.^(1/2);
cube_root = ii.^(1/3);
```

尽管这两个计算得到相同的答案，但它们并不等价。带有 for 循环的版本比向量化版本慢 15 倍以上！原因在于，for 循环中的语句在每次循环时都由 MATLAB 解释[1]和执行。实际上，MATLAB 需要解释和执行 300 行代码。与此相反，向量化版本中 MATLAB 只解释和执行 4 行代码。由于 MATLAB 的特点就是能够有效地实现向量化语句，因此在该模式下更快。

在 MATLAB 中，利用向量化语句替换循环的过程称为向量化。向量化可以显著改善许多 MATLAB 程序的性能。

---

**良好编程习惯**

如果在执行过程中，既可以用 for 循环，也可以用向量化，那么请用向量化实现，以提高运行速度。

---

## 5.2.3 MATLAB 即时编译器

在 MATLAB 6.5 及更高版本中，添加了一个即时（just-in-time，JIT）编译器。在执行 MATLAB 代码之前，JIT 编译器先进行检查，并在可能的情况下编译代码。由于 MATLAB 代码进行了编译而不是被解释，其运行速度几乎与向量化代码一样快，因此 JIT 编译器可以极大地加快 for 循环的执行速度。

JIT 编译器是个很好用的工具，因为它可以加速循环而不需要工程师的任何其他操作。但是，JIT 编译器也有一些限制，阻碍了它加速所有循环。JIT 编译器的限制因 MATLAB 版本而异，更高版本限制较少[2]。

---

[1] 参考下一小节 MATLAB 即时编译器。
[2] Mathworks 公司拒绝发布 JIT 编译器的工作情况和不工作情况列表，并解释说它很复杂，在不同 MATLAB 版本之间有所不同。建议你编写自己的循环，并测试其运行的快慢！好消息是，JIT 编译器在越来越多的情况下都可以正常工作，但是你永远都不会知道……

**良好编程习惯**

不依靠 JIT 编译器加速代码执行。其局限性随 MATLAB 版本不同而不同，而且工程师通常可以通过手动向量化来更好地编程。

▶ **示例 5.5    比较循环和向量化**

要比较循环和向量的执行速度，请执行并计时以下三组计算。

1. 在不进行数组初始化的情况下，用 `for` 循环计算从 1 到 10 000 的每个整数的平方。
2. 在使用函数 `zeros` 对数组初始化后，用 `for` 循环计算从 1 到 10 000 的每个整数的平方。（此时 JIT 编译器可以运行。）
3. 用向量化计算从 1 到 10 000 的每个整数的平方。

**答案**

该程序使用上述三种方法计算从 1 到 10 000 的每个整数的平方，并统计每种方法的执行时间。MATLAB 函数 `tic` 和 `toc` 能够完成计时统计。其中函数 `tic` 重置内置已用时间计数器，函数 `toc` 返回自上次调用函数 `tic` 以来经过的时间（以秒为单位）。

在许多计算机中，实时时钟精度较粗糙，需要多次执行每组指令以获得有效的平均时间。

比较三种方法执行速度的 MATLAB 程序如下：

```
%   Script file: timings.m
%
%   Purpose:
%     This program calculates the time required to
%     calculate the squares of all integers from 1 to
%     10,000 in three different ways:
%     1.  Using a for loop with an uninitialized output
%         array.
%     2.  Using a for loop with a preallocated output
%         array and the JIT compiler.
%     3.  Using vectors.
%
%   Record of revisions:
%       Date        Programmer      Description of change
%       ====        ==========      =====================
%     01/29/14     S. J. Chapman    Original code
%
%   Define variables:
%     ii, jj       -- Loop index
%     average1     -- Average time for calculation 1
%     average2     -- Average time for calculation 2
%     average3     -- Average time for calculation 3
%     maxcount     -- Number of times to loop calculation
%     square       -- Array of squares

% Perform calculation with an uninitialized array
% "square".  This calculation is done only 10 times
% because it is so slow.
maxcount = 10;                  % Number of repetitions
tic;                            % Start timer
for jj = 1:maxcount
   clear square                 % Clear output array
   for ii = 1:10000
```

```
            square(ii) = ii^2;    % Calculate square
         end
      end
      average1 = (toc)/maxcount;  % Calculate average time
      % Perform calculation with a preallocated array
      % "square". This calculation is averaged over 1000
      % loops.
      maxcount = 1000;            % Number of repetitions
      tic;                        % Start timer
      for jj = 1:maxcount
         clear square             % Clear output array
         square = zeros(1,10000); % Pre-initialize array
         for ii = 1:10000
            square(ii) = ii^2;    % Calculate square
         end
      end
      average2 = (toc)/maxcount;  % Calculate average time
      % Perform calculation with vectors. This calculation
      % averaged over 1000 executions.
      maxcount = 1000;            % Number of repetitions
      tic;                        % Start timer
      for jj = 1:maxcount
         clear square             % Clear output array
         ii = 1:10000;            % Set up vector
         square = ii.^2;          % Calculate square
      end
      average3 = (toc)/maxcount;  % Calculate average time

      % Display results
      fprintf('Loop / uninitialized array       = %8.5f\n', average1);
      fprintf('Loop / initialized array / JIT   = %8.5f\n', average2);
      fprintf('Vectorized                       = %8.5f\n', average3);
```

此程序用 matlab 2014b 执行的结果是：

```
» timings
Loop / uninitialized array        =  0.00275
Loop / initialized array / JIT    =  0.00012
Vectorized                        =  0.00003
```

与使用 JIT 编译器或向量化循环的执行速度相比，未初始化数组的循环非常慢。向量化是执行计算的最快方法，但是如果 JIT 编译器适用于此循环，则可以获得大部分加速，而无需执行任何操作！可以看到，设计循环以允许 JIT 编译器使用或利用向量化来计算，会使 MATLAB 代码的执行速度出现令人难以置信的差异。

◂

代码分析器可以帮助识别未初始化的数组，找到 MATLAB 程序执行缓慢的原因。例如，在程序 timings.m 上运行代码分析器，则代码分析器将标识未初始化的数组并给出警告消息（见图 5.1）。

### 5.2.4 break 语句和 continue 语句

break 语句和 continue 语句可用于控制 while 循环和 for 循环操作。break 语句终止所有循环执行，并在 end 语句之后继续执行；continue 语句终止循环中的当次执行，并返回循环的顶部。

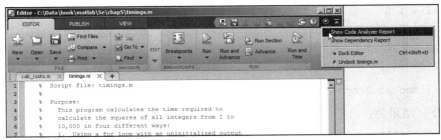

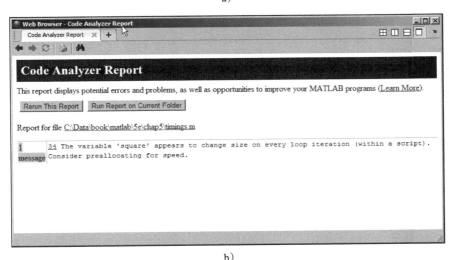

图 5.1 代码分析器能够识别一些可能降低 MATLAB 循环执行速度的问题：a) 在程序 `timings.m` 上运行代码分析器；b) 代码分析器报告标识程序中未初始化的数组

如果在循环体中执行了 `break` 语句，则该循环体的执行将停止，并转到 `end` 语句后的第一个可执行语句。`for` 循环中的 `break` 语句示例如下。

```
for ii = 1:5
   if ii == 3
      break;
   end
   fprintf('ii = %d\n',ii);
end
disp(['End of loop!']);
```

执行此程序，结果为：

```
» test_break
ii = 1
ii = 2
End of loop!
```

注意，当 `ii` 为 3 时，在循环体中执行 `break` 语句，并转到 `end` 语句后的第一个可执行语句，而不是执行 `fprintf` 语句。

如果在循环体中执行了 `continue` 语句，则该循环体的当前执行将停止，并返回循环的顶部。`for` 循环中的控制变量将接受下一个值，循环将再次被执行。`for` 循环中的 `continue` 语句示例如下。

```
for ii = 1:5
   if ii == 3
      continue;
   end
   fprintf('ii = %d\n',ii);
end
disp(['End of loop!']);
```

执行此程序，结果为：

```
» test_continue
ii = 1
ii = 2
ii = 4
ii = 5
End of loop!
```

注意，当 ii 为 3 时，在循环体中执行 continue 语句，并返回循环的顶部，而不是执行 fprintf 语句。

break 语句和 continue 语句都可以用于 while 循环和 for 循环。

### 5.2.5 嵌套循环

如果一个循环完全位于另一个循环内，则这两个循环称为**嵌套循环**。下面为两个嵌套 for 循环的示例，用于计算和显示两个整数的乘积。

```
for ii = 1:3
   for jj = 1:3
      product = ii * jj;
      fprintf('%d * %d = %d\n',ii,jj,product);
   end
end
```

在本示例中，外部 for 循环先为索引变量 ii 赋值 1，然后内部 for 循环开始执行。内部循环执行 3 次，索引变量 jj 依次赋值 1、2 和 3。当整个内部循环完成后，外部 for 循环将为索引变量 ii 赋值 2，内部 for 循环将再次执行。该过程重复，直到外部 for 循环执行 3 次，且得到的输出为

```
1 * 1 = 1
1 * 2 = 2
1 * 3 = 3
2 * 1 = 2
2 * 2 = 4
2 * 3 = 6
3 * 1 = 3
3 * 2 = 6
3 * 3 = 9
```

注意，在外部 for 循环的索引变量递增之前，内部 for 循环执行完毕。

当 MATLAB 遇到 end 语句时，它将该语句与最内层当前打开的结构相关联。因此，上面的第一个 end 语将关闭 "for jj = 1:3" 循环，第二个 end 语句关闭 "for ii = 1:3" 循环。如果在嵌套循环结构中意外删除某个 end 语句，可能会产生难以发现的错误。

如果 for 循环是嵌套的，则应该有独立的循环索引变量。如果具有相同的索引变量，那么内部循环将改变外部循环所设置的循环索引的值。

如果在一组嵌套循环中出现 break 语句或 continue 语句，则该语句只对包含它的最

内层循环起作用。例如，考虑以下程序：

```
for ii = 1:3
   for jj = 1:3
      if jj == 3
         break;
      end
      product = ii * jj;
      fprintf('%d * %d = %d\n',ii,jj,product);
   end
   fprintf('End of inner loop\n');
end
fprintf('End of outer loop\n');
```

如果内循环计数器 jj 等于 3，则执行 break 语句。此时，程序退出最内圈，并显示"End of inner loop"，外循环的索引将增加 1，内循环将重新开始执行。最终执行结果为

```
1 * 1 = 1
1 * 2 = 2
End of inner loop
2 * 1 = 2
2 * 2 = 4
End of inner loop
3 * 1 = 3
3 * 2 = 6
End of inner loop
End of outer loop
```

## 5.3 逻辑数组和向量化

在第 4 章中介绍了逻辑数据。逻辑数据有两个值：true(1) 或 false(0)。创建的逻辑数据标量和数组可作为关系运算和逻辑运算的输出。

例如，考虑下列表达式

```
a = [1 2 3; 4 5 6; 7 8 9];
b = a > 5;
```

上述表达式生成数组 a 和 b。a 是双精度数组，其值为 $\begin{bmatrix} 1 & 2 & 3 \\ 4 & 5 & 6 \\ 7 & 8 & 9 \end{bmatrix}$；b 是逻辑数组，其值为 $\begin{bmatrix} 0 & 0 & 0 \\ 0 & 0 & 1 \\ 1 & 1 & 1 \end{bmatrix}$。执行 whos 命令，结果如下。

```
» whos
  Name      Size         Bytes      Class
  a         3x3             72      double array
  b         3x3              9      logical array
Grand total is 18 elements using 81 bytes
```

逻辑数组有一个非常重要的属性——作为算术运算的**掩码**（mask）。掩码可用于选择另一个数组的元素。这些选定的元素将执行后续指定的操作，而其余元素不会。

例如，假设数组 a 和 b 如上所定义，则语句 a(b) = sqrt(a(b)) 表示逻辑数组 b 为 true 的位置对应于 a 的元素求平方根，且再赋值给 a，而 a 中的其他元素保持不变。

```
» a(b) = sqrt(a(b))
a =
    1.0000    2.0000    3.0000
    4.0000    5.0000    2.4495
    2.6458    2.8284    3.0000
```

这是在不需要循环和分支的情况下，对数组的子集执行操作的快速而简洁的方法。

以下两个代码片段都取数值大于 5 的数组 a 中的所有元素的平方根，但是向量化方法比循环方法更紧凑、优雅和快速。

```
for ii = 1:size(a,1)
   for jj = 1:size(a,2)
      if a(ii,jj) > 5
         a(ii,jj) = sqrt(a(ii,jj));
      end
   end
end
b = a > 5;
a(b) = sqrt(a(b));
```

### 使用逻辑数组创建 if/else 结构的等效操作

针对 for 循环中的 if/else 结构，也可用逻辑数组创建等效操作。正如在上一节中看到的，逻辑数组可作为掩码应用于选择数组的元素。另外，也可以将逻辑非运算符（~）添加到掩码中，对前面未选定的数据元素应用不同操作。例如，假设想要得到二维数组中值大于 5 的元素的平方根，同时得到其他元素的平方。此操作用循环和分支结构实现的代码是

```
for ii = 1:size(a,1)
   for jj = 1:size(a,2)
      if a(ii,jj) > 5
         a(ii,jj) = sqrt(a(ii,jj));
      else
         a(ii,jj) = a(ii,jj)^2;
      end
   end
end
```

向量化代码实现如下

```
b = a > 5;
a(b) = sqrt(a(b));
a(~b) = a(~b).^2;
```

向量化版本的代码明显比循环分支版本的代码执行速度更快些。

## 测验 5.1

本测验为你提供了一个快速测试，看看你是否已经理解 5.1 节到 5.3 节中介绍的概念。如果你在测验中遇到问题，请重新阅读正文、请教教师或与同学一起讨论。测验的答案见书后。

检查以下 for 循环，并确定每个循环将执行多少次。

1. `for index = 7:10`

2. `for jj = 7:-1:10`

3. `for index = 1:10:10`

4. `for ii = -10:3:-7`

5. `for kk = [0 5 ; 3 3]`

检查以下循环，并确定每个循环结束时 `ires` 的值。

6. ```
ires = 0;
   for index = 1:10
      ires = ires + 1;
   end
```

7. ```
ires = 0;
for index = 1:10
   ires = ires + index;
end
```

8. ```
ires = 0;
for index1 = 1:10
   for index2 = index1:10
      if index2 == 6
         break;
      end
      ires = ires + 1;
   end
end
```

9. ```
ires = 0;
for index1 = 1:10
   for index2 = index1:10
      if index2 == 6
         continue;
      end
      ires = ires + 1;
   end
end
```

10. 编写 MATLAB 语句计算函数的值

$$f(t) = \begin{cases} \sin t & \text{满足 } \sin t > 0 \text{ 的所有 } t \\ 0 & \text{其他} \end{cases}$$

其中 $-6\pi \leqslant t \leqslant 6\pi$，间隔 $\pi/10$。执行两次，一次用循环和分支结构，另一次用向量化代码。

## 5.4 MATLAB 探查器

MATLAB 包括一个探查器，可用于识别消耗最多执行时间的程序部分。探查器可以识别那些"热点"，优化其中的代码将导致速度快速提升。

在 HOME（主页）选项卡的 CODE（代码）部分，选择 Run and Time（运行和计时）（ ![Run and Time] ），打开 MATLAB 探查器。输入需要探查的程序名称，点击 Start Profiling（启动探查）按钮<sup>⊖</sup>（见图 5.2）。

a)

图 5.2　a）使用 MATLAB 桌面上的 Desktop/Profiler 菜单选项打开 MATLAB 探查器；b）在探查器的输入框键入要执行的程序名，并点击启动探查按钮

---

⊖ EDITOR（编辑器）选项卡上也有一个 Run and Time（运行和计时）工具。单击该工具会自动探查当前显示的 M 文件。

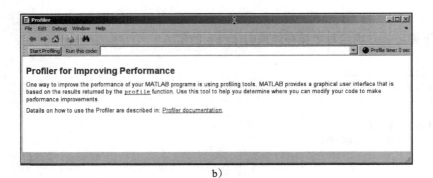

b)

图 5.2 （续）

在探查器运行之后，显示的报告文件给出了所探查程序花费的时间（见图 5.3a）。单击程序名将显示更详细的信息，包括执行程序时每行的花费时间（见图 5.3b）。通过这些信息，工程师可以识别代码执行缓慢的部分，并通过向量化及类似的技术加快速度。例如，探查将突出显示无法由 JIT 编译器处理的运行缓慢的循环。

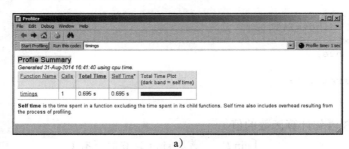

a)

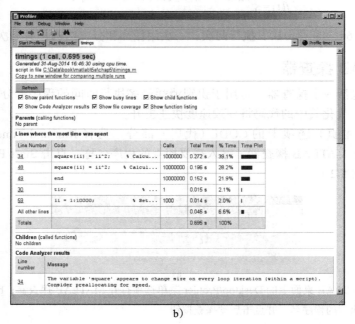

b)

图 5.3　a) 在 HOME（主页）选项卡的 CODE（代码）部分，选择 Run and Time（运行和计时），打开 MATLAB 探查器；b) 在探查器的输入框键入要执行的程序名，并点击启动探查按钮

通常情况下，在程序可以正常运行时，才使用探查器。**对不能正常执行的程序使用探查器剖析是在浪费时间。**

---

**良好编程习惯**

使用 MATLAB 探查器识别消耗最多 CPU 时间的程序部分，并优化它们来加快程序的整体执行速度。

---

## 5.5 其他示例

▶ **示例 5.6 一组含噪声测量值的直线拟合**

在存在恒定重力场的情况下，坠落物体的速度由等式给出

$$V(t) = at + v_0 \tag{5.4}$$

其中 $v(t)$ 是 $t$ 时刻的速度，$a$ 是重力加速度，$v_0$ 是初始速度。此方程来自初等物理学——每个新生都学过。如果绘制下降物体的速度与时间的关系图，那么 $(v, t)$ 测量点应该在一条直线上。然而，同样根据初等物理学，我们知道真实实验测量的速度与时间，其值并**不在一条直线上**。它们也许很接近，但永远不可能排成一条线。为什么会这样？这是由于永远无法做到完美测量，测量总包含一些噪声，使其发生变化。

在科学和工程中有很多这样的例子，包含了一组含噪声的数据，希望能估计出"最优拟合"数据的直线。此问题称为线性回归问题。给定一组看似直线的含噪声测量 $(x, y)$，如何找到直线方程

$$y = mx + b \tag{5.5}$$

来"最优拟合"数据？如果能够确定回归系数 $m$ 和 $b$，则可以使用式（5.5）估计给定 $x$ 时的 $y$ 的值。

用于求回归系数 $m$ 和 $b$ 的标准方法是最小二乘法。之所以称为"最小二乘法"，是因为求解过程中要求测量值 $y$ 和预测值 $y$ 的差值的平方和尽可能小。最小二乘法得到直线斜率为

$$m = \frac{(\sum xy) - (\sum x)\overline{y}}{(\sum x^2) - (\sum x)\overline{x}} \tag{5.6}$$

直线截距为

$$b = \overline{y} - m\overline{x} \tag{5.7}$$

其中

$\Sigma x$ 是 $x$ 的和
$\Sigma x^2$ 是 $x$ 的平方和
$\Sigma xy$ 是对应 $x$ 和 $y$ 乘积的和
$\overline{x}$ 是 $x$ 的平均值
$\overline{y}$ 是 $y$ 的平均值

编写 MATLAB 程序，计算给定一组含噪声的测量数据点 $(x, y)$ 的最小二乘法斜率 $m$ 和 $y$ 轴截距 $b$。从键盘输入测量数据点，并绘制数据点和所得到的最优拟合直线。

**答案**

**1. 陈述问题**

计算输入数据集的最小二乘拟合直线的斜率 $m$ 和截距 $b$。从键盘读取输入数据点 $(x, y)$，并在单个图上绘制输入数据点和拟合线。

**2. 定义输入和输出**

该程序输入的是数据点的个数和所有数据点 $(x, y)$，输出的是最优拟合直线的斜率、截距、数据点个数以及绘制的数据点和拟合直线。

**3. 设计算法**

此程序被分解为六个主要步骤

```
Get the number of input data points
Read the input statistics
Calculate the required statistics
Calculate the slope and intercept
Write out the slope and intercept
Plot the input points and the fitted line
```

程序的第一个主要步骤是获取要读取的点数。为此，提示用户输入并使用函数 `input` 读取。接下来，在 `for` 循环中使用函数 `input` 依次读取数据点 $(x, y)$。然后，将输入值存储在数组（[x y]）中，并返回给调用程序。注意，这里使用 `for` 循环是合适的，因为预先知道循环的次数。

上述步骤的伪代码如下

```
Print message describing purpose of the program
n_points ← input('Enter number of [x y] pairs:');
for ii = 1:n_points
   temp ← input('Enter [x y] pair:');
   x(ii) ← temp(1)
   y(ii) ← temp(2)
end
```

接下来，计算统计信息，包括 $\Sigma x$、$\Sigma y$、$\Sigma x^2$ 和 $\Sigma xy$。伪代码如下：

```
Clear the variables sum_x, sum_y, sum_x2, and sum_y2
for ii = 1:n_points
   sum_x ← sum_x + x(ii)
   sum_y ← sum_y + y(ii)
   sum_x2 ← sum_x2 + x(ii)^2
   sum_xy ← sum_xy + x(ii)*y(ii)
end
```

然后，计算最小二乘直线的斜率和截距。此步的伪代码就是式（5.6）和式（5.7）的 MATLAB 形式

```
x_bar ← sum_x / n_points
y_bar ← sum_y / n_points
slope ← (sum_xy-sum_x * y_bar)/(sum_x2 - sum_x * x_bar)
y_int ← y_bar - slope * x_bar
```

最后，显示并绘制结果。其中，输入数据点用圆形标记绘制且无连接线，拟合直线用 2 像素宽的实线绘制。为此，首先绘制数据点，设置 `hold on`，然后绘制拟合直线，设置 `hold off`，并为绘图添加标题和图例，以获得完整性。

**4. 将算法转换成 MATLAB 语句**

最终的 MATLAB 程序如下：

```
%
%  Purpose:
%    To perform a least-squares fit of an input data set
%    to a straight line and print out the resulting slope
%    and intercept values. The input data for this fit
%    comes from a user-specified input data file.
%
%  Record of revisions:
%      Date          Programmer         Description of change
%      ====          ==========         =====================
%    01/30/14       S. J. Chapman       Original code
%
% Define variables:
%    ii            -- Loop index
%    n_points      -- Number in input [x y] points
%    slope         -- Slope of the line
%    sum_x         -- Sum of all input x values
%    sum_x2        -- Sum of all input x values squared
%    sum_xy        -- Sum of all input x*y values
%    sum_y         -- Sum of all input y values
%    temp          -- Variable to read user input
%    x             -- Array of x values
%    x_bar         -- Average x value
%    y             -- Array of y values
%    y_bar         -- Average y value
%    y_int         -- y-axis intercept of the line
disp('This program performs a least-squares fit of an');
disp('input data set to a straight line.');
n_points = input('Enter the number of input [x y] points:');

% Read the input data
for ii = 1:n_points
   temp = input('Enter [x y] pair:');
   x(ii) = temp(1);
   y(ii) = temp(2);
end

% Accumulate statistics
sum_x = 0;
sum_y = 0;
sum_x2 = 0;
sum_xy = 0;
for ii = 1:n_points
   sum_x  = sum_x + x(ii);
   sum_y  = sum_y + y(ii);
   sum_x2 = sum_x2 + x(ii)^2;
   sum_xy = sum_xy + x(ii) * y(ii);
end

% Now calculate the slope and intercept.
x_bar = sum_x / n_points;
y_bar = sum_y / n_points;
slope = (sum_xy - sum_x * y_bar) / (sum_x2 - sum_x * x_bar);
y_int = y_bar - slope * x_bar;

% Tell user.
disp('Regression coefficients for the least-squares line:');
fprintf('Slope (m)     = %8.3f\n', slope);
fprintf('Intercept (b) = %8.3f\n', y_int);
fprintf('No. of points = %8d\n', n_points);

% Plot the data points as blue circles with no
```

```
% connecting lines.
plot(x,y,'bo');
hold on;

% Create the fitted line
xmin = min(x);
xmax = max(x);
ymin = slope * xmin + y_int;
ymax = slope * xmax + y_int;

% Plot a solid red line with no markers
plot([xmin xmax],[ymin ymax],'r-','LineWidth',2);
hold off;

% Add a title and legend
title ('\bfLeast-Squares Fit');
xlabel('\bf\itx');
ylabel('\bf\ity');
legend('Input data','Fitted line');
grid on
```

### 5. 测试程序

使用一个简单的数据集来测试此程序。例如，所输入的数据集中每个点都在一条直线上，那么拟合直线的斜率和截距恰好就是该直线的斜率和截距。给定如下的数据集

[1.1 1.1]
[2.2 2.2]
[3.3 3.3]
[4.4 4.4]
[5.5 5.5]
[6.6 6.6]
[7.7 7.7]

应该得到斜率为 1.0，截距为 0。使用此数据集作为输入，则执行结果为：

```
» lsqfit
This program performs a least-squares fit of an
input data set to a straight line.
Enter the number of input [x y] points: 7
Enter [x y] pair: [1.1 1.1]
Enter [x y] pair: [2.2 2.2]
Enter [x y] pair: [3.3 3.3]
Enter [x y] pair: [4.4 4.4]
Enter [x y] pair: [5.5 5.5]
Enter [x y] pair: [6.6 6.6]
Enter [x y] pair: [7.7 7.7]
Regression coefficients for the least-squares line:
  Slope (m)       =      1.000
  Intercept (b)   =      0.000
  No. of points   =          7
```

现在给数据集加入噪声，即

[1.1 1.01]
[2.2 2.30]
[3.3 3.05]
[4.4 4.28]
[5.5 5.75]
[6.6 6.48]
[7.7 7.84]

使用这些含噪声的数据作为输入,则执行结果为

```
» lsqfit
This program performs a least-squares fit of an
input data set to a straight line.
Enter the number of input [x y] points: 7
Enter [x y] pair: [1.1 1.01]
Enter [x y] pair: [2.2 2.30]
Enter [x y] pair: [3.3 3.05]
Enter [x y] pair: [4.4 4.28]
Enter [x y] pair: [5.5 5.75]
Enter [x y] pair: [6.6 6.48]
Enter [x y] pair: [7.7 7.84]
Regression coefficients for the least-squares line:
  Slope (m)       =     1.024
  Intercept (b)   =    -0.120
  No. of points   =         7
```

通过手动计算上述两个测试集,容易得出程序执行的结果是正确的。输入的含噪声数据集和最小二乘拟合直线如图 5.4 所示。

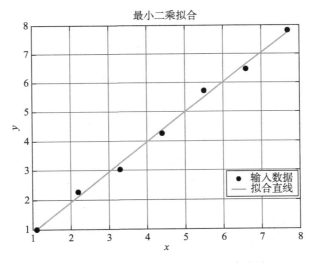

图 5.4 含噪声数据集的最小二乘拟合直线

上述示例使用了第 3 章中介绍的一些绘图功能。如,使用 hold 命令在同一组轴上绘制多个绘图,使用 LineWidth 属性设置最小二乘拟合直线的宽度,使用转义序列设置标题黑体和轴标签加粗斜体。

▶ **示例 5.7　物理学:球体飞行试验**

假设空气阻力和地球曲率可忽略,则从地球表面任一点抛向空中的球将遵循抛物线飞行路径(图 5.5a)。在抛出后任一时刻 $t$,球的高度由式(5.8)给出

$$y(t) = y_0 + v_{y0}t + \frac{1}{2}gt^2 \tag{5.8}$$

其中 $y_0$ 是球距地面的初始高度,$v_{y0}$ 是物体的初始垂直速度,$g$ 是地球重力加速度。球的水平位置由式(5.9)给出

$$x(t) = x_0 + v_{x0}t \tag{5.9}$$

其中 $x_0$ 是球的初始水平位置，$v_{x0}$ 是球的初始水平速度。

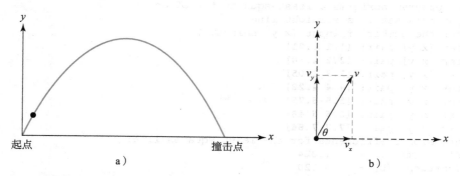

图 5.5　a）当球向上抛出时，遵循抛物线轨迹；b）水平夹角为 $\theta$ 的速度向量 $v$ 的水平分量和垂直分量

如果球被抛出时与地面的夹角为 $\theta$，初始速度为 $v_0$，则初始水平和垂直方向的速度分量为

$$v_{x0} = v_0 \cos\theta \tag{5.10}$$
$$v_{y0} = v_0 \sin\theta \tag{5.11}$$

假设球从位置 $(x_0, y_0) = (0, 0)$ 抛出，与地面的夹角为 $\theta$，初始速度 $v_0$ 为 20m/s。编写一个程序，绘制球的运行轨迹，并确定球再次接触地面时前进的水平距离。要求夹角 $\theta$ 以 10° 为步长绘制所有从 5° 到 85° 的球的轨迹，并计算夹角 $\theta$ 以 1° 为步长所有从 0° 到 90° 行驶的水平距离。最后，确定使球抛的最远的角度 $\theta$ 的值，并用不同颜色的粗线绘制此轨迹。

**答案**

为解决此问题，首先应确定球的落地时间。然后，利用式（5.8）到式（5.11）计算球的位置 $(x, y)$。如果计算出从抛出到落地之间多个时间点的位置，则可根据这些位置点绘制球的轨迹。

由于球的初始高度 $y(0) = 0$，且当球在 $t$ 时刻落地时，其垂直高度 $y(t) = 0$，所以球抛出后在空中的停留时间可由式（5.8）计算得到

$$y(t) = y_0 + v_{y0}t + \frac{1}{2}gt^2 \tag{5.8}$$

$$0 = 0 + v_{y0}t + \frac{1}{2}gt^2$$

$$0 = (v_{y0} + \frac{1}{2}gt)t$$

因此，球在地面的时刻为 $t_1 = 0$（抛出的时候），及

$$t_2 = -\frac{2v_{y0}}{g} \tag{5.12}$$

从问题的陈述中了解到，球抛出时的初始速度 $v_0$ 为 20m/s，且将以 1° 为步长在 0° 至 90° 内的所有角度抛出。最后，任一本基础物理教科书都有介绍，地球的重力加速度为 $-9.81\text{m/s}^2$。

现按照程序设计的一般原则解决此问题。

### 1. 陈述问题

针对此问题的恰当陈述：以初始速度 $v_0$ 为 20m/s，沿角度 $\theta$ 抛出球，计算球的落地范围。其中，$\theta$ 以 1° 为步长在 0° 和 90° 之间取值。请确定球的落地范围最大时抛出角度 $\theta$ 的值。另外，以 10° 为步长，绘制抛出角度 $\theta$ 在 5° 和 85° 之间的所有运行轨迹，并用不同颜色的粗线绘制落地范围最大的运行轨迹。

### 2. 定义输入和输出

此程序不需要输入值，因为从问题陈述中已经得知 $v_0$ 和 $\theta$ 的值。此程序输出的是不同角度 $\theta$ 和落地范围的对应表、最大落地范围的对应角度 $\theta$、以及指定轨迹的绘图。

### 3. 设计算法

此任务被分解为下列的主要步骤：

```
Calculate the range of the ball for θ between 0 and 90°
Write a table of ranges
Determine the maximum range and write it out
Plot the trajectories for θ between 5 and 85°
Plot the maximum-range trajectory
```

由于预先知道循环的次数，所以使用 for 循环是合适的。下面将对伪代码的每个主要步骤进行细化。

对于每个角度，为计算球的最大落地范围，首先根据式（5.10）和（5.11）计算初始水平速度和垂直速度。然后根据式（5.12）计算落地时间。最后根据式（5.8）计算此时的落地范围。此过程的详细伪代码如下所示。注意，在使用三角函数前请将所有角度转换成弧度。

```
Create and initialize an array to hold ranges
for ii = 1:91
    theta ← ii - 1
    vxo ← vo * cos(theta*conv)
    vyo ← vo * sin(theta*conv)
    max_time ← -2 * vyo / g
    range(ii) ← vxo * max_time
end
```

接下来，编写一张落地范围表，此步的伪代码如下

```
Write heading
for ii = 1:91
    theta ← ii - 1
    print theta and range
end
```

使用函数 max 求得最大落地范围。回顾一下，此函数可以返回最大值及其位置两个值。此步的伪代码如下

```
[maxrange index] ← max(range)
Print out maximum range and angle (=index-1)
```

然后，使用嵌套的 for 循环来计算和绘制轨迹。为使所有绘图出现在一起，需先绘制完第一条轨迹，设置 hold on，再继续绘制其他轨迹，并在所有轨迹绘制完成后，设置 hold off。针对每条轨迹，将其划分为 21 个时间点，计算出每个时间点对应的 $x$ 和 $y$ 的位置。根据这些位置 $(x, y)$，分别绘制每条轨迹。此步的伪代码如下

```
for ii = 5:10:85
    % Get velocities and max time for this angle
```

```
        theta ← ii - 1
        vxo ← vo * cos(theta*conv)
        vyo ← vo * sin(theta*conv)
        max_time ← -2 * vyo / g

        Initialize x and y arrays
        for jj = 1:21
            time ← (jj-1) * max_time/20
            x(time) ← vxo * time
            y(time) ← vyo * time + 0.5 * g * time^2
        end
        plot(x,y) with thin green lines
        Set "hold on" after first plot
end
Add titles and axis labels
```

最后，用不同颜色的粗线绘制最大落地轨迹。

```
vxo ← vo * cos(max_angle*conv)
vyo ← vo * sin(max_angle*conv)
max_time ← -2 * vyo / g

Initialize x and y arrays
for jj = 1:21
    time ← (jj-1) * max_time/20
    x(jj) ← vxo * time
    y(jj) ← vyo * time + 0.5 * g * time^2
end
plot(x,y) with a thick red line
hold off
```

### 4. 将算法转换成 MATLAB 语句

最终的 MATLAB 程序如下：

```matlab
%   Script file: ball.m
%
%   Purpose:
%     This program calculates the distance traveled by a ball
%     thrown at a specified angle "theta" and a specified
%     velocity "vo" from a point on the surface of the Earth,
%     ignoring air friction and the Earth's curvature. It
%     calculates the angle yielding maximum range and also
%     plots selected trajectories.
%
%   Record of revisions:
%       Date          Programmer         Description of change
%       ====          ==========         =====================
%     01/30/14       S. J. Chapman       Original code
%
% Define variables:
%   conv         -- Degrees-to-radians conv factor
%   g            -- Accel. due to gravity (m/s^2)
%   ii, jj       -- Loop index
%   index        -- Location of maximum range in array
%   maxangle     -- Angle that gives maximum range (deg)
%   maxrange     -- Maximum range (m)
%   range        -- Range for a particular angle (m)
%   time         -- Time (s)
%   theta        -- Initial angle (deg)
%   traj_time    -- Total trajectory time (s)
%   vo           -- Initial velocity (m/s)
%   vxo          -- X-component of initial velocity (m/s)
```

```
%      vyo            -- Y-component of initial velocity (m/s)
%      x              -- X-position of ball (m)
%      y              -- Y-position of ball (m)

% Constants
conv = pi / 180;     % Degrees-to-radians conversion factor
g = -9.81;           % Accel. due to gravity
vo = 20;             % Initial velocity

%Create an array to hold ranges
range = zeros(1,91);

% Calculate maximum ranges
for ii = 1:91
   theta = ii -1;
   vxo = vo * cos(theta*conv);
   vyo = vo * sin(theta*conv);
   max_time = -2 * vyo / g;
   range(ii) = vxo * max_time;
end

% Write out table of ranges
fprintf ('Range versus angle theta:\n');
for ii = 1:91
   theta = ii -1;
   fprintf(' %2d     %8.4f\n',theta, range(ii));
end

% Calculate the maximum range and angle
[maxrange index] = max(range);
maxangle = index - 1;
fprintf ('\nMax range is %8.4f at %2d degrees.\n',...
         maxrange, maxangle);
% Now plot the trajectories
for ii = 5:10:85

   % Get velocities and max time for this angle
   theta = ii;
   vxo = vo * cos(theta*conv);
   vyo = vo * sin(theta*conv);
   max_time = -2 * vyo / g;

   % Calculate the (x,y) positions
   x = zeros(1,21);
   y = zeros(1,21);
   for jj = 1:21
      time = (jj-1) * max_time/20;
      x(jj) = vxo * time;
      y(jj) = vyo * time + 0.5 * g * time^2;
   end
   plot(x,y,'b');
   if ii == 5
      hold on;
   end
end

% Add titles and axis labels
title ('\bfTrajectory of Ball vs Initial Angle \theta');
xlabel ('\bf\itx \rm\bf(meters)');
ylabel ('\bf\ity \rm\bf(meters)');
axis ([0 45 0 25]);
```

```
grid on;
% Now plot the max range trajectory
vxo = vo * cos(maxangle*conv);
vyo = vo * sin(maxangle*conv);
max_time = -2 * vyo / g;

% Calculate the (x,y) positions
x = zeros(1,21);
y = zeros(1,21);
for jj = 1:21
   time = (jj-1) * max_time/20;
   x(jj) = vxo * time;
   y(jj) = vyo * time + 0.5 * g * time^2;
end
plot(x,y,'r','LineWidth',3.0);
hold off
```

物理课本已经介绍过,海平面测得的重力加速度为 $9.81 \text{m/s}^2$,方向向下。

### 5. 测试程序

为测试此程序,手动计算几个角度的答案,并将其与程序输出进行比较。

| $\theta$ | $v_{x0} = v_0 \cos\theta$ | $v_{y0} = v_0 \sin\theta$ | $t_2 = -\dfrac{2v_{y0}}{g}$ | $x = v_{x0}t_2$ |
|---|---|---|---|---|
| 0° | 20m/s | 0m/s | 0s | 0m |
| 5° | 19.92m/s | 1.74m/s | 0.355s | 7.08m |
| 40° | 15.32m/s | 12.86m/s | 2.621s | 40.15m |
| 45° | 14.14m/s | 14.14m/s | 2.883s | 40.77m |

当执行程序 `ball` 时,生成一个 91 行的角度和范围表。为节省空间,只在列出部分结果。

```
» ball
Range versus angle theta:
    0       0.0000
    1       1.4230
    2       2.8443
    3       4.2621
    4       5.6747
    5       7.0805
  ...
   40      40.1553
   41      40.3779
   42      40.5514
   43      40.6754
   44      40.7499
   45      40.7747
   46      40.7499
   47      40.6754
   48      40.5514
   49      40.3779
   50      40.1553
  ...
   85       7.0805
   86       5.6747
   87       4.2621
   88       2.8443
   89       1.4230
   90       0.0000

Max range is  40.7747 at 45 degrees.
```

绘制结果见图 5.6。程序输出结果与手动计算的 4 位有效数字结果一致。注意，在角度为 45° 时，范围最大。

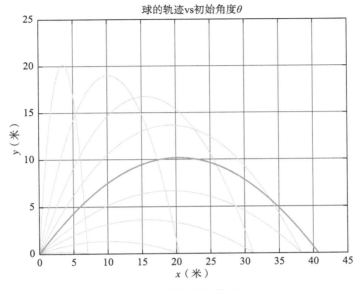

图 5.6 球的运行轨迹

本示例使用了第 3 章中介绍的几个绘图功能。如，使用 **axis** 命令设置要显示的数据范围，**hold** 命令允许多个绘图放置在同一轴上，**LineWidth** 属性设置最大范围轨迹的线的宽度，以及转义序列创建所需的标题及 $x$ 和 $y$ 轴标签。

然而，此程序并不是以最有效的方式编写的，因为其中许多循环可以用更好的向量化代替。在本章习题 5.11 中，将要求重新编写和改进 **ball.m**。

## 5.6 函数 textread

在示例 5.6 的最小二乘拟合问题中，必须从键盘输入所有数据点 $(x, y)$，并将它们存入数组中（[]）。如果需要输入的数据量很大，那么这种从键盘输入的方式将会成为一个繁琐的过程，因此需要一种更好的数据加载方式。对于目前大多数数据集来说，并非要键盘输入，而是存储在文件中，所以真正需要的是从文件读取数据并在 MATLAB 程序中使用的简单方法。函数 **textread** 满足此要求。

函数 **textread** 可以读取格式化数据列的 ASCII 文件，其中每列数据类型可以不同，且将每列内容存储在单独的输出数组中。此函数还适用于导入由其他应用程序创建的输出文件。

函数 **textread** 的一般形式为

    [a,b,c,...] = textread(filename,format,n)

其中 **filename** 是需要打开的文件的名称，**format** 是包含每列类型描述的字符串，**n** 是要读取的行数（如果没有 **n**，读取到文件末尾）。字符串 **format** 中对类型的描述与函数 **fprintf** 类似。注意，输出参数的数量必须与正在读取的列数相一致。

例如，假设文件 **test_input.dat** 包含下列数据：

```
James    Jones    O+    3.51    22    Yes
Sally    Smith    A+    3.28    23    No
```

文件中的前三列为字符型数据，接下来两类为数值型，最后一列为字符型。该文件数据可被读取并存入以下数组中：

```
[first,last,blood,gpa,age,answer] = ...
textread('test_input.dat','%s %s %s %f %d %s')
```

注意，字符串描述符 `%s` 代表此列为字符型数据，描述符 `%f` 和 `%d` 分别代表对应列为浮点型和整型数据。字符串数据以元胞数组（见附录B）形式返回，而数值数据以双精度型数组形式返回。

上述命令执行后，结果为：

```
» [first,last,blood,gpa,age,answer] = ...
textread('test_input.dat','%s %s %s %f %d %s')
first =
    'James'
    'Sally'
last =
    'Jones'
    'Smith'
blood =
    'O+'
    'A+'
gpa =
    3.5100
    3.2800
age =
    42
    28
answer=
    'Yes'
    'No'
```

此函数也可以通过在相应的格式描述符中添加星号（例如，`%*s`）跳过所选列。下面的语句只从文件中读取 first、last 和 gpa 列：

```
» [first,last,gpa] = ...
          textread('test_input.dat','%s %s %*s %f %*d %*s')
first =
    'James'
    'Sally'
last =
    'Jones'
    'Smith'
gpa =
    3.5100
    3.2800
```

函数 textread 比命令 load 更加灵活有用。命令 load 假定输入文件中所有数据都是单一类型——不支持不同列中不同类型的数据。而且，它将所有数据存储到单个数组中。相反，函数 textread 可将每列作为一个单独的变量，便于对混合数据列的使用。

另外，函数 textread 还有一些其他选项，可用来增加其使用的灵活性。有关这些选项的详细信息，请参阅 MATLAB 联机帮助系统。

## 5.7 本章小结

MATLAB 中的循环有两种基本类型：while 循环和 for 循环。当不能预先知道重复循环的次数时，使用 while 循环编写这段代码。当能够预先知道重复循环的次数时，使用 for 循环编写这段代码。另外，可以随时使用 break 语句退出任何类型的循环。

针对相同的计算，for 循环通常可以用向量化代码替代，即单个语句替代循环。基于 MATLAB 的设计方式，向量化代码比循环执行速度快，因此尽量用向量化来代替循环。

在某些情况下，MATLAB 即时编译器（just-in-time，JIT）也能加快循环执行速度，但对不同版本 MATLAB 的具体适用情况有所不同。如果能正常工作，JIT 编译器与向量化的执行速度相当。

函数 textread 可用于将 ASCII 数据文件的选定列读入 MATLAB 程序进行处理。此函数非常灵活，可以方便地读取其他程序创建的输出文件。

### 5.7.1 良好编程习惯总结

使用循环结构进行编程时，应遵循以下准则。遵循它们所编写的代码，将包含较少的错误，更容易调试，并且对于将来可能需要用到它们的其他程序员来说，更容易理解。

（1）始终将 while 循环和 for 循环的循环体缩进，以提高代码可读性。
（2）当不能预先知道重复循环的次数时，使用 while 循环编写这段代码。
（3）当能够预先知道重复循环的次数时，使用 for 循环编写这段代码。
（4）禁止修改循环体内的循环索引。
（5）在执行循环之前，始终预先分配循环中使用的所有数组。此操作将极大提高循环的执行速度。
（6）在执行过程中，既可以用 for 循环，也可以用向量化，那么请用向量化实现，以提高运行速度。
（7）不依靠 JIT 编译器加速代码执行。其局限性随 MATLAB 版本不同而不同，而且工程师通常可以通过手动向量化来更好地编程。
（8）使用 MATLAB 探查器识别消耗最多 CPU 时间的程序部分，并优化它们来加快程序的整体执行速度。

### 5.7.2 MATLAB 总结

下面简要列出本章中出现的所有 MATLAB 命令和函数，以及对它们的简短描述。

命令和函数

| | |
|---|---|
| break | 终止循环的执行，并转到此循环的 end 后的第一个语句执行 |
| continue | 终止循环的执行，并转到此循环的开始，进行下次循环 |
| factorial | 计算阶乘 |
| for loop | 循环代码块，且指定循环次数 |
| tic | 重置已用时间计数器 |
| textread | 将文件中数据读入一个或多个输入变量 |
| toc | 返回最近 tic 到现在的已用时间 |
| while loop | 循环代码块，直到条件为 0（假） |

## 5.8 本章习题

**5.1** 编写 MATLAB 程序，计算下列函数 $y(t)$

$$y(t) = \begin{cases} -3t^2+5 & t \geq 0 \\ 3t^2+5 & t < 0 \end{cases}$$

其中 $t$ 以 0.5 为步长从 -9 到 9 之间取值。使用循环和分支结构编写。

**5.2** 使用向量化代码重新编写 MATLAB 程序，计算习题 5.1。

**5.3** 编写 MATLAB 程序，计算和显示 0 到 50 之间所有偶数的平方。创建一个包含整数及其平方的表，并对每列加上适当标签。

**5.4** 编写 M 文件，计算 $y(x)=x^2-3x+2$，其中 $x$ 以 0.1 为步长从 -1 到 3 之间取值。请分别用 for 循环和向量化代码编写，并使用红色 3 点虚线绘制。

**5.5** 编写 M 文件，计算阶乘 N！(定义见示例 5.2)。确保处理特殊情况 0！另外，如果 N 为负数或非整数，请报告错误。

**5.6** 检查以下 for 循环，并确定每个循环执行的次数。
(a) `for ii = -32768:32767`
(b) `for ii = 32768:32767`
(c) `for kk = 2:4:3`
(d) `for jj = ones(5,5)`

**5.7** 检查以下 for 循环，并确定每个循环结束时的 ires 值以及执行的次数。
(a) 
```
ires = 0;
for index = -10:10
  ires = ires + 1;
end
```
(b) 
```
ires = 0;
for index = 10:-2:4
  if index == 6
     continue;
  end
  ires = ires + index;
end
```
(c) 
```
ires = 0;
for index = 10:-2:4
  if index == 6
     break;
  end
  ires = ires + index;
end
```
(d) 
```
ires = 0;
for index1 = 10:-2:4
  for index2 = 2:2:index1
    if index2 == 6
       break
    end
    ires = ires + index2;
  end
end
```

**5.8** 检查以下 while 循环，并确定每个循环结束时的 ires 值以及执行的次数。
(a) 
```
ires = 1;
while mod(ires,10) ~= 0
  ires = ires + 1;
end
```
(b) `ires = 2;`

```
      while ires <= 200
        ires = ires^2;
      end
(c) ires = 2;
    while ires > 200
      ires = ires^2;
    end
```

5.9 在执行下列每组语句之后，数组 `arr1` 的值是什么？

(a) 
```
arr1 = [1 2 3 4; 5 6 7 8; 9 10 11 12];
mask = mod(arr1,2) == 0;
arr1(mask) = -arr1(mask);
```

(b)
```
arr1 = [1 2 3 4; 5 6 7 8; 9 10 11 12];
arr2 = arr1 <= 5;
arr1(arr2) = 0;
arr1(~arr2) = arr1(~arr2).^2;
```

5.10 如何使逻辑数组充当向量操作的逻辑掩码？

5.11 修改示例 5.7 的程序 `ball`，用向量化代替 `for` 循环。

5.12 修改示例 5.7 的程序 `ball`，读取特定位置的重力加速度，并计算此加速度时的最大抛出范围。针对修改后的程序，分别设置加速度为 $-9.8$ m/s$^2$、$-9.7$ m/s$^2$ 和 $-9.6$ m/s$^2$。引力的减少对球的射程有什么影响？引力的减少对投掷球的最佳角度 $\theta$ 有什么影响？

5.13 修改示例 5.7 的程序 `ball`，读取球抛出时的初速度。针对修改后的程序，分别设置初速度为 10m/s、20m/s 和 30m/s。初速度 $v_0$ 的减少对球的射程有什么影响？初速度的减少对投掷球的最佳角度 $\theta$ 有什么影响？

5.14 示例 5.6 的程序 `lsqfit`，需要用户在输入数据前指定输入数据点的数目。修改程序，以便使用 `while` 循环读取任意数量的数据值，并当用户按 Enter 键而不输入任何值时停止读取输入值。使用示例 5.6 中的两个数据集来测试程序。（提示：如果用户按 Enter 键而不输入任何数据，则函数 `input` 返回一个空数组（[]）。因此，可以使用函数 `isempty` 来测试数组是否为空，并在检测到空数组时停止读取数据。）

5.15 修改示例 5.6 的程序 `lsqfit`，从 ASCII 文件 `input1.dat` 中读取数据。文件中的每行为一对数据 $(x, y)$，如下所示：

```
1.1    2.2
2.2    3.3
...
```

使用函数 `load` 读取数据，并用示例 5.6 中的两个数据集来测试程序。

5.16 修改示例 5.6 的程序 `lsqfit`，从用户指定的 ASCII 文件读取数据。文件中的每行为一对数据 $(x, y)$，如下所示：

```
1.1    2.2
2.2    3.3
...
```

使用函数 `textread` 读取数据，并用示例 5.6 中的两个数据集来测试程序。

5.17 **阶乘函数**：MATLAB 有一个计算阶乘的标准函数 `factorial`。在 MATLAB 帮助系统中查找此函数，分别使用示例 5.2 中的程序和函数 `factorial` 计算 5!、10! 和 15!，并比较结果？

5.18 **移动平均滤波器**：平滑噪声数据集的另一种方法是使用移动平均滤波器。对于移动平均滤波器中的每个数据样本，程序检查以被测试样本为中心的 $n$ 个样本的子集，并用这 $n$ 个样本的平均值替换该中心样本。（注：对于靠近数据集开始和结束处的点，在计算平均值时使用较少数量的样本，但确保在待测样本的两侧保持相等数量的样本。）

编写一个程序，允许用户指定输入数据集的名称及在滤波器中使用的样本数，然后对数据集进行移动平均滤波，并绘制原数据和移动平均滤波后的平滑曲线。

从本书的网站获得文件 `input3.dat`，并使用其数据测试程序。

5.19 **中值滤波器**：平滑噪声数据集的另一种方法是使用中值滤波器。对于中值滤波器中的每个数据样本，程序检查以被测试样本为中心的 $n$ 个样本的子集，并用这 $n$ 个样本的中值替换该中心样本。（注：对于靠近数据集开始和结束处的点，在计算中值时使用较少数量的样本，但确保在待测样本的两侧保持相等数量的样本）。此滤波器对包含有远离其他点的"孤立点"的数据集特别有效。

编写一个程序，允许用户指定输入数据集的名称及在滤波器中使用的样本数，然后对数据集进行中值滤波，并绘制原数据和中值滤波后的平滑曲线。

从本书的网站获得文件 `input3.dat`，并使用其数据测试程序。中值滤波比移动平均滤波更好还是更差？为什么？

5.20 **傅里叶级数**：傅里叶级数是周期函数在基频（与波形周期匹配）和其倍频方面关于正弦和余弦函数构成的无穷级数。例如，考虑周期为 $L$ 的方波函数，$[0\ L/2]$ 振幅为 1，$[L/2\ L]$ 振幅为 $-1$，$[L\ 3L/2)$ 振幅为 1，等等（如图 5.7 所示）。此函数可用下列傅里叶级数表示

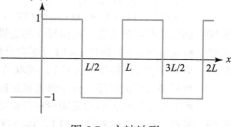

图 5.7 方波波形

$$f(x) = \sum_{n=1,3,5,\ldots}^{\infty} \frac{1}{n} \sin \frac{n\pi x}{L} \quad (5.13)$$

假设 $L=1$，绘制原函数，并分别计算和绘制包含 3、5 和 10 项的傅里叶级数近似。

5.21 示例 5.3 的程序 `doy`，计算在给定年月日时的一年中的第几天。正如所编写的，该程序不检查用户输入的数据是否有效。如果接受的日和月是无意义的数字，则其计算的结果也无意义。修改程序，以便在使用前检查输入值的有效性。如果输入无效，则告诉用户所出的错误并退出。其中，年份是大于零的数字，月份是 1 到 12 之间的一个数字，日期是 1 和最大值之间的数字，最大值取决于月份。使用 `switch` 结构实现日期的边界检查。

5.22 编写 MATLAB 程序，计算

$$y(x) = \ln \frac{1}{1-x} \quad (5.14)$$

其中 ln 是以 e 为底的自然对数。使用 `while` 循环来编写程序，以便重复执行对每个合法输入值 $x$ 的计算。当输入值 $x$ 非法时，终止程序。（任何满足 $x \geq 1$ 的 $x$ 被认为是非法的。）

5.23 **斐波那契数列**：第 $n$ 个斐波那契数是由下面的递归方程定义的：

$$f(1)=1$$
$$f(2)=2$$
$$f(n)=f(n-1)+f(n-2) \quad n>2$$

因此，$f(3)=f(2)+f(1)=2+1=3$，等等。编写一个 M 文件，计算并显示第 $n$ 个斐波那契数（$n>2$），其中 $n$ 由用户输入。要求使用 `while` 循环实现。

5.24 **通过二极管的电流**：如图 5.8 所示，流过半导体二极管的电流由如下方程给出：

$$i_D = I_0 \left( e^{\frac{qv_D}{kT}} - 1 \right) \quad (5.15)$$

其中 $i_D$ 为二极管上的电压，单位为伏特

$v_D$ 为流过二极管的电流，单位为安培

$I_0$ 为二极管上的漏电流，单位为安培

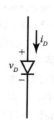

图 5.8 半导体二极管

$q$ 为电子电荷，$1.602 \times 10^{-19}$ 库仑

$k$ 为玻尔兹曼常数，$1.38 \times 10^{-23}$ 焦耳/K

$T$ 为温度，单位为开尔文（K）

二极管的漏电流 $I_0$ 为 $2.0\mu A$。编写一个程序，电压以 $0.1$ V 为步长从 $-1.0$V 到 $+0.6$V 取值，计算流过该二极管的电流，并在以下温度下重复此过程：75°F、100°F 和 125°F。根据施加的电压创建电流曲线，且三种温度下的曲线显示为不同的颜色。

5.25 **缆绳上的张力**：如图 5.9 所示，100 千克的物体悬挂在 2 米长的可忽略重量的刚性水平杆的末端。杆的另一端通过枢轴连接在墙上，并系一根 2 米长的缆绳，缆绳的另一端系在墙上的更高位置。缆绳的张力由如下方程给出

$$T = \frac{W \cdot lc \cdot lp}{d\sqrt{lp^2 - d^2}} \quad (5.16)$$

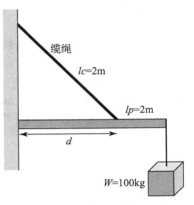

图 5.9 缆绳支撑的刚性杆末端悬挂 100 千克重物

其中 $T$ 为缆绳上的张力，$W$ 为物体的重量，$lc$ 为缆绳的长度，$lp$ 为杆的长度，$d$ 为沿着杆的缆绳系的距离。编写一个程序，确定张力最小时的缆绳系的距离 $d$。为此，距离 $d$ 以 $0.1$m 为步长从 $d=0.3$ 到 $d=1.8$ 取值，计算各距离时的缆绳张力，并确定产生最小张力时的距离 $d$。另外，绘制张力与距离 $d$ 的关系图，并使用合适的标题和轴标签。

5.26 修改习题 5.25 的程序，确定缆绳张力对缆绳连接的准确距离 $d$ 的敏感性。特别地，缆绳张力在其最小值 10% 以内时，计算距离 $d$ 的范围。

5.27 **平行四边形面积**：以向量 $A$ 和 $B$ 为相邻边构成的平行四边形（图 5.10），其面积由式（5.17）给出

$$面积 = |A \times B| \quad (5.17)$$

编写一个程序，读取用户输入向量 $A$ 和 $B$，并计算平行四边形面积。给定向量 $A = 10\hat{i}$ 和 $B = 5\hat{i} + 8.66\hat{j}$，计算并测试程序。

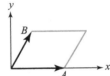

图 5.10 平行四边形

5.28 **矩形面积**：矩形（如图 5.11 所示）的面积由式（5.18）给出，其周长由式（5.19）给出，如下所示

$$面积 = W \times H \quad (5.18)$$
$$周长 = 2W \times 2H \quad (5.19)$$

假设矩阵的周长为 10，编写一个程序，计算矩阵面积，并绘制矩形面积与矩形宽度的关系图，其中宽度从可取的最小值到最大值变化。试确定宽度为多少时，矩形面积达到最大。

图 5.11 矩形

5.29 **细菌繁殖**：假设生物学家在进行一场实验，目的是测量一种特定类型的细菌在不同培养基中无性繁殖的速率。实验表明，培养基 A 中的细菌每 60 分钟繁殖一次，培养基 B 中的细菌每 90 分钟繁殖一次。假设在实验开始时，每种培养基上放置单个细菌。编写一个程序，计算每种培养基中的细菌数量，并绘制细菌数量与时间的关系图，其中时间以三小时为间隔从实验开始到二十四小时。要求绘制两幅图，一个是线性刻度，另一个是线性-对数（半对数 $y$ 轴）刻度。比较 24 小时后两种培养基中细菌的数量。

5.30 **分贝**：工程师通常以分贝或 dB 为单位测量两个功率的比值。以分贝为单位的两个功率比值的公式为

$$dB = 10 \log_{10} \frac{P_2}{P_1} \quad (5.20)$$

其中 $P_2$ 是被测功率，$P_1$ 是参考功率。假设参考功率 $P_1$ 为 1 瓦特，编写程序，计算对应被测功率的分贝值，其中被测功率以 0.5W 为步长从 1 瓦特到 20 瓦特取值，并在对数 – 线性刻度上绘制分贝与被测功率的关系曲线图。

5.31 **几何平均数**：一组正数 $x_1$ 到 $x_n$ 的几何平均数定义为所有数乘积的 $n$ 次方根：

$$几何平均数 = \sqrt[n]{x_1 x_2 x_3 \cdots x_n} \tag{5.21}$$

编写 MATLAB 程序，读取输入的任意一组正数，并计算其算术平均数（均值）和几何平均数。要求使用 `while` 循环获取输入值，并在用户输入负数时终止输入。通过计算四个数 10、5、2 和 5 的算术平均数和几何平均值来测试程序。

5.32 **RMS 平均数**：均方根（root-mean-square，rms）平均数是计算一组数的平均值的另一种方法，定义为数的平方的算术平均值的平方根：

$$均方根平均数 = \sqrt{\frac{1}{N} \sum_{i=1}^{N} x_i^2} \tag{5.22}$$

编写 MATLAB 程序，读取输入的任意一组正数，并计算其均方根平均数。要求提示用户输入数的数量，并使用 `for` 循环获取输入值。通过计算四个数 10、5、2 和 5 的均方根平均数来测试程序。

5.33 **调和平均数**：调和平均数也是一种计算平均值的方法，定义由下面公式给出：

$$调和平均数 = \frac{N}{\frac{1}{x_1} + \frac{1}{x_2} + \cdots + \frac{1}{x_n}} \tag{5.23}$$

编写 MATLAB 程序，读取输入的任意一组正数，并计算其调和平均数。获取输入值的方式由自己确定。通过计算四个数 10、5、2 和 5 的调和平均数来测试程序。

5.34 编写一个程序，计算一组正数的算术平均数、均方根平均数、几何平均数和调和平均数。获取输入值的方式由自己确定。试比较以下每组输入数的执行结果：

(a) 4,4,4,4,4,4,4
(b) 4,3,4,5,4,3,5
(c) 4,1,4,7,4,1,7
(d) 1,2,3,4,5,6,7

5.35 **平均故障间隔时间计算**：一件电子设备的可靠性通常以平均故障间隔时间（Mean Time Between Failures，MTBF）来衡量，其中 MTBF 是该设备在故障发生之前的平均工作时间。对于包含许多电子设备的大型系统，通常确定每个组件的 MTBF，并根据各组件的故障率计算系统的总体 MTBF。如果系统结构如图 5.12 所示，为保障整个系统工作，每个组件都必须正常工作，则整个系统的 MTBF 为

$$\text{MTBF}_{\text{sys}} = \frac{1}{\frac{1}{\text{MTBF}_1} + \frac{1}{\text{MTBF}_2} + \cdots + \frac{1}{\text{MTBF}_n}} \tag{5.24}$$

编写一个程序，读取系统中的系列组件数量和每个组件的 MTBF，然后计算系统的总体 MTBF。为测试程序，给定雷达系统包括：天线子系统的 MTBF 为 2000 小时、发射机的 MTBF 为 800 小时、接收机的 MTBF 为 3000 小时和计算机的 MTBF 为 5000 小时。

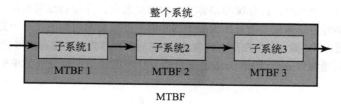

图 5.12 包含三个已知 MTBF 子系统的电子系统

# 第 6 章

Essentials of MATLAB Programming, Third Edition

# 用户自定义函数基本特性

在第 4 章中，强调了遵循良好程序设计流程的重要性，其基本手段是**自顶向下**的设计过程。在自顶向下的设计中，工程师首先应精确陈述要解决的问题和定义所需的输入与输出。接下来，粗略地进行算法描述，并将算法分解成较小的逻辑细分，称为子任务。然后，每个子任务都经过逐步求解的过程进一步细化，直到分解为简单明了易于理解的伪代码片段为止。最后，将各个伪代码片段转化为 MATLAB 代码。

尽管在前面的示例中已经遵循了这个设计过程，但结果还是有一定局限性。因为每个子任务得到的 MATLAB 代码片段必须合并生成最终的 MATLAB 大程序，而在此之前，无法单独地对每个子任务进行编码、验证和测试。

幸运的是，MATLAB 有一种专门的机制，使得在构建最终程序之前可以方便地开发和调试子程序。可以将每个子程序编码为单独的**函数**，在此过程中，每一个函数都能独立地检测和调试，而不受其他子程序的影响。

通过对函数的精心设计，可大大减少大型编程项目的工作量。其优点包括以下三方面。

（1）**子程序的独立检测**。每个子程序都可以作为一个独立的单元存在。子程序可以单独测试，以确保在将其合并到最终程序之前能够正确执行。此步骤称为**单元检测**。其目的是在最终程序建立之前消除主要问题。

（2）**代码的可复用性**。在许多情况下，程序的某些部分都需要相同的基本子程序。例如，可能需要在程序内或其他程序中将一组值按时间升序排列。此时，可以设计、编码、测试和调试这样一个排序函数，然后在需要排序时使用该函数。可复用代码有两个主要优点：减少了编程所需的工作量；由于排序函数只需调试一次，因此简化了调试。

（3）**避免意外错误**。通过称为**输入参数列表**的变量列表，函数从程序中接收数据，并通过**输出参数列表**将结果返回给程序。每个函数都有自己的工作空间，有自己的变量，独立于所有其他函数和调用程序。函数中可以看到的调用程序中唯一的变量是输入参数列表中的变量，而调用程序可以看到的函数中唯一的变量是输出参数列表中的变量。这点非常重要，因为函数中的意外编程错误只能影响此函数中的变量，而不会涉及其他函数或调用程序。

在大型程序编写并发布后，应该经常进行维护。程序维护涉及修复错误及修改程序以适应新的不可预见的情况。在程序维护期间，修改程序的工程师通常不是最初编写它的人。如果原本程序编写得不好，工程师修改程序中某一部分代码后，会导致程序的另一个完全不同部分出现错误。这种情况比较常见，是由于变量名在程序的不同部分被重复使用。比如，当工程师改变遗留在某些变量中的值时，这些值会被保留，并用于代码的其他部分。

使用精心设计的函数可以通过**数据隐藏**来最大限度地减少此问题。主程序中的变量对函数是不可见的（除了输入参数列表中的变量），并且主程序中的变量不会被函数中的任何事情意外修改。因此，函数中变量的错误或修改，不会在程序的其他部分引起意外错误。

**良好编程习惯**

在实际情况下，将大型程序任务分解为子任务，具有子程序的独立检测、代码的可复用性和避免意外错误的优点。

## 6.1　MATLAB 函数简介

迄今为止，看到的所有 M 文件都是**脚本文件**。脚本文件只是存储在文件中的 MATLAB 语句的集合。执行脚本文件时，结果与所有命令直接输入命令窗口时的结果相同。脚本文件共享命令窗口的工作空间，因此在脚本文件执行之前定义的任何变量对于脚本文件都是可见的，脚本文件执行完成后创建的任何变量都将保留在工作空间中。脚本文件没有输入参数，也不会返回任何结果，但是脚本文件可以通过工作空间中留下的数据与其他脚本文件通信。

相比之下，**MATLAB 函数**是一种特殊类型的 M 文件，在它自己的独立工作空间中运行。通过**输入参数列表**接收输入数据，并通过**输出参数列表**将结果返回给调用程序。MATLAB 函数的一般形式为

```
function [outarg1, outarg2, ...] = fname(inarg1, inarg2, ...)
% H1 comment line
% Other comment lines
...
(Executable code)
...
(return)
end
```

语句 `function` 作为函数开始的标记，并指定函数的名称与输入和输出参数列表。输入参数列表在函数名后面的括号中，输出参数列表在等号左边的括号中。（如果只有一个输出参数，则可以删除括号。）

每个普通 MATLAB 函数都应该保存在一个与函数名相同（包括大小写）的文件中，扩展名为 ".m"。例如，函数名为 `My_fun`，则该函数应保存在名为 `My_fun.m` 的文件中。

输入参数列表是从调用程序传递给函数变量的名称列表，称为**形参**。当使用函数时，它们只是调用程序传递的实际值的占位符。类似地，输出参数列表包含一个形参列表，这些参数是函数执行完成时返回给调用程序的值的占位符。

在表达式中调用函数，需要函数名和**实参**列表。直接在命令窗口中输入函数名，或将其包含在脚本文件或其他函数中来调用函数。调用程序中使用的名称必须与函数名（包括大小写）完全一致[⊖]。当函数被调用时，第一个实参的值替代第一个形参，以此类推，其他的实参/形参对。

执行从函数的顶部开始，并在返回语句、结束语句或函数末尾时结束。由于执行在函数末尾时自动停止，所以在大多数函数中实际上并不需要 `return` 语句，且很少使用。输出参数列表中的每一项必须出现在函数中至少一个赋值语句的左侧。当函数返回时，存储在输出参数列表中的值将返回给调用程序，并可用于进一步的计算。

使用语句 `end` 终止函数是 MATLAB 7.0 中的一个新功能。除了将在第 7 章中介绍的文

---

[⊖] 例如，假设函数已命名为 `My_Fun`，并保存在文件 `My_Fun.m` 中，那么调用此函数时应该用 `My_Fun`，而不是 `my_fun` 或 `MY_FUN`。如果大小写不一致，在 Linux 和 Macintosh 计算机上会产生错误，而在基于 Windows 的计算机上会发出警告。

件中包含嵌套函数，此语句是可选的。除非实际需要，否则不会主动使用语句 end 终止函数，因此很少会看到本书中使用。

函数中的初始注释行具有特殊用途。函数语句之后的第一条注释行称为 **H1 注释行**，其为函数编写目的的简要说明。此行的特殊意义在于可以通过 lookfor 命令查找和显示。而 help 命名可以显示从 H1 注释行到第一个空白行或可执行语句的剩余注释行，其为如何使用函数的简短介绍。

如下所示，一个简单的用户自定义函数示例。函数 dist2 计算笛卡儿坐标系中两点 $(x_1, y_2)$ 和 $(x_2, y_2)$ 之间的距离。

```
function distance = dist2 (x1, y1, x2, y2)
%DIST2 Calculate the distance between two points
% Function DIST2 calculates the distance between
% two points (x1,y1) and (x2,y2) in a Cartesian
% coordinate system.
%
% Calling sequence:
%     distance = dist2(x1, y1, x2, y2)
% Define variables:
%     x1        -- x-position of point 1
%     y1        -- y-position of point 1
%     x2        -- x-position of point 2
%     y2        -- y-position of point 2
%     distance  -- Distance between points

% Record of revisions:
%      Date         Programmer         Description of change
%      ====         ==========         =====================
%    02/01/14      S. J. Chapman       Original code
% Calculate distance.
distance = sqrt((x2-x1).^2 + (y2-y1).^2);
```

该函数有四个输入参数和一个输出参数。使用此函数的一个简单脚本文件如下所示。

```
% Script file: test_dist2.m
%
% Purpose:
%     This program tests function dist2.
%
% Record of revisions:
%      Date         Programmer         Description of change
%      ====         ==========         =====================
%    02/01/14      S. J. Chapman       Original code
%
% Define variables:
%     ax        -- x-position of point a
%     ay        -- y-position of point a
%     bx        -- x-position of point b
%     by        -- y-position of point b
%     result    -- Distance between the points

% Get input data.
disp('Calculate the distance between two points:');
ax = input('Enter x value of point a:');
ay = input('Enter y value of point a:');
bx = input('Enter x value of point b:');
by = input('Enter y value of point b:');

% Evaluate function
```

```
    result = dist2 (ax, ay, bx, by);

    % Write out result.
    fprintf('The distance between points a and b is %f\n',result);
```

执行此脚本，结果为：

```
» test_dist2
Calculate the distance between two points:
Enter x value of point a: 1
Enter y value of point a: 1
Enter x value of point b: 4
Enter y value of point b: 5
The distance between points a and b is 5.000000
```

这些结果是正确的，我们可以通过简单的手动计算进行验证。

函数 dist2 还支持 MATLAB 的帮助子系统。如果输入命令 "help dist2"，结果是：

```
» help dist2
DIST2 Calculate the distance between two points
    Function DIST2 calculates the distance between
    two points (x1,y1) and (x2,y2) in a Cartesian
    coordinate system.

    Calling sequence:
    res = dist2(x1, y1, x2, y2)
```

类似地，输入命令 "lookfor distance"，结果为

```
» lookfor distance
DIST2 Calculate the distance between two points
MAHAL Mahalanobis distance.
DIST Distances between vectors.
NBDIST Neighborhood matrix using vector distance.
NBGRID Neighborhood matrix using grid distance.
NBMAN Neighborhood matrix using Manhattan-distance.
```

为了观察在函数执行之前、执行期间及执行之后，MATLAB 工作空间的状态，将函数 dist2 和脚本文件 test_dist2 加载到 MATLAB 调试器中，并分别在函数调用前、中、后设置断点（见图 6.1）。当程序在函数调用前的断点处停止时，工作空间如图 6.2a 所示。注意，在工作空间中定义了变量 ax、ay、bx 和 by，并已经输入了值。当程序在函数调用中的断点处停止时，函数的工作空间是活动的。如图 6.2b 所示。注意，在函数的工作空间中定义了变量 x1、x2、y1、y2 和 distance，并且前面出现的 M 文件定义的变量不存在。当程序在函数调用后的断点处停止时，工作空间如图 6.2c 所示。此时，工作空间中再次出现 M 文件定义的原变量，以及包含函数返回值的变量 result。上述图表明，该函数的工作空间与调用的 M 文件的工作空间不同。

## 6.2 MATLAB 变量传递：值传递机制

MATLAB 程序使用**值传递**（pass-by-value）机制与函数进行通信。当调用函数时，MATLAB 复制实参并将其传递给函数。此复制过程非常重要，意味着即使函数修改了输入参数，也不会影响调用程序的原始数据。此特性有助于防止意外错误，比如函数中的错误可能会无意中修改调用程序中的变量。

# 用户自定义函数基本特性

图 6.1 将 M 文件 test_dist2 和函数 dist2 加载到调试器，并分别在函数调用前、中、后设置断点

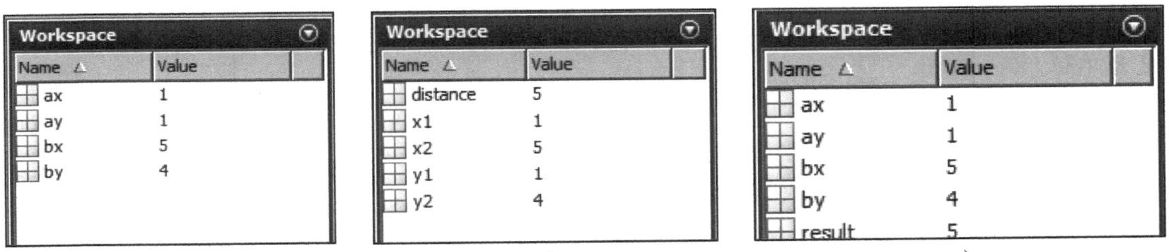

图 6.2 a) 函数调用之前的工作空间；b) 函数调用期间的工作空间；c) 函数调用之后的工作空间

下面示例函数对此过程进一步解释说明。函数有两个输入参数：a 和 b。在计算过程中，修改了两个输入参数。

```
function out = sample(a, b)
fprintf('In      sample: a = %f, b = %f %f\n',a,b);
a = b(1) + 2*a;
b = a .* b;
out = a + b(1);
fprintf('In      sample: a = %f, b = %f %f\n',a,b);
```

调用此函数的测试程序如下。

```
a = 2; b = [6 4];
fprintf('Before sample: a = %f, b = %f %f\n',a,b);
out = sample(a,b);
fprintf('After   sample: a = %f, b = %f %f\n',a,b);
fprintf('After   sample: out = %f\n',out);
```

程序执行后，结果为：

```
» test_sample
Before  sample: a = 2.000000, b = 6.000000 4.000000
In      sample: a = 2.000000, b = 6.000000 4.000000
In      sample: a = 10.000000, b = 60.000000 40.000000
After   sample: a = 2.000000, b = 6.000000 4.000000
After   sample: out = 70.000000
```

注意，函数示例中的 a 和 b 都发生了变化，但这些更改对调用程序中的值没有影响。

在 C 语言中，值传递机制用于将标量传递给函数，所以 C 语言用户比较熟悉。但是，在传递数组时不使用值传递机制，因此对 C 函数中的虚拟数组进行修改可能会导致调用程序的意外出错。MATLAB 在传递标量和数组时都用了值传递机制<sup>⊖</sup>。

▶ 示例 6.1　直角坐标 – 极坐标变换

在笛卡儿平面中，点的位置可以用直角坐标 $(x, y)$ 或极坐标 $(r, \theta)$ 表示，如图 6.3 所示。这两组坐标之间的关系由下式给出：

$$x = r \cos \theta \tag{6.1}$$
$$x = r \sin \theta \tag{6.2}$$
$$r = \sqrt{x^2 + y^2} \tag{6.3}$$
$$\theta = \tan^{-1} \frac{y}{x} \tag{6.4}$$

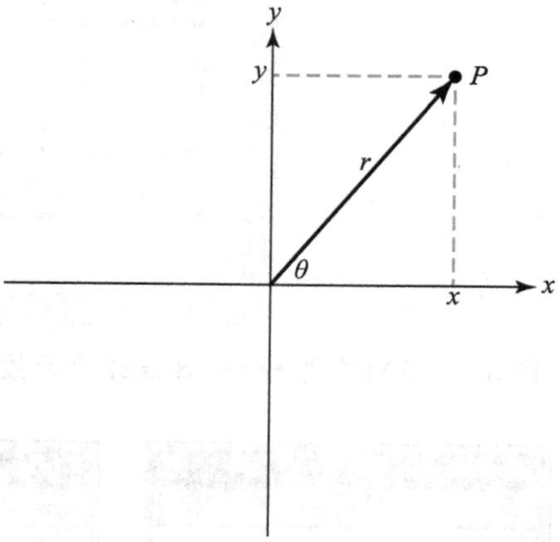

编写函数 rect2polar 和 polar2rect，分别实现直角坐标到极坐标和极坐标到直角坐标的变换，其中 $\theta$ 以度为单位。

**答案**

下面采用标准的问题求解过程来创建这些函数。注意，MATLAB 中的三角函数操作的是弧度，因此在解决问题时必须将角度转换为弧度，反之亦然。角度和弧度之间的基本关系为

$$180° = \pi \text{ radians} \tag{6.5}$$

图 6.3　笛卡儿平面上的点 $P$ 可以用直角坐标 $(x, y)$ 或极坐标 $(r, \theta)$ 表示

**1. 陈述问题**

编写一个函数，实现笛卡儿平面上以直角坐标形式表示的点转换成相应的极坐标表示形式。同时，编写另一个函数，实现笛卡儿平面上以极坐标形式表示的点转换成相应的直角坐标表示形式。其中 $\theta$ 均以度为单位。

**2. 定义输入和输出**

函数 rect2polar 输入的是点的直角坐标 $(x, y)$，输出的是点的极坐标 $(r, \theta)$。反之，函数 polar2rect 输入的是点的极坐标 $(r, \theta)$，输出的是点的直角坐标 $(x, y)$。

**3. 设计算法**

这些函数比较简单，可以直接写出最终的伪代码。函数 polar2rect 的伪代码为：

---

⊖ 在 MATLAB 中实现参数传递实际上比这些讨论更为复杂。如上所述，与值传递相关的复制占用了大量的时间，但它提供了防止意外错误的保护。MATLAB 实际上综合了两种方法的优点：分析每个函数的每个参数，并确定函数是否修改该参数。如果函数修改参数，则 MATLAB 复制一个参数。如果不修改参数，则 MATLAB 只是指向调用程序中的现有值。这种做法既增加速度，又提供防止意外错误的保护！

```
x ← r * cos(theta * pi/180)
y ← r * sin(theta * pi/180)
```

由于函数 atan2 可以在笛卡儿平面的四个象限内运行，所以函数 rect2polar 的伪代码可使用函数 atan2。（有关函数的详细信息可查看 MATLAB 帮助浏览器！）

```
r ← sqrt(x.^2 + y.^2)
theta ← 18/pi * atan2(y,x)
```

### 4. 将算法转换成 MATLAB 语句

函数 polar2rect 的 MATLAB 代码如下所示。

```
function [x, y] = polar2rect(r,theta)
%POLAR2RECT Convert rectangular to polar coordinates
% Function POLAR2RECT accepts the polar coordinates
% (r,theta), where theta is expressed in degrees,
% and converts them into the rectangular coordinates
% (x,y).
%
% Calling sequence:
%   [x, y] = polar2rect(r,theta)

% Define variables:
%   r        -- Length of polar vector
%   theta    -- Angle of vector in degrees
%   x        -- x-position of point
%   y        -- y-position of point

% Record of revisions:
%     Date         Programmer        Description of change
%     ====         ==========        =====================
%   02/01/14     S. J. Chapman       Original code

x = r * cos(theta * pi/180);
y = r * sin(theta * pi/180);
```

函数 rect2polar 的 MATLAB 代码如下所示。

```
function [r, theta] = rect2polar(x,y)
%RECT2POLAR Convert rectangular to polar coordinates
% Function RECT2POLAR accepts the rectangular coordinates
% (x,y) and converts them into the polar coordinates
% (r,theta), where theta is expressed in degrees.
%
% Calling sequence:
%   [r, theta] = rect2polar(x,y)

% Define variables:
%   r        -- Length of polar vector
%   theta    -- Angle of vector in degrees
%   x        -- x-position of point
%   y        -- y-position of point

% Record of revisions:
%     Date         Programmer        Description of change
%     ====         ==========        =====================
%   02/01/14     S. J. Chapman       Original code

r = sqrt (x.^2 + y .^2);
theta = 180/pi * atan2(y,x);
```

注意，这些函数都包含帮助信息，因此可利用 MATLAB 的帮助系统和命令 lookfor 查看。

**5. 测试程序**

要测试这些函数，只需在 MATLAB 命令窗口中直接执行。下面使用大家所熟知的三角形 3-4-5 来进行测试，其中最小角约为 36.87°。另外，我们将在笛卡儿平面的所有四个象限中测试函数，以确保在任何情况下都能正确运行。

```
» [r, theta] = rect2polar(4,3)
r =
    5
theta =
   36.8699
» [r, theta] = rect2polar(-4,3)
r =
    5
theta =
  143.1301
» [r, theta] = rect2polar(-4,-3)
r =
    5
theta =
  -143.1301
» [r, theta] = rect2polar(4,-3)
r =
    5
theta =
  -36.8699
» [x, y] = polar2rect(5,36.8699)
x =
    4.0000
y =
    3.0000
» [x, y] = polar2rect(5,143.1301)
x =
   -4.0000
y =
    3.0000
» [x, y] = polar2rect(5,-143.1301)
x =
   -4.0000
y =
   -3.0000
» [x, y] = polar2rect(5,-36.8699)
x =
    4.0000
y =
   -3.0000
»
```

上述函数在笛卡儿平面的所有四个象限都正确运行。

▶ **示例 6.2　数据排序**

在许多科学和工程应用中，需要使用随机输入的数据集并对其进行排序，以便数据按升序（从小到大）或降序（从大到小）排列。例如，假设你是一个研究种群数量的动物学家，想要确定数量最多的前 5% 的动物种类。那么最直接的方法是将种群中所有动物按数量大小升序排列，并取排序后较大的前 5%。

我们经常会对数据进行升序或降序排列，这似乎是一项简单的任务。例如，很容易将数据列表（10，3，6，4，9）排列为（3，4，6，9，10）。具体是怎么得到的？首先，扫描输入数据列表（10，3，6，4，9），并找到其中的最小值（3）；然后，再次扫描剩余的数据列表（10，6，4，9），并找到剩余数据的最小值（4）；重复这一过程，直到整个数据列表完成排序。

事实上，排序并非如此简单。参考上述排序过程，在对每个数据进行排序时都需要扫描整个输入数据集，所以随着数据集的增大，排序所需要的时间也迅速增加。对于非常大的数据集，排序过程耗费的时间代价太大。更糟糕的是，当数据量大到超出计算机内存时，将无法进行排序。因此，大型数据集的高效排序技术是一个非常活跃的研究领域，同时也是整个课程的主题。

本示例中，仅使用最简单的算法来说明排序的概念，即**选择排序**。它是通过计算机实现上述排序的数学描述过程。

（1）对要排序的数据列表进行扫描，并找出列表中的最小值。将其与列表最前面的值进行交换，从而使该值放在列表的前面。如果列表最前面的值已经是最小值，则不做任何操作。

（2）对数据列表从第2个位置开始扫描到末尾，并找到列表中的第2个最小值。将其与列表第2个位置的值进行交换，从而使该值放在列表的第2个位置。如果列表第2个位置的值已经是第2个最小值，则不做任何操作。

（3）对数据列表从第3个位置开始扫描到末尾，并找到列表中的第3个最小值。将其与列表第3个位置的值进行交换，从而使该值放在列表的第3个位置。如果列表第3个位置的值已经是第3个最小值，则不做任何操作。

（4）重复上述过程，直到数据列表的倒数第二个位置。操作完倒数第二个位置后，排序过程完成。

注意，如果是对 $N$ 个值进行排序，则需要 $N-1$ 次扫描才能完成排序。

该过程如图6.4所示。由于待排序的数据集中有五个值，故需要四次扫描。第1次扫描整个数据集，找到最小值为3，将3与第1个位置的10交换。第2次扫描位置2至5，找到最小值为4，将4与第2个位置的10交换。第3次扫描位置3至5，找到最小值为6，它已经位于第3个位置，因此不需要交换。最后，扫描位置4至5，找到最小值为9，将9与第4个位置的10交换，完成排序。

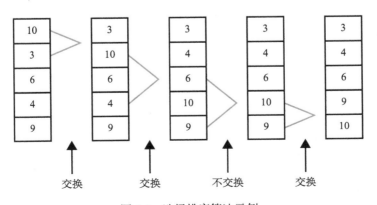

图6.4 选择排序算法示例

**编程误区**

选择排序算法是最容易理解的排序算法,但计算效率低下。不应将其用于大型数据集(例如,超过 1000 个元素的集合)的排序。多年来,计算机科学家已经开发出更有效的排序算法。如,MATLAB 内置函数 `sort` 和 `sortrows` 非常高效,可用于实际工作。

---

编写一个程序,实现从命令窗口读取一组数据,对其按升序排列并显示。排序过程由单独的用户自定义函数完成。

**答案**

该程序必须请求用户输入数据,对数据进行排序,并显示排序后的数据。此问题的设计过程如下所示。

**1. 陈述问题**

目前尚未指定待排序数据的类型。假设数据是数值型的,则问题可描述为:编写一个程序,实现从命令窗口读取任意数量的数值输入,使用独立的排序函数对数据按升序排列,并在命令窗口中显示排序后的数据。

**2. 定义输入和输出**

该程序的输入是用户在命令窗口中键入的数据。该程序的输出是在命令窗口中显示的排序后数据。

**3. 设计算法**

该程序可分解为三个主要步骤。

```
Read the input data into an array
Sort the data in ascending order
Write the sorted data
```

首先,提示用户输入待读入的数据量,并读入数据。此时事先知道要读取多少个输入值,因此可以使用 `for` 循环读入数据。详细的伪代码如下所示:

```
Prompt user for the number of data values
Read the number of data values (nvals)
Preallocate an input array
for ii = 1:nvals
    Prompt for next value
    Read value
end
```

其次,使用单独的函数进行数据排序。基本过程是对数据进行 nvals-1 次扫描,并查找每次剩余数据的最小值。利用指针定位最小值,若它不在当前剩余数据列表的首位,则将其交换到首位。详细的伪代码如下所示:

```
for ii = 1:nvals-1
    % Find the minimum value in a(ii) through a(nvals)
    iptr ← ii
    for jj = ii+1 to nvals
        if a(jj) < a(iptr)
            iptr ← jj
        end
    end
    % iptr now points to the min value, so swap a(iptr)
    % with a(ii) if iptr ~= ii.
    if ii ~= iptr
```

```
        temp   ← a(ii)
        a(ii)  ← a(iptr)
        a(iptr) ← temp
    end
end
```

最后，输出排序后的数据。此步伪代码无需细化。最终的伪代码是综合上述的读取、排序和显示步骤。

### 4．将算法转换成 MATLAB 语句

选择排序函数的 MATLAB 代码如下所示。

```
function out = ssort(a)
%SSORT Selection sort data in ascending order
% Function SSORT sorts a numeric data set into
% ascending order. Note that the selection sort
% is relatively inefficient. DO NOT USE THIS
% FUNCTION FOR LARGE DATA SETS. Use MATLAB's
% "sort" function instead.

% Define variables:
%   a         -- Input array to sort
%   ii        -- Index variable
%   iptr      -- Pointer to min value
%   jj        -- Index variable
%   nvals     -- Number of values in "a"
%   out       -- Sorted output array
%   temp      -- Temp variable for swapping

%  Record of revisions:
%     Date        Programmer         Description of change
%     ====        ==========         =====================
%   02/02/14      S. J. Chapman      Original code

% Get the length of the array to sort
nvals = length(a);

% Sort the input array
for ii = 1:nvals-1
    % Find the minimum value in a(ii) through a(n)
    iptr = ii;
    for jj = ii+1:nvals
        if a(jj) < a(iptr)
            iptr = jj;
        end
    end

    % iptr now points to the minimum value, so swap a(iptr)
    % with a(ii) if ii ~= iptr.
    if ii ~= iptr
        temp     = a(ii);
        a(ii)    = a(iptr);
        a(iptr)  = temp;
    end
end

% Pass data back to caller
out = a;
```

调用选择排序函数的程序如下所示。

```
%   Script file: test_ssort.m
%
%   Purpose:
%     To read in an input data set, sort it into ascending
%     order using the selection sort algorithm, and to
%     write the sorted data to the Command Window. This
%     program calls function "ssort" to do the actual
%     sorting.
%
%   Record of revisions:
%       Date          Programmer         Description of change
%       ====          ==========         =====================
%     02/02/14       S. J. Chapman       Original code
%
% Define variables:
%     array     -- Input data array
%     ii        -- Index variable
%     nvals     -- Number of input values
%     sorted    -- Sorted data array

% Prompt for the number of values in the data set
nvals = input('Enter number of values to sort: ');

% Preallocate array
array = zeros(1,nvals);

% Get input values
for ii = 1:nvals

   % Prompt for next value
   string = ['Enter value ' int2str(ii) ':  '];
   array(ii) = input(string);

end

% Now sort the data
sorted = ssort(array);

% Display the sorted result.
fprintf('\nSorted data:\n');
for ii = 1:nvals
   fprintf('  %8.4f\n',sorted(ii));
end
```

### 5. 测试程序

要测试该程序，首先需要创建一个输入数据集。为保证测试程序的普适性，数据集应该包含正数和负数的混合，以及至少一个重复的值，以查看程序是否在这些条件下正常工作。

```
» test_ssort
Enter number of values to sort:  6
Enter value 1:   -5
Enter value 2:    4
Enter value 3:   -2
Enter value 4:    3
Enter value 5:   -2
Enter value 6:    0

Sorted data:
```

```
-5.0000
-2.0000
-2.0000
 0.0000
 3.0000
 4.0000
```

程序给出了测试数据集的正确答案。上述结果表明，它既适用于正负数，也适用于重复数。

◀

## 6.3 可选参数

许多 MATLAB 函数都支持可选输入参数和输出参数。例如，前面介绍的 `plot` 函数支持两个或多达七个输入参数。另外，函数 `max` 支持一个或两个输出参数。如果只有一个输出参数，则 `max` 返回数组的最大值。如果有两个输出参数，`max` 返回数组的最大值及其位置。MATLAB 函数如何获取输入和输出参数的数量，并调整其响应方式？

在 MATLAB 中，有八个特殊函数可以获取可选参数的信息，并报告参数中的错误。下面先介绍其中六个函数，其余两个将在学习完第 9 章的元胞数组数据类型后介绍：

- `nargin`——此函数返回调用函数的实际输入参数的数量。
- `nargout`——此函数返回调用函数的实际输出参数的数量。
- `nargchk`——如果调用函数的参数过多或过少，此函数返回标准错误消息。
- `error`——显示错误消息并中止出错函数。当出现致命错误时使用此函数。
- `warning`——显示警告消息并继续执行函数。当出现非致命错误且可以继续执行时使用此函数。
- `inputname`——该函数返回对应特定参数号的变量的实际名称。

当在用户自定义函数中调用函数 `nargin` 和 `nargout` 时，其返回的是调用用户自定义函数的实际输入和输出参数的数量。

如果调用函数的参数过多或过少，函数 `nargchk` 生成一个包含标准错误消息的字符串。此函数的语法形式为

```
message = nargchk(min_args,max_args,num_args);
```

其中 `min_args` 是参数的最小数量，`max_args` 是参数的最大数量，`num_args` 是参数的实际数量。如果参数数量超出了可接受范围，则生成标准错误消息。如果参数数量在可接受范围内，则返回一个空字符串。

函数 `error` 用于显示错误消息，并中止出错的用户自定义函数。此函数的语法形式为 `error('msg')`，其中 `msg` 是包含错误消息的字符串。当执行 `error` 时，暂停当前用户自定义函数，返回键盘控制，并在命令窗口显示错误消息。如果消息字符串为空，则不执行 `error`，继续执行当前函数。函数 `error` 通常与函数 `nargchk` 一起使用。当出错时，函数 `nargchk` 生成一个消息字符串并提供给函数 `error`。反之，生成一个空字符串。

函数 `warning` 用于显示有问题的函数和行号的警告消息，并继续执行。此函数的语法形式为 `warning('msg')`，其中 `msg` 是包含警告消息的字符串。当执行 `warning` 时，在命令窗口显示警告消息，并列出警告来自的函数名和行号。如果消息字符串为空，则不执行 `warning`。在这两种情况下，都将继续执行当前函数。

函数 inputname 返回调用函数的实参名称。此函数的语法形式为

```
name = inputname(argno);
```

其中 argno 是参数号。如果参数是变量，则返回其名称。如果参数是表达式，则返回空字符串。例如，

```
function myfun(x,y,z)
name = inputname(2);
disp(['The second argument is named' name]);
```

调用此函数，执行结果为

```
» myfun(dog,cat)
The second argument is named cat
» myfun(1,2+cat)
The second argument is named
```

函数 inputname 可用于在警告和错误消息中显示参数名称。

### ▶ 示例 6.3 可选参数的使用

下面通过创建函数来说明可选参数的使用。此函数实现输入直角坐标 $(x,y)$，输出对应大小和角度的极坐标表示。设计该函数支持两个输入参数 $x$ 和 $y$。若仅提供一个输入参数，则假定参数 $y$ 为 0，并继续计算。设计该函数默认输出两个参数：极坐标的大小和角度。若仅返回一个输出参数，则假定返回的是极坐标的大小。此函数如下所示：

```
function [mag, angle] = polar_value(x,y)
%POLAR_VALUE Converts (x,y) to (r,theta)
% Function POLAR_VALUE converts an input (x,y)
% value into (r,theta), with theta in degrees.
% It illustrates the use of optional arguments.

% Define variables:
%     angle     -- Angle in degrees
%     msg       -- Error message
%     mag       -- Magnitude
%     x         -- Input x value
%     y         -- Input y value (optional)

%   Record of revisions:
%      Date         Programmer        Description of change
%      ====         ==========        =====================
%    02/03/14      S. J. Chapman      Original code

% Check for a legal number of input arguments.
msg = nargchk(1,2,nargin);
error(msg);

% If the y argument is missing, set it to 0.
if nargin < 2
   y = 0;
end

% Check for (0,0) input arguments, and print out
% a warning message.
if x == 0 & y == 0
   msg = 'Both x any y are zero: angle is meaningless!';
   warning(msg);
end
```

```
% Now calculate the magnitude.
mag = sqrt(x.^2 + y.^2);

% If the second output argument is present, calculate
% angle in degrees.
if nargout == 2
   angle = atan2(y,x) * 180/pi;
end
```

为测试此函数，在命令窗口中重复调用。首先，尝试调用参数超出参数数量范围（过少或过多）情况下的函数。

```
» [mag angle] = polar_value
??? Error using ==> polar_value
Not enough input arguments.
» [mag angle] = polar_value(1,-1,1)
??? Error using ==> polar_value
Too many input arguments.
```

函数在这两种情况下均给出了适当的错误消息。其次，尝试调用输入参数为一个或两个情况下的函数。

```
» [mag angle] = polar_value(1)
mag =
     1
angle =
     0
» [mag angle] = polar_value(1,-1)
mag =
    1.4142
angle =
   -45
```

函数在这两种情况下也给出了正确的响应。再次，尝试调用输出参数为一个或两个情况下的函数。

```
» mag = polar_value(1,-1)
mag =
    1.4142
» [mag angle] = polar_value(1,-1)
mag =
    1.4142
angle =
   -45
```

函数在这两种情况下同样给出了正确的响应。最后，尝试调用输入参数 $x$ 和 $y$ 都为 0 情况下的函数。

```
» [mag angle] = polar_value(0,0)
Warning: Both x any y are zero: angle is meaningless!
> In d:\book\matlab\chap6\polar_value.m at line 32
mag =
     0
angle =
     0
```

在这种情况下，函数显示警告消息，并继续执行。

注意，MATLAB 函数声明的输出参数可多于实际需要，且不会出错。实际上函数不需要检查 nargout 以确定输出参数是否存在。例如，下列函数：

```
function [z1, z2] = junk(x,y)
z1 = x + y;
z2 = x - y;
end % function junk
```

调用此函数可输出一个或两个参数。

```
» a = junk(2,1)
a =
    3
» [a b] = junk(2,1)
a =
    3
b =
    1
```

检查函数的 nargout 目的是为了避免做无用功。如果输出的结果会被丢掉，为什么还要事先计算出来？因此，工程师可以通过去除不必要的计算来提升程序运行的速度。

### 测验 6.1

本测验为你提供了一个快速测试，看看你是否已经理解 6.1 节到 6.3 节中介绍的概念。如果你在测验中遇到问题，请重新阅读正文、请教教师或与同学一起讨论。测验的答案见书后。

1. 脚本文件和函数之间的区别是什么？
2. 用户自定义函数中的命令 help 是如何工作的？
3. 函数中的 H1 注释行有什么重要性？
4. 什么是值传递机制？它如何有助于编程设计？
5. 如何设计带有可选参数的 MATLAB 函数？

针对第 6 和第 7 题，请确定函数的调用是否正确。如果有误，指出错误所在。

6. ```
   out = test1(6);
   function res = test1(x,y)
   res = sqrt(x.^2 + y.^2);
   ```
7. ```
   out = test2(12);
   function res = test2(x,y)
   error(nargchk(1,2,nargin));
   if nargin == 2
      res = sqrt(x.^2 + y.^2);
   else
      res = x;
   end
   ```

## 6.4 使用全局内存共享数据

我们已经看到，函数与程序之间交换数据是通过参数列表来完成的。当一个函数被调用时，每一个实参都会被复制，而这个复制量将会在函数中用到。

除了参数列表之外，MATLAB 函数还可以通过全局内存与基本工作空间交换数据。**全局内存**是一种特殊类型的内存，可以从任何工作空间访问。如果一个变量在函数中被声明为全局变量，那么它将被放置在全局内存中，而不是本地工作空间中。如果同一个变量在另一个函数中声明为全局变量，则该变量将引用与第一个函数中的变量相同的内存位置。声明全局变量的每个脚本文件或函数都可以访问相同的数据值，因此全局内存提供了一种在函数之间共享数据的方法。

全局变量的声明要用到 `global` 语句，基本形式如下

```
global var1 var2 var3 ...
```

其中 `var1`、`var2` 和 `var3` 等都是存储在全局内存中的变量。按照惯例，全局变量以大写字母声明，但实际上并非必须的。

**良好编程习惯**

用大写字母声明全局变量，使其易于与局部变量区分开来。

在函数首次使用之前，必须对全局变量进行声明。相反，一个变量已经在本地工作空间被创建后，再声明它为全局变量将会产生错误[⊖]。为避免此错误，习惯于在初始注释之后及函数中的首个可执行语句之前，立即声明全局变量。

**良好编程习惯**

在初始注释之后及用到全局变量的函数的首个可执行语句之前，立即声明全局变量。

全局变量对于在许多函数之间共享大量数据特别有用，因为每次调用函数时都不需要复制整个数据集。使用全局内存在函数之间交换数据的缺点在于，这些函数仅适用于特定的数据集。通过输入参数交换数据的函数，可以使用不同的参数调用来重复使用它，但是通过全局内存交换数据的函数，则必须进行修改以允许它使用不同的数据集。

全局变量也有助于在一组相关函数之间共享隐式数据，同时保持它与调用程序单元不可见。

**良好编程习惯**

可以使用全局内存在程序中的函数之间传递大量数据。

▶ **示例6.4　随机数发生器**

在现实世界中，每次测量都会存在一定的测量噪声，因此不可能得到完美的测量结果。对于某些机械装置来说，如飞机、炼油厂和核反应堆等，其系统设计需要认真对待这种情况。一个好的工程设计必须将这些测量误差控制在一定范围内，避免因误差而导致系统不稳定。(如飞机失事、炼油厂爆炸或核反应堆堆芯熔毁！)

在系统建立之前，许多工程设计的检测是通过系统操作的模拟（simulation）来完成的。这些模拟包括创建系统行为的数学模型和符合模型的输入数据。如果模型对模拟输入数据做出正确的响应，那么我们就有理由相信，现实世界中的系统能对真实的输入数据做出正确的

---

[⊖] 如果在函数中已经定义了一个变量，之后将其声明为全局变量，则 MATLAB 会发出警告消息，并更改本地值来匹配全局值。不过，未来的 MATLAB 版本将不会允许这种情况，故不应该依赖此功能。

响应。

提供给模型的模拟输入数据必须带有模拟测量噪声。模拟测量噪声是指加入到理想输入数据中的一系列随机数。模拟噪声通常是由随机数发生器（random number generator）产生的。

随机数发生器是一个函数，每次调用它时都会返回一个不同的随机出现的数。事实上，这些数都是由确定性算法生成的，所以它们只是表现为随机。[一]然而，如果用于生成它们的算法足够复杂，那么应用于模拟中的这些数就足够随机。

下面是一个简单的随机数发生器算法。[二]它利用了大数求余的不可预知性。回顾第 2 章，模函数 mod 返回两个数字相除后的余数。考虑下面的等式：

$$n_{i+1} = \mathrm{mod}(8121 n_i + 28411, 134456) \quad (6.6)$$

假设 $n_i$ 为非负整数，那么由于求余函数的关系，$n_{i+1}$ 只能在 0 到 134 455 之间进行取值。接下来，将 $n_{i+1}$ 代入等式的右边，得到 0 到 134 455 之间的整数 $n_{i+2}$。重复上述过程，得到一系列 0 到 134 455 之间的数。如果事先不知道 8 121、28 411 和 134 456 这三个数，则不可能猜测出 n 值生成的顺序。此外，事实证明，序列中出现任意给定数的概率是相等的。基于这种性质，式（6.6）可作为均匀分布的随机数发生器的基础。

我们利用式（6.6）设计一个随机数发生器，其输出的是区间 [0.0, 1.0)[三]内的实数。

**答案**

编写一个函数，在每次调用时产生一个满足 $0 \leqslant \mathrm{ran} < 1.0$ 的随机数。随机数的产生依赖于下面的等式

$$\mathrm{ran}_i = \frac{n_i}{134456} \quad (6.7)$$

其中 $n_i$ 是由式（6.7）生成的 0 到 134 455 之间的数。

式（6.6）和式（6.7）生成的特定序列取决于序列初始值 $n_0$（称为种子，seed）。因此，必须提供一种指定 $n_0$ 的方法，这样每次运行函数时得到的序列顺序都是变化的。

**1. 陈述问题**

编写函数 random0，生成一个数组 ran，包含一个或多个在 $0 \leqslant \mathrm{ran} < 1.0$ 之间均匀分布的随机数，其生成顺序由式（6.6）和式（6.7）给出。该函数有一个或两个输入参数（m 和 n），用来指定数组的大小。如果有一个参数，则该函数生成一个大小为 m×m 的数组。如果有两个参数，则该函数生成一个大小为 m×n 的数组。种子 $n_0$ 的初始值将由函数 seed 指定。

**2. 定义输入和输出**

此问题中共有两个函数：seed 和 random0。函数 seed 输入的是一个整数，用来作为序列的起始点，且函数没有输出。函数 random0 输入的是一个或两个整数，用来指定要生成的随机数组的大小。如果仅提供一个参数 m，则生成大小为 m×m 的数组。如果提供两个参数 m 和 n，则生成大小为 m×n 的数组。函数输出的是区间 [0.0, 1.0) 内的随机值的数组。

**3. 设计算法**

函数 random0 的伪代码如下：

---

[一] 因此，有人将这些函数称为伪随机数发生器。

[二] 该算法出自 1986 年剑桥大学出版社出版的由 Flannery、Teukolsky 和 Vetterling 编著的《Numerical Recipes: The Art of Scientific Programming》一书中的第 7 章。

[三] 区间 [0.0, 1.0) 表示随机数的范围在 0.0 和 1.0 之间，包括 0.0，但不包括 1.0。

```
function ran = random0 ( m, n )
Check for valid arguments
Set n ← m if not supplied
Create output array with "zeros" function
for ii = 1:number of rows
   for jj = 1:number of columns
      ISEED ← mod (8121 * ISEED + 28411, 134456)
      ran(ii,jj) ← iseed / 134456
   end
end
```

其中 ISEED 是全局变量，所以它能被所有的函数调用。函数 seed 的伪代码如下：

```
function seed (new_seed)
new_seed ← round(new_seed)
ISEED ← abs(new_seed)
```

当用户输入的种子不是整数时，函数 round 会对其取整。当用户输入的种子是负数时，函数 abs 会取其绝对值。用户无需事先知道只有正整数才是合法的种子。

变量 ISEED 被放置在全局内存中，以便两个函数都能访问。

### 4. 将算法转换成 MATLAB 语句

函数 random0 的 MATLAB 代码如下所示。

```
function ran = random0(m,n)
%RANDOM0 Generate uniform random numbers in [0,1)
% Function RANDOM0 generates an array of uniform
% random numbers in the range [0,1). The usage
% is:
%
% random0(m)    -- Generate an m x m array
% random0(m,n)  -- Generate an m x n array

% Define variables:
%   ii      -- Index variable
%   ISEED   -- Random number seed (global)
%   jj      -- Index variable
%   m       -- Number of columns
%   msg     -- Error message
%   n       -- Number of rows
%   ran     -- Output array
%
%   Record of revisions:
%      Date        Programmer         Description of change
%      ====        ==========         =====================
%   02/04/14     S. J. Chapman        Original code

% Declare global values
global ISEED             % Seed for random number generator

% Check for a legal number of input arguments.
msg = nargchk(1,2,nargin);
error(msg);

% If the n argument is missing, set it to m.
if nargin < 2
   n = m;
end

% Initialize the output array
```

```
    ran = zeros(m,n);

    % Now calculate random values
    for ii = 1:m
       for jj = 1:n
          ISEED = mod(8121*ISEED + 28411, 134456);
          ran(ii,jj) = ISEED / 134456;
       end
    end
```

函数 seed 的 MATLAB 代码如下所示。

```
function seed(new_seed)
%SEED Set new seed for function RANDOM0
% Function SEED sets a new seed for function
% RANDOM0. The new seed should be a positive
% integer.

% Define variables:
%   ISEED    -- Random number seed (global)
%   new_seed -- New seed

% Record of revisions:
%    Date          Programmer        Description of change
%    ====          ==========        =====================
%  02/04/14       S. J. Chapman      Original code
%
% Declare global values
global ISEED                  % Seed for random number generator

% Check for a legal number of input arguments.
msg = nargchk(1,1,nargin);
error(msg);

% Save seed
new_seed = round(new_seed);
ISEED = abs(new_seed);
```

### 5. 测试程序

如果程序产生的这些数是真正的取值范围在 $0 \leqslant \text{ran} < 1.0$ 的均匀分布随机数，那么它们的均值应接近 0.5，标准差应接近 $\dfrac{1}{\sqrt{12}}$。

此外，如果把区间 0 到 1 划分成长度相等的子区间，那么落在每个子区间的随机数的数目应当是相同的。因此，可以利用**直方图**来统计每个子区间随机数的数目。MATLAB 函数 hist 能够读取输入数据并创建其直方图，所以将使用它来验证 random0 生成的随机数的分布。

为测试这些函数的结果，执行以下操作。

（1）调用函数 seed，将 new_seed 设置为 1024。
（2）调用函数 random0（4），观察得到的结果。
（3）再次调用函数 random0（4），验证每次产生的数不同。
（4）重新调用函数 seed，将 new_seed 设置为 1024。
（5）再次调用函数 random0（4），观察与 2 得到的结果是否相同。
（6）调用函数 random0（2,3），验证函数可以输入两个参数。
（7）调用函数 random0（1,100000），并利用 MATLAB 函数 mean 和 std 计算生成

数组的均值和标准差。验证结果是否分别接近 0.5 和 $\dfrac{1}{\sqrt{12}}$。

（8）根据（7）生成的随机数组，创建直方图，验证每个子区间中随机数的数目是否大致相等。

下面将以交互方式执行这些测试，并检查结果。

```
» seed(1024)
» random0(4)
ans =
    0.0598    1.0000    0.0905    0.2060
    0.2620    0.6432    0.6325    0.8392
    0.6278    0.5463    0.7551    0.4554
    0.3177    0.9105    0.1289    0.6230
» random0(4)
ans =
    0.2266    0.3858    0.5876    0.7880
    0.8415    0.9287    0.9855    0.1314
    0.0982    0.6585    0.0543    0.4256
    0.2387    0.7153    0.2606    0.8922
» seed(1024)
» random0(4)
ans =
    0.0598    1.0000    0.0905    0.2060
    0.2620    0.6432    0.6325    0.8392
    0.6278    0.5463    0.7551    0.4554
    0.3177    0.9105    0.1289    0.6230
» random0(2,3)
ans =
    0.2266    0.3858    0.5876
    0.7880    0.8415    0.9287
» arr = random0(1,100000);
» mean(arr)
ans =
    0.5001
» std(arr)
ans =
    0.2887
» hist(arr,10)
» title('\bfHistogram of the
  Output of random0');
» xlabel('Bin');
» ylabel('Count');
```

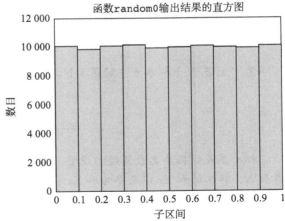

图 6.5 函数 random0 输出结果的直方图

检测结果是合理的，这些数据的均值为 0.5001，接近于理论值 0.5000，标准差为 0.2887，与此精度下的理论值相等。直方图如图 6.5 所示，随机值大致平均分布在所有子区间。

## 6.5 函数调用之间的数据存储

当函数执行结束时，由该函数创建的特定工作空间将会被销毁，因此函数中所有局部变量的内容将会消失。当下一次调用该函数时,将创建一个新的工作空间,而且所有的局部变量都将返回默认值。这种特性正是我们所需要的,可确保每次调用 MATLAB 函数时不受上一次的影响。

但有些情况下,在函数调用之间保留一些局部变量信息还是有用的。例如,希望创建一个计数器来计算函数被调用的次数。如果每次函数执行结束,计数器就会被破坏,那么计数不超过 1!

MATLAB 中有一个特殊机制,允许在函数调用之间保留局部变量的信息。**持久内存**(persistent memory)是内存的一种特殊类型,只能从函数内部访问,但在函数调用之间保持不变。

持久变量用 `persistent` 语句进行声明。它的语法形式如下

```
persistent var1 var2 var3 ...
```

其中 `var1`、`var2`、`var3` 等,都是存储在持久内存中的变量。

---

**良好编程习惯**

在函数调用之间使用持久内存保存函数中局部变量的值。

---

### ▶ 示例 6.5  计算均值

当我们在输入一些数据时,有时希望实时得到它的统计信息。MATLAB 内置函数 `mean` 和 `std` 就是进行统计数据运算的。但当输入一个新的数据时,必须将整个数据集传递给函数重新计算。编写一个函数,通过记录函数调用之间的数据之和,只需利用最新输入的数据来计算均值和标准差。

均值或算数平均数的定义如下:

$$\bar{x} = \frac{1}{N}\sum_{i=1}^{N} x_i \qquad (6.8)$$

其中 $x_i$ 是 $N$ 个样本点中的第 $i$ 个。标准差的定义如下

$$s = \sqrt{\frac{N\sum_{i=1}^{N} x_i^2 - \left(\sum_{i=1}^{N} x_i\right)^2}{N(N-1)}} \qquad (6.9)$$

标准差是数据集离散程度的度量。标准差越大,表明数据点越分散。如果能够记录下样本数 $N$,样本的和 $\Sigma x$ 以及平方和 $\Sigma x^2$,则根据式(6.8)和式(6.9)可以计算任意时候的均值和标准差。

编写一个函数,计算当前输入数据的均值和标准差。

**答案**

函数能够一次接收一个输入值,并记录下对应的 $N$、$\Sigma x$ 和 $\Sigma x^2$,用于计算当前的均值和标准差。此外,必须将其存储在持久内存中,以便在函数调用之间保留它们。最后,需要一种机制来将记录清零。

**1. 陈述问题**

编写一个函数,计算输入新数据时,当前数据集的均值和标准差。函数需要一种机制将

记录清零。

### 2. 定义输入和输出

该函数需要两种类型的输入。

（1）字符型变量"reset"，用于清零当前记录。

（2）数据集中的数值，每次函数调用参与运算。

该函数输出的是目前为止提供给函数的数据的均值和标准差。

### 3. 设计算法

该程序可分解为四个主要步骤。

```
Check for a legal number of arguments
Check for a 'reset', and reset sums if present
Otherwise, add current value to running sums
Calculate and return running average and std dev
    if enough data is available. Return zeros if
    not enough data is available.
```

这些步骤的详细伪代码如下：

```
Check for a legal number of arguments
if x == 'reset'
    n ← 0
    sum_x ← 0
    sum_x2 ← 0
else
    n ← n + 1
    sum_x ← sum_x + x
    sum_x2 ← sum_x2 + x^2
end

% Calculate ave and sd
if n == 0
    ave ← 0
    std ← 0
elseif n == 1
    ave ← sum_x
    std ← 0
else
    ave ← sum_x / n
    std ← sqrt((n*sum_x2 - sum_x^2) / (n*(n-1)))
end
```

### 4. 将算法转换成 MATLAB 语句

最终的 MATLAB 代码如下所示。

```
function [ave, std] = runstats(x)
%RUNSTATS Generate running ave & std deviation
% Function RUNSTATS generates a running average
% and standard deviation of a data set. The
% values x must be passed to this function one
% at a time. A call to RUNSTATS with the argument
% 'reset' will reset the running sums.

% Define variables:
%    ave      -- Running average
%    msg      -- Error message
%    n        -- Number of data values
%    std      -- Running standard deviation
%    sum_x    -- Running sum of data values
```

```
%     sum_x2     -- Running sum of data values squared
%     x          -- Input value
%
% Record of revisions:
%     Date          Programmer         Description of change
%     ====          ==========         =====================
%     02/05/14      S. J. Chapman      Original code

% Declare persistent values
persistent n                % Number of input values
persistent sum_x            % Running sum of values
persistent sum_x2           % Running sum of values squared

% Check for a legal number of input arguments.
msg = nargchk(1,1,nargin);
error(msg);

% If the argument is 'reset', reset the running sums.
if x == 'reset'
   n = 0;
   sum_x = 0;
   sum_x2 = 0;
else
   n = n + 1;
   sum_x = sum_x + x;
   sum_x2 = sum_x2 + x^2;
end

% Calculate ave and sd
if n == 0
   ave = 0;
   std = 0;
elseif n == 1
   ave = sum_x;
   std = 0;
else
   ave = sum_x / n;
   std = sqrt((n*sum_x2 - sum_x^2) / (n*(n-1)));
end
```

### 5. 测试程序

为测试此函数，需要创建一个用于重置的脚本文件 **runstats**：读取输入值，调用函数 **runstats**，并显示相应的统计量。如下所示为一个合适的脚本文件。

```
% Script file: test_runstats.m
%
% Purpose:
%   To read in an input data set and calculate the
%   running statistics on the data set as the values
%   are read in. The running stats will be written
%   to the Command Window.
%
% Record of revisions:
%     Date          Programmer         Description of change
%     ====          ==========         =====================
%     02/05/14      S. J. Chapman      Original code
%
% Define variables:
%     array    -- Input data array
%     ave      -- Running average
%     std      -- Running standard deviation
```

```
%   ii      -- Index variable
%   nvals   -- Number of input values
%   std     -- Running standard deviation

% First reset running sums
[ave std] = runstats('reset');

% Prompt for the number of values in the data set
nvals = input('Enter number of values in data set:  ');

% Get input values
for ii = 1:nvals

    % Prompt for next value
    string = ['Enter value ' int2str(ii) ':  '];
    x = input(string);

    % Get running statistics
    [ave std] = runstats(x);
    % Display running statistics
    fprintf('Average = %8.4f; Std dev = %8.4f\n',ave,std);

end
```

为了检测此函数,通过手动计算 5 个数得到相应的统计量,并与程序得到的结果进行比较。如果输入的 5 个数分别是:

$$3, 2, 3, 4, 2.8$$

那么手动计算的结果为:

| 样本 | $n$ | $\Sigma x$ | $\Sigma x^2$ | 均值 | 标准差 |
|---|---|---|---|---|---|
| 3.0 | 1 | 3.0 | 9.0 | 3.00 | 0.000 |
| 2.0 | 2 | 5.0 | 13.0 | 2.50 | 0.707 |
| 3.0 | 3 | 8.0 | 22.0 | 2.67 | 0.577 |
| 4.0 | 4 | 12.0 | 38.0 | 3.00 | 0.816 |
| 2.8 | 5 | 14.8 | 45.84 | 2.96 | 0.713 |

程序得到的结果为:

```
» test_runstats
Enter number of values in data set:  5
Enter value 1:  3
Average =    3.0000; Std dev =    0.0000
Enter value 2:  2
Average =    2.5000; Std dev =    0.7071
Enter value 3:  3
Average =    2.6667; Std dev =    0.5774
Enter value 4:  4
Average =    3.0000; Std dev =    0.8165
Enter value 5:  2.8
Average =    2.9600; Std dev =    0.7127
```

这个运算结果与上面的手动计算相符。

## 6.6 MATLAB 内置函数:排序函数

MATLAB 提供了两个内置排序函数,相较于示例 6.2 中创建的简单排序函数,它们更加实用。此外，它们的执行速度要比示例 6.2 中的排序函数快得多，而且随着数据量的增加，速度差异越来越大。

函数 sort 按升序或降序对数据集排序。如果数据是列向量或行向量，则对整个数据集进行排序。如果数据是二维矩阵，则分别对矩阵的各列单独排序。

函数 sort 的常见用法如下

```
res = sort(a);              % Sort in ascending order
res = sort(a,'ascend');     % Sort in ascending order
res = sort(a,'descend');    % Sort in descending order
```

如果 a 是向量，则按指定顺序对数据集排序。例如

```
» a = [1 4 5 2 8];
» sort(a)
ans =
     1     2     4     5     8
» sort(a,'ascend')
ans =
     1     2     4     5     8
» sort(a,'descend')
ans =
     8     5     4     2     1
```

如果 b 是矩阵，则按指定顺序对各列单独排序。例如

```
» b = [1 5 2; 9 7 3; 8 4 6]
b =
     1     5     2
     9     7     3
     8     4     6
» sort(b)
ans =
     1     4     2
     8     5     3
     9     7     6
```

依据指定数据矩阵的一列或多列，函数 sortrows 按升序或降序对矩阵排序。

函数 sortrows 的常见用法如下

```
res = sortrows(a);          % Ascending sort of col 1
res = sortrows(a,n);        % Ascending sort of col n
res = sortrows(a,-n);       % Descending order of col n
```

也可以依据指定的多列进行排序。例如，下面语句

```
res = sortrows(a,[m n]);
```

将依据列 m 对行排序。如果列 m 中对应两行的值相同，则按列 n 继续对行排序。

例如，假设矩阵 b 的定义如下所示。那么 sortrows(b) 将依据列 1 对行按升序排序，sortrows(b,[2 3]) 将依据列 2 和列 3 对行按升序排序。

```
» b = [1 7 2; 9 7 3; 8 4 6]
b =
     1     7     2
     9     7     3
     8     4     6
» sortrows(b)
ans =
     1     7     2
```

```
            8       4       6
            9       7       3
» sortrows(b,[2 3])
ans =
            8       4       6
            1       7       2
            9       7       3
```

## 6.7 MATLAB 内置函数：随机数生成函数

MATLAB 提供了两个标准函数，用于生成服从不同分布的随机数，即
- rand——在区间 [0，1) 内，生成服从均匀分布的随机数。
- randn——生成服从标准正态分布的随机数。

这些函数均比我们创建的简单函数更"随机"，执行速度更快。如在程序中需要用到随机数，推荐使用上述内置随机数生成函数。

在均匀分布中，区间 [0，1) 内的任意数出现的概率都相等。相比之下，正态分布是一个典型的"钟形曲线"，最大可能出现的数字是 0.0，标准差为 1.0。

函数 rand 和 randn 的调用形式如下：
- rand() 或 randn()——生成一个随机数。
- rand(n) 或 randn(n)——生成一个大小为 $n \times n$ 的随机矩阵。
- rand(m,n) 或 randn(m,n)——生成一个大小为 $m \times n$ 的随机矩阵。

## 6.8 本章小结

在第 6 章中，我们介绍了用户定义函数。函数是 M 文件的一种特殊类型，它通过输入参数接收数据，并通过输出参数返回结果。每个函数都有自己独立的工作空间。每个函数应保存在与其同名的单独文件中，且名称大小写一致。

在命令窗口或其他 M 文件中，直接使用函数名来进行调用。因此，要求函数名和其对应的文件名保持一致。MATLAB 通过值传递机制将参数传递给函数，意味着 MATLAB 复制每个参数，并将其复制传递给函数。这种复制很重要，因为函数可以自由修改输入参数，而不会影响到程序中的实参。

MATLAB 函数支持不同数量的输入和输出参数。在函数调用过程中，函数 nargin 可以报告所需实际输入参数的数量，而函数 nargout 则报告实际输出参数的数量。

把数据保存在全局内存中，可以实现 MATLAB 函数之间的数据共享。全局变量的声明要用到 global 语句，且所有声明它的函数都可共享全局变量。按照惯例，全局变量使用大写字母。

把数据保存在持久内存中，可以保留函数调用之间的函数内部数据。持久变量的声明要用到 persistent 语句。

### 6.8.1 良好编程习惯总结

使用 MATLAB 函数时，应遵循以下准则。
（1）尽可能将大型程序任务分解为较小的且易于理解的子任务。
（2）用大写字母声明全局变量，使其易于与局部变量区分开来。
（3）在初始注释之后及用到全局变量的函数的首个可执行语句之前，立即声明全局变量。

（4）可以使用全局内存在程序中的函数之间传递大量数据。

（5）在函数调用之间使用持久内存保存函数中局部变量的值。

### 6.8.2 MATLAB 总结

下面简要列出本章中出现的所有 MATLAB 命令和函数，以及对它们的简短描述。

**命令和函数**

| 命令 | 描述 |
| --- | --- |
| error | 显示错误消息并中止出错函数。当出现致命错误时使用此函数 |
| global | 声明全局变量 |
| nargchk | 如果调用函数的参数过多或过少，此函数返回标准错误消息 |
| nargin | 此函数返回调用函数的实际输入参数的数量 |
| nargout | 此函数返回调用函数的实际输出参数的数量 |
| persistent | 声明持久变量 |
| rand | 生成服从均匀分布的随机数 |
| randn | 生成服从标准正态分布的随机数 |
| return | 停止执行函数并返回给调用者 |
| sort | 按升序或降序对数据进行排序 |
| sortrows | 依据指定的列，按升序或降序对矩阵的行进行排序 |
| warning | 显示警告消息并继续执行函数。当出现非致命错误且可以继续执行时使用此函数 |

## 6.9 本章习题

6.1 脚本文件和函数之间的区别是什么？

6.2 当一个函数被调用时，数据是如何从调用者传递给函数的，函数又是如何把结果返回给调用者的？

6.3 在 MATLAB 中使用的值传递机制有什么优缺点？

6.4 修改本章中的选择排序函数，使它能够接收第二个可选参数："up"或"down"。当参数为"up"时，数据按升序排列；当参数为"down"时，数据按降序排列。如果没有参数，默认按升序排列。（确保有对无效参数的处理，以及函数中包含合适的帮助信息。）

6.5 MATLAB 函数 sin、cos 和 tan 输入的是弧度，而 asin、acos、atan 和 atan2 输出的是弧度。对应上述函数，创建一组新的函数 sin_d、cos_d 等，要求其输入和输出的是度，并进行测试。（注：最新版本的 MATLAB 内置函数 sind、cosd 等，也是以度作为输入的。因此，可以设置相同的输入值，评估创建的函数和相应的内置函数，以验证所创建函数的正确性。）

6.6 编写函数 f_to_c，实现接收华氏温度，返回摄氏温度。华氏温度和摄氏温度的关系如下

$$T(\text{in}°C) = \frac{5}{9}[T(\text{in}°F) - 32.0] \tag{6.10}$$

6.7 编写函数 c_to_f，实现接收摄氏温度，返回华氏温度。摄氏温度和华氏温度的关系如下

$$T(\text{in}°F) = \frac{9}{5}T(\text{in}°C) + 32 \tag{6.11}$$

6.8 已知三角形的顶点坐标为 $(x_1, y_1)$、$(x_2, y_2)$ 和 $(x_3, y_3)$（如图 6.6 所示），则三角形的面积可由下式得到

$$A = \frac{1}{2}\begin{vmatrix} x_1 & x_2 & x_3 \\ y_1 & y_2 & y_3 \\ 1 & 1 & 1 \end{vmatrix} \tag{6.12}$$

其中 || 是行列式运算。如果按逆时针顺序取点，得到的数值为正；如果按顺时针顺序取点，得到的数值为负。此行列式可以手动计算，公式如下：

$$A = \frac{1}{2}[x_1(y_2-y_3) - x_2(y_1-y_3) + x_3(y_1-y_2)] \quad (6.13)$$

编写函数area2d，利用式（6.13），计算顶点（$x_1$, $y_1$）、（$x_2$, $y_2$）和（$x_3$, $y_3$）给定时的三角形面积。假定三角形的顶点为（0,0）、（10,0）和（15,5），测试程序。

6.9 任意多边形都可以分解成一系列三角形，如图6.7所示。特别地，n边形可以分解为n-2个三角形。创建一个函数，计算多边形的周长和面积。其中多边形的面积利用习题6.8中的函数area2d来计算。编写一个程序，实现接收多边形顶点的一组数据，调用创建的函数，并返回多边形的周长和面积。假定多边形的顶点为（0,0）、（10,0）、（8,8）、（2,10）和（-4,5），测试程序。

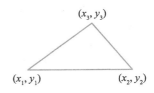

图6.6 顶点为（$x_1$, $y_1$）、（$x_2$, $y_2$）和（$x_3$, $y_3$）的三角形

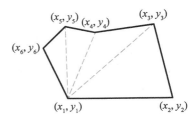

图6.7 任意多边形都可以分解成一系列三角形。特别地，n边形可以分解为n-2个三角形

6.10 **传输线的电感**：每米单相双线传输线的电感由下面公式给出

$$L = \frac{\mu_0}{\pi}\left[\frac{1}{4} + \ln\left(\frac{D}{r}\right)\right] \quad (6.14)$$

其中L是每米线的电感（单位为亨利），$\mu_0 = 4\pi \times 10^{-7}$H/m是真空磁导率，D是两个导体间的距离，r是每个导体的半径。编写一个函数，计算传输线的总电感。此时，总电感是关于传输线长度（单位为千米）、导体距离和导体直径的函数。利用此函数计算导体半径r = 2cm、导体距离D = 1.5m的100km传输线的总电感。

6.11 根据式（6.14），如果导体的直径增大，传输线的电感会增加还是减小？如果每个导体的直径增加一倍，传输线的电感会改变多少？

6.12 **传输线的电容**：每米单相双线传输线的电容由下面公式给出

$$C = \frac{\pi\varepsilon}{\ln\left(\frac{D-r}{r}\right)} \quad (6.15)$$

其中C是每米线的电容（单位为法拉），$\varepsilon_0 = 4\pi \times 10^{-7}$F/m是真空介电常数，D是两个导体间的距离，r是每个导体的半径。编写一个函数，计算传输线的总电容。此时，总电容是关于传输线长度（单位为千米）、导体距离和导体直径的函数。利用此函数计算导体半径r = 2cm、导体距离D = 1.5m的100km传输线的总电容。

6.13 当两个导体之间的距离增加时，传输线的电感和电容会发生什么变化？

6.14 使用函数random0生成100 000个随机数。对此数据集排序两次：一次用示例6.2的函数ssort，一次用MATLAB内置函数sort。使用tic和toc来统计这两个排序函数的运行时间，并继续比较。（注：为公平比较，复制生成的随机数，确保两个函数使用的数据集相同。）

6.15 根据习题6.14，生成三个随机数组，其元素个数分别为10 000、100 000和200 000。随着数据集中元素个数的增加，示例6.2排序函数ssort的排序消耗时间如何变化？内置函数sort的排序消耗时间如何变化？哪一个函数更高效？

6.16 修改函数random0，使其可以接收0、1或2个调用参数。如果没有调用参数，则返回一个单独的随机数。如果有1或2个调用参数，则返回结果不变。

6.17 当前编写的函数random0需要种子，若没有种子，则函数调用失败。修改函数random0，在不提供种子时，使用默认的种子运行。

6.18 **骰子模拟**：模拟掷骰子的情况在现实中非常有用。编写一个 MATLAB 函数 dice，模拟掷骰子的过程，每次产生一个 1 到 6 之间的随机整数。（提示：调用函数 random0 生成一个随机数，将可能的值划分为六个相等的子区间，并返回随机数对应的子区间。）

6.19 **道路交通密度**：函数 random0 将在 [0.0, 1.0) 区间内生成服从均匀分布的随机数。如果每个结果出现的概率是相同的，则此函数适用于模拟随机事件。但是，很多事情的发生并不都是等概率的，那么此函数不适合模拟这类情况。

例如，交通工程师研究在一段时间间隔 $t$ 内通过某一地的汽车数，发现 $k$ 辆汽车通过指定地点的概率为

$$P(k,t) = e^{-\lambda t}\frac{(\lambda t)^k}{k!}, t \geq 0, \lambda > 0, k = 0,1,2,\ldots \qquad (6.16)$$

这种概率分布称为泊松分布，在科研和工程中有着广泛的应用。例如，电话交换机在时间间隔 $t$ 中的呼叫次数 $k$、液体中指定体积 $t$ 中的细菌数 $k$ 以及复杂系统在时间间隔 $t$ 中的故障数 $k$ 等，都服从泊松分布。

编写一个函数，对任意 $k$、$t$ 和 $\lambda$ 求泊松分布。假定 $\lambda = 1.6$，计算在 1 分钟内通过高速路上指定地点 0,1,2,…,5 辆汽车的概率，并画出相应的泊松分布图。

6.20 编写三个 MATLAB 函数，分别计算双曲正弦、双曲余弦和双曲正切：

$$\sinh(x) = \frac{e^x - e^{-x}}{2} \qquad \cosh(x) = \frac{e^x + e^{-x}}{2} \qquad \tanh(x) = \frac{e^x - e^{-x}}{e^x + e^{-x}}$$

并利用编写的函数绘制相应的图形。

6.21 编写一个 MATLAB 函数，使用移动平均滤波器（习题 5.18）对数据集进行滤波，并使用习题 5.18 中的数据进行测试。

6.22 编写一个 MATLAB 函数，使用中值滤波器（习题 5.19）对数据集进行滤波，并使用习题 5.19 中的数据进行测试。

6.23 **关联排序**：将数组 arr1 按升序排序，与 arr1 相对应的 arr2 中的元素也发生改变。对这种排序，每次 arr1 中的一个元素与另一个元素进行交换时，arr2 中对应的元素也要交换。当排序结束时，数组 arr1 的元素是升序的，而 arr2 中的元素仍然与 arr1 中的元素相关联。例如，有以下两个数组：

```
Element         arr1           arr2
  1.             6.             1.
  2.             1.             0.
  3.             2.            10.
```

当数组 arr1 排序结束后，数组 arr2 也进行了相应的变化。两组数变为

```
Element         arr1           arr2
  1.             1.             0.
  2.             2.            10.
  3.             6.             1.
```

编写一个函数，对第一个实数组按升序排列，对第二个数组进行相应变化。用下面两个数组进行测试

```
a = [1, 11, -6, 17, -23, 0, 5, 1, -1];
b = [31, 101, 36, -17, 0, 10, -8, -1, -1];
```

6.24 在习题 6.23 中的关联排序是内置函数 sortrows 处理两列时的特殊情况。创建一个包含两列的矩阵 c，其中这两列为习题 6.23 中的向量 a 和 b，使用函数 sortrows 对矩阵进行排序，并与习题 6.23 的结果进行比较？

6.25 比较函数 sortrows 和习题 6.23 创建的关联排序函数的性能。为此，创建含有 10 000 × 2 个元素的两个数组副本，数组中是随机数。应用上面的两个函数分别对第一列进行排序，第二列也

随之改变。用函数 tic 和 toc 统计每个排序所消耗的时间。自己编写的函数的运行速度与标准函数的运行速度相比如何?

6.26 图 6.8 显示了漂浮在海洋上的两条船。1 号船所在的位置为 ($x_1$, $y_1$),按 $\theta_1$ 方位运行,2 号船所在的位置为 ($x_2$, $y_2$),按 $\theta_2$ 方位运行。假设 1 号船上雷达探测到一个物体与它的距离为 $r_1$,方位为 $\varphi_1$。编写一个 MATLAB 函数,计算 2 号船到物体的距离 $r_2$ 和方位 $\varphi_2$。

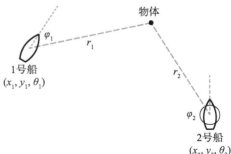

图 6.8 两艘船分别在位置 ($x_1$, $y_1$) 和 ($x_2$, $y_2$),且分别沿方位 $\theta_1$ 和 $\theta_2$ 运行

6.27 **线性最小二乘拟合**:编写一个函数,计算最适合于输入数据集的最小二乘直线的斜率 $m$ 和截距 $b$。输入数据点 ($x$, $y$) 将由两个输入数组 x 和 y 传递给函数。(在第 5 章示例 5.6 中,已经介绍了最小二乘直线的斜率和截距的方程。)使用下面 20 个点的输入数据集测试程序。

**测试最小二乘拟合的样本数据**

| 样本 | $x$ | $y$ | 样本 | $x$ | $y$ |
|---|---|---|---|---|---|
| 1 | -4.91 | -8.18 | 11 | -0.94 | 0.21 |
| 2 | -3.84 | -7.49 | 12 | 0.59 | 1.73 |
| 3 | -2.41 | -7.11 | 13 | 0.69 | 3.96 |
| 4 | -2.62 | -6.15 | 14 | 3.04 | 4.26 |
| 5 | -3.78 | -6.62 | 15 | 1.01 | 6.75 |
| 6 | -0.52 | -3.30 | 16 | 3.60 | 6.67 |
| 7 | -1.83 | -2.05 | 17 | 4.53 | 7.70 |
| 8 | -2.01 | -2.83 | 18 | 6.13 | 7.31 |
| 9 | 0.28 | -1.16 | 19 | 4.43 | 9.05 |
| 10 | 1.08 | 0.52 | 20 | 4.12 | 10.95 |

6.28 **最小二乘拟合的相关系数**:编写一个函数,计算最适合于输入数据集的最小二乘直线的斜率 $m$ 和截距 $b$,以及拟合的相关系数。输入数据点 ($x$, $y$) 将由两个输入数组 x 和 y 传递给函数。示例 5.6 介绍了最小二乘直线的斜率和截距的方程。相关系数的方程如下:

$$r = \frac{n(\sum xy) - (\sum x)(\sum y)}{\sqrt{\left[(n\sum x^2) - (\sum x)^2\right]\left[(n\sum y^2) - (\sum y)^2\right]}} \quad (6.17)$$

其中
$\sum x$ 是 $x$ 的和
$\sum y$ 是 $y$ 的和
$\sum x^2$ 是 $x$ 的平方和
$\sum y^2$ 是 $y$ 的平方和
$\sum xy$ 是对应 $x$ 和 $y$ 乘积的和
$n$ 是拟合中点的个数

用一个检测程序测试编写的函数,输入参数与上题相同。

6.29 编写一个函数 random1,利用函数 random0 产生区间 [-1,1) 内服从均匀分布的随机数。通过计算和显示 20 个随机样本来测试函数。

6.30 **高斯(正态)分布**:函数 random0 将在 [0, 1) 区间内生成服从均匀分布的随机数,这意味着在确定函数调用范围后,任何给定数出现的概率相等。另一种类型的随机分布是高斯分布,其中随机值取经典钟形曲线，如图 6.9 所示。如果高斯分布的均值为 0.0，标准差为 1.0，则称为标准正态分布。标准正态分布的公式如下

$$p(x) = \frac{1}{\sqrt{2\pi}} e^{-x^2/2} \quad (6.18)$$

可以从 [-1，1) 区间内的一个服从均匀分布的随机变量开始，生成一个服从标准正态分布的随机变量。

1. 在 [-1，1) 区间内任取服从均匀分布的随机变量 $x_1$ 和 $x_2$，查看 $x_1^2 + x_2^2 < 1$ 是否成立。如果成立，则用它们，否则重试。
2. 由下列公式得到的 $y_1$ 和 $y_2$ 是服从正态分布的随机变量。

$$y_1 = \sqrt{\frac{-2\ln r}{r}} x_1 \quad (6.19)$$

$$y_2 = \sqrt{\frac{-2\ln r}{r}} x_2 \quad (6.20)$$

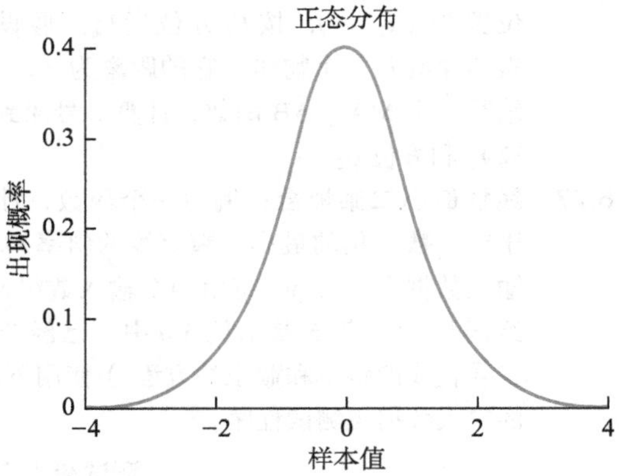

其中

$$p(x) = \frac{1}{\sqrt{2\pi}} e^{-x^2/2} \quad (6.21)$$

图 6.9　正态概率分布

编写一个函数，每调用一次产生一个正态分布的随机变量。通过获得 1000 个随机数，计算标准差，并绘制直方图来测试函数。标准差与 1.0 有多接近？

6.31　**万有引力**：质量分别为 $m_1$ 和 $m_2$ 的两个物体之间的引力 $F$ 满足下列公式

$$F = \frac{Gm_1m_2}{r^2} \quad (6.22)$$

其中 $G$ 是引力常量，大小为 $6.672 \times 10^{-11} \text{Nm}^2/\text{kg}^2$，$m_1$ 和 $m_2$ 是两物体的质量，单位为千克，$r$ 是两物体间的距离。编写一个函数，已知两物体质量和距离，计算它们之间的万有引力。在距离地表 3800 千米的高空重 800kg 的卫星与地球之间的万有引力是多少？（地球的质量为 $6.98 \times 10^{24}$ kg，半径为 $6.371 \times 10^6$ m。）

6.32　**瑞利分布**：瑞利分布是另一种类型的随机分布，出现在许多实际问题中。可以由两个服从正态分布的随机数的平方和的平方根得到服从瑞利分布的随机数。换句话说，为了生成服从瑞利分布的随机数 $r$，需要得到两个服从正态分布的随机数（$n_1$ 和 $n_2$），并进行如下计算：

$$r = \sqrt{n_1^2 + n_2^2} \quad (6.23)$$

(a) 创建一个函数 rayleigh(n,m)，它将返回一个 $n \times m$ 的数组，数组元素服从瑞利分布。如果只有一个输入参数 rayleigh(n)，返回一个 $n \times n$ 的数组。确保设计的函数能够检测输入参数，并为 MATLAB 帮助系统提供适当的文本。

(b) 生成 20 000 个服从瑞利分布的随机数，并绘制它们的分布直方图。这个分布看起来像什么？

(c) 计算出这些随机数的均值和标准差。

# 第 7 章

## 用户自定义函数高级特性

在第 6 章中，介绍了用户自定义函数的基本特性。本章将继续讨论一些更高级的特性。

## 7.1 函数的函数

"函数的函数"（function functions）是 MATLAB 给这类函数起的一个笨拙的名称，主要是指函数的输入参数中含有其他函数的名称或句柄。传递给"函数的函数"的函数，通常在该函数的执行过程中使用。

例如，MATLAB 中有一个"函数的函数"叫作 `fzero`。这个函数用于找到传递给它的函数值为 0 的自变量。例如，语句 `fzero('cos',[0 pi])` 能确定函数 cos 在区间 0 到 π 内何时为 0。语句 `fzero('exp(x)-2',[0 1])` 能确定函数 exp(x)-2 在区间 0 到 1 内何时为 0。当这些语句被执行时，将产生如下的结果：

```
» fzero('cos',[0 pi])
ans =
    1.5708
» fzero('exp(x)-2',[0 1])
ans =
    0.6931
```

在 MATLAB 中，两个专门函数 `eval` 和 `feval` 是处理函数的函数的关键。函数 `eval` 计算一个字符串，就像在命令窗口中键入一样。函数 `feval` 以指定的输入值计算命名函数。

函数 `eval` 计算一个字符串，就像在命令窗口中键入一样。该函数使 MATLAB 函数在执行过程中构建可执行语句。函数 `eval` 的语法形式为

```
eval(string)
```

例如，语句 `x=eval('sin(pi/4)')` 产生的结果如下：

```
» x = eval('sin(pi/4)')
x =
    0.7071
```

下面例子将构建一个字符串，并用函数 `eval` 进行计算：

```
x = 1;
str = ['exp(' num2str(x) ') -1'];
res = eval(str);
```

在这种情况下，变量 `str` 的内容是字符串 `'exp(1)-1'`，`eval` 计算的结果是 1.7183。

函数 `feval` 以指定的输入值计算由 M 文件定义的命名函数。函数 `feval` 的语法形式为：

```
feval(fun,value)
```

例如，语句 x=feval('sin', pi/4) 产生的结果如下：

```
» x = feval('sin',pi/4)
x =
    0.7071
```

表 7.1 列出了一些常见的 MATLAB 函数的函数。在命令窗口中输入"`help fun_name`",了解它们的用途。

表 7.1 常见的 MATLAB 函数的函数

| 函数名 | 说明 | 函数名 | 说明 |
| --- | --- | --- | --- |
| `fminbnd` | 返回单变量函数最小值时的自变量 | `ezplot` | 易用的函数绘图 |
| `fzero` | 返回单变量函数为零时的自变量 | `fplot` | 绘制函数 |
| `quad` | 计算函数的数值积分 | | |

▶ **示例 7.1 创建函数的函数**

创建一个函数的函数,实现绘制单变量 MATLAB 函数的图形,其中变量的初值和终值由用户指定。

**答案**

该函数有两个输入参数,第一个是要绘制的函数的名称,第二个参数是包含两个元素的向量,它指明了绘图的取值范围。

**1. 陈述问题**

创建一个函数,绘制用户指定范围内的单变量 MATLAB 函数。

**2. 定义输入和输出**

该函数输入的是下面两项内容。

(a) 包含函数名的字符串。

(b) 包含初值和终值两个元素的向量。

该函数输出的是第一个输入参数中指定的函数的图形。

**3. 设计算法**

该程序可分解为四个主要步骤。

```
Check for a legal number of arguments
Check that the second argument has two elements
Calculate the value of the function between the
   start and stop points
Plot and label the function
```

第三、四步计算和绘图的详细伪代码如下:

```
n_steps ← 100
step_size ← (xlim(2) - xlim(1)) / n_steps
x ← xlim(1):step_size:xlim(2)
y ← feval(fun,x)
plot(x,y)
title(['\bfPlot of function ' fun '(x)'])
xlabel('\bfx')
ylabel(['\bf' fun '(x)'])
```

**4. 将算法转换成 MATLAB 语句**

函数的最终 MATLAB 代码如下所示。

```
function quickplot(fun,xlim)
%QUICKPLOT Generate quick plot of a function
% Function QUICKPLOT generates a quick plot
% of a function contained in a external m-file,
% between user-specified x limits.
% Define variables:
%   fun         -- Name of function to plot in a char string
```

```
%   msg         -- Error message
%   n_steps     -- Number of steps to plot
%   step_size   -- Step size
%   x           -- X-values to plot
%   y           -- Y-values to plot
%   xlim        -- Plot x limits
%
% Record of revisions:
%    Date         Programmer         Description of change
%    ====         ==========         =====================
%   02/07/14     S. J. Chapman       Original code

% Check for a legal number of input arguments.
msg = nargchk(2,2,nargin);
error(msg);

% Check the second argument to see if it has two
% elements. Note that this double test allows the
% argument to be either a row or a column vector.
if  ( size(xlim,1) == 1 && size(xlim,2) == 2 ) | ...
    ( size(xlim,1) == 2 && size(xlim,2) == 1 )

    % Ok--continue processing.
    n_steps = 100;
    step_size = (xlim(2) - xlim(1)) / n_steps;
    x = xlim(1):step_size:xlim(2);
    y = zeros(size(x));
    h = str2func(fun)

    for ii = 1:length(x)
        y(ii) = feval(h,x(ii));
    end

    plot(x,y);
    title(['\bfPlot of function ' fun '(x)']);
    xlabel('\bfx');
    ylabel(['\bf' fun '(x)']);
else
    % Else wrong number of elements in xlim.
    error('Incorrect number of elements in xlim.');
end
```

### 5. 测试程序

要测试该程序，需要分别使用正确和错误的输入参数进行调用，从而验证它是否能够正确处理各种情况。结果如下：

```
» quickplot('sin')
??? Error using ==> quickplot
Not enough input arguments.

» quickplot('sin',[-2*pi 2*pi],3)
??? Error using ==> quickplot
Too many input arguments.

» quickplot('sin',-2*pi)
??? Error using ==> quickplot
Incorrect number of elements in xlim.

» quickplot('sin',[-2*pi 2*pi])
```

最后一次调用的结果是正确的，如图 7.1 所示。

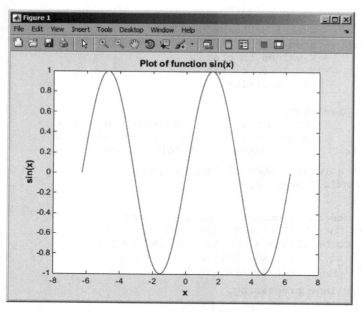

图 7.1　函数 `quickplot` 绘制的函数 sin *x* 关于 *x* 的图形

## 7.2　本地函数、私有函数和嵌套函数

MATLAB 包含几种特殊类型的函数，其使用方式与至此介绍的普通函数不同。普通函数可以被任意其他函数调用，只需位于同一目录或 MATLAB 路径中。

函数的**作用域**定义为在 MATLAB 中函数可以访问的位置。普通 MATLAB 函数的作用域是当前的工作目录。如果函数位于 MATLAB 路径上的目录中，则范围扩展到程序中的所有 MATLAB 函数。因为当查找指定名称的函数时，它们都会检查路径。

相比之下，将在本章的其余部分讨论的其他类型函数的作用域范围更为有限。

### 7.2.1　本地函数

在单个文件中可以创建多个函数。如果文件中存在多个函数，那么最上面的函数是普通函数或**主函数**，下面的函数称为**本地函数**或**子函数**。主函数应与所在文件的文件名相同。本地函数虽然看起来像普通函数，但只能被同一个文件中的其他函数访问。换句话说，本地函数的作用域范围是同一文件中的其他函数（如图 7.2 所示）。

本地函数通常用于实现主函数的"实用"计算。例如，文件 `mystats.m` 包含一个主函数 `mystats` 和两个本地函数 `mean` 和 `median`。函数 `mystats` 是一个普通的 MATLAB 函数，所以可以被同

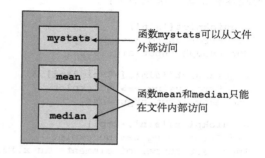

图 7.2　文件中的第一个函数称为主函数，其函数名与文件名相同，可以从文件外部访问。文件中的其余函数称为子函数，只能在文件内部访问

一目录中的任何其他 MATLAB 函数调用。如果该文件位于 MATLAB 搜索路径的目录中，则可以被任何其他 MATLAB 函数调用，即使它们不在同一目录中。相比之下，函数 mean 和 median 仅限于被同一文件中的其他函数调用。函数 mystats 可以调用它们，它们之间也可以互相调用，但文件之外的函数不能调用它们。它们作为"实用"函数，执行主函数 mystats 的部分计算工作。

```
function [avg, med] = mystats(u)
%MYSTATS Find mean and median with internal functions.
% Function MYSTATS calculates the average and median
% of a data set using local functions.
n = length(u);
avg = mean(u,n);
med = median(u,n);

function a = mean(v,n)
% Subfunction to calculate average.
a = sum(v)/n;

function m = median(v,n)
% Subfunction to calculate median.
w = sort(v);
if rem(n,2) == 1
    m = w((n+1)/2);
else
    m = (w(n/2)+w(n/2+1))/2;
end
```

### 7.2.2 私有函数

**私有函数**是指保存在名称为 private 的子目录中的函数。它们只对 private 目录中的其他函数或父目录中的函数可见。换句话说，这些函数的作用域范围仅限于私有目录及其父目录。

例如，假设在 MATLAB 搜索路径中有一个 testing 目录。在 testing 目录中又有一个 private 子目录。目录 private 中的函数只能被 testing 中的函数调用。由于私有函数在父目录外是不可见的，所以可以使用其他目录中的函数名命名。基于这种特性，在创建自己的私有函数时，不必考虑与其他目录的函数重名的问题。因为 MATLAB 先对私有函数查找，然后再对标准的 M 文件函数进行查找，所以它将首先找到私有函数 test.m，再找到非私有的 M 文件 test.m。

在包含自己函数的目录中，可以创建 private 子目录作为私有目录。不要将私有目录添加到搜索路径中。

当在 M 文件中调用函数时，MATLAB 首先检查该函数是否是同一文件中的本地函数。如果不是，则检查是否是一个私有函数。如果不是，则检查当前目录中的函数名称。如果不在当前目录中，则检查该函数的标准搜索路径。

如果需要特殊用途的 MATLAB 函数，即只能被其他函数调用，而永远不会被用户直接调用，那么考虑将它们定义为隐藏的本地函数或私有函数。隐藏这些函数将防止它们被意外使用，并防止与其他公有函数重名时发生冲突。

### 7.2.3 嵌套函数

**嵌套函数**是指完全定义在另一个函数体中的函数，并称另一个函数为**宿主函数**。嵌套函数仅对其宿主函数和相同级别的其他嵌套函数可见。

嵌套函数可以访问它定义的任何变量，以及宿主函数定义的任何变量（如图 7.3 所示）。换句话说，宿主函数中声明的变量的**范围**既包括宿主函数，也包括它内部的任何嵌套函数。唯一的例外情况是，如果嵌套函数中的变量与宿主函数中的变量同名。在这种情况下，宿主函数中的变量是不可访问的。

注意，如果一个文件包含一个或多个嵌套函数，那么文件中的每个函数都必须用 end 语句终止。这是唯一在函数结束时需要使用 end 语句的情况，而在其他时候它都是可选的。

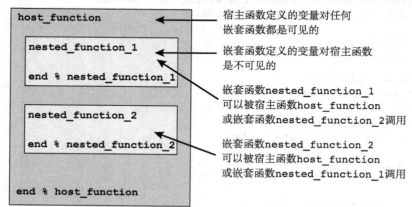

图 7.3 嵌套函数在宿主函数中定义，并继承宿主函数定义的变量

## 编程误区

如果一个文件包含一个或多个嵌套函数，那么文件中的每个函数都必须用 end 语句终止。在这种情况下，省略 end 语句是错误的。

以下程序演示了嵌套函数中变量的使用。程序包含一个宿主函数 test_nested_1 和一个嵌套函数 fun1。当程序执行时，首先初始化宿主函数中的变量 a、b、x 和 y，并将其值显示出来。然后程序调用 fun1。由于 fun1 是嵌套函数，所以它继承了来自宿主函数的变量 a、b 和 x。注意，此时 y 并没有被继承，因为 fun1 定义了一个同名的本地变量 y。在函数 fun1 执行结束后，显示变量的值。可以看到，a 增加了 1，y 被置为 5。当执行返回到宿主函数时，a 仍然是增加了 1，表明宿主函数中的变量 a 和嵌套函数中的变量 a 实际上是相同的。另一方面，y 又变成了 9，表明宿主函数中的变量 y 与嵌套函数中的变量 y 是不一样的。

```
function res = test_nested_1
% This is the top level function.
% Define some variables.
a = 1; b = 2; x = 0; y = 9;

% Display variables before call to fun1
fprintf('Before call to fun1:\n');
fprintf('a, b, x, y = %2d %2d %2d %2d\n', a, b, x, y);

% Call nested function fun1
x = fun1(x);

% Display variables after call to fun1
```

```
fprintf('\nAfter call to fun1:\n');
fprintf('a, b, x, y = %2d %2d %2d %2d\n', a, b, x, y);

    % Declare a nested function
    function res = fun1(y)

    % Display variables at start of call to fun1
    fprintf('\nAt start of call to fun1:\n');
    fprintf('a, b, x, y = %2d %2d %2d %2d\n', a, b, x, y);

    y = y + 5;
    a = a + 1;
    res = y;
    % Display variables at end of call to fun1
    fprintf('\nAt end of call to fun1:\n');
    fprintf('a, b, x, y = %2d %2d %2d %2d\n', a, b, x, y);

    end % function fun1
end % function test_nested_1
```

执行此程序，结果如下：

```
» test_nested_1
Before call to fun1:
a, b, x, y =  1  2  0  9

At start of call to fun1:
a, b, x, y =  1  2  0  0

At end of call to fun1:
a, b, x, y =  2  2  0  5

After call to fun1:
a, b, x, y =  2  2  5  9
```

与本地函数一样，嵌套函数可用于在宿主函数中执行特殊用途的计算。

**良好编程习惯**

使用本地函数、私有函数或嵌套函数来执行特殊用途的计算，这些计算通常不应被其他函数访问。隐藏这些函数将防止它们被意外使用，并防止与其他公有函数重名时发生冲突。

### 7.2.4 函数执行顺序

在大型程序中，可以有同名的多个函数（本地函数、私有函数、嵌套函数和公有函数）。当调用指定名称的函数时，如何知道应该执行哪个函数？

在MATLAB中，按如下顺序定位并执行函数。

（1）检查当前函数中是否存在具有指定名称的嵌套函数。如果存在，则执行。
（2）检查当前函数中是否存在具有指定名称的本地函数。如果存在，则执行。
（3）检查具有指定名称的私有函数。如果存在，则执行。
（4）检查当前目录中具有指定名称的函数。如果存在，则执行。
（5）检查MATLAB路径的目录中具有指定名称的函数。如果存在，则停止搜索并执行找到的第一个函数。

## 7.3 函数句柄

**函数句柄**是一种MATLAB数据类型，它保存用于访问函数的信息。当创建一个函数句柄时，MATLAB 会捕获有关其后需要执行的函数的所有信息。一旦创建了句柄，就可以随时执行该函数。

当 MATLAB 函数需要用到其他函数时，函数句柄是操作的关键。

### 7.3.1 创建和使用函数句柄

函数句柄有两种创建方式：操作符 @ 和函数 `str2func`。使用操作符 @ 创建函数句柄，只需将其放在函数名前。使用函数 `str2func` 创建函数句柄，将函数名作为字符串进行调用。例如，假设函数 `my_func` 定义如下：

```
function res = my_func(x)
res = x.^2 - 2*x + 1;
```

下面两行均能创建函数 `my_func` 的函数句柄：

```
hndl = @my_func
hndl = str2func('my_func');
```

一旦创建了函数句柄，就可以通过函数句柄声明函数，并调用参数执行。该函数与原函数的执行结果完全相同。

```
» hndl = @my_func
hndl =
    @my_func
» hndl(4)
ans =
     9
» my_func(4)
ans =
     9
```

如果函数句柄声明的函数没有调用参数，那么在调用该函数时必须使用空括号：

```
» h1 = @randn;
» h1()
ans =
    -0.4326
```

创建函数句柄后，其将在当前工作空间显示，数据类型为 "`function_handle`"：

```
» whos
Name      Size       Bytes  Class              Attributes
ans       1x1            8  double
h1        1x1           16  function_handle
hndl      1x1           16  function_handle
```

函数 `feval` 也可以执行函数句柄，并提供了一种在 MATLAB 程序中执行函数句柄的快捷方式。

```
» feval(hndl,4)
ans =
     9
```

函数 `func2str` 可以从函数句柄中恢复函数名。

```
» func2str(hndl)
ans =
my_func
```

我们发现，在接收并执行函数句柄的函数中，当需要创建描述性消息、错误消息或标签时，这个特性非常有用。例如，下面所示的函数在第一个参数中接收一个函数句柄，并在第二个参数中指定的点处绘制函数。另外，打印出包含正在绘制的函数名称的标题。

```
function plotfunc(fun,points)
% PLOTFUNC Plots a function between the specified points.
% Function PLOTFUNC accepts a function handle and
% plots the function at the points specified.

% Define variables:
%    fun         -- Function handle
%    msg         -- Error message
%
% Record of revisions:
%    Date            Programmer         Description of change
%    ====            ==========         =====================
%    03/05/14        S. J. Chapman      Original code

% Check for a legal number of input arguments.
msg = nargchk(2,2,nargin);
error(msg);

% Get function name
fname = func2str(fun);

% Plot the data and label the plot
plot(points,fun(points));
title(['\bfPlot of ' fname '(x) vs x']);
xlabel('\bfx');
ylabel(['\bf' fname '(x)']);
grid on;
```

例如，该函数可用于绘制区间 $[-2\pi, 2\pi]$ 内的函数 $\sin x$，执行如下语句：

```
plotfunc(@sin,[-2*pi:pi/10:2*pi])
```

结果如图 7.4 所示。

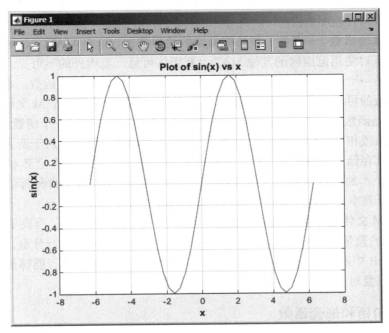

图 7.4 使用创建的函数 plotfunc 绘制区间 $[-2\pi, 2\pi]$ 内的函数 $\sin x$

注意，函数的函数（如 `feval` 和 `fzero`）也可以接收函数句柄作为调用参数。例如，下面两个语句是等价的，且执行结果相同：

```
» res = feval('sin',3*pi/2)
res =
    -1
» res = feval(@sin,3*pi/2)
res =
    -1
```

表 7.2 列出了一些常见的操作函数句柄的 MATLAB 函数。

表 7.2 操作函数句柄的 MATLAB 函数

| 函数名 | 说明 | 函数名 | 说明 |
| --- | --- | --- | --- |
| @ | 创建函数句柄 | functions | 返回有关函数句柄的信息，并存储在结构体中 |
| feval | 调用函数句柄执行函数 | str2func | 根据函数名称的字符串，创建函数句柄 |
| func2str | 返回给定函数句柄的函数名 | | |

### 7.3.2 函数句柄的优点

函数名或函数句柄都可以用来执行大多数函数。但是，函数句柄在某些方面比函数名更具优势，主要体现在以下四方面。

（1）**传递函数访问信息给其他函数**。正如在上一节中看到的，可将函数句柄作为参数调用另一个函数。函数句柄允许接收函数调用其对应的函数。即使函数句柄对应的函数不在接收函数的作用域范围内，也可以在接收函数中执行函数句柄。这是因为函数句柄具有执行函数的完整描述，调用函数不必搜索它。

（2）**提高重复执行的效率**。在创建函数句柄时，MATLAB 会先对函数进行搜索，然后将访问信息存储在句柄中。一旦定义好了，就可以重复使用这个函数句柄，而无需再次查找。这使得函数执行速度更快。

（3）**拓宽本地函数（子函数）和私有函数的使用范围**。所有 MATLAB 函数都有一定的使用范围，并且对使用范围内的其他 MATLAB 实体可见，范围外的不可见。即可以直接从使用范围内的另一个函数调用该函数，但不能从范围外的函数调用该函数。本地函数、私有函数和嵌套函数的可见性受限于其他 MATLAB 函数。即只能从同一个 M 文件中定义的另一个函数调用本地函数，只能从 `private` 子目录及其父目录中的另一个函数调用私有函数，只能从宿主函数或相同级别的另一个嵌套函数调用嵌套函数。然而，对于所创建的范围受限的函数句柄，其存储了调用函数所需要的所有 MATLAB 信息。如果在定义本地函数的 M 文件中创建了一个本地函数的句柄，则可以将此函数句柄传递给 M 文件外部的代码，并超出其通常范围来计算本地函数。这同样适用于私有函数和嵌套函数。

（4）**每个 M 文件包含更多函数，便于文件管理**。使用函数句柄，有助于减少包含函数所需的 M 文件的数量。使用本地函数，有助于对 M 文件中的函数进行分组，但是却限制了它们在 MATLAB 中的使用范围。而通过函数句柄访问这些本地函数，能够消除此限制。因此，可以根据需要对函数进行分组，并减少文件数量。

### 7.3.3 函数句柄和嵌套函数

当 MATLAB 调用普通函数时，将创建一个专门的工作空间，用来存放该函数的变量。

函数执行完成后，工作空间被销毁。此时，除了标记为持久变量的值，工作空间中的其他所有数据都将丢失。如果再次执行该函数，则会创建一个全新的工作空间。

与此相反，当宿主函数为嵌套函数创建函数句柄，并将句柄返回给调用程序时，将会为宿主函数创建一个工作空间，并且只要函数句柄仍然存在，工作空间就一直存在。由于嵌套函数可以访问宿主函数的变量，所以只要有可能使用嵌套函数，MATLAB 就必须保留宿主函数的数据。这意味着，我们可以在函数调用之间保存数据。

下面函数展示了这一思想。当执行函数 count_calls 时，它将本地变量 current_count 初始化为用户指定的初始计数值，然后创建并返回嵌套函数 increment_count 的函数句柄。当使用函数句柄调用函数 increment_count 时，计数增加 1，并返回新值。

```
function fhandle = count_calls(initial_value)

    % Save initial value in a local variable
    % in the host function.
    current_count = initial_value;

    % Create and return a function handle to the
    % nested function below.
    fhandle = @increment_count;

        % Define a nested function to increment counter
        function count = increment_count
        current_count = current_count + 1;
        count = current_count;
        end % function increment_count

end % function count_calls
```

执行该程序，结果如下所示。每次调用函数句柄，计数都增加 1。

```
» fh = count_calls(4);
» fh()
ans =
     5
» fh()
ans =
     6
» fh()
ans =
     7
```

更重要的是，为函数创建的每个函数句柄都有自己独立的工作空间。如果我们为这个函数创建两个不同的函数句柄，每个句柄都有自己的本地数据，它们将彼此独立。可以看到，可通过调用具有适当句柄的函数来独立地增加计数。

```
» fh1 = count_calls(4);
» fh2 = count_calls(20);
» fh1()
ans =
     5
» fh1()
ans =
     6
» fh2()
ans =
    21
» fh1()
ans =
     7
```

此特性可以用来在程序中运行多个计数器，且不会相互干扰。

### 7.3.4 应用示例：常微分方程的求解

在 MATLAB 函数中，求解常微分方程是函数句柄的重要应用之一。MATLAB 中包含许多求解不同条件下微分方程的函数，但最常用到的是函数 `ode45`。该函数求解如下类型的常微分方程

$$y' = f(t, y) \tag{7.1}$$

利用 Runge-Kutta（4,5）积分算法，对于具有不同输入条件的多类方程均有效。

此函数的调用序列为

```
[t,y] = ode45(odefun_handle,tspan,y0,options)
```

其中，调用参数如下：

| | |
|---|---|
| odefun_handle | 函数 $f(t, y)$ 的句柄，用于计算微分方程的微分 $y'$ |
| tspan | 包含积分时间的向量。如果是两个元素的数组 [t0 tend]，那么从初始时刻到最终时刻进行积分。积分器在时刻 t0 应用初始条件，并积分到时刻 tend。如果数组有两个以上元素，那么积分器将在指定的时刻返回微分方程的值 |
| y0 | 变量在时刻 t0 的初始条件 |
| options | 可选参数结构体，可更改默认属性（本书中将不使用这一参数） |

输出结果如下：

| | |
|---|---|
| t | 求解微分方程的时间点列向量 |
| y | 解，以数组形式返回。y 中的每一行都与 t 的相应行中返回值处的解相对应 |

此函数同样适用于一阶微分方程组，其因变量为 $y_1, y_2, \cdots$。

下面举例说明此函数的用法。首先，对于简单的一阶线性时不变微分方程

$$\frac{\mathrm{d}y}{\mathrm{d}t} + 2y = 0 \tag{7.2}$$

其初始条件 $y(0)=1$。微分方程对应的求导函数为

$$\frac{\mathrm{d}y}{\mathrm{d}t} = -2y \tag{7.3}$$

该函数在 MATLAB 中的编程实现如下：

```
function yprime = fun1(t,y)
yprime = -2 * y;
```

可用函数 ode45 求解式（7.2）。

```
% Script file: ode45_test1.m
%
% Purpose:
%   This program solves a differential equation of the
%   form dy/dt + 2 * y = 0, with the initial condition
%   y(0) = 1.
%
% Record of revisions:
%    Date           Programmer         Description of change
%    ====           ==========         =====================
%   03/15/14       S. J. Chapman       Original code
```

```
%
% Define variables:
%   odefun_handle -- Handle to function that defines the derivative
%   tspan         -- Duration to solve equation for
%   yo            -- Initial condition for equation
%   t             -- Array of solution times
%   y             -- Array of solution values

% Get a handle to the function that defines the
% derivative.
odefun_handle = @fun1;

% Solve the equation over the period 0 to 5 seconds
tspan = [0 5];
% Set the initial conditions
y0 = 1;
% Call the differential equation solver.
[t,y] = ode45(odefun_handle,tspan,y0);

% Plot the result
figure(1);
plot(t,y,'b-','LineWidth',2);
grid on;
title('\bfSolution of Differential Equation');
xlabel('\bfTime (s)');
ylabel('\bf\ity''');
```

执行此脚本文件，输出结果如图 7.5 所示。一阶线性微分方程的预期结果正是按指数衰减。

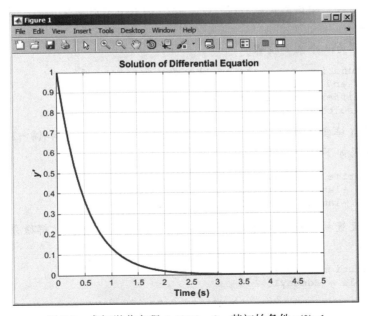

图 7.5 求解微分方程 d$y$/d$t$+2$y$=0，其初始条件 $y(0)$=1

## ▶ 示例 7.2 放射性衰变链

放射性同位素钍-227 衰变成镭-223，半衰期为 18.68 天，镭-223 依次衰变为氡-219，半衰期为 11.43 天。钍-227 的放射性衰变常数为 $\lambda_{th}$= 0.037 106 38/天，镭-223

的放射性衰变常数为 $\lambda_{ra}$= 0.060 642 8/ 天。假设最初有一百万个钍 –227 原子，计算并绘制钍 –227 和镭 –223 的数量随时间变化的函数。

**答案**

在给定时刻，钍 –227 的下降速率等于此时钍 –227 的数量乘以其衰变常数。

$$\frac{dn_{th}}{dt} = -\lambda_{th}\, n_{th} \qquad (7.4)$$

其中，$n_{th}$ 是钍 –227 的数量，$\lambda_{th}$ 是每天的衰减率。在给定时刻，镭 –223 的下降速率等于此时镭 –223 的数量乘以其衰变常数。同时，由于钍 –227 的衰变导致镭 –223 的数量增加，因此镭 –223 的总量是

$$\frac{dn_{ra}}{dt} = -\lambda_{ra}\, n_{ra} - \frac{dn_{th}}{dt}$$
$$\frac{dn_{ra}}{dt} = -\lambda_{ra}\, n_{ra} + \lambda_{th}\, n_{th} \qquad (7.5)$$

其中，$n_{ra}$ 是镭 –223 的数量，$\lambda_{ra}$ 是每天的衰减率。通过求解式（7.4）和式（7.5）的联立方程组，以确定钍 –227 和镭 –223 在任何给定时刻的数量。

**1. 陈述问题**

假设最初有一百万个钍 –227 原子，且没有镭 –223 原子，计算和绘制钍 –227 和镭 –223 的数量随时间变化的函数。

**2. 定义输入和输出**

该程序没有输入。输出的是钍 –227 和镭 -223 的数量随时间变化的函数。

**3. 设计算法**

该程序可分解为三个主要步骤。

```
Create a function to describe the derivatives of
thorium-227 and radium-223
Solve the differential equations using ode45
Plot the resulting data
```

首先，通过直接实现式（7.4）和式（7.5），创建计算钍 –227 和镭 –223 的变化率的函数。详细的伪代码如下所示：

```
function yprime = decay1(t,y)
yprime(1) = -lambda_th * y(1);
yprime(2) = -lambda_ra * y(2) + lambda_th * y(1);
```

其次，通过设置初始条件和持续时间，并调用函数 ode45，求解微分方程组。详细的伪代码如下所示：

```
% Get a function handle.
odefun_handle = @decay1;
% Solve the equation over the period 0 to 100 days
tspan = [0 100];
% Set the initial conditions
y0(1) = 1000000;      % Atoms of thorium-227
y0(2) = 0;            % Atoms of radium-223
% Call the differential equation solver.
[t,y] = ode45(odefun_handle,tspan,y0);
```

最后，输出和绘制结果。其中，列 y(:,1) 包含钍 −227 的数量，列 y(:,2) 包含镭 −223 的数量。

**4. 将算法转换成 MATLAB 语句**

调用函数的 MATLAB 代码如下所示。

```
%   Script file: calc_decay.m
%
%   Purpose:
%     This program calculates the amount of thorium-227 and
%     radium-223 left as a function of time, given an initial
%     concentration of 1000000 atoms of thorium-227
%     and no atoms 0 radium-223.%
%   Record of revisions:
%       Date            Programmer          Description of change
%       ====            ==========          =====================
%     03/15/14         S. J. Chapman        Original code
%
% Define variables:
%   odefun_handle -- Handle to function that defines the derivative
%   tspan          -- Duration to solve equation for
%   y0             -- Initial condition for equation
%   t              -- Array of solution times
%   y              -- Array of solution values

% Get a handle to the function that defines the derivative.
odefun_handle = @decay1;

% Solve the equation over the period 0 to 100 days
tspan = [0 100];

% Set the initial conditions
y0(1) = 1000000;        % Atoms of thorium-227
y0(2) = 0;              % Atoms of radium-223

% Call the differential equation solver.
[t,y] = ode45(odefun_handle,tspan,y0);

% Plot the result
figure(1);
plot(t,y(:,1),'b-','LineWidth',2);
hold on;
plot(t,y(:,2),'k--','LineWidth',2);
title('\bfAmount of Thorium-227 and Radium-223 vs Time');
xlabel('\bfTime (days)');
ylabel('\bfNumber of Atoms');
legend('Thorium-227','Radium-223');
grid on;
hold off;
```

计算导数的函数代码如下所示。

```
function yprime = decay1(t,y)
%DECAY1 Calculates the decay rates of thorium-227 and radium-223.
% Function DECAY1 Calculates the rates of change of thorium-227
% and radium-223 (yprime) for a given current concentration y.

% Define variables:
%   t            -- Time (in days)
%   y            -- Vector of current concentrations
%
% Record of revisions:
%     Date            Programmer          Description of change
```

```
%       ====            ==========              =====================
%       03/15/07        S. J. Chapman           Original code

% Set decay constants.
lambda_th = 0.03710636;
lambda_ra = 0.0606428;

% Calculate rates of decay
yprime = zeros(2,1);
yprime(1) = -lambda_th * y(1);
yprime(2) = -lambda_ra * y(2) + lambda_th * y(1);
```

**5. 测试程序**

程序执行后，结果如图7.6所示。这些结果看起来是合理的。钍-227的初始量高，并以约18天的半衰期指数地下降。镭-223的初始量从零开始，随着钍-227的衰变而迅速上升。当镭-223因钍-227的衰减而增加的数量小于其衰变速率时，镭-223的数量开始下降。

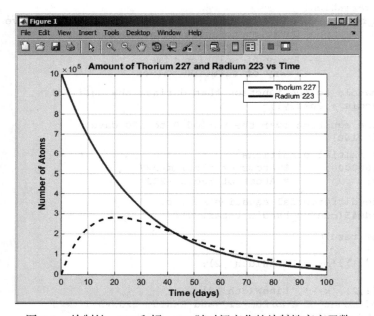

图7.6 绘制钍-227和镭-223随时间变化的放射性衰变函数

## 7.4 匿名函数

匿名函数是一个"没有名称"[⊖]的函数。通过在单个MATLAB语句中声明，并返回函数句柄，然后调用句柄来执行函数。匿名函数的一般形式为

```
fhandle = @ (arglist) expr
```

其中，`fhandle`是函数句柄，`arglist`是函数的调用参数列表，`expr`是涉及参数列表的函数运算的表达式。例如，创建函数计算表达式$f(x) = x^2 - 2x - 2$

---

⊖ 没有名称即匿名。

```
myfunc = @ (x) x.^2 - 2*x - 2
```
该函数可以使用函数句柄进行调用。例如，执行 f(2)
```
» myfunc(2)
ans =
    -2
```
匿名函数是一种快速编写短函数的方法，可用于函数的函数。例如，函数 `fzero` 调用匿名函数来求解 $f(x) = x^2-2x-2$ 的根：
```
» root = fzero(myfunc,[0 4])
root =
    2.7321
```

## 7.5 递归函数

如果函数调用自身，则称为**递归函数**。例如，阶乘函数就是一个递归函数。在第 5 章中，阶乘函数定义如下

$$n! = \begin{cases} 1 & n = 0 \\ n \times (n-1) \times (n-2) \times \ldots \times 2 \times 1 & n > 0 \end{cases} \quad (7.6)$$

可写成

$$n! = \begin{cases} 1 & n = 0 \\ n \times (n-1)! & n > 0 \end{cases} \quad (7.7)$$

其中，在定义阶乘函数 $n!$ 时用到了阶乘函数自己。此时，函数可被设计成递归的，并直接在 MATLAB 中实现式（7.7）。

▶ **示例 7.3  阶乘函数**

为展示递归函数的操作过程，利用式（7.7）创建阶乘函数。计算正整数 n 的 n 阶乘的 MATLAB 代码如下

```
function result = fact(n)
%FACT Calculate the factorial function
% Function FACT calculates the factorial function
% by recursively calling itself.
% Define variables:
%   n           -- Non-negative integer input
%
%   Record of revisions:
%     Date      Programmer           Description of change
%     ====      ==========           =====================
%   07/07/14    S. J. Chapman        Original code

% Check for a legal number of input arguments.
msg = nargchk(1,1,nargin);
error(msg);

% Calculate function
if n == 0
   result = 1;
else
   result = n * fact(n-1);
end
```

执行程序后，结果如下所示。

```
» fact(5)
ans =
    120
» fact(0)
ans =
    1
```

## 7.6 绘图函数

在前文介绍的绘图中，都是先创建数据数组，然后将数组传递给绘图函数。实际上，MATLAB 包含两个直接绘图函数 `ezplot` 和 `fplot`，不需要事先创建中间数据数组。

函数 `ezplot` 采取以下形式：

```
ezplot(fun);
ezplot(fun, [xmin xmax]);
ezplot(fun, [xmin xmax], figure);
```

其中，参数 `fun` 可以是函数句柄、M 文件函数名或包含函数表达式的字符串。可选参数 `[xmin xmax]` 指定绘制函数的范围。如果没有指定，则函数默认在 $-2\pi$ 到 $2\pi$ 内绘制。可选参数 `figure` 指定绘制函数的图号。

例如，下面是在 $-4\pi$ 到 $4\pi$ 内绘制函数 $f(x) = \sin x / x$ 的语句。执行语句的输出结果见图 7.7。

```
ezplot('sin(x)/x',[-4*pi 4*pi]);
title('Plot of sin x / x');
grid on;
```

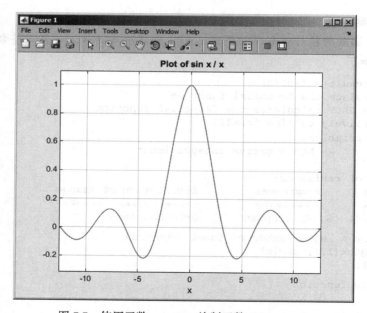

图 7.7 使用函数 `ezplot` 绘制函数 $f(x) = \sin x / x$

---

⊖ 注意，函数在 0 处的值为 0/0（未定义），返回值 NaN（非数字）。MATLAB 在绘制向量时忽略 NaN，因此图显示为连续的。

函数 fplot 与 ezplot 的用法相似，但更复杂一些。函数 **fplot** 采取以下形式：

```
fplot(fun);
fplot(fun, [xmin xmax]);
fplot(fun, [xmin xmax], LineSpec);
[x, y] = fplot(fun, [xmin xmax], ...);
```

其中，参数 **fun** 可以是函数句柄、M 文件函数名或包含函数表达式的字符串。可选参数 **[xmin xmax]** 指定绘制函数的范围。如果没有指定，则函数默认在 $-2\pi$ 到 $2\pi$ 内绘制。可选参数 LineSpec 指定绘制函数所使用线条的颜色、类型以及标记类型。参数 LineSpec 可以取值与函数 **plot** 中的一样。函数 **fplot** 最终返回的是 $x$ 和 $y$ 值，而不会实际绘制函数。

相较于函数 **ezplot**，函数 **fplot** 具有以下两个优点。

（1）函数 **fplot** 是自适应的，这意味着在函数变化较快的地方，可以计算和显示更多的数据点。因此，在函数突然变化的地方得到的结果更精确。

（2）函数 **fplot** 支持用户自定义绘图线条属性（颜色、线条类型和标记类型）。

在一般情况下，优先推荐使用函数 **fplot** 绘图。

下面是使用函数 **fplot** 在 $-4\pi$ 到 $4\pi$ 内绘制函数 $f(x) = \sin x/x$ 的语句，并指定属性为带圆圈标记的红色虚线。执行语句的输出结果见图 7.8。（见彩页）

```
fplot('sin(x)/x',[-4*pi 4*pi],'-or');
title('Plot of sin x / x');
grid on;
```

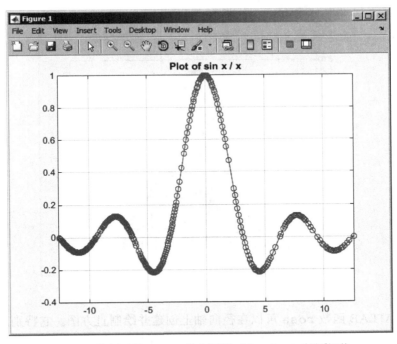

图 7.8　使用函数 **fplot** 绘制函数 $f(x) = \sin x/x$（见彩页）

## 良好编程习惯

使用函数 **fplot** 直接绘制函数而不必创建中间数据数组。

## 7.7 直方图

直方图显示的是数据集内数值的分布情况图。在创建直方图时，需要将数据集包含的范围划分成等间隔的区间，并确定落入每个区间的数据值的数目。然后将得到的计数结果作为区间号的函数进行绘制。

标准的 MATLAB 直方图函数是 `hist`。此函数的形式如下所示：

```
hist(y)
hist(y,nbins)
hist(y,x)
[n,xout] = hist(y,...)
```

该函数的第一种形式是创建并绘制具有 10 个等间隔区间的直方图，而第二种形式是创建并绘制具有 `nbins` 个等间隔区间的直方图。函数的第三种形式允许用户使用数组 `x` 指定区间的中心；此时创建以数组中每个元素为中心的区间。在这三种情况下，函数都将创建和绘制直方图。函数的最后一个形式是将区间中心返回给数组 `xout`，并将对应区间的计数返回给数组 `n`，而不是实际绘制图形。

例如，下列语句将创建一个包含 10 000 个高斯随机值的数据集，并绘制具有 15 个等间隔区间的直方图（见图 7.9）。

```
y = randn(10000,1);
hist(y,15);
```

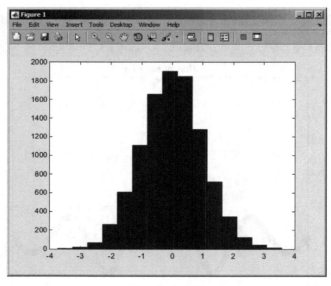

图 7.9　直方图

此外，MATLAB 函数 `rose` 可以在径向轴上创建并绘制直方图。它特别适用于展示角数据的分布。在本章末的习题中，将会要求用到这个函数。

▶ **示例 7.4　雷达目标处理**

某些现代雷达为了能够确定探测目标的范围和速度，需要使用相干积分。图 7.10（见彩页）显示了这种雷达的积分间隔的输出。它绘制的是振幅（单位：dB 毫瓦）关于相对距离和速度的函数图形。出现在数据集中的两个目标，一个的相对距离为 0 米并以 80 米/秒的速度移动，另一个的相对距离为 20 米并以 60 米/秒的速度移动。距离和速度坐标空间的其余部分为旁瓣和背景噪声。

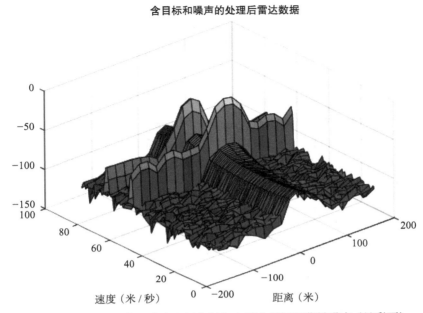

图 7.10　雷达的距离–速度坐标空间包含两个目标和背景噪声（见彩页）

为了估计该雷达检测到的目标强度，需要计算目标的信噪比（SNR）。相对来说，很容易得到每个目标的振幅，但如何确定背景的噪声水平？常用的方法是假设雷达数据中的大部分距离/速度单元只包含噪声，如果找到其中最普遍出现的振幅，则可以认为它与噪声水平一致。因此，对距离/速度坐标空间中所有样本的振幅绘制直方图，然后找到包含样本数最多的振幅区间。

根据处理后的雷达数据，找到背景噪声水平。

**答案**

**1. 陈述问题**

在给定距离/速度的雷达数据样本中，确定背景噪声水平，并将其返回给用户。

**2. 定义输入和输出**

该程序输入的是存储在文件 `rd_space.mat` 中的雷达数据样本。此 MAT 文件包含距离数据向量 `range`、速度数据向量 `velocity`、振幅数据数组 `amp`。该程序输出的是数据样本直方图中最大区间的振幅，即噪声水平。

**3. 设计算法**

该程序可分解为四个主要步骤。

```
Read the input data set
Calculate the histogram of the data
Locate the peak bin in the data set
Report the noise level to the user
```

首先，读取输入数据。伪代码如下：

```
% Load the data
load rd_space.mat
```

其次，计算数据的直方图。使用 MATLAB 帮助系统，可以看到直方图函数需要的输入数据是向量，而不是二维数组。根据第 2 章所介绍的，使用 `amp(:)` 可将 2D 数组 `amp` 转换为 1D 向量。指定输出参数的直方图函数形式将返回区间计数和区间中心。在选择区间数量时也必须慎重考虑。如果区间数量太少，则噪声水平估计的较粗略。如果区间数量太多，则在距离/速度坐标空间中的样本数不足以进行统计。考虑这两方面的均衡，这里使用 31 个区间。伪代码如下：

```
% Calculate histogram
[nvals, amp_levels] = hist(amp(:), 31)
```

其中，`nvals` 是各区间的计数数组，`amp_levels` 是各区间的中心振幅值数组。

再次，在输出数组 `nvals` 中找到峰值区间。比较简单有效的方法是使用 MATLAB 函数 `max`，它返回数组中的最大值（以及最大值的位置）。使用 MATLAB 帮助系统查看此函数，所需的函数形式为：

```
[max_val, max_loc] = max(array)
```

其中，`max_val` 是数组的最大值，`max_loc` 是最大值对应的位置。一旦确定了最大值的位置 `max_loc`，则可以通过查看 `amp_levels` 数组中的相应位置得到此区间的信号强度。伪代码如下：

```
% Calculate histogram
[nvals, amp_levels] = hist(amp, 31)
% Get location of peak
[max_val, max_loc] = max(nvals)
% Get the power level of that bin
noise_power = amp_levels(max_loc)
```

最后，将结果反馈给用户。

```
Tell user.
```

### 4. 将算法转换成 MATLAB 语句

对应的 MATLAB 代码如下所示。

```
%   Script file: radar_noise_level.m
%
%   Purpose:
%     This program calculates the background noise level
%     in a buffer of radar data.
%
%   Record of revisions:
%       Date       Programmer          Description of change
%       ====       ==========          =====================
%     05/29/14     S. J. Chapman       Original code
%
% Define variables:
%   amp_levels    -- Amplitude level of each bin
%   noise_power   -- Power level of peak noise
%   nvals         -- Number of samples in each bin

% Load the data
load rd_space.mat

% Calculate histogram
[nvals, amp_levels] = hist(amp(:), 31);
```

```
% Get location of peak
[max_val, max_loc] = max(nvals);

% Get the power level of that bin
noise_power = amp_levels(max_loc);

% Tell user
fprintf('The noise level in the buffer is %6.2f dBm.\n', noise_power);
```

**5. 测试程序**

下面，对程序进行测试。

```
» radar_noise_level
The noise level in the buffer is -104.92 dBm.
```

为验证上述结果，可以调用函数 hist 的无输出参数形式来绘制数据的直方图。

```
hist(amp(:), 31);
xlabel('\bfAmplitude (dBm)');
ylabel('\bfCount');
title('\bfHistogram of Cell Amplitudes');
```

图 7.11 为绘制的直方图。目标功率约为 $-20\text{ dBm}$，噪声功率约为 $-105\text{ dBm}$。程序运行正常。

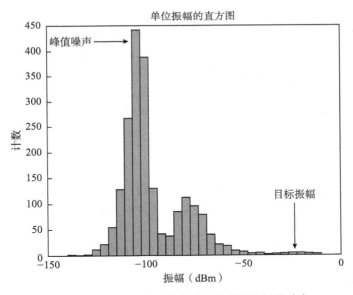

图 7.11　直方图展示了背景噪声和检测目标的功率

## 测验 7.1

本测验为你提供了一个快速测试，看看你是否已经理解 7.1 节到 7.7 节中介绍的概念。如果你在测验中遇到问题，请重新阅读正文、请教教师或与同学一起讨论。测验的答案见书后。

1. 什么是本地函数？如何与普通函数进行区分？
2. "作用范围"的含义是什么？

3. 什么是私有函数？如何与普通函数进行区分？
4. 什么是嵌套函数？嵌套函数的父函数中变量的作用范围是什么？
5. 在 MATLAB 执行时搜索函数的路径顺序是什么？
6. 什么是函数句柄？如何创建函数句柄？如何使用函数句柄调用函数？
7. 如果使用语句 `myfun(@cosh)` 调用下面的函数，则返回的结果是什么？

```
function res = myfun(x)
res = func2str(x);
end
```

## 7.8 本章小结

在第 7 章中，我们介绍了用户自定义函数的高级特性。

函数的函数是一类可将其他函数名作为输入参数的 MATLAB 函数。在程序执行过程中，通常需要将函数名传递给函数的函数来进行使用。本章给出了一些求根和绘图的示例。

本地函数是指放置在单个文件中的其他附加函数。它们只能由同一文件中的其他函数来访问。私有函数是指放置在一个名为 `private` 的特殊子目录中的函数。它们只能访问父目录中的函数。本地函数和私有函数可用来限制对 MATLAB 函数的访问。

函数句柄是一种特殊的数据类型，包含调用函数所需的所有信息。函数句柄由操作符 `@` 或函数 `str2func` 来创建，并通过命名句柄以及所跟的括号和所需的调用参数来使用。

匿名函数是一类没有名称的简单函数，它在单行创建并通过函数句柄调用。

函数 `ezplot` 和 `fplot` 都是函数的函数，它们不需要创建输出数据而直接绘制用户指定的函数。

直方图是指数据集落入一系列振幅区间的样本数的曲线图。

### 7.8.1 良好编程习惯总结

使用 MATLAB 函数时，应遵循以下准则。

（1）使用本地函数、私有函数或嵌套函数来执行特殊用途的计算，且这些计算通常不应被其他函数访问。隐藏这些函数将防止它们意外使用，并防止与其他公有函数重名时发生冲突。

（2）使用函数 `fplot` 直接绘制函数而不必创建中间数据数组。

### 7.8.2 MATLAB 总结

下面简要列出本章中出现的所有 MATLAB 命令和函数，以及对它们的简短描述。

| 命令和函数 | |
|---|---|
| `@` | 创建函数句柄（或匿名函数） |
| `eval` | 执行表达式，如同直接在命令窗口中输入一样 |
| `ezplot` | 简单的函数绘图 |
| `feval` | 计算定义在 M 文件中的函数 $f(x)$ 在特定 $x$ 处的值 |
| `fminbnd` | 求单变量函数的最小值 |
| `fplot` | 利用函数名绘制函数 |
| `functions` | 返回有关函数句柄的各种信息 |
| `func2str` | 根据给定的函数句柄返回函数名 |

| | (续) |
|---|---|
| fzero | 寻找单变量函数的零值 |
| global | 声明全局变量 |
| hist | 计算和绘制数据集的直方图 |
| inputname | 返回对应参数号的变量名称 |
| nargchk | 如果函数调用的参数过少或过多，返回标准错误信息 |
| nargin | 返回函数调用实际输入参数的数量 |
| nargout | 返回函数调用实际输出参数的数量 |
| ode45 | 使用 Runge-Kutta 技术求解常微分方程 |
| quad | 求函数的数值积分 |
| str2func | 根据指定的字符串创建函数句柄 |

## 7.9 本章习题

7.1 编写一个函数，利用第 6 章的函数 random0 生成区间 [-1.0, 1.0) 内的随机数。要求将 random0 作为所编函数的本地函数。

7.2 编写一个函数，利用第 6 章的函数 random0 生成区间 [low, high) 内的随机数，其中 low 和 high 是调用参数。要求将 random0 作为所编函数的私有函数。

7.3 编写单个 MATLAB 函数 hyperbolic，计算习题 6.20 中定义的双曲正弦、余弦和正切函数。该函数有两个参数：第一个是包含函数名 'sinh'、'cosh' 或 'tanh' 的字符串，第二个是将要计算函数的 $x$ 的值。同时，文件应包含三个本地函数 sinh1、cosh1 和 tanh1，用于执行实际计算，而主函数可根据参数字符串中的值调用正确的本地函数。（注意：确保合适处理参数数量不正确和无效字符串的情况。在这两种情况下，该函数都会出错。）

7.4 编写程序，创建三个匿名函数，分别表示 $f(x) = 10\cos x$，$g(x) = 5\sin x$ 和 $h(a,b) = \sqrt{a^2+b^2}$。在区间 $-10 \leq x \leq 10$ 内，绘制函数 $h(f(x), g(x))$。

7.5 在区间 $0.1 \leq x \leq 10$ 内，使用函数 fplot 绘制函数 $f(x)=1/\sqrt{x}$。给出合适的标注。

7.6 **求单变量函数的最小值**：函数 fminbnd 用来查找用户指定区间内函数的最小值。在 MATLAB 帮助系统中查看函数的详细说明，并在区间 (0.5, 1.5) 内求函数 $y(x) = x^4-3x^2+2x$ 的最小值。要求将 $y(x)$ 作为匿名函数。

7.7 在区间 (-2, 2) 内绘制函数 $y(x) = x^4-3x^2+2x$。然后使用函数 fminbnd 查找区间 (-1.5, 0.5) 内的最小值。该函数是否能找到此区间的最小值？结果如何？

7.8 **直方图**：使用内置的 MATLAB 高斯随机数发生器 randn 创建包含 10 000 个样本的数组。设定间隔区间为 21 个，绘制样本集的直方图。

7.9 **玫瑰图**：使用内置的 MATLAB 高斯随机数发生器 randn 创建包含 10 000 个样本的数组。设定间隔区间为 21 个，在玫瑰图上绘制样本集。（提示：在 MATLAB 帮助子系统中查找玫瑰图）。

7.10 **函数的极小值和极大值**：编写一个函数，在某个区间内，查找任意函数 $f(x)$ 的最大值和最小值。待查找函数的函数句柄作为调用参数传递给所编函数。即函数应具有以下输入参数：

first_value— 查找 $x$ 的第一个值
last_value— 查找 $x$ 的最后一个值
num_steps— 查找阶段的步骤数
func— 待查找的函数名

函数应具有以下输出参数：

xmin— $x$ 的最小值
min_value— 函数 $f(x)$ 的最小值
xmax— $x$ 的最大值
max_value— 函数 $f(x)$ 的最大值

请检查输入参数的数量是否有效，详情可使用 MATLAB 命令 `help` 和 `lookfor` 查询。

7.11 为前一道习题编写测试程序。测试程序应该包括函数的函数、用户自定义函数 $f(x) = x^3 - 5x^2 + 5x + 2$ 和查找区间 $-1 \leq x \leq 3$ 内的最大值和最小值。最终将程序的输出结果显示给用户。

7.12 编写程序，定位函数 $f(x) = \cos^2 x - 0.25$ 在 0 到 $2\pi$ 之间的零点。这里，使用函数 `fzero` 来实际定位此函数的零点。在此区间内绘制函数，并显示函数 `fzero` 给出的零点的位置。

7.13 编写程序，计算函数 $f(x) = \tan^2 x + x - 2$，其中 $x$ 在区间 $-2\pi$ 到 $2\pi$ 内以 $\pi/10$ 为步长取值。创建函数句柄，并使用函数 `feval` 计算指定点的函数值。

7.14 编写程序，定位并返回每个雷达目标在距离 – 速度坐标空间的位置（示例 7.4）。针对每个目标，分别返回距离、速度、振幅和信噪比。

7.15 **函数的导数**：连续函数 $f(x)$ 的导数定义为

$$\frac{\mathrm{d}}{\mathrm{d}x} f(x) = \lim_{\Delta x \to 0} \frac{f(x + \Delta x) - f(x)}{\Delta x} \quad (7.8)$$

在采样函数中，此定义变为

$$f'(x_i) = \frac{f(x_{i+1}) - f(x_i)}{\Delta x} \quad (7.9)$$

其中，$\Delta x = x_{i+1} - x_i$。假设向量 `vect` 包含 `nsamp` 个函数样本，每个样本的间距为 `dx`。编写一个函数，根据式（7.9）计算该向量的导数。检查并确保该函数中的 `dx` 大于零，以防止出现零除错误。

为了测试该函数，首先需要生成一个已知导数的数据集，然后将其与函数运行结果对比。例如，选 $\sin x$ 作为测试函数，那么基于初等微积分，我们知道 $\frac{\mathrm{d}}{\mathrm{d}x}(\sin x) = \cos x$。以 $x = 0$ 作为起点，取间隔 $\Delta x = 0.05$，生成包含 100 个函数 $\sin x$ 值的向量。然后使用编写的函数计算该向量的导数，并与已知的正确结果比较。所编写的函数计算的导数与正确值的接近程度如何？

7.16 **噪声存在时的导数**：下面将探讨输入噪声对数值导数的影响。首先，与上一个习题的过程类似，以 $x = 0$ 作为起点，取间隔 $\Delta x = 0.05$，生成包含 100 个函数 $\sin x$ 值的向量。然后，使用函数 `random0` 生成少量随机噪声，其最大振幅为 $\pm 0.02$，并将该随机噪声添加到输入向量的样本中。图 7.12 显示了受噪声污染的正弦曲线。

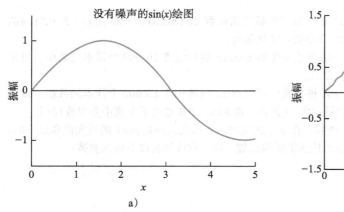
a)

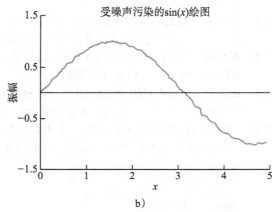
b)

图 7.12 a）绘制函数 $\sin(x)$，其中 $x$ 没有添加噪声；b）绘制函数 $\sin(x)$，其中 $x$ 添加峰值振幅为 2% 的均匀分布随机噪声

注意，因为 $\sin(x)$ 的最大值是 1，所以噪声的峰值振幅只有信号峰值振幅的 2%。现在，使用上一习题编写的导数函数对受噪声污染的函数求导。其结果与理论值的接近程度如何？

7.17 创建匿名函数，执行表达式 $y(x) = 2e^{-0.5x}\cos x - 0.2$，并使用函数 `fzero` 求此函数在 0 到 7 之间的根。

7.18 在示例 7.4 中，创建的阶乘函数没有检查并确保输入值是非负整数。请修改函数，执行此检查过程。若调用的参数是非法值，则返回错误。

7.19 **斐波那契数**：如果函数调用自身，则称为递归函数。MATLAB 函数允许递归操作。为了测试这个特性，编写一个 MATLAB 函数，输出斐波那契数。第 $n$ 个斐波那契数的定义由下面等式给出：

$$F_n = \begin{cases} F_{n-1} + F_{n-2} & n > 1 \\ 1 & n = 1 \\ 0 & n = 0 \end{cases} \quad (7.10)$$

其中，$n$ 是非负整数。检查函数，并确保有一个非负整数的参数。如果不是，则使用函数 `error` 返回错误。如果输入参数是非负整数，则使用式（7.10）来计算 $F_n$。为了测试编写的函数，分别计算 $n=1$、$n=5$ 和 $n=10$ 时的斐波那契数。

7.20 **生日问题**：如果一个房间里有一组 $n$ 人，那么两个或两个以上的人生日相同（月和日，不考虑年）的概率是多少？通过模拟可以确定这个问题的答案。编写一个函数，计算 $n$ 个人中有两个或两个以上的人生日相同的概率，其中 $n$ 是一个调用参数。（提示：要做到这一点，函数应该创建一个大小为 $n$ 的数组，并在 1 到 365 之间随机生成 $n$ 个生日。然后检查这 $n$ 个生日是否有任何相同。至少要经过 5000 次实验，计算出两个或两个以上的人生日相同的次数。）编写测试程序，计算并显示 $n$ 个人中两人及以上生日相同的概率，其中 $n = 2, 3, \cdots, 40$。

7.21 **恒虚警率（Constant False Alarm Rate，CFAR）**：图 7.13a 显示了一个简化的雷达接收机链。当在该接收机中接收到信号时，它包含所需信息（来自目标的反馈）和热噪声。在接收机中的检测步骤之后，希望能够从热噪声背景中选出接收到的目标反馈。简单来说，可以通过设置一个阈值电平来完成这个操作。即当信号越过阈值时，表示得到一个目标。不幸的是，即使没有目标存在，接收机噪声有时也可能越过检测阈值。如果发生这种情况，将把噪声尖峰看成是一个目标，造成虚假警报。因此，检测阈值必须设置得尽可能低，这样才能检测到弱目标，但不能设置太低，否则会得到很多虚假警报。

在视频检测之后，接收机中的热噪声服从瑞利分布。图 7.13b 显示了平均振幅为 10 伏特服从瑞利分布的 100 个噪声样本。注意，即使检测阈值设置高达 26，也会出现虚假警报！噪声样本的概率分布如图 7.13c 所示。

检测阈值通常设置为平均噪声水平的倍数，因此，如果噪声水平改变，检测阈值也会随之改变，以控制虚假警报。这就是恒虚警率（Constant False Alarm Rate，CFAR）检测。检测阈值通常以分贝表示。以分贝表示的阈值和以伏特表示的阈值之间的关系是

$$\text{阈值（伏特）} = \text{平均噪声水平（伏特）} \times 10^{\frac{dB}{20}} \quad (7.11)$$

或

$$dB = 20 \log_{10}\left(\frac{\text{阈值（伏特）}}{\text{平均噪声水平（伏特）}}\right) \quad (7.12)$$

给定检测阈值时，恒虚警率计算如下

$$P_{fa} = \frac{\text{虚假警报次数}}{\text{样本总数}} \quad (7.13)$$

编写一个程序，产生 1 000 000 个服从瑞利分布的随机噪声样本，平均幅值为 10 伏特。当检测阈值高于平均噪声水平 5、6、7、8、9、10、11、12 和 13 分贝时，确定恒虚警率。如何设置阈值来实现 $10^{-4}$ 的恒虚警率？

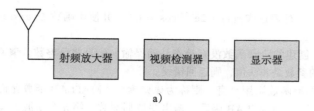

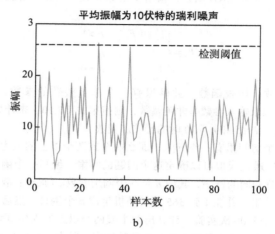

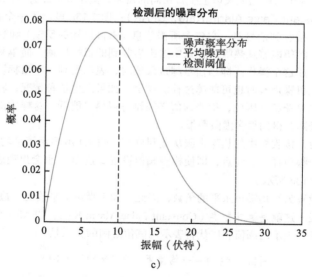

图 7.13 a) 雷达接收器；b) 检测器输出的均值为 10 伏特的热噪声。噪声有时会超过检测阈值；c) 检测后的噪声概率分布

7.22 **函数发生器**：编写一个嵌套函数，计算形如 $y = ax^2 + bx + c$ 的多项式的值。主函数 `gen_func` 通过调用三个参数 a、b 和 c 来对多项式系数初始化，创建并返回嵌套函数 `eval_func(x)` 的函数句柄。在给定 x 的值时，嵌套函数利用存储在主函数中的 a、b 和 c 计算 y 的值。由于每组 a、b 和 c 的值都将产生一个函数句柄，可计算对应多项式的值，因此，它实际上是一个函数发生器。请进行如下操作。

(a) 调用 `gen_func(1, 2, 1)`，将得到的函数句柄保存在变量 h1 中。用此句柄计算多项式 $y = x^2+2x+1$ 的值。

(b) 调用 gen_func(1, 4, 3)，将得到的函数句柄保存在变量 h2 中。用此句柄计算多项式 $y = x^2+4x+3$ 的值。
(c) 编写一个函数，接收函数句柄，并在指定区间内绘制该函数。
(d) 绘制（a）和（b）中的两个多项式函数。

7.23 **电阻–电容电路**：图7.14a 显示了一个输出电压通过电容器的简单串联电阻–电容电路（RC Circuits）。假设在时间 $t=0$ 之前，电路中没有电压或功率，当时间 $t \geq 0$ 时，施加电压 $v_{out}(t)$（如图 7.14b）。在 $0 \leq t \leq 10s$ 内，计算并绘制该电路的输出电压。（提示：输出电压满足基尔霍夫电流定律（Kirchoff's Current Law，KCL），因此可求解 KCL 方程得到输出电压 $v_{out}(t)$）。KCL 方程为

$$\frac{v_{out}(t)-v_{in}(t)}{R}+C\frac{dv_{out}(t)}{dt}=0 \tag{7.14}$$

等式可重新写为

$$\frac{dv_{out}(t)}{dt}+\frac{1}{RC}v_{out}(t)=\frac{1}{RC}v_{in}(t) \tag{7.15}$$

求解此方程，得到输出电压 $v_{out}(t)$。

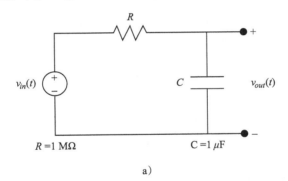

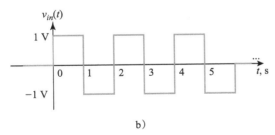

图 7.14 a) 一个简单的串联 RC 电路；b) 电路中输入电压是随时间变化的函数。注意，在 t=0s 之前和 t=6s 之后的所有时间电压都是 0

7.24 计算并绘制下列微分方程的输出 $v$：

$$\frac{dv(t)}{dt}+v(t)=\begin{cases} t & 0 \leq t \leq 5 \\ 0 & \text{其他} \end{cases} \tag{7.16}$$

# 第 8 章
Essentials of MATLAB Programming, Third Edition

# 其他数据类型和绘图类型

在之前章节中，我们已经介绍了三种基本的 MATLAB 数据类型：`double`、`logical` 和 `char`。在本章，我们将进一步介绍双精度型和字符型数据的其他细节信息。

首先，我们将学习在 `double` 数据类型中如何创建、操作和绘制复数。然后，我们将进一步了解如何使用 `char` 数据类型，以及如何将任意类型的 MATLAB 数组扩展到二维以上。

最后，本章讨论了 MATLAB 中的三维绘图。

## 8.1 复数

**复数**是由实部和虚部组成的数。复数广泛存在于科学和工程应用中。例如，电气工程中使用复数来表示交流电压、电流和阻抗。描述大多数电气和机械系统行为的微分方程也会产生复数。正是由于复数的存在如此普遍，所以工程师必须要很好地理解它的使用和操作。

复数的一般形式如下

$$c = a + bi \tag{8.1}$$

其中，$c$ 是复数，$a$ 和 $b$ 是两个实数，i 是 $\sqrt{-1}$。实数 $a$ 和 $b$ 分别称为复数 $c$ 的实部和虚部。由于复数有两部分组成，所以可表示成平面上的一个点（如图 8.1 所示）。平面上水平的是实轴，垂直的是虚轴，因此任何复数 $a+bi$ 都可以表示为沿实轴 $a$ 个单位长度和虚轴 $b$ 个单位长度的点。这里实轴和虚轴定义了矩形的边，以这种方式表示的复数称为直角坐标表示。

复数也可以表示为由平面原点指向点 $P$ 的长度为 $z$ 和角度为 $\theta$ 的向量（如图 8.2 所示）。以这种方式表示的复数称为极坐标表示。

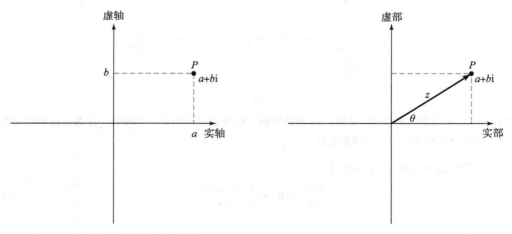

图 8.1　在直角坐标系中表示复数　　图 8.2　在极坐标系中表示复数

$$c = a + bi = z \angle \theta \tag{8.2}$$

直角坐标系和极坐标系中各项 $a$、$b$、$z$ 和 $\theta$ 之间的关系如下：

$$a = z \cos\theta \tag{8.3}$$

$$b = z\sin\theta \tag{8.4}$$
$$z = \sqrt{a^2 + b^2} \tag{8.5}$$
$$\theta = \tan^{-1}\frac{b}{a} \tag{8.6}$$

MATLAB 使用直角坐标表示复数。每个复数由一对实数（$a$，$b$）组成。第一个数（$a$）是复数的实部，第二个数（$b$）是复数虚部。

如果复数 $c_1$ 和 $c_2$ 分别定义成 $c_1=a_1+b_1\mathrm{i}$ 和 $c_2=a_2+b_2\mathrm{i}$，那么复数 $c_1$ 和 $c_2$ 的加、减、乘、除定义如下：

$$c_1 + c_2 = (a_1 + a_2) + (b_1 + b_2)\mathrm{i} \tag{8.7}$$
$$c_1 - c_2 = (a_1 - a_2) + (b_1 - b_2)\mathrm{i} \tag{8.8}$$
$$c_1 \times c_2 = (a_1 a_2 - b_1 b_2) + (a_1 b_2 - b_1 a_2)\mathrm{i} \tag{8.9}$$
$$\frac{c_1}{c_2} = \frac{a_1 a_2 + b_1 b_2}{a_2^2 + b_2^2} + \frac{b_1 a_2 - a_1 b_2}{a_2^2 + b_2^2}\mathrm{i} \tag{8.10}$$

当复数出现在二元运算中时，MATLAB 按照上述公式的形式进行加、减、乘、除运算。

## 8.1.1 复数变量

当将复数赋给变量名时，会自动创建一个复数变量。可使用内置数值 i 或 j 来创建一个复数，其中 i 和 j 都已预先定义为 $\sqrt{-1}$。例如，下列语句将复数 4+3i 存储在变量 `c1` 中。

```
>> c1 = 4 + i*3
c1 =
   4.0000 + 3.0000i
```

另外，虚数部分可以通过在一个数的末端加上 i 或 j 来指定：

```
>> c1 = 4 + 3i
c1 =
   4.0000 + 3.0000i
```

函数 `isreal` 可以检测所给的数组是实数还是虚数。如果数组中任何一个元素有虚部，则数组是复数，且 `isreal(array)` 返回值为 0。

## 8.1.2 复数关系运算

可以使用 == 关系运算符来判断两个复数是否相等，也可以用 ~= 关系运算符来判断两个复数是否不相等。它们都能产生预期结果。例如，对于 $c_1=4+3\mathrm{i}$ 和 $c_2=4-3\mathrm{i}$，关系运算 $c_1==c_2$ 结果为 0，$c_1$~=$c_2$ 结果为 1。

但是，关系运算 >、<、≥ 或 ≤ 并非如此。在对复数进行这些关系运算时，只有实部参与了运算。例如，对于 $c_1=4+3\mathrm{i}$ 和 $c_2=3-8\mathrm{i}$，关系运算 $c_1 > c_2$ 的结果为真（1），然而实际上 $c_1$ 的大小要比 $c_2$ 的小。

如果需要使用这些运算符比较两个复数，我们更感兴趣的是总数的大小，而不是仅仅实部的大小。复数的大小可以用内置函数 abs（见下文）或下列式（8.5）计算出来：

$$|c| = \sqrt{a^2 + b^2} \tag{8.5}$$

如果比较上面 $c_1$ 和 $c_2$ 的大小，更合理的方式为：`abs`($c_1$) > `abs`($c_2$) 的结果为 0。

**编程误区**

谨慎对复数使用关系运算符。关系运算符＞、≥、＜和≤只比较复数的实部，而不是它们的大小。如需使用这些关系运算符，比较总数的大小更合理些。

### 8.1.3 复数函数

MATLAB 包含许多支持复数计算的函数。一般分成下面三类。

（1）**类型转换函数**。这些函数将数据从复数数据类型转换为实数（double）数据类型。函数 real 将复数的实部转换为双精度数据类型，并将虚部丢掉。函数 imag 将复数的虚部转换为实数。

（2）**绝对值和角函数**。这些函数将复数转换为极坐标表示。函数 abs(c) 利用下面公式计算复数的绝对值

$$\text{abs}(c) = \sqrt{a^2 + b^2}$$

其中 $c=a+bi$。函数 angle(c) 利用下面公式计算复数的角度

$$\text{angle}(c) = \text{atan2}(\text{imag}(c), \text{real}(c))$$

其范围为 $-\pi \leq \theta \leq \pi$。

（3）**数学函数**。大多数初等数学函数都是为复数定义的。这些函数包括指数函数、对数、三角函数和平方根。函数 sin、cos、log 和 sqrt 等不但可用于复数，而且可用于实数。

表 8.1 列出了部分支持复数的内置函数。

表 8.1 部分支持复数的内置函数

| 函数名 | 说明 |
| --- | --- |
| conj(c) | 计算数 c 的共轭复数。如果 c=a+bi，那么 conj(c)=a-bi |
| real(c) | 返回复数 c 的实部 |
| imag(c) | 返回复数 c 的虚部 |
| isreal(c) | 如果数组 c 没有元素有虚部，则返回真（1）。因此，如果数组为复数，则 ~isreal(c) 返回真（1） |
| abs(c) | 返回复数 c 的绝对值 |
| angle(c) | 返回复数 c 的角度（以弧度为单位），由表达式 atan2(imag(c),real(c)) 计算得到 |

▶ **示例 8.1 二次方程（续）**

复数的可用性常常能够减少解决问题所需的计算量。例如，在示例 4.2 的二次方程求解中，程序必须依赖判别式的不同使用三个独立的分支语句。但对于复数而言，负数的平方根很容易表示，因此可大大简化计算过程。

编写一个通用程序，求解任意类型二次方程的根。这里使用复数变量，所以程序不需要基于判别值的分支结构。

**答案**

**1. 陈述问题。**

编写一个程序，求解二次方程的根——实根、重根或复根，且不需要对判别值进行检验。

**2. 定义输入和输出**

该程序输入的是二次方程的系数 $a$、$b$ 和 $c$，

$$ax^2 + bx + c = 0 \tag{8.11}$$

该程序输出的是二次方程的根——实根、重根或复根。

### 3. 设计算法

该程序可分解为三个主要步骤，分别完成输入、处理和输出：

```
Read the input data
Calculate the roots
Write out the roots
```

现将上述每一个主要部分分解成更小、更详细的部分。与示例 4.2 不同，在本程序处理过程中，判别式不会起到决定性作用。伪代码如下。

```
Prompt the user for the coefficients a, b, and c.
Read a, b, and c
discriminant ← b^2 - 4 * a * c
x1 ← ( -b + sqrt(discriminant) ) / ( 2 * a )
x2 ← ( -b - sqrt(discriminant) ) / ( 2 * a )
Print 'The roots of this equation are: '
Print 'x1 = ', real(x1), ' +i ', imag(x1)
Print 'x2 = ', real(x2), ' +i ', imag(x2)
```

### 4. 将算法转换成 MATLAB 语句

程序的 MATLAB 代码如下所示。

```
% Script file: calc_roots2.m
%
% Purpose:
%   This program solves for the roots of a quadratic
%   equation of the form a*x**2 + b*x + c = 0. It
%   calculates the answers regardless of the type of
%   roots that the equation possesses.
%
% Record of revisions:
%     Date        Programmer       Description of change
%     ====        ==========       =====================
%   02/24/14    S. J. Chapman      Original code
%
% Define variables:
%   a              -- Coefficient of x^2 term of equation
%   b              -- Coefficient of x term of equation
%   c              -- Constant term of equation
%   discriminant   -- Discriminant of the equation
%   x1             -- First solution of equation
%   x2             -- Second solution of equation

% Prompt the user for the coefficients of the equation
disp ('This program solves for the roots of a quadratic ');
disp ('equation of the form A*X^2 + B*X + C = 0. ');
a = input ('Enter the coefficient A: ');
b = input ('Enter the coefficient B: ');
c = input ('Enter the coefficient C: ');

% Calculate discriminant
discriminant = b^2 - 4 * a * c;

% Solve for the roots
x1 = ( -b + sqrt(discriminant) ) / ( 2 * a );
x2 = ( -b - sqrt(discriminant) ) / ( 2 * a );
```

```
% Display results
disp ('The roots of this equation are:');
fprintf ('x1 = (%f) +i (%f)\n', real(x1), imag(x1));
fprintf ('x2 = (%f) +i (%f)\n', real(x2), imag(x2));
```

**5. 测试程序**

下面，使用真实输入数据测试该程序。为确保其在任何情况下都可以正常运行，分别在判别式大于、小于和等于 0 的情况下进行测试。根据式（4.2），可以验证下面给出的方程的解：

$$x^2+5x+6=0 \quad x=-2, \ x=-3$$
$$x^2+4x+4=0 \quad x=-2$$
$$x^2+2x+5=0 \quad x=-1\pm 2i$$

将上述系数输入程序，结果如下

```
>> calc_roots2
This program solves for the roots of a quadratic
equation of the form A*X^2 + B*X + C = 0.
Enter the coefficient A: 1
Enter the coefficient B: 5
Enter the coefficient C: 6
The roots of this equation are:
x1 = (-2.000000) +i (0.000000)
x2 = (-3.000000) +i (0.000000)
>> calc_roots2
This program solves for the roots of a quadratic
equation of the form A*X^2 + B*X + C = 0.
Enter the coefficient A: 1
Enter the coefficient B: 4
Enter the coefficient C: 4
The roots of this equation are:
x1 = (-2.000000) +i (0.000000)
x2 = (-2.000000) +i (0.000000)
>> calc_roots2
This program solves for the roots of a quadratic
equation of the form A*X^2 + B*X + C = 0.
Enter the coefficient A: 1
Enter the coefficient B: 2
Enter the coefficient C: 5
The roots of this equation are:
x1 = (-1.000000) +i (2.000000)
x2 = (-1.000000) +i (-2.000000)
```

在这三种情况下，程序均给出了测试数据的正确答案。注意，与示例 4.2 中的二次求根程序相比，该程序要简单得多。在这里使用复数数据类型大大简化了程序。

▶ **示例 8.2 串联 RC 电路**

图 8.3 显示了一个串联的电阻－电容电路，并由 100 伏的交流电源驱动。该电路的输出电压可由串联分压规律得到：

$$V_{\text{out}}= \frac{Z_2}{Z_1+Z_2} V_{\text{in}} \tag{8.12}$$

其中，$V_{\text{in}}$ 是输入电压，$Z_1=Z_R$ 是电阻器的阻抗，$Z_2=Z_C$ 是电容器的阻抗。假设输入电压 $V_{\text{in}}=100\angle 0°\text{V}$，电阻器阻抗 $Z_R=100\Omega$，电容器阻抗 $Z_C=-j100\Omega$，则此电路的输出电压是多少？

**答案**

为了获得输出电压的幅值，需要得到该电路在极坐标系下的输出电压。式（8.12）可以计算出直角坐标系下的输出电压，然后根据式（8.5）求出输出电压的幅值。执行此过程的代码如下

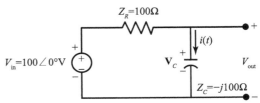

图 8.3 交流电驱动的电路

```
% Script file: voltage_divider.m
%
% Purpose:
%   This program calculate the output voltage across an
%   AC voltage divider circuit.
%
% Record of revisions:
%     Date         Programmer        Description of change
%     ====         ==========        =====================
%   02/28/14      S. J. Chapman      Original code
%
% Define variables:
%   vin            -- Input voltage
%   vout           -- Output voltage across z2
%   z1             -- Impedance of first element
%   z2             -- Impedance of second element

% Prompt the user for the coefficients of the equation
disp ('This program calculates the output voltage across a voltage divider. ');
vin = input ('Enter input voltage: ');
z1  = input ('Enter z1: ');
z2  = input ('Enter z2: ');

% Calculate the output voltage
vout = z2 / (z1 + z2) * vin;

% Display results
disp ('The output voltage is:');
fprintf ('vout = %f at an angle of %f degrees\n', abs(vout),...
         angle(vout)*180/pi);
```

执行此程序，结果如下：

```
>> This program calculates the output voltage across
a voltage divider.
Enter input voltage: 100
Enter z1: 100
Enter z2: -100j
The output voltage is:
vout = 70.710678 at an angle of -45.000000 degrees
```

该程序使用复数来计算电路的输出电压。

◀

### 8.1.4 绘制复数

复数既有实部又有虚部，用 MATLAB 绘制复数和绘制实数明显不同。例如，考虑函数

$$y(t)=e^{-0.2t}(\cos t+i\sin t) \qquad (8.13)$$

如果使用常规的绘图函数进行绘制，则只绘制实部，而忽略虚部。下面语句的绘制结果如

图 8.4 所示,同时还生成一条警告信息,即数据的虚部被忽略了。

```
t = 0:pi/20:4*pi;
y = exp(-0.2*t).*(cos(t)+i*sin(t));
plot(t,y,'LineWidth',2);
title('\bfPlot of Complex Function vs Time');
xlabel('\bf\itt');
ylabel('\bf\ity(t)');
```

如果函数的实部和虚部都需要,则用户可以通过其他方式绘制。例如,下面语句将这两部分绘制在相同坐标轴上(如图 8.5 所示)。

```
t = 0:pi/20:4*pi;
y = exp(-0.2*t).*(cos(t)+i*sin(t));
plot(t,real(y),'b-','LineWidth',2);
hold on;
plot(t,imag(y),'r--','LineWidth',2);
title('\bfPlot of Complex Function vs Time');
xlabel('\bf\itt');
ylabel('\bf\ity(t)');
legend ('real','imaginary');
hold off;
```

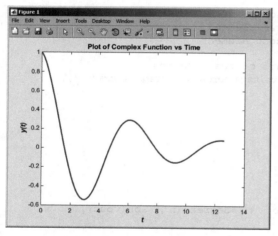
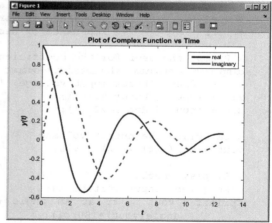

图 8.4 使用 `plot(t,y)` 绘制函数 $y(t)=e^{-0.2t}(\cos t + i \sin t)$    图 8.5 绘制 $y(t)$ 的实部和虚部

此外,也可以绘制函数的实部与虚部的关系图。如果将复数作为单个参数提供给函数 plot,则自动生成实部与虚部的关系图。绘图语句如下所示,其结果见图 8.6。

```
t = 0:pi/20:4*pi;
y = exp(-0.2*t).*(cos(t)+i*sin(t));
plot(y,'b-','LineWidth',2);
title('\bfPlot of Complex Function');
xlabel('\bfReal Part');
ylabel('\bfImaginary Part');
```

最后,该函数还可以被绘制成极坐标形式,并显示其幅值和角度。绘图语句如下所示,其结果见图 8.7。

```
t = 0:pi/20:4*pi;
y = exp(-0.2*t).*(cos(t)+i*sin(t));
polar(angle(y),abs(y));
title('\bfPlot of Complex Function');
```

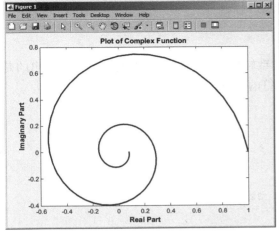

图 8.6 绘制 y(t) 的实部与虚部的关系图

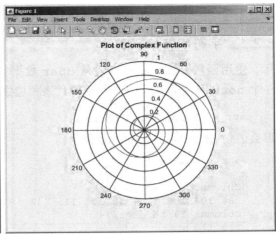

图 8.7 绘制 y(t) 的幅值与角度的极坐标图

## 测验 8.1

本测验为你提供了一个快速测试，看看你是否已经理解了 8.1 节中介绍的概念。如果你在测验中遇到问题，请重新阅读正文、请教教师或与同学一起讨论。测验的答案见书后。

1. 下列语句的 `result` 是什么？

   (a) ```
   x = 12 + i*5;
   y = 5 - i*13;
   result = x > y;
   ```
   (b) ```
   x = 12 + i*5;
   y = 5 - i*13;
   result = abs(x) > abs(y);
   ```
   (c) ```
   x = 12 + i*5;
   y = 5 - i*13;
   result = real(x) - imag(y);
   ```

2. 如果 `array` 是复数数组，那么函数 `plot(array)` 的结果是什么？

## 8.2 字符串和字符串函数

MATLAB 字符串是 `char` 型数组。每个字符占用两个字节。默认情况下，MATLAB 使用 UTF-8 字符集。其中前 128 个字符与 ASCII 字符集相同，且上述字符也出现在其他语言中。由于 MATLAB 两个字节存储一个字符，所以几乎涵盖世界上最主要语言的 UTF-8 字符集只占用了 65536 个字节。

当将字符串赋值给变量时，自动创建一个字符型变量。例如，下列语句

```
str = 'This is a test';
```

创建一个包含 14 个元素的字符数组。命令 `whos` 的输出为

```
>> whos str
  Name      Size      Bytes    Class      Attributes
  str       1x14      28       char
```

使用函数 `ischar` 检查字符数组。如果给定的变量是字符型，则 `ischar` 返回真（1）。否则，`ischar` 返回假（0）。
```

下面小节将介绍有用的 MATLAB 字符串处理函数。

### 8.2.1 字符串转换函数

使用函数 double 将变量从 char 数据类型转换为 double 数据类型。函数输出的是一个 double 型数组，其中每个值代表相应字符的数值。因此，如果 str 定义为

```
str = 'This is a test';
```

那么语句 double(str) 的结果为：

```
>> x = double(str)
x =
 Columns 1 through 12
   84 104 105 115  32 105 115  32  97  32 116 101
 Columns 13 through 14
  115 116
```

使用函数 char 将变量从 double 数据类型转换为 char 数据类型。如果 x 为上述创建的包含 14 个元素的数组，那么语句 char(x) 的结果为：

```
>> z = char(x)
z =
This is a test
```

此函数也适用于非英文字符。例如，x 定义为：

```
x = [945 946 947 1488];
```

则语句 char(x) 得到希腊字母 $\alpha$、$\beta$ 和 $\gamma$，以及希伯来字母 א：

```
>> z = char(x)
z =
αβγא
```

### 8.2.2 创建二维字符数组

可以创建二维字符数组，但每行必须具有完全相同的长度。如果其中一行比其他行短，则字符数组无效并产生错误。例如，由于两行长度不同，以下语句是非法的。

```
name = ['Stephen J. Chapman';'Senior Engineer'];
```

然而，函数 char 可以很容易生成二维字符数组。它会自动将所有字符串都扩充到最大输入字符串的长度。

```
>> name = char('Stephen J. Chapman','Senior Engineer')
name =
Stephen J. Chapman
Senior Engineer
```

二维字符数组也可以由函数 strvcat 创建，详见下一节。

---

**良好编程习惯**

使用函数 char 创建二维字符数组时，不必担心将每个行都扩充到相同的长度。

---

### 8.2.3 连接字符串

函数 strcat 将两个或多个字符串连接成行时，忽略每个字符串的末尾空格，但会保

留每个字符串内的空格。如下所示，执行此函数

```
>> result = strcat('String 1  ','String 2')
result =
String 1String 2
```

其结果为"string 1string 2"。注意，第一个字符串的末尾空格被忽略掉了。

函数 strvcat 将两个或多个字符串连接成列时，自动扩充每个字符串的长度，使之成为有效的二维字符数组。如下所示，执行此函数

```
>> result = strvcat('Long String 1  ','String 2')
result =
Long String 1
String 2
```

### 8.2.4 比较字符串

字符串或子字符串可以有以下几种比较方式。
- 比较两个字符串或部分字符串是否相同。
- 比较两个字符是否相同。
- 检查字符串并确定每个字符是字母还是空格。

**1. 比较字符串是否相同**

使用下面四个 MATLAB 函数比较两个字符串是否相同。
- strcmp 判断两个字符串是否相同。
- strcmpi 判断两个字符串是否相同，忽略大小写。
- strncmp 判断两个字符串的前 n 个字符是否相同。
- strncmpi 判断两个字符串的前 n 个字符是否相同，忽略大小写。

函数 strcmp 对两个字符串进行比较，包括其开头和末尾的空格，如果字符串相同，则返回真（1）。[ɵ]否则，返回假（0）。函数 strcmpi 与 strcmp 的用法相同，只是忽略了字母的大小写（即它认为 'a' 等于 'A'）。

函数 strncmp 对两个字符串的前 n 个字符进行比较，包括其开头的空格，如果字符串相同，则返回真（1）。否则，返回假（0）。函数 strncmpi 与 strncmp 的用法相同，只是忽略了字母的大小写。

下面举例帮助理解这些函数。给定字符串：

```
str1 = 'hello';
str2 = 'Hello';
str3 = 'help';
```

字符串 str1 和 str2 只有一个字母的大小写不同。因此，strcmp 返回假（0），strcmpi 返回真（1）。

```
>> c = strcmp(str1,str2)
c =
    0
>> c = strcmpi(str1,str2)
c =
    1
```

字符串 str1 和 str3 不同，所以 strcmp 和 strcmpi 都返回假（0）。但是 str1 和

---

ɵ 注意：该函数的用法与 C 中的 strcmp 不同。C 程序员很容易在此犯错。

str3 的前三个字符是相同的，因此函数 strncmp 的参数值不大于 3 都返回真（1）：

```
>> c = strncmp(str1,str3,2)
c =
1
```

### 2. 比较字符串中的字符是否相同

当所比较的字符数组维数相同，或是标量时，可以使用 MATLAB 关系运算符逐个比较字符是否相等。例如，使用相等运算符（==）来判断两个字符串相匹配的字符：

```
>> a = 'fate';
>> b = 'cake';
>> result = a == b
result =
0 1 0 1
```

所有关系运算符（>，≥，<，≤，= =，~ =）都是比较当前字符集中相应字符的数值位置。

与 C 语言不同，MATLAB 没有内置函数定义两个字符串间的"大于"或"小于"关系。在本节最后给出了一个创建类似函数的示例。

### 3. 分类字符串中的字符

在 MATLAB 中，有三个函数可以完成对字符串中字符的逐个分类。

- isletter 判断字符是否是字母。
- isspace 判断字符是否是空白（空格、制表符或换行）。
- isstrprop('str','category') 是更一般的函数，判断字符是否是用户指定的类型，如字母、字母或数字、大写字母、小写字母、数字、控制字符等。

下面举例帮助理解这些函数。给定字符串：

```
mystring = 'Room 23a';
```

使用此字符串测试分类函数。

函数 isletter 检查字符串中的每一个字符，并生成与 mystring 相同长度的逻辑输出向量，其中相应位置为字母的返回真（1），否则返回假（0）。例如，

```
>> a = isletter(mystring)
a =
1 1 1 1 0 0 0 1
```

字符串 mystring 中的前四个和最后一个字符都是字母，所以 a 中的相应位置为真（1）。

函数 isspace 检查字符串中的每一个字符，并生成与 mystring 相同长度的逻辑输出向量，其中相应位置为空白的返回真（1），否则返回假（0）。这里的"空白"是指 MATLAB 中的分隔标记：制表符、换行、纵向制表符、回车和空格，另外还有一些其他 Unicode 字符。例如，

```
>> a = isspace(mystring)
a =
0 0 0 0 1 0 0 0
```

字符串 mystring 中的第五个字符是空格，所以 a 中的相应位置为真（1）。

相对于 isletter 和 isspace 等函数，函数 isstrprop 使用起来更灵活一些。它有两个参数 'str' 和 'category'。第一个参数为待检查的字符串，第二个参数为待检查的类别。表 8.2 列出了部分可供使用的类别。

表 8.2 部分可供函数 isstrprop 使用的类别

| 类别 | 说明 |
|---|---|
| `'alpha'` | 对字符串中的每个字母，返回真（1）；否则，返回假（0） |
| `'alphanum'` | 对字符串中的每个字母或数字，返回真（1）；否则，返回假（0）（注意，这一类相当于函数 `isletter`） |
| `'cntrl'` | 对字符串中的每个控制字符，返回真（1）；否则，返回假（0） |
| `'digit'` | 对字符串中的每个数字，返回真（1）；否则，返回假（0） |
| `'graphic'` | 对字符串中的每个图形字符，返回真（1）；否则，返回假（0）。非图形字符包括空格、行分隔符、段落分隔符、控制字符和一些其他 Unicode 字符 |
| `'lower'` | 对字符串中的每个小写字母，返回真（1）；否则，返回假（0） |
| `'print'` | 对字符串中的每个图形字符和空格，返回真（1）；否则，返回假（0） |
| `'punct'` | 对字符串中的每个标点字符，返回真（1）；否则，返回假（0） |
| `'wspace'` | 对字符串中的每个空白字符，返回真（1）；否则，返回假（0） |
| `'upper'` | 对字符串中的每个大写字母，返回真（1）；否则，返回假（0） |
| `'xdigit'` | 对字符串中的每个十六进制数字，返回真（1）；否则，返回假（0） |

函数 `isstrprop` 检查字符串中的每一个字符，并生成与输入字符串相同长度的逻辑输出向量，其中相应位置与类别匹配的返回真（1），否则返回假（0）。例如，下列语句判断字符串 `mystring` 中的字符是否是数字：

```
>> a = isstrprop(mystring,'digit')
a =
 0 0 0 0 0 1 1 0
```

类似地，下列语句判断字符串 `mystring` 中的字符是否是小写字母：

```
>> a = isstrprop(mystring,'lower')
a =
 0 1 1 1 0 0 0 1
```

### 8.2.5 查找和替换字符串中的字符

MATLAB 提供了查找和替换字符串中字符的函数。考虑如下字符串 `test`：

```
test = 'This is a test!';
```

函数 `findstr` 是一个字符串查找函数，其返回的是较短字符串在较长字符串中所有出现的起始位置。例如，下列语句查找字符串 `'is'` 在 `test` 里的所有出现位置，

```
>> position = findstr(test,'is')
position =
    3    6
```

字符串 `'is'` 在 `test` 里出现两次，起始位置分别在 3 和 6。

函数 `strmatch` 也是一个字符串查找函数。它按行查找二维字符数组，返回的是以指定字符串作为开头的所有行的索引。此函数基本形式为

```
result = strmatch(str,array);
```

例如，假设使用函数 `strvcat` 创建二维字符数组：

```
array = strvcat('maxarray','min value','max value');
```

下列语句返回的是以 `'max'` 作为开头的所有行的索引：

```
>> result = strmatch('max',array)
result =
     1
     3
```

函数 `strrep` 是一个标准的查找–替换函数。它从一个字符串中找到指定的另一个字符串，并用第三个字符串进行替换。此函数基本形式为

```
result = strrep(str,srch,repl)
```

其中，`str` 是被检查的字符串，`srch` 是指定的字符串，`repl` 是要替换的字符串。例如，

```
>> test = 'This is a test!'
>> result = strrep(test,'test','pest')
result =
This is a pest!
```

函数 `strtok` 返回的是输入字符串中首次出现分隔符之前的字符串。默认分隔符为空白字符。此函数的基本形式为

```
[token,remainder] = strtok(string,delim)
```

其中，`string` 是输入的字符串，`delim` 是（可选）分隔符的集合，`token` 是被 `delim` 中分隔符分隔开的前面的字符串，`remainder` 是剩余的字符串。例如，

```
>> [token,remainder] = strtok('This is a test!')
token =
This
remainder =
 is a test!
```

因此，可以使用函数 `strtok` 将一个句子解析成单词。例如，

```
function all_words = words(input_string)
remainder = input_string;
all_words = '';
while (any(remainder))
   [chopped,remainder] = strtok(remainder);
   all_words = strvcat(all_words,chopped);
end
```

### 8.2.6 转换字符串中的大小写字母

函数 `upper` 和 `lower` 将字符串中的所有字母分别转换为大写形式和小写形式。例如，

```
>> result = upper('This is test 1!')
result =
THIS IS TEST 1!
>> result = lower('This is test 2!')
result =
this is test 2!
```

注意，只将字符串中的字母转换成相应大小写形式，而数字和标点符号不受影响。

### 8.2.7 删除字符串中的空白字符

MATLAB 中有两个函数可用来删除字符串中的开头或末尾空白字符，包括空格、换行符、回车符、制表符、垂直制表符和换页符。

函数 `deblank` 删除字符串中任何额外的末尾空白字符，函数 `strtrim` 删除字符串中任何额外的开头和末尾空白字符。

例如，下列语句创建了一个包含开头和末尾空白字符的字符串，其长度为21。函数 deblank 仅删除了字符串中的末尾空白字符，而函数 strtrim 同时删除了字符串中的开头和末尾空白字符。

```
>> test_string = '   This is a test.   '
test_string =
    This is a test.
>> length(test_string)
ans =
    21
>> test_string_trim1= deblank(test_string)
test_string_trim1 =
    This is a test.
>> length(test_string_trim1)
ans =
    18
>> test_string_trim2 = strtrim(test_string)
test_string_trim2 =
This is a test.
>> length(test_string_trim2)
ans =
    15
```

### 8.2.8 数值转换为字符串

MATLAB 包含一些将数值转换为字符串的函数。其中，函数 num2str 和 int2str 前文已经介绍过了。考虑标量 x：

```
x = 5317;
```

默认情况下，MATLAB 将数字 x 的值 5317 存储在 $1 \times 1$ 的 double 型数组中。函数 int2str（整型转换为字符型）将此标量转换为 $1 \times 4$ 的 char 型字符串 '5317'：

```
>> x = 5317;
>> y = int2str(x);
>> whos
  Name      Size       Bytes  Class      Attributes

  x         1x1            8  double
  y         1x4            8  char
```

函数 num2str 将 double 型数值转换为字符串，且可以不是整数。相对于函数 int2str，此函数提供了更多的输出字符串格式。第二个可选参数用来设置输出字符串的位数，或指定格式。其指定格式类似于函数 fprintf 中使用的格式。例如，

```
>> p = num2str(pi)
p =
3.1416
>> p = num2str(pi,7)
p =
3.141593
>> p = num2str(pi,'%10.5e')
p =
3.14159e+000
```

函数 int2str 和 num2str 便于标记绘图。例如，下列语句使用函数 num2str 自动准备绘图 $x$ 轴的标签：

```
function plotlabel(x,y)
plot(x,y)
str1 = num2str(min(x));
str2 = num2str(max(x));
out = ['Value of f from ' str1 ' to ' str2];
xlabel(out);
```

此外，还有一些转换函数可以将十进制形式的数值转换成另一个基数形式表示的字符串，如二进制或十六进制。例如，函数 `dec2hex` 将十进制数值转换为相应的十六进制字符串：

```
dec_num = 4035;
hex_num = dec2hex(dec_num)
hex_num =
FC3
```

诸如此类的函数还有 `hex2num`、`hex2dec`、`bin2dec`、`dec2bin`、`base2dec` 和 `dec2base`。这些函数的详细信息可通过 MATLAB 联机帮助文档查看。

函数 `mat2str` 将数组转换为 MATLAB 可执行的字符串。其可作为函数 `eval` 等的输入，类似于在 MATLAB 命令行中直接输入并执行。例如，定义数组 a 为

```
>> a = [1 2 3; 4 5 6]
a =
     1     2     3
     4     5     6
```

则函数 `mat2str` 的返回结果为

```
>> b = mat2str(a)
b =
[1 2 3; 4 5 6]
```

最后，MATLAB 有一个与函数 `fprintf` 功能相同的特殊函数 `sprintf`，唯一区别在于函数 `sprintf` 输出到字符串而不是命令窗口。该函数可以完全控制字符串的格式。例如，

```
>> str = sprintf('The value of pi = %8.6f.',pi)
str =
The value of pi = 3.141593.
```

因此，函数 `sprintf` 在创建复杂绘图标题和标签时非常有用。

### 8.2.9　字符串转换为数值

MATLAB 同样包含一些将字符串转换为数值的函数。比较重要的如函数 `eval`、函数 `str2double` 和函数 `sscanf`。

函数 `eval` 执行字符串形式的 MATLAB 表达式，并返回结果。此时表达式可由 MATLAB 函数、变量、常量和操作符组成。例如，下列语句可将字符串 '2 * 3.141592' 转换为数值形式：

```
>> a = '2 * 3.141592';
>> b = eval(a)
b =
    6.2832
>> whos
  Name      Size            Bytes  Class     Attributes

  a         1x12               24  char
  b         1x1                 8  double
```

函数 str2double 可将字符串转换为等价的 double 型数值。⊖例如，下列语句可将字符串 '3.141592' 转换为数值形式：

```
>> a = '3.141592';
>> b = str2double(a)
b =
    3.1416
```

函数 sscanf 也可以将字符串转换为数字形式。该函数根据指定的字符串转换格式进行转换。函数的一般形式为

```
value = sscanf(string,format)
```

其中，string 是待转换的字符串，format 是指定的转换格式。最常用的两个转换格式为 '%d' 和 '%g'，分别表示整数和浮点数。更多关于转换格式的介绍参见附录 B。

下面给出了函数 sscanf 用法的一些简单示例。

```
>> a = '3.141592';
>> value1 = sscanf(a,'%g')
value1 =
    3.1416
>> value2 = sscanf(a,'%d')
value2 =
    3
```

## 8.2.10 总结

表 8.3 列出了常用的 MATLAB 字符串函数。

表 8.3 常用 MATLAB 字符串函数

| 类别 | 函数名 | 说明 |
|---|---|---|
| 通用 | char | （1）将数字转换为对应的字符<br>（2）通过一列字符创建二维字符数组 |
| | double | 将字符串转换为对应的数值编码 |
| | blanks | 创建空格字符串 |
| | deblank | 删除字符串末尾空白字符 |
| | strtrim | 删除字符串开头和末尾空白字符 |
| 字符串检测 | ischar | 如果是字符数组，返回真（1） |
| | isletter | 如果是字母，返回真（1） |
| | isspace | 如果是空白字符，返回真（1） |
| | isstrprop | 如果是指定类别字符串，返回真（1） |
| 字符串处理 | strcat | 连接字符串 |
| | strvcat | 垂直连接字符串 |
| | strcmp | 如果两个字符串相同，返回真（1） |
| | strcmpi | 如果两个字符串相同（忽略大小写），返回真（1） |
| | strncmp | 如果两个字符串的前 n 个字符相同，返回真（1） |
| | strncmpi | 如果两个字符串的前 n 个字符相同（忽略大小写），返回真（1） |
| | findstr | 在一个字符串中查找另一个字符串 |

---

⊖ MATLAB 包含函数 str2num，也能够将字符串转换成数字。基于 MATLAB 文档中提到的各种原因，函数 str2double 优于函数 str2num。因此，你应该了解函数 str2num 的用法，但在编程时尽可能使用函数 str2double。

(续)

| 类别 | 函数名 | 说明 |
|---|---|---|
| 字符串处理 | strjust | 对齐字符串 |
| | strmatch | 查找字符串的可能匹配 |
| | strrep | 用一个字符串替换另一个字符串 |
| | strtok | 选择部分字符串 |
| | upper | 字符串转换成大写形式 |
| | lower | 字符串转换成小写形式 |
| 数值转换为字符串 | int2str | 整数转换成字符串 |
| | num2str | 数字转换成字符串 |
| | mat2str | 矩阵转换成字符串 |
| | sprintf | 将格式化数据写入字符串 |
| 字符串转换为数值 | eval | 执行 MATLAB 表达式 |
| | str2double | 字符串转换成双精度数值 |
| | str2num | 字符串转换成数字 |
| | sscanf | 从字符串读取格式化数据 |
| 基数转换 | hex2num | 将 IEEE 十六进制字符串形式转换成 double 型 |
| | hex2dec | 将十六进制字符串形式转换成十进制数字 |
| | dec2hex | 将十进制数字转换成十六进制字符串形式 |
| | bin2dec | 将二进制字符串形式转换成十进制整数 |
| | dec2bin | 将十进制整数转换成二进制字符串形式 |
| | base2dec | 将基数 B 表示的字符串形式转换成十进制整数 |
| | dec2base | 将十进制整数转换成基数 B 表示的字符串形式 |

▶ **示例 8.3  字符串对比函数**

在 C 语言中，依据 UTF-8 字符表中的字符顺序（称为字符的**字典序**），函数 strmcp 对两个字符串中的字符逐个进行比较。如果第一个字符串中字符的字典序小于第二个字符串中对应字符的字典序，则返回 −1；如果相等，则返回 0；如果大于，则返回 +1。此函数对字符串按字母顺序排序非常有用。

在 MATLAB 中创建一个新的字符串对比函数 c_strcmp，完成与 C 语言函数 strmcp 相同的功能，并返回类似的结果。要求在进行比较时，忽略末尾空白字符。注意，该函数应当能够处理两个字符串长度不同的情况。

**答案**

**1. 陈述问题**

编写一个函数，比较字符串 str1 和 str2，并返回如下结果：

- −1 如果 str1 在字典序上小于 str2
- 0 如果 str1 在字典序上等于 str2
- +1 如果 str1 在字典序上大于 str2

当字符串 str1 和 str2 长度不同时，该函数也能正确处理。另外，要求忽略末尾空白字符。

**2. 定义输入和输出**

该函数输入的是两个字符串 str1 和 str2。该函数输出的是 −1、0 或 1。

### 3. 设计算法

该程序可分解为四个主要步骤。

```
Verify input strings
Pad strings to be equal length
Compare characters from beginning to end, looking
   for the first difference
Return a value based on the first difference
```

现将上述每一个主要部分分解成更小、更详细的部分。首先，需要验证传递给函数的数据是否正确。该函数有两个参数，且均为字符。详细的伪代码如下所示：

```
% Check for a legal number of input arguments.
msg = nargchk(2,2,nargin)
error(msg)

% Check to see if the arguments are strings
if either argument is not a string
    error('str1 and str2 must both be strings')
else

    (add code here)

end
```

其次，需要将两个字符串扩充到相同的长度。比较简单的方式是使用函数 **strvcat** 将这两个字符串组合成一个二维数组。注意，在将字符串扩充到相同长度时会出现末尾空白字符，因此需要函数忽略末尾空白。详细的伪代码如下所示：

```
% Pad strings
strings = strvcat(str1,str2)
```

最后，依次对比字符串中的每个字符，直到找到第一个不同的字符，比较并返回结果。上述过程可以使用关系运算符来实现，并生成包含0和1的数组。此时，数组中的第一个1所对应的就是两个字符串中的第一个不同字符。此详细的伪代码如下所示：

```
% Compare strings
diff = strings(1,:) ~= strings(2,:)
if sum(diff) == 0
   % Strings match
   result = 0
else
   % Find first difference
   ival = find(diff)
   if strings(1,ival) > strings(2,ival)
      result = 1
   else
      result = -1
   end
end
```

### 4. 将算法转换成 MATLAB 语句

该函数的 MATLAB 代码如下所示。

```
function result = c_strcmp(str1,str2)
%C_STRCMP Compare strings like C function "strcmp"
% Function C_STRCMP compares two strings, and returns
% a -1 if str1 < str2, a 0 if str1 == str2, and a
% +1 if str1 > str2.

% Define variables:
```

```
%   diff       -- Logical array of string differences
%   msg        -- Error message
%   result     -- Result of function
%   str1       -- First string to compare
%   str2       -- Second string to compare
%   strings    -- Padded array of strings

% Record of revisions:
%     Date         Engineer        Description of change
%     ====         ==========      ======================
%     02/25/14     S. J. Chapman   Original code

% Check for a legal number of input arguments.
msg = nargchk(2,2,nargin);
error(msg);
% Check to see if the arguments are strings
if ~(isstr(str1) & isstr(str2))
   error('Both str1 and str2 must both be strings!')
else

   % Pad strings
   strings = strvcat(str1,str2);

   % Compare strings
   diff = strings(1,:) ~= strings(2,:);
   if sum(diff) == 0

      % Strings match, so return a zero!
      result = 0;
   else
      % Find first difference between strings
      ival = find(diff);
      if strings(1,ival(1)) > strings(2,ival(1))
         result = 1;
      else
         result = -1;
      end
   end
end
```

## 5. 测试程序

如下所示，使用不同的字符串对函数进行测试。

```
>> result = c_strcmp('String 1','String 1')
result =
     0
>> result = c_strcmp('String 1','String 1     ')
result =
     0
>> result = c_strcmp('String 1','String 2')
result =
    -1
>> result = c_strcmp('String 1','String 0')
result =
     1
>> result = c_strcmp('String','str')
result =
    -1
```

第一个测试返回零，因为两个字符串相同。第二个测试也返回零，因为除了末尾空白字符外两个字符串是相同的,且函数忽略末尾空白。第三个测试返回 −1,因为两个字符串首次不同出现在位置 8,且在该位置 '1' < '2'。第四个测试返回 1,因为两个字符串首次不同出现在位置 8,且在该位置 '1' < '0'。第五个测试返回 −1,因为两个字符串首次不同出现在位置 1,且在 UTF-8 字符序列中 'S' < 's'。因此,该函数工作正常。

◀

**测验 8.2**

本测验为你提供了一个快速测试,看看你是否已经理解 8.2 节中介绍的概念。如果你在测验中遇到问题,请重新阅读正文、请教教师或与同学一起讨论。测验的答案见书后。

针对问题 1 到 9,确定这些语句是否正确。如果正确,请说明结果是什么?

1. ```
str1 = 'This is a test!   ';
str2 = 'This line, too.';
res = strcat(str1,str2);
```
2. ```
str1 = 'Line 1';
str2 = 'line 2';
res = strcati(str1,str2);
```
3. ```
str1 = 'This is another test!';
str2 = 'This line, too.';
res = [str1; str2];
```
4. ```
str1 = 'This is another test!';
str2 = 'This line, too.';
res = strvcat(str1,str2);
```
5. ```
str1 = 'This is a test!   ';
str2 = 'This line, too.';
res = strncmp(str1,str2,5);
```
6. ```
str1 = 'This is a test!   ';
res = findstr(str1,'s');
```
7. ```
str1 = 'This is a test!   ';
str1(isspace(str1)) = 'x';
```
8. ```
str1 = 'aBcD 1234 !?';
res = isstrprop(str1,'alphanum');
```
9. ```
str1 = 'This is a test!   ';
str1(4:7) = upper(str1(4:7));
```
10. ```
str1 = '   456   ';  % Note: Three blanks before & after
str2 = '   abc   ';  % Note: Three blanks before & after
str3 = [str1 str2];
str4 = [strtrim(str1) strtrim(str2)];
str5 = [deblank(str1) deblank(str2)];
l1 = length(str1);
l2 = length(str2);
l3 = length(str3);
l4 = length(str4);
l5 = length(str4);
```
11. ```
str1 = 'This way to the egress.';
str2 = 'This way to the egret.'
res = strncmp(str1,str2);
```

## 8.3 多维数组

MATLAB 还支持维数在二维以上的数组。**多维数组**可用于显示二维以上的数据或多个二维数据集。例如,在研究空气动力学和流体动力学时,测量三维空间中的压力和速度是非
```

常重要的。此时自然会用到多维数组。

多维数组是二维数组的自然推广。其中，每个附加维度都由用于寻址数据的一个附加下标表示。

多维数组的创建很容易。可以通过在赋值语句中直接分配值来创建，也可以通过使用与创建一维和二维数组相同的函数来创建。例如，通过下列赋值语句创建二维数组

```
>> a = [ 1 2 3 4; 5 6 7 8]
a =
     1     2     3     4
     5     6     7     8
```

这是一个 2×4 数组，每个元素由两个下标寻址。使用下列赋值语句，可将该数组扩展为 2×4×3 的三维数组。

```
>> a(:,:,2) = [  9 10 11 12; 13 14 15 16];
>> a(:,:,3) = [ 17 18 19 20; 21 22 23 24]
a(:,:,1) =
     1     2     3     4
     5     6     7     8
a(:,:,2) =
     9    10    11    12
    13    14    15    16
a(:,:,3) =
    17    18    19    20
    21    22    23    24
```

多维数组中的元素可用数组名及三个下标来表示，并用冒号创建多维数组的子集。例如，数值 a(2,2,2) 是

```
>> a(2,2,2)
ans =
    14
```

向量 a(1,1,:) 是

```
>> a(1,1,:)
ans(:,:,1) =
     1
ans(:,:,2) =
     9
ans(:,:,3) =
    17
```

多维数组也可以使用创建一般数组的函数来创建，例如：

```
>> b = ones(4,4,2)
b(:,:,1) =
     1     1     1     1
     1     1     1     1
     1     1     1     1
     1     1     1     1
b(:,:,2) =
     1     1     1     1
     1     1     1     1
     1     1     1     1
     1     1     1     1
>> c = randn(2,2,3)
c(:,:,1) =
   -0.4326    0.1253
   -1.6656    0.2877
c(:,:,2) =
```

```
         -1.1465    1.1892
          1.1909   -0.0376
c(:,:,3) =
          0.3273   -0.1867
          0.1746    0.7258
```

多维数组的维数可由函数 ndims 得到，而其大小可由函数 size 得到。

```
>> ndims(c)
ans =
     3
>> size(c)
ans =
     2     2     3
```

如果编写程序需要用到多维数组，请参见 MATLAB 用户指南，了解更多多维数组的相关处理函数。

---

**良好编程习惯**

使用多维数组解决自然界中的多变量问题，如空气动力学和流体动力学。

---

## 8.4 三维绘图

MATLAB 包含大量的三维绘图函数，可用于显示特定类型的数据。一般来说，三维绘图主要用于显示两种类型的数据。

（1）两个变量是同一个独立变量的函数，且此时需要强调独立变量的重要性。
（2）单变量是两个独立变量的函数。

### 8.4.1 三维线绘图

函数 plot3 可以创建三维线绘图。除了每个点由 $x$、$y$ 和 $z$ 表示而非 $x$ 和 $y$ 表示以外，其与二维绘图函数 plot 完全相同。此函数的一般形式为

```
plot(x,y,z);
```

其中，$x$、$y$ 和 $z$ 是包含要绘制的数据点位置的大小相等的数组。函数 plot3 支持与函数 plot 一样的线条大小、类型和颜色的设置，具体可参考前面章节的介绍。

下面介绍一个三维线绘图的例子。考虑下列函数

$$x(t)=e^{-0.2t}\cos 2t$$
$$y(t)=e^{-0.2t}\sin 2t$$
（8.14）

它们代表一个机械系统在两个维度上的衰减振荡，因此 $x$ 和 $y$ 表示在任何给定时间的系统位置。注意，$x$ 和 $y$ 是相同独立变量 $t$ 的函数。

我们可以创建一系列（$x$，$y$）点，并使用二维绘图函数 plot 绘制（图 8.8a）。但是如果这么做，时间对系统行为的重要性无法在图中凸显。下面语句创建了对象二维位置的绘图。如图 8.8a 所示，它并没有展示振荡是如何快速消失的。

```
t = 0:0.1:10;
x = exp(-0.2*t) .* cos(2*t);
y = exp(-0.2*t) .* sin(2*t);
plot(x,y);
title('\bfTwo-Dimensional Line Plot');
```

```
xlabel('\bfx');
ylabel('\bfy');
grid on;
```

相反，函数 plot3 绘制变量时可以保留时间信息以及对象的二维位置。下面语句创建式（8.14）的三维绘图。

```
t = 0:0.1:10;
x = exp(-0.2*t) .* cos(2*t);
y = exp(-0.2*t) .* sin(2*t);
plot3(x,y,t);
title('\bfThree-Dimensional Line Plot');
xlabel('\bfx');
ylabel('\bfy');
zlabel('\bftime');
grid on;
```

得到的曲线如图 8.8b 所示。注意，此图如何强调了两个变量 $x$ 和 $y$ 之间的时间依赖关系。

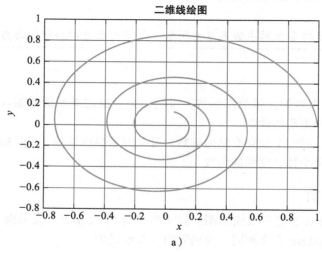

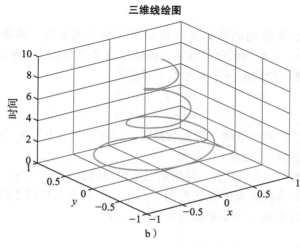

图 8.8 a）显示机械系统在 $(x, y)$ 空间中运动的二维线绘图。该图不显示系统相对时间的变化行为；b）显示机械系统在 $(x, y)$ 空间中关于时间的运动的三维线绘图。该图清楚地显示了系统相对时间的变化行为

## 8.4.2 三维曲面、网格和等高线绘图

曲面、网格和等高线绘图是描述两个独立变量的函数的有效方法。例如，某地的温度是关于其所处经度（$x$）和维度（$y$）的函数。任何具有两个独立变量的函数都可以在三维曲面、网格或等高线绘图上显示。表 8.4 总结了常见的绘图类型，其示例如图 8.9 所示[⊖]。

表 8.4 部分网格、曲面和等高线绘图函数

| 函数名 | 说明 |
|---|---|
| mesh(x, y, z) | 该函数创建网格或线框绘图，其中 x 是包含每个点的 $x$ 值的二维数组，y 是包含每个点的 $y$ 值的二维数组，z 是包含每个点的 $z$ 值的二维数组 |
| surf(x, y, z) | 该函数创建曲面绘图。数组 x、y 和 z 的含义同上 |
| contour(x, y, z) | 该函数创建等高线绘图。数组 x、y 和 z 的含义同上 |

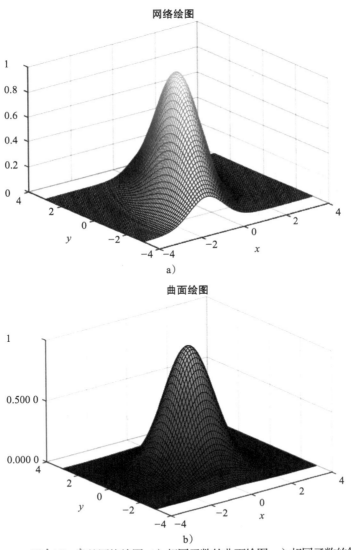

图 8.9 a) 函数 $z(x,y) = e^{-0.5[x^2+0.5(x-y)^2]}$ 的网格绘图；b) 相同函数的曲面绘图；c) 相同函数的等高线绘图（见彩页）

---
⊖ 这些基本绘图类型有很多变体。相关变体的完整说明，请参阅 MATLAB 帮助浏览器文档。

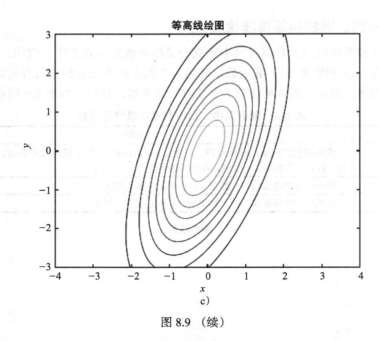

图 8.9 （续）

在使用这些函数绘图之前，必须首先创建三个大小相等的数组。它们包含了所有要绘制的点的 $x$、$y$ 和 $z$ 值。其中，每个数组的列数等于要绘制的 $x$ 值的数量，并且每个数组的行数等于要绘制的 $y$ 值的数量。第一个数组包含要绘制的每个 $(x, y, z)$ 点的 $x$ 值，第二个数组包含要绘制的每个 $(x, y, z)$ 点的 $y$ 值，第三个数组包含要绘制的每个 $(x, y, z)$ 点的 $z$ 值。<sup>⊖</sup>

为便于理解，假设绘制下面函数

$$z(x, y) = \sqrt{x^2 + y^2} \tag{8.15}$$

其中，$x=1$、2 和 3，$y=1$、2、3 和 4。这里有 3 个 $x$ 值和 4 个 $y$ 值，所以总共需要计算 $3 \times 4 = 12$ 个 $z$ 值。因此，这些数据点可写成三列（$x$ 值的数目）四行（$y$ 值的数目）的数组。数组 1 包含待计算的每个点的 $x$ 值，且同一列的值相同，即数组 1 为：

$$数组\ 1 = \begin{bmatrix} 1 & 2 & 3 \\ 1 & 2 & 3 \\ 1 & 2 & 3 \\ 1 & 2 & 3 \end{bmatrix}$$

数组 2 包含待计算的每个点的 $y$ 值，且同一行的值相同，即数组 2 为：

$$数组\ 2 = \begin{bmatrix} 1 & 1 & 1 \\ 2 & 2 & 2 \\ 3 & 3 & 3 \\ 4 & 4 & 4 \end{bmatrix}$$

数组 3 包含由相应 $x$ 和 $y$ 计算得到的每个点的 $z$ 值，即根据式（8.15）计算得到数组 3 为：

---

⊖ 这是 MATLAB 一个很容易混淆的方面，通常会给新工程师带来麻烦。当访问数组时，通常期望第一个参数指定行数，第二个参数指定列数。但由于某些原因，在 MATLAB 中对其进行了颠倒——数组的参数 $x$ 指定列数，参数 $y$ 指定行数。多年来，这种颠倒已经让无数 MATLAB 用户感到失望。

$$\text{数组 3} = \begin{bmatrix} 1.414\,2 & 2.236\,1 & 3.162\,3 \\ 2.236\,1 & 2.828\,4 & 3.605\,6 \\ 3.162\,4 & 3.605\,6 & 4.242\,6 \\ 4.123\,1 & 4.472\,1 & 5.000\,0 \end{bmatrix}$$

函数 surf 对上述数据点进行绘制（结果如图 8.10 所示）：

```
surf(array1,array2,array3);
```

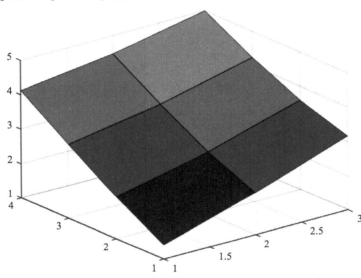

图 8.10　函数 $z(x,y) = \sqrt{x^2 + y^2}$ 的曲面绘图，其中 x=1、2 和 3，y=1、2、3 和 4（见彩页）

三维绘图所需的数组可以使用嵌套循环创建，也可以使用内置的 MATLAB 辅助函数创建。为了展示这两种创建方式，我们将对同一函数绘制两次，分别使用嵌套循环和内置的 MATLAB 辅助函数。

假设需要创建下面函数的网格绘图

$$z(x,y) = e^{-0.5[x^2 + 0.5(x-y)^2]} \tag{8.16}$$

其中，$-4 \leqslant x \leqslant 4$，$-3 \leqslant y \leqslant 3$，取值间隔为 0.1。此时，需要计算出所有 81 个 x 值和 61 个 y 值对应的 z 值。在三维 MATLAB 绘图中，x 的个数代表数据点数组的列数，y 的个数代表数据点数组的行数，所以 z 包含 61 行 ×81 列合计 4941 个值。使用嵌套循环语句创建三个数组并进行网格绘图的代码如下：

```
% Get x and y values to calculate
x = -4:0.1:4;
y = -3:0.1:3;

% Pre-allocate the arrays for speed
array1 = zeros(length(y),length(x));
array2 = zeros(length(y),length(x));
array3 = zeros(length(y),length(x));

% Populate the arrays
for jj = 1:length(x)
    for ii = 1:length(y)
```

```
            array1(ii,jj) = x(jj);   % x value in columns
            array2(ii,jj) = y(ii);   % y value in rows
            array3(ii,jj) = ...
               exp(-0.5*array1(ii,jj)^2+0.5*(array1 
               (ii,jj)-array2(ii,jj))^2)
      end
   end

   % Plot the data
   mesh(array1, array2, array3);
   title('\bfMesh Plot');
   xlabel('\bfx');
   ylabel('\bfy');
   zlabel('\bfz');
```

绘制结果如图 8.9a 所示。

使用 MATLAB 函数 meshgrid 来创建 x 和 y 值的数组更容易。此函数的一般形式为

```
[arr1,arr2] = meshgrid( xstart:xinc:xend,...
                         ystart:yinc:yend);
```

其中，xstart:xinc:xend 指明了包含在网格中的 x 值，ystart:yinc:yend 指明了包含在网格中的 y 值。

因此，可以使用函数 meshgrid 创建 x 和 y 值的数组，然后计算每个 (x, y) 处的函数值 z，最后调用函数 mesh、surf 或 contour 来进行绘制。

如果使用函数 meshgrid，则图 8.9a 所示的三维绘图更容易得到。

```
[array1,array2] = meshgrid(-4:0.1:4,-3:0.1:3);
array3 = exp(-0.5*(array1.^2+0.5*(array1-array2).^2));
mesh(array1, array2, array3);
title('\bfMesh Plot');
xlabel('\bfx');
ylabel('\bfy');
zlabel('\bfz');
```

只需用合适的函数替换函数 mesh，就可以得到曲面绘图和等高线绘图。

**良好编程习惯**

使用函数 meshgrid 可以简化函数 mesh、surf 和 contour 的三维绘图。

三维绘图函数 mesh、surf 和 contour 也有一个替代的输入语法，其中第一个参数是 x 值的向量，第二个参数是 y 值的向量，第三个参数是二维数组，其列数等于 x 向量中元素的数量，行数等于 y 向量中元素的数量。在这种情况下，绘图函数在内部调用 meshgrid 自动创建三个二维数组，而不是工程师手动创建。

图 8.9a 所示的绘图也可以使用此替代语法创建：

```
% Get x and y values to calculate
x = -4:0.1:4;
y = -3:0.1:3;

for jj = 1:length(x)
   for ii = 1:length(y)
      array3(ii,jj) = ...
         exp(-0.5*(array1(ii,jj)^2+0.5*(array1(ii,jj)
```

```
         -array2(ii,jj))^2));
    end
end

% Plot the data
mesh(x, y, array3);
title('\bfMesh Plot');
xlabel('\bfx');
ylabel('\bfy');
zlabel('\bfz');
```

### 8.4.3 使用曲面和网格绘图创建三维物体

曲面和网格绘图可用于创建封闭对象（如球体）的绘图。为此，需要首先定义一组表示对象整个表面的点，然后使用函数 surf 或 mesh 绘制这些点。例如，考虑一种简单对象——球体，它被定义为距离中心是给定距离 $r$ 的所有点的轨迹，且不考虑方位角 $\theta$ 和仰角 $\varphi$。其公式为

$$r = a \tag{8.17}$$

其中，$a$ 是任意正数。在笛卡儿空间中，球体表面上的点由下面等式定义[⊖]：

$$\begin{aligned} x &= r\cos\varphi\cos\theta \\ y &= r\cos\varphi\sin\theta \\ z &= r\sin\varphi \end{aligned} \tag{8.18}$$

其中，半径 $r$ 是常量，仰角 $\varphi$ 取值范围 $[-\pi/2, \pi/2]$，方位角 $\theta$ 取值范围 $[-\pi, \pi]$。绘制此球体的程序如下：

```
%   Script file: sphere.m
%
%   Purpose:
%     This program plots the sphere using the surf function.
%
%   Record of revisions:
%       Date         Programmer        Description of change
%       ====         ==========        =====================
%     06/02/14       S. J. Chapman     Original code
%
% Define variables:
%   n          -- Number of points in az and el to plot
%   r          -- Radius of sphere
%   phi        -- meshgrid list of elevation values
%   Phi        -- Array of elevation values to plot
%   theta      -- meshgrid list of azimuth values
%   Theta      -- Array of azimuth values to plot
%   x          -- Array of x point to plot
%   y          -- Array of y point to plot
%   z          -- Array of z point to plot

% Define the number of angles on the sphere to plot
% points at
n = 20;

% Calculate the points on the surface of the sphere
r = 1;
theta = linspace(-pi,pi,n);
```

---

⊖ 这里的极坐标到直角坐标转换的公式，已在习题 2.15 中介绍过。

```
phi = linspace(-pi/2,pi/2,n);
[theta,phi] = meshgrid(theta,phi);
% Convert to (x,y,z) values
x = r * cos(phi) .* cos(theta);
y = r * cos(phi) .* sin(theta);
z = r * sin(phi);

% Plot the sphere
figure(1)
surf (x,y,z);
title ('\bfSphere');
```

绘制结果如图 8.11 所示。

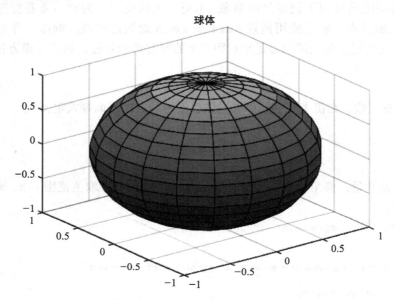

图 8.11 球体的三维绘图（见彩页）

当前轴上物体表面和贴片的透明度可以用函数 **alpha** 进行控制。此函数的一般形式为

```
alpha(value);
```

其中，**value** 是 0 到 1 之间的值。如果值为 0，则所有表面都是透明的。如果值为 1，则所有表面都是不透明的。对于其他任何值，表面是部分透明的。例如，图 8.12 显示了 **value** 取 0.5 的结果。注意，此时可以通过球体的外表面看向背面。

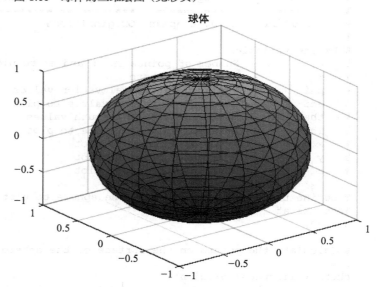

图 8.12 函数 **alpha** 绘图部分透明的球体，其中 **value** 取 0.5（见彩页）

## 8.5 本章小结

MATLAB 支持将 double 数据类型扩展到复数。它们可以使用 i 和 j 来定义，且 i 和 j 均预定义为 $\sqrt{-1}$。复数的使用很简单，但是它们的关系操作符＞、≥、＜和≤的运算只比较实部，而并非它们的大小。因此，遇到复数时应当谨慎使用。

字符串函数是用来处理字符串的函数，其中字符串是 char 型数组。这些函数使得用户获得多种有效的字符串操作方式，包括连接、比较、替换、大小写转换、数值转换为字符串和字符串转换为数值。

多维数组是具有二维以上的数组。可以用类似于一维和二维数组的操作方式来创建和使用。多维数组在某些物理问题中比较常见。

MATLAB 包括大量的二维和三维绘图函数。在本章中，介绍的三维绘图包括网格、曲面和等高线绘图。

### 8.5.1 良好编程习惯总结

使用 MATLAB 函数时，应遵循以下准则。
（1）使用函数 char 创建二维字符数组时，不必担心将每个行扩充到相同的长度。
（2）使用函数 isstrprop 判断字符数组中每个字符是否属于指定的类别。
（3）使用多维数组解决自然界中的多变量问题，如空气动力学和流体动力学。
（4）使用函数 meshgrid 可以简化函数 mesh、surf 和 contour 的三维绘图。

### 8.5.2 MATLAB 总结

下面简要列出本章中出现的所有 MATLAB 命令和函数，以及对它们的简短描述。

**命令和函数**

| | |
|---|---|
| abs | 返回一个数的绝对值（大小） |
| alpha | 设置曲面绘图和贴片的透明度 |
| angle | 返回复数的角度，以弧度为单位 |
| bar(x,y) | 创建垂直条形图 |
| barh(x,y) | 创建水平条形图 |
| base2dec | 将基数 B 表示的字符串形式转换成十进制整数 |
| bin2dec | 将二进制字符串形式转换成十进制整数 |
| blanks | 创建空格字符串 |
| char | （1）将数字转换为对应的字符；（2）创建二维字符数组 |
| compass(x,y) | 创建罗盘图 |
| conj | 计算一个数的共轭复数 |
| contour | 创建等高线绘图 |
| deblank | 删除字符串末尾空白字符 |
| dec2base | 将十进制整数转换成基数 B 表示的字符串形式 |
| dec2bin | 将十进制整数转换成二进制字符串形式 |
| double | 将字符转换为对应的数值编码 |
| find | 查找矩阵中非零元素的索引和值 |
| findstr | 在一个字符串中查找另一个字符串 |
| hex2num | 将 IEEE 十六进制字符串形式转换成 double 型 |
| hex2dec | 将十六进制字符串形式转换成十进制整数 |
| hist | 创建数据集的直方图 |

(续)

| | |
|---|---|
| full | 将稀疏矩阵转换成完全矩阵 |
| imag | 返回复数的虚部 |
| int2str | 整数转换成字符串 |
| ischar | 如果是字符数组，返回真（1） |
| isletter | 如果是字母，返回真（1） |
| isreal | 如果数组的元素没有虚部，返回真（1） |
| isstrprop | 如果是指定类别字符串，返回真（1） |
| isspace | 如果是空白字符，返回真（1） |
| lower | 字符串转换成小写形式 |
| mat2str | 矩阵转换成字符串 |
| mesh | 创建网格绘图 |
| meshgrid | 创建网格、曲面和等高线绘图所需的 $(x, y)$ 网格 |
| nnz | 返回矩阵非零元素的个数 |
| nonzeros | 返回矩阵非零元素对应的列向量 |
| num2str | 数字转换成字符串 |
| nzmax | 矩阵非零元素分配的存储数量 |
| pie(x) | 创建饼状图 |
| plot(c) | 创建复数数组的实部和虚部关系图 |
| real | 返回复数的实部 |
| rose | 创建数据集的径向直方图 |
| sscanf | 从字符串读取格式化数据 |
| stairs(x,y) | 创建梯形图 |
| stem(x,y) | 创建杆状图 |
| str2double | 字符串转换成双精度数值 |
| str2num | 字符串转换成数字 |
| strcat | 连接字符串 |
| strcmp | 如果两个字符串相同，返回真（1） |
| strcmpi | 如果两个字符串相同（忽略大小写），返回真（1） |
| strjust | 对齐字符串 |
| strncmp | 如果两个字符串的前 n 个字符相同，返回真（1） |
| strncmpi | 如果两个字符串的前 n 个字符相同（忽略大小写），返回真（1） |
| strmatch | 查找字符串的可能匹配 |
| strtrim | 删除字符串开头和末尾空白字符 |
| strrep | 用一个字符串替换另一个字符串 |
| strtok | 选择部分字符串 |
| struct | 预定义结构数组 |
| strvcat | 垂直连接字符串 |
| surf | 创建曲面绘图 |
| upper | 字符串转换成大写形式 |

## 8.6 本章习题

8.1 编写一个函数 to_polar，能够接收输入复数 c，并返回两个输出参数，分别为复数的模 mag 和幅角 theta。幅角的单位为度。

8.2 编写一个函数 to_complex，能够接收两个输入参数，分别为复数的模 mag 和幅角 theta，并返回复数 c。幅角的单位为度。

8.3 在正弦稳态交流电路中，无源元件（见图 8.13）的电压由欧姆定律给出：

$$V = IZ \tag{8.19}$$

其中 V 是元件两端的电压，I 是通过元件的电流，Z 是元件的阻抗。注意，这三个值都是复数，且它们的通常形式为指定的模和以度为单位表示的指定的幅角。例如，电压为 V=120∠30°V。编写一个程序，读取元件上的电压和元件的阻抗，并计算所得到的电流。输入的是模和以度为单位的幅角，且输出的结果也是相同的形式。在电流的实际计算过程中，使用习题 8.2 中的函数 to_complex 将数转换为直角坐标形式；在显示时，使用习题 8.1 中的函数 to_polar 将数转换为极坐标形式。

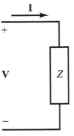

图 8.13 无源交流电路中元件的电压和电流关系

8.4 极坐标形式的两个复数的相乘可以通过计算它们模的乘积和幅角的和得到。即，如果 $A_1 = A_1 \angle \theta_1$，$A_2 = A_2 \angle \theta_2$，那么 $A_1 A_2 = A_1 A_2 \angle \theta_1 + \theta_2$。编写一个程序，输入的是直角坐标形式的两个复数，请使用上述公式计算它们的乘积。在计算乘积时，使用习题 8.1 中的函数 to_polar 将数转换为极坐标形式；在显示时，使用习题 8.2 中的函数 to_complex 将数转换为直角坐标形式。比较此结果与 MATLAB 内置复数数学计算的结果。

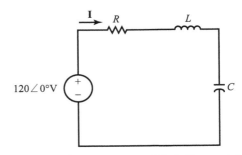

图 8.14 正弦交流电压源驱动的串联 RLC 电路

8.5 **串联 RLC 电路**：图 8.14 展示了一个由正弦交流电压源驱动的串联 RLC 电路，其值为 120∠0° 伏特。该电路中的电感阻抗为 $Z_L = j2\pi fL$，其中 j 为 $\sqrt{-1}$，f 为电压源的频率，单位为赫兹，L 为电感，单位为亨利。该电路中电容器的阻抗为 $Z_C = -j\dfrac{1}{2\pi fC}$，其中 C 为电容，单位为法拉。假定 R=100Ω，L=0.1mH，C=0.25nF。

此电路中的电流 I 由基尔霍夫电压定律给出

$$I = \frac{120 \angle 0°V}{R + j2\pi fL - j\dfrac{1}{2\pi fC}} \tag{8.20}$$

(a) 计算并绘制电流的大小作为频率的函数，其中频率取值从 100kHz 到 10MHz。要求分别在线性刻度和对数–线性刻度上绘制，并包含标题和轴标签。

(b) 计算并绘制以度为单位的电流的幅角作为频率的函数，其中频率取值从 100kHz 到 10MHz。要求分别在线性刻度和对数–线性刻度上绘制，并包含标题和轴标签。

(c) 在一幅图的两个子图上分别绘制电流的大小和幅角作为频率的函数。要求在对数–线性刻度上绘制。

8.6 编写一个函数，接收输入的复数 c，并用圆形标记将其绘制在笛卡儿坐标系上。要求绘图包括 x 轴和 y 轴，以及从原点到 c 位置的矢量。

8.7 使用函数 plot(t,v) 绘制函数 $v(t) = 10e^{(-0.2+j\pi)t}$，其中 $0 \le t \le 10$。绘图结果如何？

8.8 使用函数 plot(v) 绘制函数 $v(t) = 10e^{(-0.2+j\pi)t}$，其中 $0 \le t \le 10$。绘图结果如何？

8.9 创建函数 $v(t) = 10e^{(-0.2+j\pi)t}$ 的极坐标图，其中 $0 \le t \le 10$。

8.10 使用函数 plot3 绘制函数 $v(t) = 10e^{(-0.2+j\pi)t}$，其中 $0 \le t \le 10$，要绘制的三个维度是函数的实部、虚部和时间。

8.11 **欧拉方程**：欧拉方程定义了 e 的虚数幂以正弦函数来表示，如下所示：

$$e^{i\theta}=\cos\theta+i\sin\theta \qquad (8.21)$$

创建此函数的二维绘图，其中 $\theta$ 从 0 到 $2\pi$。使用函数 `plot3` 创建三维线绘图，其中 $\theta$ 从 0 到 $2\pi$。（要绘制的三个维度是表达式的实部、虚部和 $\theta$）。

8.12 创建函数 $z=e^{x+iy}$ 的网格绘图、曲面绘图和等高线绘图，其中 $-1 \leq x \leq 1$，$-2\pi \leq y \leq 2\pi$。要求绘制 $z$ 的实部关于 $x$ 和 $y$ 的关系图。

8.13 静电势：在与值为 $q$ 的点电荷距离为 $r$ 的点的静电势（"电压"）由下面等式给出

$$V=\frac{1}{4\pi\varepsilon_0}\frac{q}{r} \qquad (8.22)$$

其中 $V$ 的单位为伏特，$\varepsilon_0$ 是自由空间的磁导率（$8.85\times10^{-12}$ 法拉/米），$q$ 是单位为库仑的电荷，$r$ 是到点电荷的距离（米）。如果 $q$ 为正，则得到的电势为正；如果 $q$ 为负，则得到的电势为负。如果在环境中存在一个以上的电荷，那么一个点上的总电势就是每个电荷的电势之和。

假设三维空间中四个电荷的位置分别为：

$q_1=10^{-13}$ C，在点 (1,1,0)
$q_2=10^{-13}$ C，在点 (1,-1,0)
$q_3=-10^{-13}$ C，在点 (-1,-1,0)
$q_4=10^{-13}$ C，在点 (-1,1,0)

根据这些电荷，计算以 (10, 10, 1)、(10, -10, 1)、(-10, -10, 1) 和 (10, 10, 1) 为边界的平面 z=1 上的正则点的电势之和。分别使用函数 `surf`、`mesh` 和 `contour` 绘制得到的电势。

8.14 编写一个程序，接收用户输入的字符串，并确定用户指定的字符在字符串中出现的次数。（提示：使用 MATLAB 帮助浏览器查看函数 `input` 的 `'s'` 选项。）

8.15 修改习题 8.14 中的程序，使之在确定用户指定的字符在字符串中出现的次数时忽略字符的大小写。

8.16 编写一个程序，使用函数 `input` 接收用户输入的字符串，将字符串分割成一系列标记，然后将它们按升序排列，并显示出来。

8.17 编写一个程序，使用函数 `input` 接收用户输入的一系列字符串，然后将它们按升序排列，并显示出来。

8.18 编写一个程序，使用函数 `input` 接收用户输入的一系列字符串，然后忽略大小写将它们按升序排列，并显示出来。

8.19 MATLAB 有两个函数 `upper` 和 `lower`，分别将字符串转换为大写和小写。创建一个名为 `caps` 的新函数，能将每个单词的第一个字母转换为大写，并强制所有其他字母转换为小写。（提示：利用函数 `upper`、`lower` 和 `strtok`。）

8.20 编写一个函数，接收输入字符串，并返回一个 `logical` 数组，该逻辑数组的真对应于不是字母数字或空格的可打印字符（如 $、%、# 等），而其他为假。

8.21 编写一个函数，接收输入字符串，并返回一个 `logical` 数组，该逻辑数组的真对应于每个元音字符，而其他为假。确保该函数对大小写字符都有效。

8.22 默认情况下，不能用 `single` 型值乘以 `int16` 型值。编写一个函数，接收两个输入参数，分别为 `single` 型和 `int16` 型，然后将它们相乘，最后返回的结果为 `single` 型值。

8.23 旋转椭球是二维椭圆的立体模拟。围绕 $x$ 轴旋转得到旋转椭球的公式为

$$\begin{aligned}x&=a\cos\varphi\cos\theta\\y&=b\cos\varphi\sin\theta\\z&=b\sin\varphi\end{aligned} \qquad (8.23)$$

其中 $a$ 是沿 $x$ 轴的半径，$b$ 是沿 $y$ 轴和 $z$ 轴的半径。绘制 $a=2$ 且 $b=1$ 的旋转椭球。

8.24 在相同的轴上绘制一个半径为 2 的球体和一个 $a=1$ 且 $b=0.5$ 的旋转椭球。要求球体部分透明，以便可以看到其中的椭球。

# 第 9 章

## 元胞数组、结构体和句柄图形

本章讨论 MATLAB 非常有用的三个特性：元胞数组、结构体和句柄图形。

元胞数组是一个非常灵活的数组类型，它可以保存任何类型的数据。元胞数组中的每个元素都可以保存任何类型的 MATLAB 数据，且同一数组中的不同元素可以保存不同类型的数据。因此，它们被广泛应用于 MATLAB 图形用户接口（Graphical User Interface，GUI）函数。

结构体是一个包含命名子结构体的特殊数组类型。每个结构体都可以有任意数量的子结构体，每个子结构体都有自己的名称和数据类型。结构体是 MATLAB 对象的基础。

句柄图形是一类低级图形函数的总称，用于控制 MATLAB 生成图形对象的特征。这些函数通常隐藏在 M 文件中，但是对程序员来说是非常重要的，因为它们允许程序员对程序执行过程中创建的绘图和图形的外观进行精确控制。

## 9.1 元胞数组

**元胞数组**是一个特殊的 MATLAB 数组，其元素是元胞，可容纳其他类型的 MATLAB 数组。例如，元胞数组的一个元胞包含实数数组，另一个包含字符串数组，再一个包含复数向量（如图 9.1 所示）。

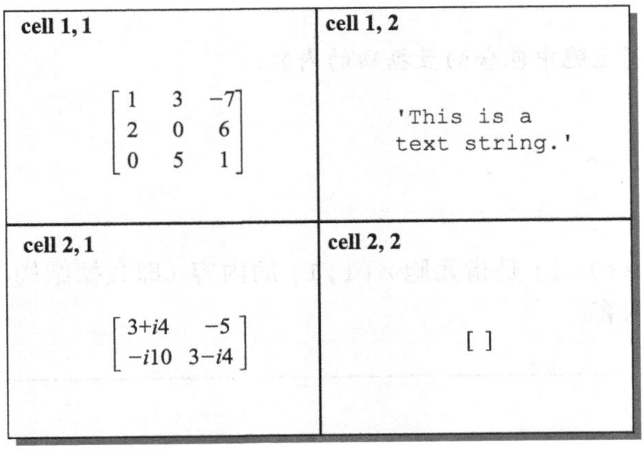

图 9.1 元胞数组的各个元素可能指向实数数组、复数数组、字符串、其他元胞数组，甚至是空数组

在编程术语中，元胞数组的每个元素是指向另一数据结构的指针，并且这些数据结构可以是不同类型的。图 9.2 对其进行了说明。由于元胞数组可以将不同信息保存在一起并以同一名称访问，因此成为收集问题相关信息的有效方法。

元胞数组使用大括号 {} 而非括号（）来选择和显示元胞的内容。这种差异是由于元胞数组包含的是数据结构而不是数据。假设元胞数组 a 的定义如图 9.2 所示，那么元素 `a(1,1)` 是一个包含 3×3 大小的数值数组的数据结构，所以 `a(1,1)` 显示了元胞的内容，即数据结构。

```
>> a(1,1)
ans =
    [3x3 double]
```

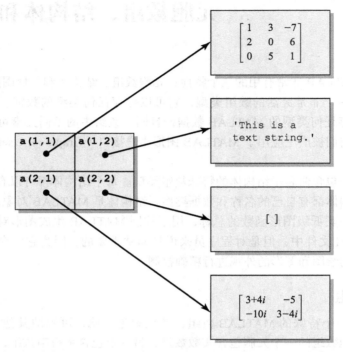

图 9.2 元胞数组的每个元素都是指向另一个数据结构的指针,并且同一元胞数组中的不同元胞可以指向不同类型的数据结构

相反,`a{1,1}` 显示了元胞中包含的数据项的内容。

```
>> a{1,1}
ans =
    1    3   -7
    2    0    6
    0    5    1
```

总而言之,符号 `a(1,1)` 是指元胞 `a(1,1)` 的内容(即数据结构),而符号 `a{1,1}` 是指元胞中数据结构的内容。

---

**编程误区**

在寻址元胞数组时,注意不要混淆 ( ) 与 {}。它们的操作结果完全不同!

---

### 9.1.1 创建元胞数组

创建元胞数组有两种方式:
- 使用赋值语句
- 使用函数 `cell` 预分配元胞数组

创建元胞数组最简单的方法是直接将数据分配给元胞,每次分配一个元胞。尽管如此,预分配元胞数组更加有效,所以应该预留足够大的元胞数组。

**使用赋值语句分配元胞数组**

可以使用赋值语句把值依次分配给元胞数组的一个元胞。将数据分配给元胞的方法有两种，称为**内容索引**和**元胞索引**。

内容索引是指用"{}"括起来元胞下标，并用普通符号表示元胞内容。例如，以下语句创建了图 9.2 所示的 2×2 元胞数组：

```
a{1,1} = [1 3 -7; 2 0 6; 0 5 1];
a{1,2} = 'This is a text string.';
a{2,1} = [3+4*i -5; -10*i 3 - 4*i];
a{2,2} = [];
```

这种类型的索引定义包含了元胞中数据结构的内容。

元胞索引是指用"{}"括起来要存储在元胞中的数据，并用普通下标符号表示元胞下标。例如，以下语句创建了图 9.2 所示的 2×2 元胞数组：

```
a(1,1) = {[1 3 -7; 2 0 6; 0 5 1]};
a(1,2) = {'This is a text string.'};
a(2,1) = {[3+4*i -5; -10*i 3 - 4*i]};
a(2,2) = {[]};
```

这种类型的索引创建包含指定数据的数据结构，然后将该数据结构分配给元胞。

上述两种索引形式完全等价，且可以在任何程序中自由混用。

---

**编程误区**

避免创建与现有数值数组同名的元胞数组。如果这样做，MATLAB 将假定你试图将元胞的内容赋值给普通数组，从而生成一条错误消息。因此，确保在创建元胞数组前已经清除了同名的数值数组。

---

**使用函数 cell 预分配元胞数组**

函数 cell 可以预分配指定大小的空的元胞数组。例如，以下语句创建了一个空的 2×2 元胞数组。

```
a = cell(2,2);
```

创建元胞数组后，就可以使用赋值语句给元胞赋值。

### 9.1.2 使用大括号 {} 作为元胞构造器

将所有元胞内容放在一组大括号之间，可以一次定义多个元胞。同行中的元胞之间用逗号分隔，不同行之间用分号分隔。例如，以下语句创建了一个 2×3 元胞数组：

```
b = {[1 2], 17, [2;4]; 3-4*i, 'Hello', eye(3)}
```

### 9.1.3 查看元胞数组的内容

MATLAB 精简显示元胞数组中每个元素的数据结构，即将每个数据结构单行显示。如果数据结构可以单行显示，那么就显示它；否则，显示摘要信息。例如，元胞数组 a 和 b 显示为：

```
>> a
a =
```

```
            [3x3 double]       [1x22 char]
            [2x2 double]                []
>> b
b =
            [1x2 double]       [    17]       [2x1 double]
            [3.0000- 4.0000i]  'Hello'        [3x3 double]
```

注意，MATLAB 使用括号或引号显示的是数据结构，而非数据结构的内容。

函数 **celldisp** 可以查看元胞数组的全部内容。此函数逐个显示元胞数据结构的内容。

```
>> celldisp(a)
a{1,1} =
     1     3    -7
     2     0     6
     0     5     1
a{2,1} =
   3.0000 + 4.0000i  -5.0000
        0 -10.0000i   3.0000 - 4.0000i
a{1,2} =
This is a text string.
a{2,2} =
     []
```

函数 **cellplot** 可以显示元胞数组的高层结构。例如，函数 **cellplot(b)** 的结果如图 9.3 所示。

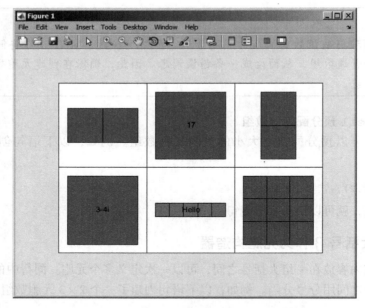

图 9.3　函数 **cellplot** 将元胞数组 b 的结构显示为嵌套的一系列框

## 9.1.4　扩展元胞数组

如果将值赋给当前不存在的元胞数组的元素，则该元素被自动创建，并创建保持数组形状所需的额外元胞。例如，假设数组 a 定义为一个 2×2 大小的元胞数组，如图 9.1 所示。如果执行以下语句

```
a{3,3} = 5
```

元胞数组将自动扩展为 3×3 的大小，如图 9.4 所示。

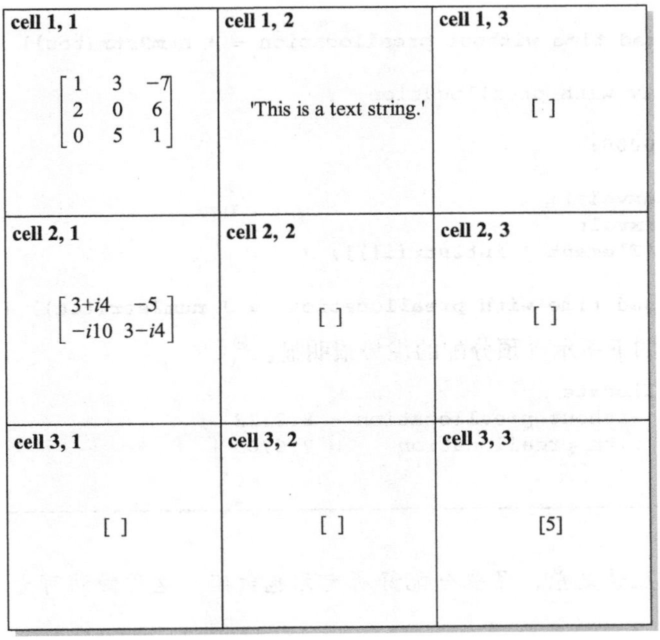

| cell 1, 1 $\begin{bmatrix} 1 & 3 & -7 \\ 2 & 0 & 6 \\ 0 & 5 & 1 \end{bmatrix}$ | cell 1, 2 'This is a text string.' | cell 1, 3 [ ] |
|---|---|---|
| cell 2, 1 $\begin{bmatrix} 3+i4 & -5 \\ -i10 & 3-i4 \end{bmatrix}$ | cell 2, 2 [ ] | cell 2, 3 [ ] |
| cell 3, 1 [ ] | cell 3, 2 [ ] | cell 3, 3 [5] |

图 9.4 赋值给 a{3, 3} 的结果。注意，为保持元胞数组形状，创建了额外的四个空元胞

与扩展元胞数组相比，使用函数 `cell` 预分配元胞数组更加有效。如同上述过程，当添加一个新元素到现有数组时，首先需要创建一个足够大的数组来包含这个新元素，然后将旧数据复制到新数组，再向数组添加新值，最后删除旧数组。这个过程非常耗时。相反，可以将元胞数组分配为将使用的最大形状，然后每次向其添加一个元素。此时只需要添加新元素，而数组的其余部分不受干扰。

下面程序展示了预分配的优点。创建一个包含 50 000 个字符串的元胞数组，要求每次添加一个字符串，并比较预分配与无预分配的区别。

```
%   Script file: test_preallocate.m
%
%   Purpose:
%     This program tests the creation of cell arrays with and
%     without preallocation.
%
%   Record of revisions:
%       Date          Programmer         Description of change
%       ====          ==========         =====================
%     03/04/14       S. J. Chapman       Original code
%
% Define variables:
%    a             -- Cell array
%    maxvals       -- Maximum values in cell array

% Create array without preallocation
clear all
maxvals = 200000;
tic
```

```
    for ii = 1:maxvals
        a{ii} = ['Element ' int2str(ii)];
    end
    disp( ['Elapsed time without preallocation = ' num2str(toc)] );

    % Create array with preallocation
    clear all
    maxvals = 200000;
    tic
    a = cell(1,maxvals);
    for ii = 1:maxvals
        a{ii} = ['Element ' int2str(ii)];
    end
    disp( ['Elapsed time with preallocation    = ' num2str(toc)] );
```

执行程序后,结果如下所示。预分配的优势很明显。⊖

```
>> test_preallocate
Elapsed time without preallocation = 8.0332
Elapsed time with preallocation    = 7.6763
```

**良好编程习惯**

在给数组元素赋值之前,预先分配好所有元胞数组。这种做法可大大提高程序的执行速度。

### 9.1.5 删除数组中的元胞

命令 `clear` 可删除整个元胞数组。若要删除部分元胞,可通过给其赋空值实现。例如,假设 3×3 的元胞数组 a 定义如下

```
>> a
a =
    [3x3 double]    [1x22 char]       []
    [2x2 double]          []          []
              []          []         [5]
```

可使用下面语句来删除数组的第三行

```
>> a(3,:) = []
a =
    [3x3 double]    [1x22 char]       []
    [2x2 double]          []          []
```

### 9.1.6 使用元胞数组中的数据

存储在元胞数组的数据结构中的数据能够随时被使用,既可以通过内容索引,也可以通过元胞索引。例如,假设元胞数组 c 定义为

```
c = {[1 2;3 4], 'dogs'; 'cats', i}
```

元胞 c(1,1) 中的数组内容可通过下面方式访问:

---

⊖ 在 MATLAB 的早期版本中,性能上的差异更为显著。在 MATLAB 的最新版本中进行了改进,它通过分配多个变量而不是一次一个来提高效率。

```
>> c{1,1}
ans =
     1     2
     3     4
```

元胞 c（2,1）中的数组内容可通过下面方式访问：

```
>> c{2,1}
ans =
cats
```

通过连接两组下标可以获得元胞内容的子集。例如，假设要得到元胞数组 c 的元胞 c(1,1) 中存储的元素（1,2），则可以使用表达式 c{1,1}(1,2) 实现。即它表示从元胞 c(1,1) 所包含的数据结构的内容中选择元素（1,2）。

```
>> c{1,1}(1,2)
ans =
     2
```

### 9.1.7 字符串的元胞数组

由于元胞数组中每个字符串可以具有不同长度，而标准字符数组的每个字符串长度必须相同，因此，相比标准字符数组，将一组字符串存储在元胞数组中更加方便些。这意味着元胞数组中的字符串不必用空格填充。

字符串的元胞数组有两种创建方式。一种是使用括号将单个字符串插入到数组中，另一种是使用函数 cellstr 将二维字符数组转换为字符串的元胞数组。

以下示例通过将字符串逐次插入到元胞数组中来创建字符串的元胞数组，并显示生成的元胞数组。注意，各个字符串的长度可以不同。

```
>> cellstring{1} = 'Stephen J. Chapman';
>> cellstring{2} = 'Male';
>> cellstring{3} = 'SSN 999-99-9999';
>> cellstring
    'Stephen J. Chapman'    'Male'    'SSN 999-99-9999'
```

函数 cellstr 从二维字符数组创建一个字符串的元胞数组。考虑字符数组

```
>> data = ['Line 1          ';'Additional Line']
data =
Line 1
Additional Line
```

使用函数 cellstr 可将此 2×15 的字符数组转换为字符串的元胞数组，如下所示：

```
>> c = cellstr(data)
c =
    'Line 1'
    'Additional Line'
```

此外，使用函数 char 可将其转换回标准的字符数组：

```
>> newdata = char(c)
newdata =
Line 1
Additional Line
```

函数 iscellstr 判断一个元胞数组是否是字符串的元胞数组。如果元胞数组的每个元素都为空或包含一个字符串，则此函数返回真（1），否则返回假（0）。

## 9.1.8 元胞数组的意义

元胞数组非常灵活，任意类型的数据都可以存储在其中。因此，元胞数组被用于许多内部 MATLAB 数据结构。我们必须了解它们，以便更好地使用句柄图形和图形用户接口的特性。⊖

此外，元胞数组的灵活性使得函数的输入参数和输出参数的数量可变成常规特征。用户自定义 MATLAB 函数提供了一个特殊的输入参数 **varargin**，以支持可变数量的输入。此参数位于输入参数列表的最后一项，并返回元胞数组，因此单个输入形参可以支持任意数量的实参。每个实参都成为 **varargin** 返回的元胞数组中的一个元素。如果需要使用，**varargin** 必须是函数中所有输入参数的最后一个。

例如，假设编写一个包含任意数量输入参数的函数，其实现如下所示：

```
function test1(varargin)
disp(['There are ' int2str(nargin) ' arguments.']);
disp('The input arguments are:');
disp(varargin);

end % function test1
```

执行函数时输入不同数量的参数，结果如下：

```
>> test1
There are 0 arguments.
The input arguments are:
>> test1(6)
There are 1 arguments.
The input arguments are:
    [6]
>> test1(1,'test 1',[1 2;3 4])
There are 3 arguments.
The input arguments are:
    [1]    'test 1'    [2x2 double]
```

如上所示，参数成为函数内的元胞数组。

下面给出了一个使用可变数量参数的示例函数。函数 **plotline** 可以接收任意数量的 $1 \times 2$ 行向量，其中每个向量包含一个待绘制点的位置 $(x, y)$。该函数将绘制一条线将所有 $(x, y)$ 值连接起来。注意，此函数还接收可选的线属性字符串，并将该字符串传递给函数 **plot**。

```
function plotline(varargin)
%PLOTLINE Plot points specified by [x,y] pairs.
% Function PLOTLINE accepts an arbitrary number of
% [x,y] points and plots a line connecting them.
% In addition, it can accept a line specification
% string, and pass that string on to function plot.

% Define variables:
%   ii         -- Index variable
%   jj         -- Index variable
%   linespec   -- String defining plot characteristics
%   msg        -- Error message
%   varargin   -- Cell array containing input arguments
%   x          -- x values to plot
```

---
⊖ 图形用户接口超出了本书的范围。

```
%    y          -- y values to plot
% Record of revisions:
%    Date           Programmer        Description of change
%    ====           ==========        =====================
%    03/18/14       S. J. Chapman     Original code

% Check for a legal number of input arguments.
% We need at least 2 points to plot a line...
msg = nargchk(2,Inf,nargin);
error(msg);

% Initialize values
jj = 0;
linespec = '';

% Get the x and y values, making sure to save the line
% specification string, if one exists.
for ii = 1:nargin

   % Is this argument an [x,y] pair or the line
   % specification?
   if ischar(varargin{ii})

      % Save line specification
      linespec = varargin{ii};

   else

      % This is an [x,y] pair.  Recover the values.
      jj = jj + 1;
      x(jj) = varargin{ii}(1);
      y(jj) = varargin{ii}(2);

   end
end

% Plot function.
if isempty(linespec)
   plot(x,y);
else
   plot(x,y,linespec);
end
```

使用下面的参数调用此函数，结果如图 9.5 所示。自行练习使用不同数量的输入参数调用函数，并查看执行结果。

```
plotline([0 0],[1 1],[2 4],[3 9],'k--');
```

类似地，这里也提供了一个特殊的输出参数 varargout，以支持可变数量的输出。此参数位于输出参数列表的最后一项，并返回元胞数组，因此单个输出形参可以支持任意数量的实参。每个实参都成为 varargout 返回的元胞数组中的一个元素。

如果需要使用，varargout 必须是函数中所有输出参数的最后一个。函数 nargout 指定任意给定函数调用的输出实参的数量，因此确定了存储在 varargout 中的输出参数的数量。

下面给出了一个示例函数 test2。此示例函数使用函数 nargout 检测调用程序的预期输出参数数量。其中，返回的第一个输出参数是随机数的数量，剩余的输出参数由高斯分布生成的随机数填充。注意，此示例函数使用 `varargout` 统计随机数的数量，这样可以保证输出任意数量的输出值。

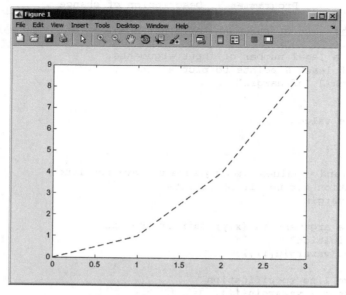

图 9.5  函数 plotline 产生的绘图

```
function [nvals,varargout] = test2(mult)
% nvals is the number of random values returned
% varargout contains the random values returned
nvals = nargout - 1;
for ii = 1:nargout-1
   varargout{ii} = randn * mult;
end
```

执行此示例函数，结果如下所示。

```
>> test2(4)
ans =
    -1
>> [a b c d] = test2(4)
a =
     3
b =
   -1.7303
c =
   -6.6623
d =
    0.5013
```

---

**良好编程习惯**

使用元胞数组参数 `varargin` 和 `varargout` 创建支持不同输入和输出参数数量的函数。

---

### 9.1.9  元胞函数总结

表 9.1 列出了常用的 MATLAB 元胞函数。

表 9.1 常用的 MATLAB 元胞函数

| 函数名 | 说明 |
| --- | --- |
| cell | 预定义元胞数组的结构 |
| celldisp | 显示元胞数组的内容 |
| cellplot | 绘制元胞数组的结构 |
| cellstr | 将二维字符数组转换成字符串元胞数组 |
| char | 将字符串元胞数组转换成二维字符数组 |
| iscellstr | 如果元胞数组是字符串元胞数组，则函数返回真 |
| strjoin | 将字符串元胞数组的元素连接成单个字符串，其中各元素间用空格隔开 |

## 9.2 结构体数组

数组是一种数据类型，其对整个数据结构给出了一个名称，但每个元素仅由其下标指出。因此，数组 arr 的第五个元素可由 arr(5) 访问。数组中所有元素的类型必须是相同的。

元胞数组也是一种数据类型，其对整个数据结构给出了一个名称，但每个元素仅由其下标指出。然而，元胞数组中所有元素的类型可以是不同的。

相反，**结构体**作为一种数据类型，其对每个元素都给出了一个名称。结构体的单个元素称为**字段**，每个字段可能具有不同的类型。字段是通过将结构体名称与字段名称用点号结合来访问的。

图 9.6 显示了一个名为 student 的示例结构体。此结构体有五个字段，分别命名为 name、addr1、city、state 和 zip。字段"name"可通过 student.name 来访问。

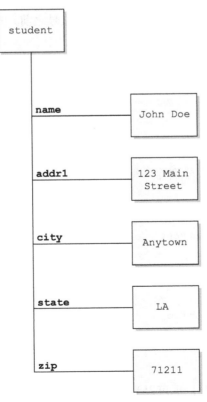

图 9.6 示例结构体。结构体的每个元素称为字段，每个字段由结构体名称和字段名称来访问

**结构体数组**是由结构体组成的数组。数组中的每个结构体具有相同的字段,但是存储在每个字段中的数据可以不同。例如,结构体数组 `student` 可以用来描述一个班级的信息。在 `student(1).name` 中存放第一个学生姓名,而 `student(2).city` 中存放第二个学生籍贯,等等。

### 9.2.1 创建结构体数组

创建结构体数组有两种方式。
- 使用赋值语句对每个字段赋值
- 使用函数 `struct`

**使用赋值语句创建结构体**

可以使用赋值语句一次创建一个字段。当将数据分配给一个字段时,该字段将自动创建。例如,以下语句创建了图 9.6 所示的结构体。

```
>> student.name = 'John Doe';
>> student.addr1 = '123 Main Street';
>> student.city = 'Anytown';
>> student.state = 'LA';
>> student.zip = '71211'
student =
      name: 'John Doe'
     addr1: '123 Main Street'
      city: 'Anytown'
     state: 'LA'
       zip: '71211'
```

第二个学生的信息可以通过在结构体名称后(点号之前)增加一个下标来添加到结构中。

```
>> student(2).name = 'Jane Q. Public'
student =
1x2 struct array with fields:
    name
    addr1
 city
 state
 zip
```

此时 `student` 变成 1×2 的数组。注意,当结构体数组有多个元素时,只列出字段名,而非具体内容。可在命令窗口中分别输入每个元素,查看其具体内容:

```
>> student(1)
ans =
      name: 'John Doe'
     addr1: '123 Main Street'
      city: 'Anytown'
     state: 'LA'
       zip: '71211'
>> student(2)
ans =
      name: 'Jane Q. Public'
     addr1: []
      city: []
     state: []
       zip: []
```

注意,即使数组元素未初始化,也可以为其创建结构体的所有字段。未初始化的字段将被设置为空数组,可以在以后使用赋值语句初始化。

函数 fieldnames 可以随时查看结构体中的字段名。此函数返回的是字符串类型的字段名列表，且对于使用结构体数组的程序非常有用。

**使用函数 struct 创建结构体**

函数 struct 可以预分配结构体或结构体数组。此函数的一般形式为

```
str_array = struct('field1',val1,'field2',val2, ...)
```

其中，参数是字段名及其初始值。使用此语法，函数 struct 将每个字段初始化为指定的值。

在使用函数 struct 预分配结构体数组时，只需将函数 struct 的输出分配给数组中的最后一个值，而所有之前的值都将自动创建。例如，以下语句创建了包含 1000 个 student 类型结构体的数组。

```
student(1000) = struct('name',[],'addr1',[], ...
                       'city',[],'state',[],'zip',[])
student =

1x1000 struct array with fields:
    name
    addr1
    city
    state
    zip
```

结构体的所有元素都是预分配好的，因此使用结构体可以提高程序运行速度。

函数 struct 还有另一个版本，在预分配数组时，同时为其所有字段分配初始值。具体在本章后面的习题部分将会看到。

### 9.2.2 添加字段到结构体

如果定义了结构体数组中新的字段名，则该字段将自动添加到数组的所有元素中。例如，假设给 Jane Public 的记录添加一些考试成绩：

```
>> student(2).exams = [90 82 88]
student =
1x2 struct array with fields:
    name
    addr1
    city
    state
    zip
    exams
```

此时，数组的每个记录中都会出现一个名为 exams 的字段，如下所示。结构体 student(2) 的该字段已经初始化，而其他结构体的该字段为空数组，直到对它们进行适当赋值。

```
>> student(1)
ans =
     name: 'John Doe'
    addr1: '123 Main Street'
     city: 'Anytown'
    state: 'LA'
      zip: '71211'
    exams: []
>> student(2)
ans =
```

```
       name: 'Jane Q. Public'
      addr1: []
       city: []
      state: []
        zip: []
      exams: [90 82 88]
```

### 9.2.3 删除结构体中的字段

函数 **rmfield** 可以删除结构体数组中的字段。此函数的一般形式为

```
struct2 = rmfield(str_array,'field')
```

其中，**str_array** 是结构体数组，**'field'** 是要删除的字段，**struct2** 是删除字段后新结构体的名称。例如，以下语句删除结构体数组 **student** 中的字段 **'zip'**：

```
>> stu2 = rmfield(student,'zip')
stu2 = 
1x2 struct array with fields:
    name
    addr1
    city
    state
    exams
```

### 9.2.4 使用结构体数组中的数据

假设结构体数组 **student** 已经扩展到包括三个学生，并且所有数据已经被分配给数组，如图 9.7 所示。那么，如何使用结构体数组中的这些数据？

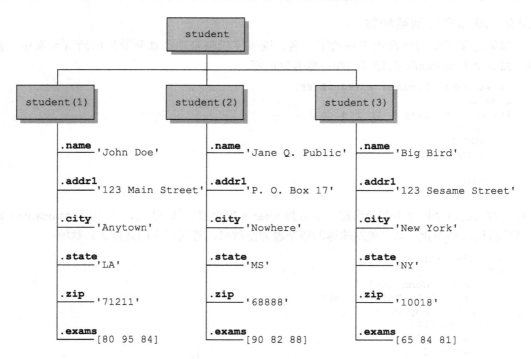

图 9.7　结构体数组 **student** 包含三个元素且均已被赋值

要访问任意数组元素的任意字段信息，只需使用点号连接相应的数组元素名和字段名：

```
>> student(2).addr1
ans =
P. O. Box 17
>> student(3).exams
ans =
    65    84    81
```

要访问字段中的单个项，请在字段名称后添加下标。例如，第三个学生的第二次考试成绩是

```
>> student(3).exams(2)
ans =
    84
```

结构体数组中的字段可以作为支持该数据类型的任何函数的参数。例如，为了计算 `student(2)` 的考试平均成绩，可以使用函数

```
>> mean(student(2).exams)
ans =
   86.6667
```

要提取多个数组元素给定的字段信息，只需将结构体名和字段名放在括号内。例如，可以使用表达式 `[student.zip]` 得到所有邮政编码：

```
>> [student.zip]
ans =
       71211       68888       10018
```

类似地，可以使用函数 `mean([student.exams])` 得到所有学生所有考试成绩的平均值。

```
>> mean([student.exams])
ans =
   83.2222
```

### 9.2.5 函数 getfield 和函数 setfield

MATLAB 中的两个函数使得结构体数组在编程时更易于使用。函数 `getfield` 获取某个字段值，而函数 `setfield` 设置某个字段值。函数 `getfield` 的结构为

```
f = getfield(array,{array_index},'field',{field_index})
```

其中，`field_index` 是可选参数，`array_index` 是标识 1×1 结构体数组的可选参数。此函数调用对应于语句

```
f = array(array_index).field(field_index);
```

即使在编程时工程师不知道结构体数组的字段名，也可以使用它。

例如，假设需要编写一个函数，读取和操作未知结构体数组中的数据。此函数可以使用 `fieldnames` 调用来确定结构体的字段名，然后使用函数 `getfield` 获取字段值。若要获取第二个学生的邮政编码，则该函数为

```
>> zip = getfield(student,{2},'zip')
zip =
       68888
```

类似地，函数 `setfield` 可以修改程序中结构体的值。函数 `setfield` 的结构为

```
f = setfield(array,{array_index},'field',{field_index},value)
```

其中，`f`是输出的结构体数组，`field_index`是可选参数，`array_index`是标识 1×1 结构体数组的可选参数。此函数调用对应于语句

```
array(array_index).field(field_index) = value;
```

### 9.2.6 动态字段名

还有一种访问结构体元素的替代方法：**动态字段名**。动态字段名是将预期字段名括在圆括号内的字符串。例如，学生 1 的姓名可以使用静态或动态字段名检索，如下所示：

```
>> student(1).name              % Static field name
ans =
John Doe
>> student(1).('name')          % Dynamic field name
ans =
John Doe
```

动态字段名与静态字段名执行相同的函数，但在程序执行期间可以更改动态字段名。这允许用户在程序中相同函数内访问不同信息。

例如，下面函数接收一个结构体数组和字段名，并计算结构体数组中所有元素指定字段值的平均数。调用此函数，返回平均数（和可选的求平均数的数目）。

```
function [ave, nvals] = calc_average(structure,field)
%CALC_AVERAGE Calculate the average of values in a field.
% Function CALC_AVERAGE calculates the average value
% of the elements in a particular field of a structure
% array.  It returns the average value and (optionally)
% the number of items averaged.

% Define variables:
%    arr       -- Array of values to average
%    ave       -- Average of arr
%    ii        -- Index variable
%
% Record of revisions:
%      Date        Programmer       Description of change
%      ====        ==========       =====================
%    03/04/14     S. J. Chapman     Original code
%
% Check for a legal number of input arguments.
msg = nargchk(2,2,nargin);
error(msg);

% Create an array of values from the field
arr = [];
for ii = 1:length(structure)
   arr = [arr structure(ii).(field)];
end

% Calculate average
ave = mean(arr);

% Return number of values averaged
if nargout == 2
   nvals = length(arr);
end
```

程序可以通过简单地使用不同结构体名和不同字段名多次调用此函数来求取不同字段中的值的平均数。例如，可以计算字段 exams 和 zip 的平均数，如下所示：

```
>> [ave,nvals] = calc_average(student,'exams')
ave =
    83.2222
nvals =
    9
>> ave = calc_average(student,'zip')
ave =
      50039
```

### 9.2.7 函数 size

当函数 size 作用于结构体数组时，返回结构体数组本身的大小。当函数作用于结构体数组中特定元素的字段时，将返回该字段的大小，而非整个数组的大小。例如，

```
>> size(student)
ans =
     1     3
>> size(student(1).name)
ans =
     1     8
```

### 9.2.8 嵌套结构体数组

结构体数组的每个字段都可以是任意数据类型，包含元胞数组或结构体数组。例如，以下语句将一个新的结构体数组定义为数组 student 的一个字段，以便显示学生注册的班级信息。

```
student(1).class(1).name = 'COSC 2021'
student(1).class(2).name = 'PHYS 1001'
student(1).class(1).instructor = 'Mr. Jones'
student(1).class(2).instructor = 'Mrs. Smith'
```

进行上述声明后，student(1) 包含以下数据。注意，在嵌套结构体中用于访问数据的技术。

```
>> student(1)
ans =
     name: 'John Doe'
    addr1: '123 Main Street'
     city: 'Anytown'
    state: 'LA'
      zip: '71211'
    exams: [80 95 84]
    class: [1x2 struct]
>> student(1).class
ans =
1x2 struct array with fields:
    name
    instructor
>> student(1).class(1)
ans =
          name: 'COSC 2021'
    instructor: 'Mr. Jones'
>> student(1).class(2)
ans =
          name: 'PHYS 1001'
    instructor: 'Mrs. Smith'
```

```
>> student(1).class(2).name
ans =
PHYS 1001
```

### 9.2.9 结构体函数总结

表 9.2 列出了常用的 MATLAB 结构体函数。

表 9.2 常用的 MATLAB 结构体函数

| 函数名 | 说明 |
| --- | --- |
| fieldnames | 返回结构体数组的字段名列表 |
| getfield | 获取字段值 |
| rmfield | 删除结构体数组中字段 |
| setfield | 设置字段值 |
| struct | 预定义结构体数组 |

### 测验 9.1

本测验为你提供了一个快速测试，看看你是否已经理解 9.1 节和 9.2 节中介绍的概念。如果你在测验中遇到问题，请重新阅读正文、请教教师或与同学一起讨论。测验的答案见书后。

1. 什么是元胞数组？与普通数组有什么区别？
2. 内容索引和元胞索引有什么区别？
3. 什么是结构体？与普通数组和元胞数组有什么区别？
4. varargin 的目的是什么？它是如何工作的？
5. 已给出下面所列数组 a 的定义，则以下语句的结果是什么？（注意：某些声明可能是非法的，如果非法，请阐述原因。）

```
a{1,1} = [1 2 3; 4 5 6; 7 8 9];
a(1,2) = {'Comment line'};
a{2,1} = j;
a{2,2} = a{1,1} - a{1,1}(2,2);
```

(a) a(1,1)
(b) a{1,1}
(c) 2*a(1,1)
(d) 2*a{1,1}
(e) a{2,2}
(f) a(2,3) = {[-17; 17]}
(g) a{2,2}(2,2)

6. 已给出下面所列结构体数组 b 的定义，则以下语句的结果是什么？（注意：某些声明可能是非法的，如果非法，请阐述原因。）

```
b(1).a = -2*eye(3);
b(1).b = 'Element 1';
b(1).c = [1 2 3];
b(2).a = [b(1).c' [-1; -2; -3] b(1).c'];
b(2).b = 'Element 2';
b(2).c = [1 0 -1];
```

(a) b(1).a - b(2).a
(b) strncmp(b(1).b,b(2).b,6)
(c) mean(b(1).c)
(d) mean(b.c)
(e) b
(f) b(1).('b')
(g) b(1)

## 9.3 句柄图形

**句柄图形**是一类低级图形函数的总称，用于控制 MATLAB 生成图形对象的特征。这些函数通常隐藏在 M 文件中，但是对程序员来说是非常重要的，因为它们允许程序员对程序执行过程中创建的绘图和图形的外观进行精确控制。例如，使用句柄图形仅打开 x 轴上的网格，或者选择线的颜色为橙色，而命令 `plot` 的标准 `LineSpec` 选项不支持这些。

MATLAB 版本 2014b 已经替换了原来的图形系统。新的图形系统有时被称为 "H2 图形"，通常比原系统生成的图形质量更好。本章将讨论新的 H2 图形系统，但也会介绍向下兼容 MATLAB 旧版本的系统功能。

本节介绍 MATLAB 图形系统的结构，以及如何控制图形对象的属性以创建所需的显示效果。

## 9.3.1 MATLAB 图形系统

MATLAB 图形系统是基于核心**图形对象**的分层系统，每个对象都可以通过引用其**句柄**来访问⊖。每个图形对象都来自一个句柄类，每个类代表图形绘制的一些特征，如图像、一组轴、线条、文本字符串等。每类都包含描述对象的特殊属性，且更改这些属性会改变特定对象的显示方式。例如，**线条**是图形类的一种。线条中定义的属性包括：x- 数据、y- 数据、颜色、线的类型、线宽、标记类型等。修改任何上述属性都将改变图形窗口中线的显示方式。

MATLAB 图形的每个组件都是一个图形对象。例如，每条线、轴和文本字符串都是一个单独的具有自己独特句柄和特征的对象。如图 9.8 所示，所有图形对象都按**父对象**和**子对象**排列在层次结构中。一般来说，子对象是嵌入在父对象中的。例如，轴对象嵌入在图中，而一个或多个线对象嵌入在轴对象中。当创建子对象时，会从它的父对象继承许多属性。

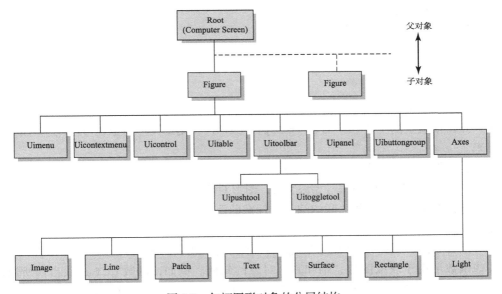

图 9.8　句柄图形对象的分层结构

MATLAB 中最高层的图形对象是**根**，也可以认为是整个电脑屏幕。函数 `groot` 可以获得根对象的句柄，即代表"图形根对象"。当启动 MATLAB 时，自动创建图形根对象，并

---

⊖ 在 MATLAB R2014b 之前，图形对象句柄是由创建对象的函数返回的双精度值。根是对象 0，数字是对象 1、2、3 等，而其他图形对象具有非整数值的句柄。在 MATLAB R2014b 及更高版本中，新的"H2 图形"系统已启用。在该系统中，图形对象句柄是 MATLAB 类的实际句柄，可以访问该类的公共属性。本章介绍了新的图形系统，但它的大部分功能可以在旧版本的 MATLAB 中工作，且向下兼容。

一直保持到程序关闭。与根对象相关联的属性是适用于所有 MATLAB 窗口的默认属性。

根对象下可以有一个或多个图形窗口，或者只是**图形**。每个图形都是计算机屏幕上用来显示图形数据的单独窗口，且都有自己的属性。与其相关联的属性包括颜色、颜色图、纸张大小、纸张方向和指针类型等。

图形包含八种类型的对象：`uimenus`、`uicontextmenus`、`uicontrols`、`uitoolbars`、`uipanels`、`uitables`、`uibuttongroups` 和 `axis`。`Uimenus`、`uicontextmenus`、`uicontrols`、`uitoolbars`、`uipanels`、`uitables` 和 `uibuttongroups` 是用于创建图形用户界面的特殊图形对象。`axes` 是图形中实际绘制数据的区域。在单个图形中可以有多组轴。

每组轴都包含必要的线条、文本字符串、块等，以创建感兴趣的绘图。

### 9.3.2 对象句柄

在创建图形对象时，创建函数返回对象的句柄。例如，函数调用

```
>> hndl = figure;
```

创建一个新的图形，并将图形的句柄返回给变量 `hnd1`。通过在命令窗口中输入其名称，可以显示对象的主要公共属性。

```
>> hndl
hndl = 
  Figure (1) with properties:
   Number: 1
     Name: ''
    Color: [0.940000000000000 0.940000000000000 0.940000000000000]
 Position: [680 678 560 420]
    Units: 'pixels'

  Show all properties
```

如果用户点击横线上的"`Show all properties`"，则此图形对象的 64 个公共属性都将显示出来。

注意，图形对象有一个属性 `Number`。它包含图形编号，且在旧版本 2014b 的图形系统中被称为"句柄"。根对象的编号始终为 0，图形对象的编号通常为较小的正整数，例如 1，2，3，...。而所有其他对象相关联的编号是任意的浮点数。

在句柄图形系统中，许多函数通过接收对象的实际句柄或句柄的 `number` 属性来获取和设置对象的属性。因此，H2 图形系统向下兼容旧的 MATLAB 程序。

某些函数可用于获取图形、轴和其他对象的句柄。例如，函数 `gcf` 返回当前所选图形的句柄，函数 `gca` 返回当前图形中所选轴的句柄，函数 `gco` 返回当前所选对象的句柄。后面章节会对这些函数进行详细讨论。

按照惯例，句柄通常存储在以字母 h 开头的变量中。这种做法有助于我们识别 MATLAB 程序中的句柄。

### 9.3.3 查看和修改对象属性

对象属性用于描述存储在图形对象中的实例化数据。这些属性控制了该对象的表现形式。每个属性都有一个**属性名**和关联值。属性名是大小写混合的字符串，通常要求首字母大写。

### 9.3.4 在创建时修改对象属性

在创建对象时,所有属性都将自动初始化为默认值。但可以在创建函数中使用"PropertyName"和"value"来修改对象属性。[注] 例如,第 3 章介绍的命令 plot 可以修改线条的宽度,如下所示。

```
plot(x,y,'LineWidth',2);
```

此函数在创建线对象时将 LineWidth 的默认值修改为 2。

### 9.3.5 在创建后修改对象属性

以下三种方式可以实现对任意对象的公共属性查看或修改。

1. 使用对象语法直接访问属性,此语法形式为用点号将对象句柄和属性名连接起来:hndl.property。(此方式仅适用于新的 H2 图形系统。)
2. 使用函数 get 和 set 访问属性。(此方式对于新旧图形系统均适用。)
3. 使用属性编辑器。

上述三种方式的操作结果相同。

### 9.3.6 使用对象标识符查看和修改属性

对象引用 handle.proprety 可以用来查看对象属性。如果在命令行中输入命令"handle.property",将显示相应的属性。如果仅在命令窗口中输入对象句柄,则 MATLAB 将显示对象的所有公共属性。

对象引用 handle.proprety 也可以用来修改对象属性。命令

```
handle.property = value;
```

将属性修改为指定的值,且该值必须为属性的合法取值。

例如,假设使用以下语句绘制函数 $y(x)=x^2$,其中 $0 \leqslant x \leqslant 2$:

```
x = 0:0.1:2;
y = x.^2;
hndl = plot(x,y);
```

得到的结果如图 9.9a 所示。绘制线的句柄存储在 hndl 中,可以使用它来查看或修改线的属性。在命令行上输入 hndl 返回对象属性的列表。

```
>> hndl
hndl = 
  Line with properties:
           Color: [0 0.447000000000000 0.741000000000000]
       LineStyle: '-'
       LineWidth: 0.500000000000000
          Marker: 'none'
      MarkerSize: 6
 MarkerFaceColor: 'none'
           XData: [1x21 double]
           YData: [1x21 double]
           ZData: []
```

---

⊖ 对象创建函数,包括:figure,创建一个新的图形;axes,在图形中创建一组新的轴;line,在一组轴内创建一条线。高层函数,如 plot,也是对象创建函数。

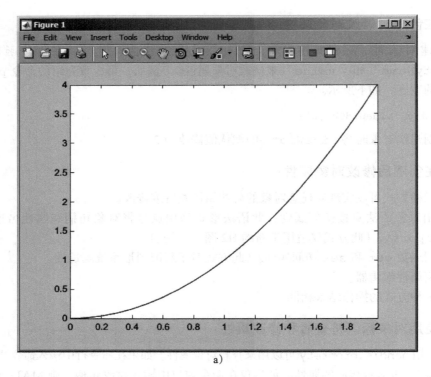

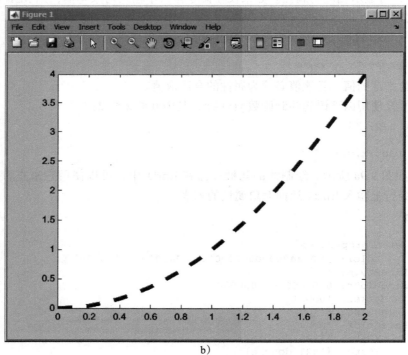

图 9.9  a) 使用默认线宽绘制函数 $y(x)=x^2$; b) 修改属性 `LineWidth` 和 `LineStyle` 后绘制函数

注意,当前线宽为 0.5 个像素,当前线条类型为实线。可以使用以下命令修改线宽和线条类型:

```
>> hndl.LineWidth = 4;
>> hndl.LineStyle = '-';
```

执行命令后，结果如图 9.9b 所示。

注意，在查看或修改属性时必须完全遵照类中定义的大小写，否则无法识别。

### 9.3.7 使用函数 get/set 查看和修改属性

函数 `get` 可以用来查看对象属性，并且也可以显示属性。此函数的一般形式为

```
value = get(handle,'PropertyName')
value = get(handle)
```

其中，`value` 是提供句柄的对象所指定的属性值。如果函数 `get` 仅调用句柄，则该函数返回结构体数组，其显示的是属性名和所有公共属性值。

函数 `set` 可以用来修改对象属性。此函数的一般形式为

```
set(handle,'PropertyName1',value1,...);
```

其中，'`PropertyName`' 和 `value` 在单个函数中能够任意数量成对出现。

例如，假设使用以下语句绘制函数 $y(x)=x^2$，其中 $0 \leqslant x \leqslant 2$：

```
x = 0:0.1:2;
y = x.^2;
hndl = plot(x,y);
```

得到的结果如图 9.9a 所示。绘制线的句柄存储在 `hndl` 中，可以使用它来查看或修改线的属性。调用函数 `get(hndl)`，返回结构中该线条的所有属性，其中每个属性名都是结构体的一个元素。

```
>> result = get(hndl)
result =
       AlignVertexCenters: 'off'
               Annotation: [1x1 matlab.graphics.eventdata.Annotation]
             BeingDeleted: 'off'
                BusyAction: 'queue'
             ButtonDownFcn: ''
                  Children: []
                  Clipping: 'on'
                     Color: [0 0.447000000000000 0.741000000000000]
                 CreateFcn: ''
                 DeleteFcn: ''
               DisplayName: ''
          HandleVisibility: 'on'
                   HitTest: 'on'
              Interruptible: 'on'
                 LineStyle: '-'
                 LineWidth: 0.500000000000000
                    Marker: 'none'
           MarkerEdgeColor: 'auto'
           MarkerFaceColor: 'none'
                MarkerSize: 6
                    Parent: [1x1 Axes]
                  Selected: 'off'
         SelectionHighlight: 'on'
                       Tag: ''
                      Type: 'line'
              UIContextMenu: []
                  UserData: []
```

```
             Visible: 'on'
               XData: [1x21 double]
           XDataMode: 'manual'
         XDataSource: ''
               YData: [1x21 double]
         YDataSource: ''
               ZData: []
         ZDataSource: ''
```

注意，当前线宽为 0.5 个像素，当前线条类型为实线。可以使用函数 set 修改线宽和线条类型：

```
>> set(hndl,'LineWidth',4,'LineStyle','--')
```

执行命令后，结果如图 9.9b 所示。无论用什么方法修改线的属性，其结果都是一样的。

相比较于对象标记符，函数 get 和 set 在查看和修改对象属性时有三个明显的优势。

（1）函数 get/set 均能用于新旧图形系统，因此使用它们编写的程序将适用于 MATLAB 旧版本。

（2）即使属性的大小写不正确，函数 get/set 也能正确定位属性，并进行查看或修改。而使用对象标记符却无法做到。例如，使用对象标记符时要求属性"LineWidth"的大小写必须完全正确，而函数 get 或 set 却可以使用"lineWidth"或"linewidth"。

（3）当属性具有可枚举的合法值列表时，函数 set(hndl,'property') 返回所有可能的合法值的列表。而使用对象标记符却无法做到。例如，线对象的合法线条类型是：

```
>> set(hndl,'LineStyle')
    '-'
    '--'
    ':'
    '-.'
    'none'
```

### 9.3.8 使用属性编辑器查看和修改属性

无论是直接访问对象属性，还是使用函数 get 和 set 进行访问，都可以直接插入到 MATLAB 程序中，以根据用户的输入来修改图形，这对于程序员来说都是非常有用的。因此，这些函数被广泛用于 MATLAB GUI 编程。

但是，对于终端用户而言，交互地更改 MATLAB 对象属性往往更容易。属性编辑器正是为此设计的基于 GUI 的工具。首先在图形工具栏上点击编辑按钮（ ）打开属性编辑器（Property Editor），然后用鼠标点击要修改的对象。或者，从命令行启动属性编辑器。

```
propedit(HandleList);
propedit;
```

例如，使用以下语句绘制函数 $y(x) = x^2$，其中 $0 \leqslant x \leqslant 2$，并打开属性编辑器，允许用户交互地修改线条的属性。

```
figure(2);
x = 0:0.1:2;
y = x.^2;
hndl = plot(x,y);
propedit(hndl);
```

打开属性编辑器如图 9.10 所示。属性编辑器包含一系列窗格，具体取决于正在修改的对象的类型。

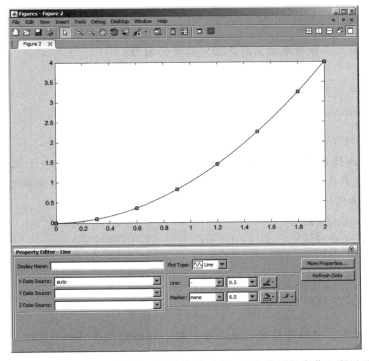

图 9.10 编辑线对象时的属性编辑器。随着编辑对象，属性类型的变化立即显示在图形上

## ▶ 示例 9.1 使用低层图形命令

函数 sinc(x) 定义如下

$$\operatorname{sinc} x \begin{cases} \dfrac{\sin x}{x} & x \neq 0 \\ 1 & x = 0 \end{cases} \tag{9.1}$$

绘制此函数，其中 $-3\pi \leqslant x \leqslant 3\pi$。要求按如下方式使用句柄图形函数进行绘制。

（1）图形背景色为粉红色。
（2）只使用 y 轴网格线（没有 x 轴网格线）。
（3）使用 2 点宽的橙色实线绘制。

**答案**

为创建此图形，使用函数 plot 绘制函数 sinc(x)，其中 $-3\pi \leqslant x \leqslant 3\pi$。函数 plot 返回的线的句柄可以保存留做后用。

绘制完线条后，需要修改 figure 对象的颜色、axes 对象的网格状态以及 line 对象的颜色和宽度。这些修改要求访问 figure、axes 和 line 对象的句柄。函数 gcf 返回 figure 对象的句柄，函数 gca 返回 axes 对象的句柄，函数 plot 返回 line 对象的句柄。

参考联机帮助 MATLAB 浏览器文档，在主题"句柄图形"下面可以看到低层图形属性。包括当前图形的"Color"颜色属性，当前轴的"YGrid"属性和线条的"LineWidth"和"Color"属性。

### 1. 陈述问题

绘制函数 sinc(x)，其中 $-3\pi \leqslant x \leqslant 3\pi$。要求使用粉红色背景图形，y 轴网格线和 2

点宽的橙色实线绘制。

**2. 定义输入和输出**

该程序没有输入。该程序输出的是指定类型的图形。

**3. 设计算法**

该程序可分解为三个主要步骤。

```
Calculate sinc(x)
Plot sinc(x)
Modify the required graphics object properties
```

首先，计算函数函数 $\text{sinc}(x)$，其中 $-3\pi \leqslant x \leqslant 3\pi$。使用向量化语句可以得到结果，但在 $x = 0$ 时产生 NaN，这是由于 0/0 没有定义。因此，在绘制函数之前，必须用 1 替换 NaN。详细的伪代码如下所示：

```
% Calculate sinc(x)
x = -3*pi:pi/10:3*pi
y = sin(x) ./ x

% Find the zero value and fix it up.  The zero is
% located in the middle of the x array.
index = fix(length(y)/2) + 1
y(index) = 1
```

其次，绘制函数，并保存线的句柄以备后用。详细的伪代码如下所示：

```
hndl = plot(x,y);
```

最后，使用句柄图形命令修改图形背景、$y$ 轴网格以及线宽和颜色。记住，函数 gcf 返回图形对象的句柄，函数 gca 返回轴对象的句柄。粉红色可由 RGB 向量 [1 0.8 0.8] 得到，橙色可由 RGB 向量 [1 0.5 0] 得到。详细的伪代码如下所示：

```
set(gcf,'Color',[1 0.8 0.8])
set(gca,'YGrid','on')
set(hndl,'Color',[1 0.5 0],'LineWidth',2)
```

**4. 将算法转换成 MATLAB 语句**

最终 MATLAB 代码如下所示。

```
% Script file: plotsinc.m
%
% Purpose:
%   This program illustrates the use of handle graphics
%   commands by creating a plot of sinc(x) from -3*pi to
%   3*pi, and modifying the characteristics of the figure,
%   axes, and line using the "set" function.
%
% Record of revisions:
%     Date          Programmer        Description of change
%     ====          ==========        =====================
%   04/02/14        S. J. Chapman     Original code
%
% Define variables:
%   hndl        -- Handle of line
%   x           -- Independent variable
%   y           -- sinc(x)
% Calculate sinc(x)
x = -3*pi:pi/10:3*pi;
y = sin(x) ./ x;
```

```
% Find the zero value and fix it up.  The zero is
% located in the middle of the x array.
index = fix(length(y)/2) + 1;
y(index) = 1;

% Plot the function.
hndl = plot(x,y);

% Now modify the figure to create a pink background,
% modify the axis to turn on y-axis grid lines, and
% modify the line to be a 2-point wide orange line.
set(gcf,'Color',[1 0.8 0.8]);
set(gca,'YGrid','on');
set(hndl,'Color',[1 0.5 0],'LineWidth',2);
```

**5. 测试程序**

测试该程序很简单，只需要运行并查看绘图结果。绘制结果如图 9.11 所示，即为题目要求的图形效果。

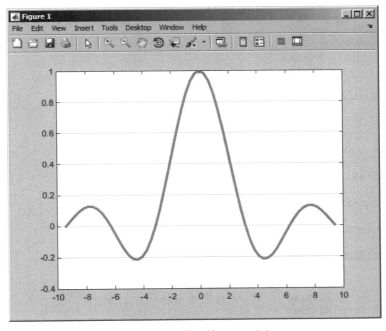

图 9.11 绘制函数 sinc(x)

在本章后面习题部分，将要求使用对象属性标识符修改此程序。

### 9.3.9 使用函数 set 列出可选属性值

函数 **set** 可以用来提供可能的属性值列表。如果函数 **set** 调用包含属性名，但不包含相应的值，则返回该属性的所有合法可选值列表。例如，命令 **set(hndl,'LineStyle')** 返回所有合法线条类型的列表：

```
>> set(hndl,'LineStyle')
ans = 
    '-'
```

```
'--'
':'
'-.'
'none'
```

此函数显示的合法线条类型包括 `'-'`、`'--'`、`':'`、`'-.'` 和 'none'，其中 `'-'` 为默认值。

如果属性没有固定的值集，则 MATLAB 返回空的元胞数组：

```
>> set(hndl,'LineWidth')
ans =
     {}
```

函数 set (hndl) 返回对象所有属性的所有可选值。

```
>> xxx = set(hndl)
xxx =
               Color: {}
           EraseMode: {4x1 cell}
           LineStyle: {5x1 cell}
           LineWidth: {}
              Marker: {14x1 cell}
          MarkerSize: {}
     MarkerEdgeColor: {2x1 cell}
     MarkerFaceColor: {2x1 cell}
               XData: {}
               YData: {}
               ZData: {}
       ButtonDownFcn: {}
            Children: {}
            Clipping: {2x1 cell}
           CreateFcn: {}
           DeleteFcn: {}
          BusyAction: {2x1 cell}
    HandleVisibility: {3x1 cell}
             HitTest: {2x1 cell}
       Interruptible: {2x1 cell}
            Selected: {2x1 cell}
   SelectionHighlight: {2x1 cell}
                 Tag: {}
        UIContextMenu: {}
            UserData: {}
             Visible: {2x1 cell}
              Parent: {}
         DisplayName: {}
           XDataMode: {2x1 cell}
         XDataSource: {}
         YDataSource: {}
         ZDataSource: {}
```

此列表中的任何项都可以展开，以查看可用的选项列表。

```
>> xxx.EraseMode
ans =
    'normal'
    'background'
    'xor'
    'none'
```

## 9.3.10 查找对象

每一个创建的新图形对象都有自己的句柄，且该句柄由创建函数返回。如果打算修改所创建对象的属性，那么使用函数 get 和 set 保存句柄以备后用。

**良好编程习惯**
　　如果打算修改所创建对象的属性，请保存该对象的句柄，以便以后查看和修改它的属性。

　　尽管如此，有时可能无法访问句柄。假设由于某种原因丢失了一个句柄，那么如何查看和修改图形对象？

　　MATLAB 提供了四个特殊函数来帮助查找对象句柄。
- `gcf` 返回当前 `figure` 的句柄。
- `gca` 返回当前 `figrue` 中当前 `axes` 的句柄。
- `gco` 返回当前 `object` 的句柄。
- `findobj` 使用指定的属性值查找图形对象。

　　函数 `gcf` 返回当前图形的句柄。如果图形不存在，`gcf` 将创建一个图形并返回其句柄。函数 `gca` 返回当前图形中当前轴的句柄。如果图形不存在，或者当前图形存在但不包含任何轴，`gca` 将创建一组轴并返回其句柄。函数 `gco` 的一般形式为

```
h_obj = gco;
h_obj = gco(h_fig);
```

其中，`h_obj` 是对象的句柄，`h_fig` 是图形的句柄。此函数的第一种形式返回当前图形中当前对象的句柄，而第二种形式返回指定图形中当前对象的句柄。

　　**当前对象被定义为鼠标点击的最后一个对象**。其可以是除根之外的任何图形对象。直到鼠标点击后，才会在图形中出现当前对象。在鼠标点击之前，函数 `gco` 返回的是空数组 []。与函数 `gcf` 和 `gca` 不同，函数 `gco` 不会创建对象。

　　一旦知道对象的句柄，就可以通过查看它的"`Type`"属性来确定对象的类型。"`Type`"属性为一个字符串，如"`figure`"、"`line`"、"`text`"等。

```
h_obj = gco;
type = get(h_obj,'Type')
```

　　函数 `findobj` 可以很容易地找到任意 MATLAB 对象。此函数的基本形式为

```
hndls = findobj('PropertyName1',value1,...)
```

此命令从根对象开始，在整个树上搜索所有指定属性指定值的对象。注意，可以指定多个属性和值，而函数 `findobj` 返回所有匹配的对象的句柄。

　　例如，假设创建了 Figure 1 和 Figure 3，那么函数 `findobj('Type','figure')` 返回的结果为：

```
>> h_fig = findobj('Type','figure')
h_fig =
  2x1 Figure array:

  Figure    (1)
  Figure    (3)
```

　　函数 `findobj` 的这种形式非常有用，但是运行速度很慢，因为它必须搜索整个对象树来找到所有匹配。如果需要多次使用对象，那么只需调用一次 `findobj` 并保存结果以备后用。

限制搜索对象的数量可以提高该函数的执行速度。函数形式如下：

```
hndls = findobj(Srchhndls,'PropertyName1',value1,...)
```

此时，只有数组 `Srchhndls` 及其子树会被搜索。例如，假设需要找到 `Figure` 1 中的所有虚线。命令如下：

```
hndls = findobj(1,'Type','line','LineStyle','--');
```

---

**良好编程习惯**

如有可能，请限制搜索范围以加快函数 `findobj` 的运行速度。

---

### 9.3.11 使用鼠标选择对象

函数 `gco` 返回当前对象的句柄，此对象为鼠标点击的最后一个对象。每个对象都有一个与之相关联的选择区域，鼠标点击该选择区域内的任何一点都会选定该对象。这对于类似线或点等很细的对象非常重要，选择区域允许用户在鼠标点击对象时略微偏差，仍然能够选择对象。选择区域的宽度和形状因对象的不同而不同。例如，线的选择区域是线两边的 5 个像素内，而曲面、块或文本对象的选择区域是完全覆盖它们的最小矩形。

轴对象的选择区域是轴的面积加上标题和标签的面积。但是，轴内的线或其他对象具有较高的优先级，因此，要选择轴必须点击不在线或文本附近的轴选择区域中的某个点。点击轴选择区域外的图形将选择图形本身。

如果用户点击两个或多个对象的点，例如两条线的交点，结果怎样？答案取决于对象的**堆叠顺序**。堆叠顺序是 MATLAB 选择对象的顺序。此顺序由图形中"`Children`"属性给出的句柄顺序指定。如果点击处于两个或多个对象的选择区域，则选择"`Children`"列表中具有最高位置的对象。

MATLAB 包含一个名为 `waitforbuttonpress` 的函数，同样可以用来选择图形对象。此函数的一般形式为：

```
k = waitforbuttonpress
```

执行此函数时，程序将暂停，直到按下按键或点击鼠标按钮。如果检测到鼠标按钮单击，则该函数返回 0；如果检测到按键，则返回 1。

函数 `waitforbuttonpress` 可以用来暂停程序，直到鼠标点击。鼠标点击后，可以使用函数 `gco` 获得所选对象的句柄。

▶ **示例 9.2　选择图形对象**

下面程序探讨了图形对象的属性，并附带显示如何使用 `waitforbuttonpress` 和 `gco` 选择对象。该程序允许重复选择对象，直到按下按键。

```
%   Script file: select_object.m
%
%   Purpose:
%     This program illustrates the use of waitforbuttonpress
%     and gco to select graphics objects. It creates a plot
%     of sin(x) and cos(x), and then allows a user to select
%     any object and examine its properties. The program
```

```
%      terminates when a key press occurs.
%
%   Record of revisions:
%      Date          Programmer         Description of change
%      ====          ==========         =====================
%     04/02/14      S. J. Chapman       Original code
%
% Define variables:
%    details     -- Object details
%    h1          -- handle of sine line
%    h2          -- handle of cosine line
%    handle      -- handle of current object
%    k           -- Result of waitforbuttonpress
%    type        -- Object type
%    x           -- Independent variable
%    y1          -- sin(x)
%    y2          -- cos(x)
%    yn          -- Yes/No

% Calculate sin(x) and cos(x)
x = -3*pi:pi/10:3*pi;
y1 = sin(x);
y2 = cos(x);

% Plot the functions.
h1 = plot(x,y1);
set(h1,'LineWidth',2);
hold on;
h2 = plot(x,y2);
set(h2,'LineWidth',2,'LineStyle',':','Color','r');
title('\bfPlot of sin \itx \rm\bf and cos \itx');
xlabel('\bf\itx');
ylabel('\bfsin \itx \rm\bf and cos \itx');
legend('sine','cosine');
hold off;

% Now set up a loop and wait for a mouse click.
k = waitforbuttonpress;

while k == 0

   % Get the handle of the object
   handle = gco;

   % Get the type of this object.
   type = get(handle,'Type');

   % Display object type
   disp (['Object type = ' type '.']);

   % Do we display the details?
   yn = input('Do you want to display details? (y/n) ','s');

   if yn == 'y'
      details = get(handle);
      disp(details);
   end

   % Check for another mouse click
   k = waitforbuttonpress;
end
```

执行该程序，结果如图 9.12 所示。通过点击绘图上的各种对象和查看反馈的结果完成实验测试。

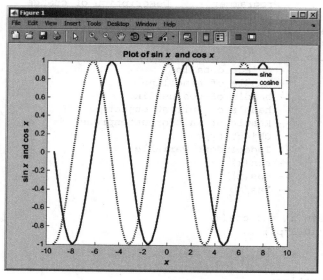

图 9.12　绘制 $\sin x$ 和 $\cos x$

## 9.4　位置和单位

许多 MATLAB 对象具有"position"属性，用于指定对象在计算机屏幕上的大小和位置。对于不同类型的对象，此属性略有不同。

### 9.4.1　figure 对象的位置

图形的"position"属性使用四元素行向量来表示该图形在计算机屏幕上的位置。该向量为 [left bottom width height]，其中 left 是图形的最左边缘，bottom 是图形的下边缘，width 是图形的宽度，height 是图形的高度。这些位置值的单位由对象的"Units"属性来指定。例如，当前图形的位置和单位如下所示：

```
>> get(gcf,'Position')
ans =
    176   204   672   504
>> get(gcf,'Units')
ans =
pixels
```

上述信息说明了当前图形窗口距屏幕左侧 176 个像素，距下边 204 个像素，图形宽 672 个像素，高 504 个像素。这是图形的可绘制区域，不包括边框、滚动条、菜单和图形标题区域。

图形的"units"属性默认为像素，但也可以是英寸、厘米、点、字符或归一化坐标。这里的像素是指屏幕分辨率像素，是可以在计算机屏幕上绘制的最小矩形形状。典型的计算机屏幕至少为 640 个像素宽，480 个像素高，且在每个方向上都可超过 1000 个像素。由于像素的数量随着计算机屏幕变化而变化，所以以像素为单位指定对象的大小也将随之变化。

归一化坐标是 0 到 1 范围内的坐标，其将屏幕左下角定义为 (0,0)，屏幕右上角定义为 (1,1)。如果在归一化坐标中指定了物体位置，则无论屏幕分辨率如何变化，都将显示在屏幕上相同的相对位置。例如，以下语句创建一个图形，并将其放置在计算机屏幕的左上象限中，且忽略屏幕分辨率大小。⊖

```
h1 = figure(1)
set(h1,'units','normalized','position',[0 .5 .5 .45])
```

**良好编程习惯**

如果要将窗口放在特定位置，则使用归一化坐标将窗口放到所需位置更为容易，且无论计算机屏幕分辨率如何，其结果都是相同的。

### 9.4.2 axes 和 uicontrol 对象的位置

axes 和 uicontrol 对象的位置也由四元素向量表示，但它们的位置相对的是 figure 而非屏幕。一般而言，子对象的"Position"属性是相对于父对象的位置的。

默认情况下，轴对象的位置由图形中的归一化单位表示，其中 (0,0) 表示图形的左下角，(1,1) 表示图形的右上角。

### 9.4.3 text 对象的位置

与其他对象不同，text 对象的位置属性只包含两个或三个元素。它们对应于 axes 对象内的文本对象的 $x$、$y$ 和 $z$ 值。注意，这些值单位是轴本身显示的单位。

对象的 HorizontalAlignment 和 VerticalAlignment 属性可以用来控制相对于指定点的文本对象的位置。HorizontalAlignment 可以是 {Left}、Center 或 Right，而 VerticalAlignment 可以是 Top、Cap、{Middle}、Baseline 或 Bottom。

text 对象的大小由字体大小和显示的字符数确定，因此不需要高度和宽度值。

▶ **示例 9.3 在图形中定位对象**

如前所述，轴的位置是相对于包含它们的框架的左下角来定义的，而文本对象的位置是依据轴上显示的数据单位在轴内定义的。

为了展示图形对象的定位，编写一个程序，在单个图形中创建两组重叠的轴。第一组轴显示 $\sin x$ 关于 $x$ 的图形，并在显示的线上添加一条文本注释。第二组轴显示 $\cos x$ 关于 $x$ 的图形，并在左下角添加一个文本注释。

如下所示为创建图形的程序。注意，首先使用函数 figure 创建一个空图形，然后使用函数 axes 在图形中创建两组轴。函数 axes 用归一化坐标指定图形中轴的位置，其中第一组轴从 (0.05，0.05) 开始位于图形的左下角，第二组轴从 (0.45，0.45) 开始位于图形的右上角。最后将相应的函数分别绘制在对应轴上。

在第一组轴上，将第一个 text 对象添加到所绘曲线上的点 ($-\pi$，0) 处。选择"HorizontalAlignment"和"right"属性，则附着点 ($-\pi$，0) 位于文本字符串的右侧。因此，最终图形中文本显示在附着点的左侧。(这有可能使新程序员感到困惑！)

---

⊖ 该图的归一化高度减小到 0.45 以允许图形的标题和菜单栏出现在绘图区域内。

在第二组轴上,将第二个 text 对象添加到位于轴的左下角附近 (−7.5, −0.9) 处。字符串使用默认的水平对齐方式,即"left",则附着点 (−7.5, −0.9) 位于文本字符串的左侧。因此,最终图形中文本显示在附着点的右侧。

```
%   Script file: position_object.m
%
%   Purpose:
%     This program illustrates the positioning of graphics
%     graphics objects.  It creates a figure, and then places
%     two overlapping sets of axes on the figure.  The first
%     set of axes is placed in the lower left hand corner of
%     the figure, and contains a plot of sin(x).  The second
%     set of axes is placed in the upper right hand corner of
%     the figure, and contains a plot of cos(x).  Then two
%     text strings are added to the axes, illustrating the
%     positioning of text within axes.
%
%   Record of revisions:
%       Date         Programmer       Description of change
%       ====         ==========       =====================
%     04/03/14      S. J. Chapman     Original code
%
% Define variables:
%    h1           -- Handle of sine line
%    h2           -- Handle of cosine line
%    ha1          -- Handle of first axes
%    ha2          -- Handle of second axes
%    x            -- Independent variable
%    y1           -- sin(x)
%    y2           -- cos(x)

% Calculate sin(x) and cos(x)
x = -2*pi:pi/10:2*pi;
y1 = sin(x);
y2 = cos(x);

% Create a new figure
figure;

% Create the first set of axes and plot sin(x).
% Note that the position of the axes is expressed
% in normalized units.
ha1 = axes('Position',[.05 .05 .5 .5]);
h1 = plot(x,y1);
set(h1,'LineWidth',2);
title('\bfPlot of sin \itx');
xlabel('\bf\itx');
ylabel('\bfsin \itx');
axis([-8 8 -1 1]);

% Create the second set of axes and plot cos(x).
% Note that the position of the axes is expressed
% in normalized units.
ha2 = axes('Position',[.45 .45 .5 .5]);
h2 = plot(x,y1);
set(h2,'LineWidth',2,'Color','r','LineStyle','--');
title('\bfPlot of cos \itx');
xlabel('\bf\itx');
ylabel('\bfsin \itx');
```

```
axis([-8 8 -1 1]);

% Create a text string attached to the line on the first
% set of axes.
axes(ha1);
text(-pi,0.0,'sin(x)\rightarrow','HorizontalAlignment','right');

% Create a text string in the lower left hand corner
% of the second set of axes.
axes(ha2);
text(-7.5,-0.9,'Test string 2');
```

执行该程序，结果如图 9.13 所示。可以再次执行该程序，修改要绘制对象的大小和/或位置，并观察结果。

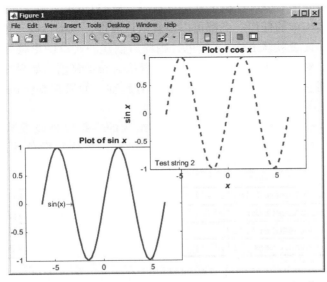

图 9.13 程序 `position_object` 的输出结果（见彩页）

## 9.5 打印位置

"`Position`"和"`Units`"属性指定了图形显示在计算机屏幕上的位置。当在纸上打印图形时，还有五个其他属性可以用来指定打印位置，见表 9.3。

表 9.3 与打印相关的图形属性

| 选项 | 说明 |
| --- | --- |
| `PaperUnits` | 纸张尺寸的单位：[ {inches} \| centimeters \| normalized \| points ] |
| `PaperOrientation` | [ {portrait} \| landscape ] |
| `PaperPosition` | 位置向量 [lest, bottom, width, height]，其单位由 `PaperUnits` 指定 |
| `PaperSize` | 纸张大小的二元素向量，例如 [8.5 11] |
| `PaperType` | 设置纸张类型。注意，设置此属性会自动更新 `PaperSize` 属性。[{usletter}\|uslegal\|A0\|A1\|A2\|A3\|A4\|A5\|B0\|B1\|B2\|B3\|B4\|B5\|arch-A\|arch-B\|arch-C\|arch-D\|arch-E\|A\|B\|C\|D\|E\|tabloid\|<custom> ] |

例如，要将图形在 A4 纸上以归一化单位且横向模式打印，则属性可以如下设置：

```
set(hndl,'PaperType','A4')
set(hndl,'PaperOrientation','landscape')
set(hndl,'PaperUnits','normalized');
```

## 9.6 默认和出厂属性

MATLAB 在创建对象时为其分配默认属性。如果这些属性并非你想要的，那么可以使用 set 来选择所需的值。如果需要修改创建的每个对象的属性，则此过程会变得非常繁琐。对于此情况，MATLAB 允许修改默认属性本身，以便所有对象在创建时继承该属性的正确值。

当创建图形对象时，MATLAB 通过查看其父对象来查找每个属性的默认值。如果父对象设置了默认值，则使用该值。否则，MATLAB 会查找父对象的父级，以查看其是否设置了默认值，直到查找到根对象。在树上回溯查找时，MATLAB 使用找到的首个默认值。

图形对象层次结构中的任何一点都可以设置默认属性，该属性高于创建对象的级别。例如，在 root 对象中设置默认 figure 颜色，则此后创建的所有图形将为新的默认颜色。此外，也可以在 root 对象或 figure 对象中设置默认 axes 颜色。如果在 root 对象中设置默认 axes 颜色，则它将应用于所有图形中的所有新轴。如果在 figure 对象中设置了默认 axes 颜色，则它仅适用于当前图形中的所有新轴。

使用"default"后跟对象类型和属性名组成的字符串来设置默认值。因此，默认图形颜色使用属性"defaultFigureColor"设置，默认轴颜色使用属性"defaultAxesColor"设置。设置默认值的示例如下所示：

| set(groot,'DefaultFigureColor','y') | 黄色图形背景——所有新图形 |
| set(groot,'DefaultAxesColor','r') | 红色轴背景——所有图形中的所有新轴 |
| set(gcf,'DefaultAxesColor','r') | 红色轴背景——当前图形中的所有新轴 |
| set(gca,'DefaultLineLineStyle',':') | 设置当前轴的默认线条类型为虚线 |

在某些情况下，需要对已处理的对象恢复其原有状态。如果在函数中修改了对象的默认属性，那么可以保存其原始值并在退出函数之前还原它们。例如，假设希望以归一化单位创建一系列图形，那么以下语句可以保存和恢复原来的单位：

```
saveunits = get(groot,'DefaultFigureUnits');
set(groot,'DefaultFigureUnits','normalized');
...
<MATLAB statements>
...
set(groot,'DefaultFigureUnits',saveunits);
```

如果希望 MATLAB 始终使用不同的默认值，则应在每次启动 MATLAB 时设置 root 对象的默认值。最简单的方法是将默认值放在 startup.m 文件中，其在 MATLAB 启动时自动执行。例如，假设始终使用 A4 纸，且在绘图上显示网格，那么可以在 startup.m 中设置：

```
set(groot,'defaultFigurePaperType','A4');
set(groot,'defaultFigurePaperUnits','centimeters');
set(groot,'defaultAxesXGrid','on');
set(groot,'defaultAxesYGrid','on');
set(groot,'defaultAxesZGrid','on');
```

在操作句柄图形时，有三个特殊的字符串："remove"、"factory"和"default"。如果已为某个属性设置了默认值，则"remove"删除所设置的默认值。例如，假设将默认图形颜色设置为黄色：

```
set(groot,'defaultFigureColor','y');
```

以下函数调用取消当前默认设置并恢复以前的默认设置。

```
set(groot,'defaultFigureColor','remove');
```

字符串"factory"允许用户暂时覆盖当前默认值，并用原来的 MATLAB 默认值替换。例如，尽管之前已经定义好了黄色默认值，但仍可以使用出厂默认颜色创建图形。

```
set(groot,'defaultFigureColor','y');
figure('Color','factory')
```

字符串"default"强制 MATLAB 搜索对象层次结构，直到找到所需属性的默认值。此时使用找到的第一个默认值。如果找不到默认值，那么使用该属性的出厂默认值。用法如下示：

```
% Set default values
set(groot,'defaultLineColor','k');    % root default = black
set(gcf,'defaultLineColor','g');      % figure default = green

% Create a line on the current axes.  This line is green.
hndl = plot(randn(1,10));
set(hndl,'Color','default');
pause(2);

% Now clear the figure's default and set the line color to the new
% default.  The line is now black.
set(gcf,'defaultLineColor','remove');
set(hndl,'Color','default');
```

## 9.7 图形对象属性

图形对象属性有数百种之多，这里不再一一讨论。查看完整图形对象属性列表的最佳方式是使用 MATLAB 帮助浏览器。

实际上，已经介绍了需要用到的图形对象的一些最重要属性（'LineStyle'、'Color'等）。在 MATLAB 帮助浏览器文档中关于每种类型对象的描述部分，都给出了一整套属性列表。

## 9.8 本章小结

元胞数组是指其元素为元胞的数组，并可容纳其他 MATLAB 数组。任何类型的数据都可以存储在元胞中，包括结构体数组和其他元胞数组。因此，元胞数组是一种非常灵活的数据存储方法，并被广泛应用于 MATLAB 图形用户接口函数。

结构体数组是一个数据类型，其中每个单独的元素都被赋予一个名称。结构体的各个元素称为字段，并且结构体中的每个字段可以具有不同的类型。使用点号将结构体名和字段名连接起来访问各个字段。结构体数组可用于将与特定人物或事物相关的所有数据存储在单个位置中。

MATLAB 绘图的每个元素都是一个图形对象。每个对象都由唯一的句柄来标识，每个对象都有许多与之相关联的属性，且这些属性影响着对象的显示方式。

MATLAB 对象排列在具有**父对象**和**子对象**的层次结构中。当创建子对象时，将从它的父代继承许多属性。

MATLAB 中最高层的图形对象是 `root`，可以认为其是整个电脑屏幕。函数 `groot` 可以用来访问该对象。根下可以有一个或多个图形窗口。每个图形都是计算机屏幕上可以显示图形数据的单独窗口，且都有自己的属性。

每个图形都可以包含一组或多组轴。每组轴又可以包含许多 `lines`、`text` 字符串、`patches` 等，来创建合适的绘图。

使用对象语法（`object.property`）或函数 `get` 和 `set` 来访问和修改公共图形对象属性。对象语法仅适用于 MATLAB R2014b 及更高版本，而函数 `get` 和 `set` 也适用于 MATLAB 的早期版本。

函数 `gcf`、`gca` 和 `gco` 可以分别获得当前图形、当前轴和当前对象的句柄。函数 `get` 和 `set` 可以查看和修改任何对象的属性。

MATLAB 图形函数相关的属性有数百种之多，可以通过 MATLAB 联机文档查看详细信息。

### 9.8.1 良好编程习惯总结

使用 MATLAB 函数时，应遵循以下准则。

（1）在给数组元素赋值之前，预先分配好所有元胞数组。这种做法可大大提高程序的执行速度。

（2）使用元胞数组参数 `varargin` 和 `varargout` 创建支持不同输入和输出参数数量的函数。

（3）如果打算修改所创建对象的属性，请保存该对象的句柄，以便以后查看和修改它的属性。

（4）如有可能，请限制搜索范围以加快函数 `findobj` 的运行速度。

（5）如果要将窗口放在特定位置，则使用归一化坐标将窗口放置在所需位置更为容易，且无论计算机屏幕分辨率如何，其结果都是相同的。

### 9.8.2 MATLAB 总结

下面简要列出本章中出现的所有 MATLAB 命令和函数，以及对它们的简短描述。

| | |
|---|---|
| `axes` | 创建新的轴，或设置当前轴 |
| `cell` | 预定义元胞数组的结构 |
| `celldisp` | 显示元胞数组的内容 |
| `cellplot` | 绘制元胞数组的结构 |
| `cellstr` | 将二维字符数组转换成字符串元胞数组 |
| `fieldnames` | 返回字符元胞数组中字段名的列表 |
| `figure` | 创建新的图形，或设置当前图形 |
| `findobj` | 基于一个或多个属性值查找对象 |
| `gca` | 获得当前轴的句柄 |
| `gcf` | 获得当前图形的句柄 |
| `gco` | 获得当前对象的句柄 |
| `get` | 获得对象的属性 |
| `getfield` | 获得字段的当前值 |
| `rmfield` | 从结构体数组中删除字段 |
| `set` | 设置对象属性 |
| `setfield` | 设置字段的新值 |
| `waitforbuttonpress` | 暂停程序，等待鼠标点击或键盘输入 |

## 9.9 本章习题

9.1 编写一个函数，能够接收字符串元胞数组，并按照 ASCII 字符集的字典顺序对其进行升序排序。（你可以使用第 6 章中的函数 `c_strcmp` 进行比较。）

9.2 编写一个函数，能够接收字符串元胞数组，并按照字母顺序对其进行升序排序。（这意味着将 "A" 和 "a" 视为相同的字母。）

9.3 编写一个函数，能够接收任意数量的数值输入参数，并对参数中的所有元素求和。使用下面四个参数测试函数：$a=10, b=\begin{bmatrix}4\\-2\\2\end{bmatrix}, c=\begin{bmatrix}1&0&3\\-5&1&2\\1&2&0\end{bmatrix}, d=\begin{pmatrix}1&5&-2\end{pmatrix}$。

9.4 修改习题 9.3 中的函数，使其既能接收原数值数组，又能接收包含数值的元胞数组。使用下面两个参数测试函数：$a=\begin{bmatrix}1&4\\-2&3\end{bmatrix}, b\{1\}=\begin{bmatrix}1&5&2\end{bmatrix}, b\{2\}=\begin{bmatrix}1&-2\\2&1\end{bmatrix}$。

9.5 创建一个结构体数组，其包含绘制数据集所需的所有信息。结构体数组至少应具有以下字段：
- `x_data` x 数据（不同元胞中的一个或多个数据集）
- `y_data` y 数据（不同元胞中的一个或多个数据集）
- `type` 线性、半对数等
- `plot_title` 绘图标题
- `x_label` x 轴标签
- `y_label` y 轴标签
- `x_range` x 轴区间
- `y_range` y 轴区间

可以添加其他字段，以增强对绘图的控制。

在创建此结构体数组后，编写一个函数，能够接收该结构体类型的数组，并为数组中的每个结构生成一个绘图。如果某些数据字段丢失，该函数能够自动给出默认值。例如，如果字段 `plot_title` 是空矩阵，则该函数不应在图形上显示标题。在开始编程之前，仔细考虑合适的默认值！测试该函数。创建一个结构体数组，要求包含三种不同类型的三个绘图数据，并将该结构体数组传递给函数。该函数应在三个不同的图形窗口中正确绘制所有三个数据集。

9.6 定义一个结构体 `point`，包含两个字段 x 和 y。其中字段 x 为点的 x 位置，字段 y 为点的 y 位置。编写一个函数 `dist3`，能够接收两个点，并返回两点在笛卡儿平面上的距离。检查以确保函数输入的参数数量正确。

9.7 编写一个函数，能够接收一个结构体，并返回两个元胞数组，其分别包含结构体的字段名和每个字段的数据类型。检查以确保函数输入的参数是结构体，否则生成错误消息。

9.8 编写一个函数，能够接收本章定义的结构体数组 `student`。假设所有考试成绩的权重相同，请计算每个学生的最终平均成绩。添加一个新的字段保存学生的平均成绩，并将更新后的结构体返回给调用程序。此外，计算并返回班级的最终平均成绩。

9.9 编写一个函数，能够接收两个参数，其中第一个是结构体数组，第二个是以字符串形式存储的字段名。检查以确保函数输入的参数有效，否则生成错误消息。如果输入有效且指定的字段是字符串，则将数组中每个元素的指定字段中的所有字符串连接起来，并将生成的字符串返回给调用程序。

9.10 **计算目录大小**：函数 `dir` 返回指定目录的内容。命令 `dir` 返回一个包含四个字段的结构体数组，如下所示：

```
>> d = dir('chap9')
d =
36x1 struct array with fields:
```

```
name
date
bytes
isdir
```

字段 `name` 包含每个文件的名称，`date` 包含文件的最后一次修改日期，`bytes` 包含文件的大小（以字节为单位），`isdir` 表示常规文件为0，目录为1。编写一个函数，能够接收目录名和路径，并返回目录中所有文件大小的总和（以字节为单位）。

9.11 **递归**：如果函数调用自身，则称其为*递归*函数。修改习题9.10中创建的函数，使其在查找子目录和计算当前目录中所有文件大小的总和时调用自身。

9.12 术语"句柄图形"是什么意思？

9.13 使用 MATLAB 帮助系统了解 `figure` 对象的 `Name` 和 `NumberTitle` 属性。创建一个绘图，绘制函数 $y(x) = e^x$，其中 $-2 \leq x \leq 2$。修改上述属性，抑制图形编号，并添加标题"Plot Window"。

9.14 编写一个程序，将默认图形颜色修改为橙色，并将默认线宽修改为3个点。根据下面椭圆方程，绘制图形：

$$x(t) = 10\cos t$$
$$y(t) = 6\sin t$$
(9.2)

其中，$0 \leq t \leq 2\pi$。绘制结果的颜色和线宽分别是什么？

9.15 使用 MATLAB 帮助系统了解 `axes` 对象的 `CurrentPoint` 属性。使用此属性编写一个程序，创建 `axes` 对象，并在 `axes` 内绘制一条连接鼠标点击的位置的线。使用函数 `waitforbuttonpress` 等待鼠标点击，并在每次点击后更新绘图，按下键盘时终止绘图。

9.16 修改示例9.1创建的程序，使用 MATLAB 对象语法代替函数 `get/set` 指定属性。

9.17 使用 MATLAB 帮助系统了解 `figure` 对象的 `CurrentCharacter` 属性。当键盘按下时，通过测试 `CurrentCharacter` 属性来修改习题9.15创建的程序。如果键盘输入的字符为"c"或"C"，请更改正在显示的线的颜色。如果键盘输入的字符为"s"或"S"，请更改正在显示的线的类型。如果键盘输入的字符是"w"或"W"，请更改显示的线的宽度。如果键盘输入的字符是"x"或"X"，则终止绘图。（忽略所有其他输入字符）

9.18 编写一个 MATLAB 程序，绘制函数

$$x(t) = \cos\frac{t}{\pi}$$
$$x(t) = 2\sin\frac{t}{2\pi}$$
(9.3)

其中，$-2 \leq t \leq 2$。程序等待鼠标点击，如果鼠标点击了某条线，则程序从红色、绿色、蓝色、黄色、青色、品红色或黑色中随机选择一个修改线条的颜色。要求使用函数 `waitforbuttonpress` 等待鼠标点击，并在每次点击后更新绘图。使用函数 `gco` 确定点击的对象，并使用对象的 `Type` 属性确定点击是否在线上。

9.19 函数 `plot` 绘制一条线并返回该线的句柄。此句柄可用来查看和修改该线的属性。线的两个属性 `XData` 和 `YData` 分别包含当前绘制的 $x$ 和 $y$ 值。编写一个程序，绘制函数

$$x(t) = \cos(2\pi t - \theta)$$
(9.4)

其中 $-1.0 \leq t \leq 1.0$，并保存所绘线的句柄。角度 $\theta$ 的初值为0弧度。然后，分别设置 $\theta = \pi/10$ rad、$\theta = 2\pi/10$ rad、$\theta = 3\pi/10$ rad，直到 $\theta = 2\pi$ rad，重新绘制线。要求使用 `for` 循环计算 $x$ 和 $t$ 的新值，使用 MATLAB 对象语法更新线的 `XData` 和 `YData` 属性，并使用 MATLAB 命令 `pause` 在每次更新之间暂停 0.5 秒。

# 附录 A

Essentials of MATLAB Programming, Third Edition

# UTF-8 字符集

　　MATLAB 字符串使用 UTF-8 字符集，其中包含存储在 16 位字段中的数千个字符。前 127 个字符与 ASCII 字符集相同，如下表所示。MATLAB 字符串比较运算的结果取决于被比较字符的相对词典位置。例如，字符集中的字符"a"在表中为 97 位，而字符"A"为 65 位。因此，关系运算'a'>'A'返回 1（真），这是因为 97>65。

　　下表显示的是 ASCII 字符集，其中行代表字符编号的第一个十进制数字，列代表字符编号的第二个十进制数字。字母"R"在第 8 行和第 2 列，所以它在 ASCII 字符集中的字符编号为 82。

|    | 0   | 1   | 2   | 3   | 4   | 5   | 6   | 7   | 8   | 9   |
|----|-----|-----|-----|-----|-----|-----|-----|-----|-----|-----|
| 0  | nul | soh | stx | etx | eot | enq | ack | bel | bs  | ht  |
| 1  | nl  | vt  | ff  | cr  | so  | si  | dle | dc1 | dc2 | dc3 |
| 2  | dc4 | nak | syn | etb | can | em  | sub | esc | fs  | gs  |
| 3  | rs  | us  | sp  | !   | "   | #   | $   | %   | &   | `   |
| 4  | (   | )   | *   | +   | ,   | -   | .   | /   | 0   | 1   |
| 5  | 2   | 3   | 4   | 5   | 6   | 7   | 8   | 9   | :   | ;   |
| 6  | <   | =   | >   | ?   | @   | A   | B   | C   | D   | E   |
| 7  | F   | G   | H   | I   | J   | K   | L   | M   | N   | O   |
| 8  | P   | Q   | R   | S   | T   | U   | V   | W   | X   | Y   |
| 9  | Z   | [   | \   | ]   | ^   | _   | '   | a   | b   | c   |
| 10 | d   | e   | f   | g   | h   | i   | j   | k   | l   | m   |
| 11 | n   | o   | p   | q   | r   | s   | t   | u   | v   | w   |
| 12 | x   | y   | z   | {   | \|  | }   | ~   | del |     |     |

# 附录 B

Essentials of MATLAB Programming, Third Edition

# MATLAB 输入 / 输出函数

在第 2 章中，我们学习了如何使用命令 `load` 和 `save` 来加载和保存 MATLAB 数据，以及如何使用函数 `fprintf` 输出格式化数据。本附录将介绍更多有关 MATLAB 输入 / 输出的详细信息。

精通 C 语言的读者可能会发现很多熟悉的地方。但是，要注意 MATLAB 和 C 函数之间的区别。

## B.1 函数 textread

函数 `textread` 读取 ASCII 文件，其被格式化为数据列，且每列的类型可以不同，将每列的内容存储在单独的输出数组中。此函数可用于导入其他应用程序输出的数据。

函数 `textread` 的一般形式为

```
[a,b,c,...] = textread(filename,format,n)
```

其中，`filename` 是要打开的文件名，`format` 是描述每列数据类型的字符串，`n` 是要读取的行数。（如果缺少 n，则读取到文件末尾。）格式化字符串包含与函数 `fprintf` 相同的格式化描述符类型。注意，输出参数的数量必须与正在读取的列数匹配。

例如，假设文件 `test_input.dat` 包含以下数据：

```
James   Jones   O+   3.51   22   Yes
Sally   Smith   A+   3.28   23   No
```

使用下面函数将数据读入到数组中：

```
[first,last,blood,gpa,age,answer] = ...
textread('test_input.dat','%s %s %s %f %d %s')
```

执行此命令，结果如下：

```
» [first,last,blood,gpa,age,answer] = ...
textread('test_input.dat','%s %s %s %f %d %s')

first =
    'James'
    'Sally'
last =
    'Jones'
    'Smith'
blood =
    'O+'
    'A+'
gpa =
    3.5100
    3.2800
age =
    42
    28
```

```
answer =
    'Yes'
    'No'
```

此函数还可以通过向相应的格式化描述符添加星号（例如，`%*s`）来跳过所选列。以下语句仅读取文件中的 `first`、`last` 和 `gpa`：

```
» [first,last,gpa] = ...
textread('test_input.dat','%s %s %*s %f %*d %*s')

first =
    'James'
    'Sally'
last =
    'Jones'
    'Smith'
gpa =
    3.5100
    3.2800
```

函数 `textread` 比命令 `load` 更加灵活有用。命令 `load` 假定输入文件中的所有数据都是单一类型，它不支持不同列中类型不同的数据。此外，命令 `load` 将所有数据存储到单个数组中。相反，函数 `textread` 允许每列使用单独的变量，尤其适合于混合数据列的情况。

函数 `textread` 具有一些可增加其灵活性的附加选项。有关这些选项的详细信息，请参阅 MATLAB 联机文档。

## B.2 MATLAB 文件处理

为了在 MATLAB 程序中使用文件，我们需要一些方法来选择所需的文件，并读取或写入文件。无论文件是在磁盘、磁带或计算机的其他附加设备上，MATLAB 都有一系列类 C 函数来读取和写入文件。这些函数使用文件 id（有时也称 `fid`）打开、读取、写入和关闭文件。文件 id 是在打开文件时分配给它的编号，用于该文件的所有读取、写入和控制操作。文件 id 是一个正整数。对于正在执行 MATLAB 的计算机来说，两个文件 id 始终是打开的——文件 id 1 是标准输出（`stdout`）设备，文件 id 2 是标准错误（`stderr`）设备。当文件打开时，额外的文件 id 被分配；当文件关闭时，文件 id 被释放。

几个 MATLAB 函数可以用来控制磁盘文件的输入和输出。表 B.1 总结了文件 I/O 函数。文件打开、关闭、读取和写入函数如下所述。有关位置和状态函数的详细信息，请参见 MATLAB 文档。

表 B.1 MATLAB 输入 / 输出函数

| 类别 | 函数 | 说明 |
| --- | --- | --- |
| 加载 / 保存工作空间 | load | 加载工作空间 |
|  | save | 保存工作空间 |
| 文件打开和关闭 | fopen | 打开文件 |
|  | fclose | 关闭文件 |
| 二进制 I/O | fread | 从文件读取二进制数据 |
|  | fwrite | 将二进制数据写入文件 |
| 格式化 I/O | fscanf | 从文件读取格式化数据 |
|  | fprintf | 将格式化数据写入文件 |
|  | fgetl | 从文件读取行，忽略换行符 |
|  | fgets | 从文件读取行，保留换行符 |

(续)

| 类别 | 函数 | 说明 |
|---|---|---|
| 文件定位、状态及其他 | delete | 删除文件 |
| | exist | 检查文件是否存在 |
| | ferror | 查询文件 I/O 错误状态 |
| | feof | 测试文件是否结束 |
| | fseek | 设置文件位置 |
| | ftell | 检查文件位置 |
| | frewind | 移回文件开始 |
| 临时文件 | tempdir | 获取临时目录名 |
| | tempname | 获取临时文件名 |

使用 `fopen` 语句将文件 `id` 分配给磁盘文件或设备，并使用 `fclose` 语句将其释放。一旦 `fopen` 语句将文件 `id` 附加给文件后，就可以使用 MATLAB 文件输入和输出语句来读写该文件。当操作完该文件后，`fclose` 语句关闭文件，并使文件 `id` 无效。在文件打开时，可用 `frewind` 和 `fseek` 语句更改当前读取或写入位置。

将数据写入文件和从文件读取数据有两种类型：二进制数据或格式化的字符数据。二进制数据由实际位模式组成，它用于将数据存储在计算机存储器中。二进制数据的读写效率很高，但用户无法读取存储在文件中的数据。格式化文件中的数据被翻译成可供用户直接读取的字符，但格式化的 I/O 操作比二进制 I/O 操作的效率低。本附录稍后讨论这两种类型的 I/O 操作。

## B.3 文件打开和关闭

下面介绍文件的打开和关闭函数 `fopen` 和 `fclose`。

### B.3.1 函数 fopen

函数 `fopen` 打开文件，并返回文件的 `id` 号，其一般形式为

```
fid = fopen(filename,permission)
[fid, message] = fopen(filename,permission)
[fid, message] = fopen(filename,permission,format)
[fid, message] = fopen(filename,permission,format,encoding)
```

其中，`filename` 是指定打开文件的文件名，`permission` 是指定文件打开的方式，`format` 是指定文件中数据格式的可选字符串，`encoding` 是用于后续读写操作的字符编码。如果打开成功，则执行此语句后，返回的 `fid` 为一个正整数，且 `message` 为空字符串。如果打开失败，则执行此语句后，返回的 `fid` 为 $-1$，且 `message` 为一个解释错误的字符串。如果以读出方式打开的文件不在当前目录中，则 MATLAB 将沿着搜索路径进行搜索。

表 B.2 展示了可选的权限字符串。

表 B.2 fopen 文件权限

| 文件权限 | 含义 |
|---|---|
| `'r'` | 以只读方式打开存在的文件（默认） |
| `'r+'` | 以读写方式打开存在的文件 |
| `'w'` | 删除存在文件的内容（或创建新文件），并以只写方式打开 |
| `'w+'` | 删除存在文件的内容（或创建新文件），并以读写方式打开 |

(续)

| 文件权限 | 含义 |
|---|---|
| 'a' | 以只写方式打开存在的文件（或创建新文件），后续写入 |
| 'a+' | 以读写方式打开存在的文件（或创建新文件），后续写入 |
| 'W' | 写入但不刷新（磁带驱动器专用命令） |
| 'A' | 后续写入但不刷新（磁带驱动器专用命令） |

在某些平台上，如 PC 机，区分文本文件和二进制文件是很重要的。如果要以文本模式打开文件，则应将 t 添加到权限字符串中（例如，"rt"或"rt +"）。如果要以二进制方式打开文件，则可以将 b 添加到权限字符串中（例如，"rb"），然而实际上并不需要，因为默认情况下，文件是以二进制方式打开的。在 Unix 或 Linux 计算机上，文本文件和二进制文件没有区别，因此不需要 t 和 b。

函数 fopen 的 format 字符串指定了存储在文件中的数据格式。只有在数据格式不兼容的计算机之间传输文件时，才需要此字符串，因此很少使用。表 B.3 中列出了一些可选数据格式。有关可选数据格式的完整列表，请参阅 MATLAB 语言参考手册。

表 B.3 函数 fopen 的 format 字符串

| 文件权限 | 含义 |
|---|---|
| 'native' 或 'n' | 运行 MATLAB 机器的数值格式（默认） |
| 'ieee-le' 或 'l' | 小端字节序的 IEEE 浮点 |
| 'ieee-be' 或 'b' | 大端字节序的 IEEE 浮点 |
| 'ieee-le.l64' 或 'a' | 小端字节序的 IEEE 浮点，64 位 long 数据类型 |
| 'ieee-le.b64' 或 's' | 大端字节序的 IEEE 浮点，64 位 long 数据类型 |

函数 fopen 的 encoding 字符串描述了文件中要使用的字符编码类型。仅当不需要使用默认 UTF-8 字符编码时，才需要此字符串。合法字符编码包括"UTF-8"、"ISO-8859-1"和"Windows-1252"。有关可选编码的完整列表，请参见 MATLAB 语言参考手册。

除了打开文件外，函数 fopen 还有两种形式用来提供信息。函数

```
fids = fopen('all')
```

返回一个行向量，包含当前打开文件的所有文件 id 列表（除了 stdout 和 stderr）。此向量中元素的数量等于打开文件的数量。函数

```
[filename, permission, format] = fopen(fid)
```

返回指定文件 id 的文件名、权限字符串和数值格式。

下面展示函数 fopen 的一些示例。

### 案例 1：打开二进制文件作为输入

下列函数打开名为 example.dat 的文件作为二进制输入。

```
fid = fopen('example.dat','r')
```

权限字符串是'r'，指定以只读方式打开文件。字符串也可以是'rb'，但由于二进制是默认情况，因此这里可以省略'b'。

### 案例 2：打开文件作为文本输出

下列函数打开名为 outdat 的文件作为文本输出。

```
fid = fopen('outdat','wt')
```
或
```
fid = fopen('outdat','at')
```

权限字符串 `'wt'` 指定这是一个新的文本文件。如果存在，那么删除旧文件，并创建一个可写的新的空文件。如果想要替换预先存在的数据，可使用函数 `fopen` 的这种形式。

权限字符串 `'at'` 指定想要续写的已存在的文本文件。如果存在，那么打开文件，并将新数据续写到当前存在的信息之后。如果不想替换预先存在的数据，可使用函数 `fopen` 的这种形式。

**案例 3：打开二进制文件作为读写访问**

下列函数打开名为 `junk` 的文件作为二进制输入和输出。
```
fid = fopen('junk','r+')
```
下列函数同样打开文件作为二进制输入和输出。
```
fid = fopen('junk','w+')
```

上述两个语句的区别在于第一个语句在打开文件之前需要文件存在，而第二个语句将删除任何预先存在的文件。

尝试打开文件后检查错误是很重要的。如果 `fid` 为 $-1$，则文件无法打开。此时应向用户报告问题，并允许选择其他文件，或退出该程序。

### B.3.2 函数 fclose

函数 `fclose` 用来关闭文件。此函数的一般形式为
```
status = fclose(fid)
status = fclose('all')
```
其中，`fid` 是文件的 `id`，`status` 是操作的结果。如果操作成功，那么 `status` 为 0，否则 `status` 为 $-1$。

除了 `stdout(fid=1)` 和 `stderr(fid=2)` 之外，函数 `status=fclose('all')` 关闭所有打开的文件。如果所有文件关闭成功，那么 `status` 为 0，否则 `status` 为 $-1$。

## B.4 二进制 I/O 函数

下面介绍二进制 I/O 函数 `fwrite` 和 `fread`。

### B.4.1 函数 fwrite

函数 `fwrite` 按用户指定的格式将二进制数据写入文件。此函数的一般形式为
```
count = fwrite(fid,array,precision)
count = fwrite(fid,array,precision,skip)
count = fwrite(fid,array,precision,skip,format)
```
其中，`fid` 是函数 `fopen` 打开的文件的 `id`，`array` 是待写出的值的数组，`count` 是写入文件的值的数量。

MATLAB 以列顺序写出数据，这意味着第一列先被写出，其次是第二列，等等。例如，$\text{array} = \begin{bmatrix} 1 & 2 \\ 3 & 4 \\ 5 & 6 \end{bmatrix}$，那么数据将按顺序 1、3、5、2、4、6 写出。

可选 precision 字符串指定了输出数据的格式。MATLAB 既支持与平台无关的精度字符串（这些字符串在运行 MATLAB 的所有计算机上都相同），又支持依赖于平台的精度字符串（这些字符串在不同类型的计算机之间有所不同）。你应该使用与平台无关的字符串，且在本书中仅介绍了这些字符串。

为方便起见，MATLAB 接受一些与 C 和 Fortran 数据类型等价的 MATLAB 精度字符串。作为一个 C 或 Fortran 程序员，你会发现这里所使用的数据类型名称很熟悉。

表 B.4 展示了可选的平台无关的精度字符串。除了"bitN"和"ubitN"的单位为比特以外，其他精度的单位都为字节。

表 B.4　MATLAB 精度字符串

| MATLAB 精度字符串 | C/Fortran 等价形式 | 说明 |
| --- | --- | --- |
| 'char' | 'char*1' | 8 字节字符 |
| 'schar' | 'signed char' | 8 字节带符号字符 |
| 'uchar' | 'unsigned char' | 8 字节无符号字符 |
| 'int8' | 'integer*1' | 8 字节整数 |
| 'int16' | 'integer*2' | 16 字节整数 |
| 'int32' | 'integer*4' | 32 字节整数 |
| 'int64' | 'integer*8' | 64 字节整数 |
| 'uint8' | 'integer*1' | 8 字节无符号整数 |
| 'uint16' | 'integer*2' | 16 字节无符号整数 |
| 'uint32' | 'integer*4' | 32 字节无符号整数 |
| 'uint64' | 'integer*8' | 64 字节无符号整数 |
| 'float32' | 'real*4' | 32 字节浮点数 |
| 'float64' | 'real*8' | 64 字节浮点数 |
| 'bitN' | | N 位带符号整数，$1 \leqslant N \leqslant 64$ |
| 'ubitN' | | N 位无符号整数，$1 \leqslant N \leqslant 64$ |

可选参数 skip 指定在写入输出文件之前跳过的字节数。此选项可用于将值放在固定长度记录中的某点放置。注意，如果 precision 是"bitN"或"ubitN"格式，则跳过指定的比特数而不是字节数。

可选参数 format 是指定文件中数据格式的可选字符串，如表 B.3 所示。

### B.4.2　函数 fread

函数 fread 从文件读取用户指定格式的二进制数据，并以用户指定的格式（可以不同）返回数据。此函数的一般形式为

```
[array,count] = fread(fid,size,precision)
[array,count] = fread(fid,size,precision,skip)
[array,count] = fread(fid,size,precision,skip,format)
```

其中，fid 是使用函数 fopen 打开文件的 id，size 是要读取的值的数量，array 是包含数据的数组，count 是从文件读取的值的数量。

可选参数 size 指定要从文件读取的数据量，它有三种可选形式。

- n——读取 n 个值。使用此参数后，返回的数组是包含从文件读取的 n 个值的列向量。
- Inf——读取到文件末尾。使用此参数后，返回的数组是包含到文件末尾的所有值的

列向量。
- [n m]——读取 n×m 个值，并将数据格式化为 n×m 的数组。

如果 `fread` 到达文件的末尾，且输入流没有包含足够的比特来写出指定精度的完整数组元素，则 `fread` 将用零比特来填充最后的字节或元素，直到获得完整值。如果发生错误，则读取到最后一个完整值。

参数 `precision` 指定磁盘上数据的格式和要返回给调用程序的数据数组的格式。精度字符串的一般形式为

`'disk_precision => array_precision'`

其中，`disk_precision` 和 `array_precision` 都是表 B.4 中的精确字符串。`array_precision` 值是默认的。如果缺失，则返回 `double` 数组形式的数据。如果磁盘精度和数组精度相同，则还有一个简洁表达方式：`'* disk_precision'`。

下面为 `precision` 字符串的一些示例。

| `'single'` | 从磁盘读取单精度格式数据，返回 `double` 数组形式 |
| `'single=>single'` | 从磁盘读取单精度格式数据，返回 `single` 数组形式 |
| `'*single'` | 从磁盘读取单精度格式数据，返回 `single` 数组形式（前一个字符串的简写） |
| `'double=>real*4'` | 从磁盘读取双精度格式数据，返回 `single` 数组形式 |

可选参数 `skip` 指定在写入输出文件之前跳过的字节数。此选项可用于在固定长度记录中的某点放置值。注意，如果 `precision` 是"bitN"或"ubitN"格式，则跳过指定的比特数而不是字节数。

可选参数 `format` 是指定文件中数据格式的可选字符串，如表 B.4 所示。

▶ 示例 B.1 读写二进制数据

如下所示，脚本文件创建一个包含 10 000 个随机值的数组，以只写方式打开一个用户指定的文件，以 64 位浮点格式将数组写入磁盘，并关闭文件。然后以只读方式打开文件，并将数据读入到一个 100×100 的数组。此示例展示了二进制 I/O 操作的使用。

```
%   Script file: binary_io.m
%
%   Purpose:
%     To illustrate the use of binary i/o functions.
%
%   Record of revisions:
%      Date        Programmer        Description of change
%      ====        ==========        =====================
%      03/21/14    S. J. Chapman     Original code
%
% Define variables:
%     count       -- Number of values read / written
%     fid         -- File id
%     filename    -- File name
%     in_array    -- Input array
%     msg         -- Open error message
%     out_array   -- Output array
%     status      -- Operation status

% Prompt for file name
filename = input('Enter file name: ','s');
```

```
% Generate the data array
out_array = randn(1,10000);

% Open the output file for writing.
[fid,msg] = fopen(filename,'w');
% Was the open successful?
if fid > 0

    % Write the output data.
    count = fwrite(fid,out_array,'float64');

    % Tell user
    disp([int2str(count) ' values written...']);

    % Close the file
    status = fclose(fid);

else

    % Output file open failed.  Display message.
    disp(msg);

end

% Now try to recover the data.  Open the
% file for reading.
[fid,msg] = fopen(filename,'r');
% Was the open successful?
if fid > 0

    % Write the output data.
    [in_array, count] = fread(fid,[100 100],'float64');

    % Tell user
    disp([int2str(count) ' values read...']);

    % Close the file
    status = fclose(fid);

else

    % Input file open failed.  Display message.
    disp(msg);

end
```

执行此程序，结果如下：

```
>> binary_io
Enter file name:  testfile
10000 values written...
10000 values read...
```

在当前目录下创建了一个 80 000 字节的文件 `testfile`。因为它包含 10 000 个 64 位的值，且每个值占用 8 字节，所以文件总长度为 80 000 字节。

## B.5 格式化 I/O 函数

下面介绍格式化 I/O 函数。

### B.5.1 函数 fprintf

函数 `fprintf` 以用户指定的格式将数据写入文件。此函数的一般形式为

```
count = fprintf(fid,format,val1,val2,...)
fprint(format,val1,val2,...)
```

其中，fid 是待写入文件的 id，format 是控制数据格式的字符串。如果 fid 缺失，则将数据写入标准输出设备（命令窗口）。在第 2 章中已经使用过这种形式。

格式化字符串指定输出格式的对齐方式、有效数字、字段宽度和其他方面。其中，包括普通的字母数字字符以及指定输出数据显示格式的特殊字符序列。图 B.1 展示了典型的格式化字符串结构。使用单个 % 字符标志格式化的开始——如果要打印出普通的 % 符号，则必须使用格式化字符串形式 %%。在 % 字符之后，可以紧跟着修饰符、字段宽度、精度说明符和转换说明符。在任何格式中都需要 % 字符和转换说明符，而修饰符、字段宽度和精度说明符是可选的。

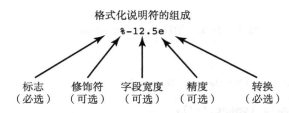

图 B.1　典型的格式化说明符的结构

表 B.5 列出了可选的转换说明符，而表 B.6 列出了可选的修饰符。如果在格式中指定了字段宽度和精度，则小数点前的数字是字段宽度，用于显示数字的字符数。小数点后的数字是精度，用于显示有效数字的最小数量。

表 B.5　格式化字符串中的转换说明符

| 说明符 | 描述 | 说明符 | 描述 |
| --- | --- | --- | --- |
| %c | 单个字符 | %G | 与 %g 相同，但使用大写字母 E |
| %d | 十进制记数法（有符号） | %o | 八进制记数法（无符号） |
| %e | 指数记数法（使用小写字母，如 3.1416e+00） | %s | 字符串 |
| %E | 指数记数法（使用大写字母，如 3.1416E+00） | %u | 十进制记数法（无符号） |
| %f | 定点记数法 | %x | 十六进制记数法（使用小写字母 a～f） |
| %g | %e 或 %f 的紧凑形式，无效的零不打印 | %X | 十六进制记数法（使用大写字母 A～F） |

表 B.6　格式化字符串中的修饰符

| 修饰符 | 描述 |
| --- | --- |
| 减号（-） | 字段中的转换参数左对齐（如 %-5.2d）。如果不存在，则参数右对齐 |
| + | 总是打印 + 或 - 符号（如 %+5.2d） |
| 0 | 用前导零而非空格填充参数 |

除了普通字符和这些格式之外，某些特殊转义字符也可以用于格式化字符串。表 B.7 列出了相关的特殊字符。

表 B.7　格式化字符串中的转义字符

| 转义序列 | 描述 | 转义序列 | 描述 |
| --- | --- | --- | --- |
| \n | 换行符 | \f | 换页符 |
| \t | 水平制表符 | \\ | 打印普通的反斜杠（\） |
| \b | 退格符 | \'' 或 '' | 打印省略号或单引号 |
| \r | 回车符 | %% | 打印普通百分号（%） |

## B.5.2 理解格式转换说明符

通过示例可以更好地理解各种格式转换说明符。下面给出了一些例子及操作结果。

**案例 1：显示十进制数据**

使用 %d 格式转换说明符显示小数（整数）数据。如果需要，可以在 d 前添加修饰符、字段宽度和精度说明符。精度说明符用来设置显示有效数字的最小数量。如果位数不足，则将前导零添加到数字。

| 函数 | 结果 | 注释 |
|---|---|---|
| fprintf('%d\n',123) | ----\|----\| 123 | 按需使用多个字符显示数字。如 123，需要 3 个字符 |
| fprintf('%6d\n',123) | ----\|----\| 123 | 在 6 字符长字段中显示数字。默认右对齐 |
| fprintf('%6.4d\n',123) | ----\|----\| 0123 | 在 6 字符长字段中使用最少 4 个字符显示数字。默认右对齐 |
| fprintf('%-6.4d\n',123) | ----\|----\| 0123 | 在 6 字符长字段中使用最少 4 个字符显示数字。默认左对齐 |
| fprintf('%+6.4d\n',123) | ----\|----\| +0123 | 在 6 字符长字段中使用最少 4 个字符和符号字符显示数字。默认右对齐 |

如果使用 %d 转换说明符显示非十进制数字，则忽略此说明符，并以指数格式显示。例如，

fprintf('%6d\n',123.4)

生成结果为 1.234000e+002。

**案例 2：显示浮点数据**

使用 %e、%f 或 %g 格式转换说明符显示浮点数据。如果需要，可以在其前添加修饰符、字段宽度和精度说明符。如果指定的字段宽度太小而无法显示数字，则忽略。否则，按指定字段宽度显示。

| 函数 | 结果 | 注释 |
|---|---|---|
| fprintf('%f\n',123.4) | ----\|----\| 123.400000 | 按需使用多个字符显示数字。%f 默认保留小数点后六位 |
| fprintf('%8.2f\n',123.4) | ----\|----\| 123.40 | 在 8 字符长字段中显示数字，保留小数点后两位。默认右对齐 |
| fprintf('%4.2f\n',123.4) | ----\|----\| 123.40 | 在 6 字符长字段中显示数字。如果指定的字段宽度太小而无法显示数字，则忽略 |
| fprintf('%10.2e\n',123.4) | ----\|----\| 1.23e+002 | 在 10 字符长字段中以指数形式显示数字，保留小数点后两位。默认右对齐 |
| fprintf('%10.2E\n',123.4) | ----\|----\| 1.23E+002 | 与前一个相同，仅替换为大写 E |

**案例 3：显示字符数据**

使用 %c 或 %s 格式转换说明符显示字符数据。如果需要，可以在其前添加字段宽度。如果指定的字段宽度太小而无法显示数字，则忽略。否则，按指定字段宽度显示。

| 函数 | 结果 | 注释 |
|---|---|---|
| fprintf('%c\n','s') | ----\|----\| s | 显示一个字符 |
| fprintf('%s\n','string') | ----\|----\| string | 显示字符串 |
| fprintf('%8s\n','string') | ----\|----\| string | 在 8 字符长字段中显示字符串。默认右对齐 |
| fprintf('%-8s\n','string') | ----\|----\| string | 在 8 字符长字段中显示字符串。默认左对齐 |

### B.5.3 函数 fscanf

函数 `fscanf` 以用户指定的格式从文件读取格式化数据。此函数的一般形式为

```
array = fscanf(fid,format)
[array, count] = fscanf(fid,format,size)
```

其中，`fid` 是待读取数据文件的 `id`，`format` 是控制读取数据的格式化字符串，`array` 是接收数据的数字。输出参数 `count` 返回读取数据的数组。

可选参数 `size` 指定要从文件读取的数据量，其有三种可选形式。

- n——读取 n 个值。使用此参数后，返回的数组是包含从文件读取的 n 个值的列向量。
- Inf——读取到文件末尾。使用此参数后，返回的数组是包含到文件末尾的所有值的列向量。
- [n m]——读取 n×m 个值，并将数据格式化为 n×m 的数组。

格式化字符串指定要读取的数据的格式，其可以包含普通字符和格式转换说明符。函数 `fscanf` 使用格式化字符串中的格式转换说明符比较文件中的数据。如果两者匹配，则函数 `fscanf` 转换数据并存储到输出数组。持续此过程，直到文件末尾或读取了 `size` 大小的数据。如果文件中的数据与格式转换说明符不匹配，则函数 `fscanf` 操作立即停止。

函数 `fscanf` 的格式转换说明符与函数 `fprintf` 的基本一致。表 B.8 列出了常见的说明符。

表 B.8 函数 fscanf 的格式转换说明符

| 说明符 | 描述 |
| --- | --- |
| %c | 读取一个字符，包括空格、换行符等 |
| %Nc | 读取 N 个字符 |
| %d | 读取一个十进制数（忽略空格） |
| %e %f %g | 读取一个浮点数（忽略空格） |
| %i | 读取一个有符号整数（忽略空格） |
| %s | 读取一个字符串，并以空格或其他特殊字符（如换行符）终止 |

为了说明函数 `fscanf` 的用法，读取名为 `x.dat` 的文件，其包含下面两行：

```
10.00    20.00
30.00    40.00
```

（1）如果使用下面语句读取文件

```
[z, count] = fscanf(fid,'%f');
```

则变量 z 为列向量 $\begin{bmatrix} 10 \\ 20 \\ 30 \\ 40 \end{bmatrix}$，count 为 4。

（2）如果使用下面语句读取文件

```
[z, count] = fscanf(fid,'%f',[2 2]);
```

则变量 z 为数组 $\begin{bmatrix} 10 & 30 \\ 20 & 40 \end{bmatrix}$，count 为 4。

（3）接下来，尝试以十进制形式读取。如果使用下面语句读取文件

```
[z, count] = fscanf(fid,'%d',Inf);
```

则变量 z 为单个数 10，count 为 1。这是由于 10.00 中的小数点与格式转换说明符不匹配，函数 scanf 在第一个不匹配时停止。

（4）如果使用下面语句读取文件

```
[z, count] = fscanf(fid,'%d.%d',[1 Inf]);
```

则变量 z 为行向量 [10 0 20 0 30 0 40 0]，count 为 8。这是由于现在小数点与格式转换说明符相匹配，小数点两边的数字被解释为单独的整数。

（5）然后，尝试以单个字符形式读取。如果使用下面语句读取文件

```
[z, count] = fscanf(fid,'%c');
```

则变量 z 为包含文件中所有字符的行向量，包括空格和换行符！变量 count 为文件中的字符数。

（6）最后，尝试以字符串形式读取。如果使用下面语句读取文件

```
[z, count] = fscanf(fid,'%s');
```

则变量 z 为包含 20 个字符 10.0020.0030.0040.00 的行向量，count 为 4。这是由于字符串说明符忽略空格，并且该函数在文件中找到四个独立的字符串。

### B.5.4 函数 fgetl

函数 fgetl 读取文件中不包含行尾字符的下一行字符串。此函数的一般形式为

```
line = fgetl(fid)
```

其中，fid 是待读取文件的 id，line 是接收数据的字符串数组。如果 fgetl 遇到文件末尾，则将 line 设置为 -1。

### B.5.5 函数 fgets

函数 fgets 读取文件中包含行尾字符的下一行字符串。此函数的一般形式为

```
line = fgets(fid)
```

其中，fid 是待读取文件的 id，line 是接收数据的字符串数组。如果 fgets 遇到文件末尾，则将 line 设置为 -1。

## B.6 函数 textscan

函数 textscan 读取格式化为数据列的文本文件，其中每列类型可以不同，并将内容存储到元胞数组中。此函数可用于导入其他应用程序输出的数据。其用法与函数 textread 类似，但更快更灵活。

函数 textscan 的一般形式为

```
a = textscan(fid, 'format')
a = textscan(fid, 'format', N)
a = textscan(fid, 'format', param, value, ...)
a = textscan(fid, 'format', N, param, value, ...)
```

其中，fid 是使用函数 fopen 打开的文件的 id，format 是描述每列数据类型的字符串，n

是使用格式化说明符读取的次数。（如果 n 为 –1 或缺失，则读取到文件末尾。）格式化字符串包含与函数 fprintf 相同的格式化描述符类型。注意，这里只有一个输出参数，所有的值返回到元胞数组。元胞数组的元素数量等于读取的格式化描述符数量。

例如，假设文件 test_input1.dat 包含下面数据：

```
James    Jones    O+    3.51    22    Yes
Sally    Smith    A+    3.28    23    No
Hans     Carter   B-    2.84    19    Yes
Sam      Spade    A+    3.12    21    Yes
```

使用下面函数将数据读入到元胞数组：

```
fid = fopen('test_input1.dat','rt');
a = textscan(fid,'%s %s %s %f %d %s',-1);
fclose(fid);
```

执行命令后，结果如下：

```
>> fid = fopen('test_input1.dat','rt');
>> a = textscan(fid,'%s %s %s %f %d %s',-1)
a =
   {4x1 cell}    {4x1 cell}    {4x1 cell}    [4x1 double]
   [4x1 int32]   {4x1 cell}
>> a{1}
ans =
    'James'
    'Sally'
    'Hans'
    'Sam'
>> a{2}
ans =
    'Jones'
    'Smith'
    'Carter'
    'Spade'
>> a{3}
ans =
    'O+'
    'A+'
    'B-'
    'A+'
>> a{4}
ans =
    3.5100
    3.2800
    2.8400
    3.1200
>> fclose(fid);
```

此函数还可以通过向格式化描述符添加星号（例如，%*s）来跳过所选列。例如，以下语句只读取文件中的名字、姓氏和 gpa：

```
fid = fopen('test_input1.dat','rt');
a = textscan(fid,'%s %s %*s %f %*d %*s',-1);
fclose(fid);
```

函数 textscan 与函数 textread 类似，但更快更灵活。其优点包括以下五点。

（1）函数 textscan 提供了更好的性能，尤其在读取大文件时。

（2）函数 textscan 允许从文件中的任何一点开始读取。当使用函数 fopen 打开文件时，可以使用函数 `fseek` 移动到文件中的任何位置，然后从在该位置开始读取。而函数 `textread` 必须从头开始读取。

（3）后续 `textscan` 操作从上一个 `textscan` 结束的位置开始读取文件。而函数 `textread` 总是从头开始读取，忽略任何之前的 `textread` 操作。

（4）无论读取多少字段，函数 `textscan` 返回单个元胞数组。与函数 `textread` 一样，函数 `textscan` 不需要输出参数的数量与要读取的字段数相匹配。

（5）函数 `textscan` 提供了更多转换数据的选择。

函数 `textscan` 有一些增加其灵活性的附加选项。有关这些选项的详细信息，请参阅 MATLAB 联机文档。

## B.7 函数 uiimport

函数 `uiimport` 是一种基于 GUI 的从文件或剪贴板导入数据的方法。此函数的一般形式为

```
uiimport
structure = uiimport;
```

第一种形式是将导入的数据直接插入当前的 MATLAB 工作空间中，而第二种形式是将数据转换为结构体并保存在变量 `structure` 中。

当输入命令 `uiimport` 后，导入向导将显示在窗口中（如图 B.2）。然后，用户可以选择想要导入的文件以及文件中的特定数据。表 B.9 列出了支持的部分文件格式。另外，通过将数据保存在剪贴板上，可以从几乎任何应用程序导入数据。当需要将数据导入 MATLAB 进行分析时，这种方式非常有用。

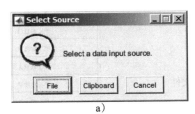

a)

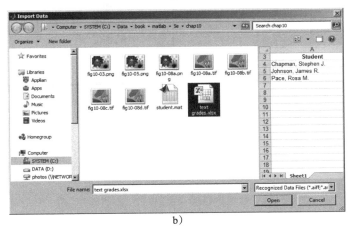

b)

图 B.2 使用 `uiimport`：a) 导入向导提示用户选择数据源；b) 导入向导选择文件但尚未加载；c) 选择数据文件后，创建一个或多个数据数组，并查看其内容。用户选择想要导入的数据，然后单击 Import Selection（导入所选内容）

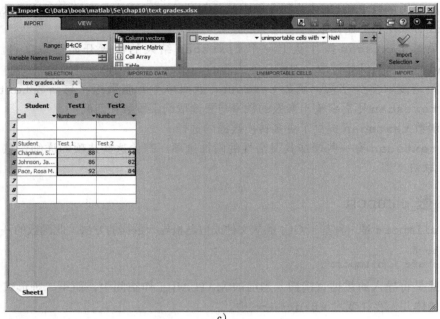

c)

图 B.2 （续）

表 B.9　函数 uiimport 支持的可选文件格式

| 文件扩展名 | 说明 | 文件扩展名 | 说明 |
| --- | --- | --- | --- |
| *.gif | | *.au | |
| *.jpg | | *.snd | 音频文件 |
| *.jpeg | | *.wav | |
| *.ico | | *.avi | 视频文件 |
| *.png | 图像文件 | *.csv | |
| *.pcx | | *.xls | 电子表格文件 |
| *.tif | | *.wkl | |
| *.tiff | | *.txt | |
| *.bmp | | *.dat | 文本文件 |
| *.cur | 光标格式 | *.dlm | |
| *.hdf | 分层数据格式文件 | *.tab | |

## 附录 C

Essentials of MATLAB Programming, Third Edition

# 测验答案

此附录给出了本书中所有测验的答案。

## 测验 1.1

1. MATLAB 命令窗口是用户输入命令的窗口。用户可以在命令窗口中的命令提示符（>>）后输入交互式命令，并立即执行。命令窗口也可用于启动 M 文件的执行。编辑/调试窗口是用于创建、修改和调试 M 文件的编辑器。图形窗口用于显示 MATLAB 图形输出。

2. 可以在 MATLAB 中通过下面的方式获取帮助。
   - 在命令窗口中输入 `help <command_name>`，将显示命令或函数的信息。
   - 在命令窗口中输入 `lookfor<keyword>`，将显示第一个注释行包含关键字的所有命令或函数的列表。
   - 在命令窗口中输入 `helpwin` 或 `helpdesk`，从"开始"菜单中选择"帮助"，或单击工作界面上的问号图标（ ? ），来启动帮助浏览器。帮助浏览器包含了大量基于超文本的 MATLAB 所有功能的描述，以及 HTML 和 Adobe PDF 格式的所有手册的联机完整复制。因此，它是 MATLAB 中最全面的帮助源。

3. 当执行特定命令、M 文件或函数时，工作空间用于收集 MATLAB 中所有变量和数组。在命令窗口中执行的所有命令（以及从命令窗口执行的所有脚本文件）共享一个公共工作空间，因此它们可以共享变量。可以使用命令 `whos` 查看工作空间的内容，也可以使用工作空间浏览器查看。

4. 要清除工作空间的内容，请在命令窗口中输入 `clear` 或 `clear variables`。

5. 执行此计算的命令是：
   ```
   » t = 5;
   » x0 = 10;
   » v0 = 15;
   » a = -9.81;
   » x = x0 + v0 * t + 1/2 * a * t^2
   x =
      -37.6250
   ```

6. 执行此计算的命令是：
   ```
   » x = 3;
   » y = 4;
   » res = x^2 * y^3 / (x - y)^2
   res =
       576
   ```

   测验题 7 和 8 旨在探索 MATLAB 的功能，它们没有确切答案。

## 测验 2.1

1. 数组是由行和列组成的由单一名称命名的数据值的集合。数组中的单个数据值通过数组名及后跟括号内的下标来访问，其中下标是指标识特定值的行号和列号。术语"矢量"通常用于描述只有一个维度的数组，而术语"矩阵"通常用于描述具有两个或多个维度的数组。

2. (a) 这是一个 $3 \times 4$ 的数组；(b) c(2,3)=-0.6；(c) 值为 0.6 的数组元素是 c(1,4)、c(2,1) 和 c(3,2)。

3. (a) $1 \times 3$；(b) $3 \times 1$；(c) $3 \times 3$；(d) $3 \times 2$；(e) $3 \times 3$；(f) $4 \times 3$；(g) $4 \times 1$

4. `w(2,1)=2`

5. `x(2,1)`=$-20i$

6. `y(2,1)=0`

7. `v(3)=3`

### 测验 2.2

1. (a) `c(2,:)`=$[0.6 \quad 1.1 \quad -0.6 \quad 3.1]$

   (b) `c(:,end)`=$\begin{bmatrix} 0.6 \\ 3.1 \\ 0.0 \end{bmatrix}$

   (c) `c(1:2,2:end)`=$\begin{bmatrix} -3.2 & 3.4 & 0.6 \\ 1.1 & -0.6 & 3.1 \end{bmatrix}$

   (d) `c(6)`=0.6

   (e) `c(4,end)`=$[-3.2 \quad 1.1 \quad 0.6 \quad 3.4 \quad -0.6 \quad 5.5 \quad 0.6 \quad 3.1 \quad 0.0]$

   (f) `c(1:2,2:4)`=$\begin{bmatrix} -3.2 & 3.4 & 0.6 \\ 1.1 & -0.6 & 3.1 \end{bmatrix}$

   (g) `c([1 3],2)`=$\begin{bmatrix} -3.2 \\ 0.6 \end{bmatrix}$

   (h) `c([2 2],[3 3])`=$\begin{bmatrix} -0.6 & -0.6 \\ -0.6 & -0.6 \end{bmatrix}$

2. (a) $a=\begin{bmatrix} 7 & 8 & 9 \\ 4 & 5 & 6 \\ 1 & 2 & 3 \end{bmatrix}$ (b) $a=\begin{bmatrix} 4 & 5 & 6 \\ 4 & 5 & 6 \\ 4 & 5 & 6 \end{bmatrix}$ (c) $a=\begin{bmatrix} 4 & 5 & 6 \\ 4 & 5 & 6 \end{bmatrix}$

3. (a) $a=\begin{bmatrix} 1 & 0 & 0 \\ 1 & 2 & 3 \\ 0 & 0 & 1 \end{bmatrix}$ (b) $a=\begin{bmatrix} 1 & 0 & 4 \\ 0 & 1 & 5 \\ 0 & 0 & 6 \end{bmatrix}$ (c) $a=\begin{bmatrix} 1 & 0 & 0 \\ 0 & 1 & 0 \\ 9 & 7 & 8 \end{bmatrix}$

### 测验 2.3

1. 需要命令"`format long e`"。

2. (a) 这些语句从用户那里获得圆的半径，并计算和显示圆的面积。(b) 这些语句显示 π 的整数值，显示字符串："The value is 3！"。

3. 第一个语句以指数格式输出值 12345.67；第二个语句以浮点格式输出值；第三个语句以一般格式输出值；第四个语句在 12 个字符长的字段中以浮点格式输出值，保留小数点后四位。这些语句的结果是：

```
value = 1.234567e+004
value = 12345.670000
value = 12345.7
value = 12345.6700
```

## 测验 2.4

1. （a）此运算是非法的。数组相乘的两个数组的形状必须相同，或者数组乘以标量。（b）合法数组相乘：结果 $= \begin{bmatrix} 4 & 3 \\ 3 & 3 \end{bmatrix}$。（c）合法数组相乘：结果 $= \begin{bmatrix} 2 & 1 \\ -2 & 4 \end{bmatrix}$。（d）此运算是非法的。数组相乘 b*c 结果为 $1\times 2$ 的数组，a 为 $2\times 2$ 的数组，因此加法是非法的。（e）此运算是非法的。数组相乘 b.*c 的两个数组的大小不同，因此相乘是非法的。

2. 计算 x=A\B：$x = \begin{bmatrix} -0.5 \\ 1.0 \\ -0.5 \end{bmatrix}$。

## 测验 3.1

1. 
```
x = 0:pi/10:2*pi;
x1 = cos(2*x);
y1 = sin(x);
plot(x1,y1,'-ro','LineWidth',2.0,'MarkerSize',6,...
    'MarkerEdgeColor','b','MarkerFaceColor','b')
```

2. 这个问题没有唯一的具体答案。改变标记的任何行为的组合都是可接受的。

3. `'\itf\rm(\itx\rm) = sin \theta cos 2\phi'`

4. `'\bfPlot of \Sigma \itx\rm\bf^{2} versus \itx'`

5. 此字符串创建字符：$\tau_m$

6. 此字符串创建字符：$x_1^2 + x_2^2$（单位 $m^2$）

7. 
```
g = 0.5;
theta = 2*pi*(0.01:0.01:1);
r = 10*cos(3*theta);
polar (theta,r,'r-')
```

绘图结果如下所示：

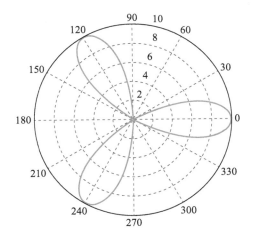

8. 
```
figure(1);
x = linspace(0.01,100,501);
y = 1 ./ (2 * x .^ 2);
plot(x,y);
figure(2);
x = logspace(0.01,100,101);
y = 1 ./ (2 * x .^ 2)
loglog(x,y);
```

绘图结果如下所示。在线性刻度上绘图，当 x=0.01 时值很大，几乎不可见。在对数－对数刻度上绘图，看起来像一条直线。

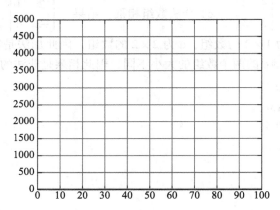

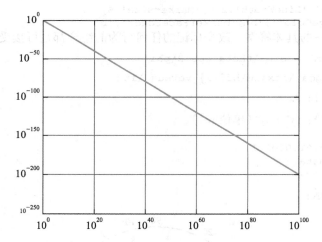

## 测验 4.1

| 表达式 | 结果 | 注释 |
|---|---|---|
| 1. a>b | 1 (logical true) | |
| 2. b>d | 0 (logical false) | |
| 3. a>b && c>d | 0 (logical false) | |

| | | | |
|---|---|---|---|
| 4.a==b | 0 (logical false) | | |
| 5.a & b>c | 0 (logical false) | | |
| 6.~~b | 1 (logical true) | | |
| 7.~(a>b) | $\begin{bmatrix} 0 & 0 \\ 0 & 1 \end{bmatrix}$ (logical array) | | |
| 8.a>c && b>c | Illegal | 操作符 && 和 \|\| 的运算对象是标量。 | |
| 9.c<=d | Illegal | 操作符 <= 的运算对象是大小相同的数组或数组与标量。 | |
| 10.logical(d) | $\begin{bmatrix} 1 & 1 & 1 \\ 0 & 1 & 0 \end{bmatrix}$ (logical array) | | |
| 11.a*b>c | $\begin{bmatrix} 1 & 0 \\ 0 & 1 \end{bmatrix}$ (logical array) | 先计算 a*b 得到 double 数组 $\begin{bmatrix} 2 & -4 \\ 0 & 20 \end{bmatrix}$，再进行 logical 运算得到最终结果。 | |
| 12.a*(b>c) | $\begin{bmatrix} 2 & 0 \\ 0 & 2 \end{bmatrix}$ (double array) | 表达式 b>c 得到 logical 数组 $\begin{bmatrix} 1 & 0 \\ 0 & 1 \end{bmatrix}$，然后将 logical 数组乘以 2 转换为 double 数组。 | |
| 13.a*b^2>a*c | 0 (logical false) | | |
| 14.d\|\|b>a | 1 (logical true) | | |
| 15.(d\|b)>a | 0 (logical false) | | |
| 16.isinf(a/b) | 0 (logical false) | | |
| 17.isinf(a/c) | 1 (logical false) | | |
| 18.a>b && ischar(d) | 1 (logical true) | | |
| 19.isempty(c) | 0 (logical false) | | |
| 20.(~a)& b | 0 (logical false) | | |

21. (~a)+b     -2 (double value)     ~a 是逻辑 0，加上 b 后，结果转换为 double 值。

## 测验 4.2

1. 
```
if x >= 0
    sqrt_x = sqrt(x);
else
    disp('ERROR: x < 0');
    sqrt_x = 0;
end
```
2. 
```
if abs(denominator) < 1.0E-300
    disp('Divide by 0 error.');
else
    fun = numerator / denominator;
    disp(fun);
end
```
3. 
```
if distance <= 100
    cost = 0.50 * distance;
elseif distance <= 300
    cost = 50 + 0.30 * (distance - 100);
else
    cost = 110 + 0.20 * (distance - 300);
end
```
4. 语句不正确，可将第二个 if 语句修改成 elseif 语句。
5. 语句正确，显示的结果为："Prepare to stop."
6. 执行语句，但结果并非程序员所希望的。如果 temperature 为 150℃，则输出的是 "Human body temperature exceeded"，而不是 "Boiling point of water exceeded"。这是由于 if 结构执行到第一个 ture 条件时跳过其余部分。为得到正确的结论，测试的顺序应该反过来。

## 测验 5.1

1. 4 次
2. 0 次
3. 1 次
4. 2 次
5. 2 次
6. ires=10
7. ires=55
8. ires=25
9. ires=49
10. 使用循环和分支：
```
for ii = -6*pi:pi/10:6*pi
    if sin(ii) > 0
        res(ii) = sin(ii);
    else
        res(ii) = 0;
    end
end
```

使用向量化代码：
```
arr1 = sin(-6*pi:pi/10:6*pi);
res = zeros(size(arr1));
res(arr1>0) = arr1(arr1>0);
```

## 测验 6.1

1. 脚本文件是存储在文件中的 MATLAB 语句集合。脚本文件共享命令窗口的工作空间，所以在脚本文件启动之前定义的任何变量对于脚本文件都是可见的，脚本文件完成执行后，脚本文件创建的任何变量都保留在工作空间中。脚本文件没有输入参数，不返回任何结果，但脚本文件可以通过工作空间中留下的数据与其他脚本文件通信。相反，每个 MATLAB 函数都运行在其自己的独立工作空间中。它通过输入参数列表接收输入数据，并通过输出参数列表将结果返回给调用者。
2. 命令 `help` 显示函数中的所有注释行，直到达到第一个空行或第一个可执行语句。
3. H1 注释行是文件中的第一个注释行，由 `lookfor` 命令搜索并显示。它是说明函数作用的一行摘要。
4. 在值传递方案中，从调用者传递给函数的是每个输入参数的副本，而不是原始参数本身。这是一种较好的程序设计习惯，因为在函数中自由修改输入参数而不会影响程序本身。
5. MATLAB 函数可以有任意数量的参数，并且每次调用函数时，并不是所有的参数都需要出现。函数 `nargin` 用于确定调用函数时实际存在的输入参数的数量，函数 `nargout` 用于确定调用函数时实际存在的输出参数的数量。
6. 此函数调用不正确。函数 `test1` 必须使用两个输入参数来调用。此时，函数 `test1` 中的变量 y 没有定义，函数中止。
7. 此函数调用正确。该函数可以用一个或两个参数来调用。

## 测验 7.1

1. 本地函数是文件中定义的第二个或后续函数。本地函数看起来就像普通函数一样，但只能被同一个文件中的其他函数访问。
2. 函数的范围定义为 MATLAB 中可以访问该函数的位置。
3. 私有函数是保存在名为 `private` 的子目录中的函数。它们只对 `private` 目录中的其他函数或父目录中的函数可见。换句话说，这些函数的范围仅限于 `private` 目录和包含它的父目录。
4. 嵌套函数完全定义在另一个函数体内，称为宿主函数。它们只对宿主函数及同一宿主函数内相同级别的其他嵌套函数可见。
5. MATLAB 按照特定的顺序定位函数，如下所示。
    a. MATLAB 检查当前函数中是否存在指定名称的嵌套函数。如果存在，则执行。
    b. MATLAB 检查当前文件中是否存在指定名称的本地函数。如果存在，则执行。
    c. MATLAB 检查具有指定名称的私有函数。如果存在，则执行。
    d. MATLAB 检查当前目录中具有指定名称的函数。如果存在，则执行。
    e. MATLAB 在默认路径上检查具有指定名称的函数。找到第一个正确名称的函数时，停止搜索并执行此函数。

6. 函数句柄是一个 MATLAB 数据类型，它保存用于引用函数的信息。当创建一个函数句柄时，MATLAB 会捕获有关它稍后执行的函数的所有信息。一旦句柄被创建，它可以用于随时执行该函数。
7. 结果返回创建句柄的函数的名称：

```
>> myfun(@cosh)
ans =
cosh
```

## 测验 8.1

1. (a) 真 (1)；(b) 假 (0)；(c) 25
2. 如果 `array` 是一个复数数组，则函数 `plot(array)` 绘制数组的虚部与数组的实部，其中实部在 $x$ 轴上，虚部在 $y$ 轴上。

## 测验 8.2

1. 这些语句将两行连接起来，且变量 `res` 包含字符串 "This is a test !This line, too."。
2. 语句是非法的——没有函数 `strcati`。
3. 语句是非法的——两个字符串的列数必须相同，而这些字符串长度不同。
4. 语句是合法的——函数 `strvcat` 可以填充不同长度的输入值。两个字符串在最终结果中显示在不同的行：

```
>> res = strvcat(str1,str2)
res =
This is another test!
This line, too.
```

5. 这些语句返回真（1），由于两个字符串在第 5 个字符匹配。
6. 这些语句返回输入字符串中每一个 `'s'` 的位置：4  7  13。
7. 这些语句将字符 `'x'` 分配给 `str1` 中的每个空白位置。生成的字符串是 `Thisxisxaxtest!xx`。
8. 这些语句返回一个具有 12 个值的数组，对应于输入字符串中的 12 个字符。输出数组在每个字母值的位置为 1，在所有其他位置为 0：

```
>> str1 = 'aBcD 1234 !?';
>> res = isstrprop(str1,'alphanum')

Columns 1 through 5
    1    1    1    1    0
Columns 6 through 10
    1    1    1    1    0
Columns 11 through 12
    0    0
```

9. 这些语句将 `str1` 的前 7 列中的所有字母字符都转换成大写字母。生成的字符串是 `ABCD 1234 !?`。
10. `str1` 包含 456，前后各三个空格；`str2` 包含 abc，前后各三个空格。字符串 `str3` 是两个字符串的连接，因此它是 18 个字符长：`   456      abc   `。字符串 `str4` 是两个字符串的连接，且删除开头和末尾空格，因此它是 6 个字符长：`456abc`。字符串 `str5` 是两个字符串的连接，且只删除末尾空格，因此它是 12 个字符长：`   456   abc`。

11. 这些语句将失败，因为 `strncmp` 需要一个长度参数。

## 测验 9.1

1. 元胞数组是一个"指针"的数组，其每个元素都可以指向任意类型 MATLAB 数据。与普通数组不同之处在于，元胞数组的每个元素都可以指向不同类型的数据，例如数字数组、字符串、元胞数组或结构体。此外，元胞数组使用大括号 {} 而不是括号（）来选择和显示元胞的内容。

2. 内容索引是指用"{}"括起来元胞下标，并用普通符号表示元胞内容。这种类型的索引定义包含了元胞中数据结构的内容。元胞索引是指用"{}"括起来要存储在元胞中的数据，并用普通下标符号表示元胞下标。这种类型的索引创建包含指定数据的数据结构，然后将该数据结构分配给元胞。

3. 结构体是一个数据类型，其中对每个元素都给出了一个名称。结构体的单个元素称为字段，每个字段可能具有不同的类型。字段是通过将结构体名称与字段名称用点号结合来访问的。结构体与普通数组和元胞数组的不同之处在于，普通数组和元胞数组的元素通过下标来访问，而结构体的元素则通过名称来访问。

4. 函数 `varargin` 作为输入参数列表最后一项，其返回一个元胞数组，包含调用该函数时指定的所有实参，每个参数在元胞数组的单个元素中。该函数允许 MATLAB 函数支持任意数量的输入参数。

5. （a）`a(1,1)=[3×3 double]`。元胞数组元素 `a(1,1)` 为 $3 \times 3$ 的 `double` 数组，且显示了数据的结构。

   （b）$a\{1,1\} = \begin{bmatrix} 1 & 2 & 3 \\ 4 & 5 & 6 \\ 7 & 8 & 9 \end{bmatrix}$。该语句显示了存储在元素 `a(1,1)` 数据结构的值。

   （c）这些语句是非法的，因为不能将数据结构乘以值。

   （d）这些语句是合法的，因为可以将数据结构的内容乘以值。结果是 $\begin{bmatrix} 2 & 4 & 6 \\ 8 & 10 & 12 \\ 14 & 16 & 18 \end{bmatrix}$。

   （e）$a\{2,2\} = \begin{bmatrix} -4 & -3 & -2 \\ -1 & 0 & 1 \\ 2 & 3 & 4 \end{bmatrix}$。

   （f）这些语句是合法的。它将元胞数组的元素 `a(2,3)` 初始化为 $2 \times 1$ 的双精度数组 $\begin{bmatrix} -17 \\ 17 \end{bmatrix}$。

   （g）`a{2,2}(2,2)=0`

6. （a）`b(1).a-b(2).a` = $\begin{bmatrix} -3 & 1 & -1 \\ -2 & 0 & -2 \\ -3 & 3 & 5 \end{bmatrix}$

   （b）`strncmp(b(1).b, b(2).b, 6)=1`，因为两个结构体元素包含前 6 个字符相同的字符串。

   （c）`mean(b(1).c)=2`

(d) 此语句是非法的，因为无法将结构体数组的单个元素视为数组本身。

(e) `b=1×2 struct` 数组，字段为：
```
b = 1x2 struct array with fields:
    a
    b
    c
```

(f) `b(1).('b') = 'Element 1'`

(g) 
```
b(1) = 
    a: [3x3 double]
    b: 'Element 1'
    c: [1 2 3]
```

# 附录 D

Essentials of MATLAB Programming, Third Edition

# MATLAB 函数和命令

## 特殊符号

| | | | |
|---|---|---|---|
| + | 加 | % | 表示注释的起始 |
| − | 减 | : | 冒号运算符，用于创建快捷列表 |
| * | 乘 | + | 数组和矩阵的加 |
| / | 除 | − | 数组和矩阵的减 |
| ^ | 求幂 | .* | 数组的乘 |
| [ ] | 构造数组 | * | 矩阵的乘 |
| ( ) | 形成下标 | ./ | 数组的右除 |
| ' ' | 表示字符串的限制 | .\ | 数组的左除 |
| , | （1）分隔下标或矩阵元素<br>（2）在一行中分隔赋值语句 | / | 矩阵的右除 |
| , | 分隔下标或矩阵元素 | \ | 矩阵的左除 |
| ; | （1）禁止命令窗口显示<br>（2）分隔矩阵的行<br>（3）在一行中分隔赋值语句 | .^ | 数组的指数 |
| | | ' | 转置运算符 |

## 命令和函数

| | |
|---|---|
| ... | 在下行继续 MATLAB 语句 |
| @ | 创建函数句柄（或匿名函数） |
| abs | 返回一个数的绝对值（大小） |
| abs(x) | 计算 x 的绝对值 |
| acos(x) | 计算 $\cos^{-1}x$，区间为 $[0, \pi]$ |
| acosd(x) | 计算 $\cos^{-1}x$，区间为 $[0°, 180°]$ |
| alpha | 设置曲面绘图和贴片的透明度 |
| angle | 返回复数的角度，以弧度为单位 |
| ans | 表示存储表达式结果的特殊变量，且该结果未明确赋值给某个其他变量 |
| asin(x) | 计算 $\sin^{-1}x$，区间为 $[-\pi/2, \pi/2]$ |
| asind(x) | 计算 $\sin^{-1}x$，区间为 $[-90°, 90°]$ |
| atan(x) | 计算 $\tan^{-1}x$，区间为 $[-\pi/2, \pi/2]$ |
| atand(x) | 计算 $\tan^{-1}x$，区间为 $[-90°, 90°]$ |
| atan2(y,x) | 计算 $\theta = \tan^{-1}\dfrac{y}{x}$，区间为 $[-\pi, \pi]$ |
| atan2d(y,x) | 计算 $\theta = \tan^{-1}\dfrac{y}{x}$，区间为 $[-180°, 180°]$ |
| axes | 创建新的轴，或设置当前轴 |
| axis | （1）设置绘制数据的 $x$ 和 $y$ 范围<br>（2）获取绘制数据的 $x$ 和 $y$ 范围<br>（3）设置与轴相关的其他属性 |
| bar(x,y) | 创建一个垂直条形图 |
| barh(x,y) | 创建一个水平条形图 |

(续)

| | |
|---|---|
| base2dec | 将基数 B 表示的字符串形式转换成十进制整数 |
| bin2dec | 将二进制字符串形式转换成十进制整数 |
| break | 终止循环的执行,并转到此循环的 end 后的第一个语句执行 |
| ceil(x) | 取趋于正无穷的离 x 最近的整数:<br>ceil(3.1) = 4 和 ceil(-3.1) = -3 |
| cell | 预定义元胞数组的结构 |
| celldisp | 显示元胞数组的内容 |
| cellplot | 绘制元胞数组的结构 |
| cellstr | 将二维字符数组转换成字符串元胞数组 |
| char | (1) 将数字转换为对应的字符<br>(2) 创建二维字符数组 |
| char | 将数字矩阵转换为字符串。对于 ASCII 字符,矩阵应包含小于等于 127 的数字 |
| clock | 当前时间 |
| compass(x,y) | 创建一个罗盘图 |
| conj | 计算一个数的共轭复数 |
| continue | 终止循环的执行,并转到此循环的开始,进行下次循环 |
| contour | 创建等高线绘图 |
| cos(x) | 计算 $\cos x$,以弧度计 |
| cosd(x) | 计算 $\cos x$,以角度计 |
| date | 当前日期 |
| deblank | 删除字符串末尾空白字符 |
| dec2base | 将十进制整数转换成基数 B 表示的字符串形式 |
| dec2bin | 将十进制整数转换成二进制字符串形式 |
| disp | 在命令窗口显示数据 |
| doc | 直接在函数描述中打开 HTML 联机帮助 |
| double | 将字符串转换为数字矩阵 |
| double | 将字符转换为对应的数值编码 |
| eps | 表示机器精度 |
| error | 显示错误消息并中止出错函数。当出现致命错误时使用此函数 |
| eval | 执行表达式,如同直接在命令窗口中输入一样 |
| exp(x) | 计算 $e^x$ |
| eye(m,n) | 生成单位矩阵 |
| ezplot | 简单的函数绘图 |
| factorial | 计算阶乘 |
| feval | 计算定义在 M 文件中的函数 $f(x)$ 在特定 x 处的值 |
| fieldnames | 返回字符串元胞数组中字段名的列表 |
| figure | 创建新的图形,或设置当前图形 |
| figure | 选择一个图形窗口作为当前的图形窗口。如果所选图形窗口不存在,则会自动创建 |
| find | 查找矩阵中非零元素的索引和值 |
| findobj | 基于一个或多个属性值查找对象 |
| findstr | 在一个字符串中查找另一个字符串 |
| fix(x) | 取趋于零的离 x 最近的整数:<br>fix(3.1) = 3 和 fix(-3.1) = -3 |

(续)

| | | |
|---|---|---|
| floor(x) | 取趋于负无穷的离 x 最近的整数：floor(3.1) = 3 和 floor(-3.1) = -4 | |
| fminbnd | 求单变量函数的最小值 | |
| for loop | 循环代码块，且指定循环次数 | |
| format + | 仅保留符号 + | |
| format bank | 货币格式 | |
| format compact | 禁止额外换行 | |
| format hex | 十六进制格式 | |
| format long | 保留小数点后 14 位 | |
| format long e | 加上指数保留 15 位 | |
| format long g | 加不加指数都是保留总计 15 位 | |
| format loose | 恢复额外换行 | |
| format rat | 小整数的近似比 | |
| format short | 保留小数点后 4 位 | |
| format short e | 加上指数保留 5 位 | |
| format short g | 加不加指数都是保留总计 5 位 | |
| fplot | 利用函数名绘制函数 | |
| full | 将稀疏矩阵转换成完全矩阵 | |
| func2str | 根据给定的函数句柄返回函数名 | |
| functions | 返回有关函数句柄的各种信息 | |
| fzero | 寻找单变量函数的零值 | |
| gca | 获得当前轴的句柄 | |
| gcf | 获得当前图形的句柄 | |
| gco | 获得当前对象的句柄 | |
| get | 获得对象的属性 | |
| getfield | 获得字段的当前值 | |
| global | 声明全局变量 | |
| hex2dec | 将十六进制字符串形式转换成十进制数字 | |
| hex2num | 将 IEEE 十六进制字符串形式转换成 double 型 | |
| hist | 计算和绘制数据集的直方图 | |
| hist | 创建数据集的直方图 | |
| hold | 允许多个绘图命令先后写入 | |
| if 结构 | 如果满足指定条件，则执行相应的代码块 | |
| imag | 返回复数的虚部 | |
| inputname | 返回对应参数号的变量名称 | |
| int2str | 整数转换成字符串 | |
| ischar | 如果是字符数组，返回真（1） | |
| ischar(a) | 如果 a 是字符数组，返回 1；否则，返回 0 | |
| isempty(a) | 如果 a 是空数组，返回 1；否则，返回 0 | |
| isinf(a) | 如果 a 是 Inf，返回 1；否则，返回 0 | |
| isletter | 如果是字母，返回真（1） | |
| isnan(a) | 如果 a 是 NaN，返回 1；否则，返回 0 | |
| isnumeric(a) | 如果 a 是数值数组，返回 1；否则，返回 0 | |

（续）

| | |
|---|---|
| isreal | 如果数组的元素没有虚部，返回真（1） |
| isspace | 如果是空白字符，返回真（1） |
| isstrprop | 如果是指定类别字符串，返回真（1） |
| linspace | 在线性刻度上创建等间距的样本数组 |
| logical | 将数值转换成逻辑值：非零数值转换成 true，零转换成 false |
| loglog(x,y) | 创建对数/对数刻度绘图 |
| logspace | 在对数刻度上创建等间距的样本数组 |
| lower | 字符串转换成小写形式 |
| mat2str | 矩阵转换成字符串 |
| mesh | 创建网格绘图 |
| meshgrid | 创建网格、曲面和等高线绘图所需的 $(x, y)$ 网格 |
| nargchk | 如果函数调用的参数过少或过多，返回标准错误信息 |
| nargin | 返回函数调用实际输入参数的数量 |
| nargout | 返回函数调用实际输出参数的数量 |
| nnz | 返回矩阵非零元素的个数 |
| nonzeros | 返回矩阵非零元素对应的列向量 |
| num2str | 数字转换成字符串 |
| nzmax | 矩阵非零元素分配的存储数量 |
| ode45 | 使用 Runge-Kutta 技术求解常微分方程 |
| persistent | 声明持久变量 |
| pie(x) | 创建一个饼状图 |
| plot(c) | 创建复数数组的实部和虚部关系图 |
| polar(theta,r) | 创建一个极坐标图 |
| poly | 将多项式的根列表转换为多项式系数 |
| quad | 求函数的数值积分 |
| rand | 生成服从均匀分布的随机数 |
| randn | 生成服从标准正态分布的随机数 |
| real | 返回复数的实部 |
| return | 停止执行函数并返回给调用者 |
| rmfield | 从结构体数组中删除字段 |
| root | 计算一系列系数表示的多项式的根 |
| rose | 创建数据集的径向直方图 |
| semilogy(x,y) | 创建线性/对数刻度绘图 |
| set | 设置对象属性 |
| setfield | 设置字段的新值 |
| sort | 按升序或降序对数据进行排序 |
| sortrows | 依据指定的列，按升序或降序对矩阵的行进行排序 |
| sscanf | 从字符串读取格式化数据 |
| stairs(x,y) | 创建梯形图 |
| stem(x,y) | 创建杆状图 |
| str2double | 字符串转换成双精度数值 |
| str2func | 根据指定的字符串创建函数句柄 |
| str2num | 字符串转换成数字 |

(续)

| | |
|---|---|
| strcat | 连接字符串 |
| strcmp | 如果两个字符串相同,返回真(1) |
| strcmpi | 如果两个字符串相同(忽略大小写),返回真(1) |
| strjust | 对齐字符串 |
| strmatch | 查找字符串的可能匹配 |
| strncmp | 如果两个字符串的前 $n$ 个字符相同,返回真(1) |
| strncmpi | 如果两个字符串的前 $n$ 个字符相同(忽略大小写),返回真(1) |
| strrep | 用一个字符串替换另一个字符串 |
| strtok | 选择部分字符串 |
| strtrim | 删除字符串开头和末尾空白字符 |
| struct | 预定义结构数组 |
| strvcat | 垂直连接字符串 |
| subplot | 在当前图形窗口中选择一个子图。如果所选子图不存在,则会自动创建。如果新的子图与先前存在的轴冲突,则先前的轴被自动删除 |
| surf | 创建曲面绘图 |
| switch 结构 | 根据表达式的结果,从一组互斥选项中选择要执行的代码块 |
| textread | 将文件中数据读入一个或多个输入变量 |
| tic | 重置已用时间计数器 |
| toc | 返回最近 tic 到现在的已用时间 |
| try/catch 结构 | 用于捕获错误的特殊结构。在 try 块中构建代码,如果执行出错,立即停止并转到 catch 块中执行 |
| upper | 字符串转换成大写形式 |
| waitforbuttonpress | 暂停程序,等待鼠标点击或键盘输入 |
| warning | 显示警告消息并继续执行函数。当出现非致命错误且可以继续执行时使用此函数 |
| while loop | 循环代码块,直到条件为 0(假) |

# 推荐阅读

## 编程原则：来自代码大师Max Kanat-Alexander的建议

作者：[美] 马克斯·卡纳特–亚历山大　译者：李光毅　书号：978-7-111-68491-6　定价：79.00元

  Google 代码健康技术主管、编程大师 Max Kanat-Alexander 又一力作，聚焦于适用于所有程序开发人员的原则，从新的角度来看待软件开发过程，帮助你在工作中避免复杂，拥抱简约。

  本书涵盖了编程的许多领域，从如何编写简单的代码到对编程的深刻见解，再到在软件开发中如何止损！你将发现与软件复杂性有关的问题、其根源，以及如何使用简单性来开发优秀的软件。你会检查以前从未做过的调试，并知道如何在团队工作中获得快乐。